Access 数据库管理与应用

主　编　杨　鹏
副主编　杨洪梅

北京希望电子出版社
Beijing Hope Electronic Press
www.bhp.com.cn

内容简介

本书由浅入深地对Access数据库的使用方法与技巧进行全面介绍。全书共11章，涵盖数据库基础知识、Access操作界面的介绍、软件的基本操作、表和查询的创建、窗体和报表的设计、宏的应用、数据库的管理以及数据库综合实例应用等内容。

本书可作为数据库应用基础课程的教材，也可作为全国计算机等级考试二级 Access 数据库程序设计科目考试的参考书。

图书在版编目（CIP）数据

Access数据库管理与应用 / 杨鹏主编. — 北京 : 北京希望电子出版社, 2023.9

ISBN 978-7-83002-859-6

Ⅰ. ①A… Ⅱ. ①杨… Ⅲ. ①关系数据库系统 Ⅳ.①TP311.138

中国国家版本馆CIP数据核字(2023)第156358号

出版：北京希望电子出版社

地址：北京市海淀区中关村大街22号
中科大厦A座10层

邮编：100190

网址：www.bhp.com.cn

电话：010-82620818（总机）转发行部
010-82626237（邮购）

传真：010-62543892

经销：各地新华书店

封面：黄燕美

编辑：周卓琳

校对：全　卫

开本：787mm×1092mm　1/16

印张：17.75

字数：421千字

印刷：北京虎彩文化传播有限公司

版次：2023年9月1版1次印刷

定价：58.00元

前言

当今正处于大数据时代，在浩如烟海的数据信息中对数据存储、处理与发布已成为人们处理数据信息的重要方式，具备数据收集、存储、统计与发布等基本技能是信息时代人们应具备的基本能力。

关系型数据库软件很多，本书使用的Access是Microsoft Office的组件之一，同时也是功能强大的小型关系型数据库管理系统，集数据库管理与开发于一体，易学、易用。通过Access可以有效地组织、管理和共享数据库的信息。

本书从“统筹职业教育、高等教育、继续教育协同创新，推进职普融通、产教融合、科教融汇”的思路出发，力求体现技能型和应用型特色。本书围绕计算机相关专业的人才培养目标，按照注重基础、突出实用的原则进行内容设计与开发，旨在培养学生知识和技能的综合运用能力，解决实际问题的能力，使学生能够收集、存储、分类、计算、加工、检索信息，具备中小型数据库系统的开发能力。

课/时/安/排

全书共11章，建议总课时为60课时，具体安排如下：

章序号	内容	理论教学	上机实训
第1章	数据库基础与Access	2课时	2课时
第2章	Access的操作界面和对象	2课时	2课时
第3章	Access的基本操作	2课时	2课时
第4章	Access表的构建	2课时	4课时
第5章	查询的创建	4课时	4课时
第6章	窗体的设计	4课时	4课时
第7章	报表的设计	4课时	4课时
第8章	宏的基本应用	2课时	2课时
第9章	用宏实现操作自动化	2课时	2课时
第10章	数据库的管理	2课时	2课时
第11章	综合案例：工资管理系统数据库的设计	0课时	6课时

写 / 作 / 特 / 色

1. 抽丝剥茧，通俗易懂

全书一步一图，对使用技巧的介绍细致入微，初学者能够快速掌握Access数据库的应用。

2. 知行合一，双管齐下

本书将理论与实例相结合，以理论知识作为坚实基础，采用职场真实案例实践，双管齐下，学习效率倍增。

3. 实战演练，举一反三

综合实战演练，将所学知识融会贯通并协调运用，帮助读者掌握数据库管理与应用技能。

4. 课后作业，成果检验

每章的最后都安排了课后作业环节，帮助读者进行自我检测，巩固所学知识。

本书结构合理、讲解细致、特色鲜明，侧重于综合职业能力与职业素质的培养，融“教、学、做”于一体，适合作为教材使用。为方便教学，本书还为用书教师提供了与书中内容同步的教学资源包（包括课件、素材、视频等）。

本书由鹤壁能源化工职业学院杨鹏担任主编，由重庆信息技术职业学院杨洪梅担任副主编，编写分工为：第1~6章由杨鹏编写，第7~11章由杨洪梅编写。本书在编写过程中力求严谨细致，但由于编者水平有限，疏漏之处在所难免，望广大读者批评指正。

编　者

2023年8月

CONTENTS

目录

第1章 数据库基础与Access

第2章 Access的操作界面和对象

第6章 窗体的设计

第7章 报表的设计

第8章 宏的基本应用

第9章 用宏实现操作自动化

第10章 数据库的管理

第11章 综合案例：工资管理系统数据库的设计

第1章 数据库基础与 Access

内容概要

数据库由多条信息组合而成，比直接存放在纸张上更易于查询和记录。本章将讲解数据库系统概述、数据模型、关系数据库的设计及Access的基础操作。

1.1 数据库系统概述

在数据库中，数据按照标准进行存储和使用。要保持数据库的功能性和稳定性，需要有一套完备的数据库系统。为此需要先了解数据库系统的一些基本概念。

1.1.1 数据管理技术的起源与发展

数据是现实世界中实体（或客体）在计算机中的符号表示，数据不仅可以是数字，还可以是文字、图形、图像、音频和视频等。现实生活中需要管理大量的数据，例如，在学校有学生、教工、课程和成绩等方面的数据；在医院有病历、药品、医生、处方等方面的数据；在银行有存款、贷款、信用卡和投资理财业务等方面的数据。因此，对各种数据实现有效的管理具有重要意义。

随着计算机技术和网络技术的发展，尤其是云计算的广泛应用，数据处理在速度和规模上的需求已远远超出过去人工或机械方式的能力范畴，计算机以其快速准确的计算能力和海量的数据存储能力在数据处理领域得到了广泛应用。实际上，在数据库技术出现前，人们就已经开始研究数据管理技术。总的来说，数据管理的发展经历了人工管理、文件系统和数据库系统三个发展阶段。

1. 人工管理阶段

20世纪50年代中期以前，计算机主要用于科学计算。当时作为外存使用的只有纸带、卡片、磁带等设备，并没有磁盘等可以直接存取的存储设备；而计算机系统软件的状况是没有操作系统，没有管理数据的软件，在这样的情况下，数据管理方式为人工管理。

人工管理数据具有如下特点。

（1）数据不被保存。

当时计算机主要用于科学计算，一般不需要将数据长期保存，只是在计算某一课题时将数据输入，用完就撤走。

（2）应用程序管理数据。

数据需要由应用程序自己管理，没有相应的软件系统负责数据的管理工作。应用程序中不仅要规定数据的逻辑结构，而且要设计物理结构，包括存储结构、存取方法、输入方式等，因此程序员负担很重。

（3）数据不能共享。

数据是面向应用的，一组数据只能对应一个程序。当多个应用程序涉及某些相同的数据时，由于必须各自定义，无法互相利用、互相参照，因此程序与程序之间有大量的数据冗余。

专业术语

数据冗余

数据冗余是指数据之间的重复，也可以说是同一数据存储在不同数据文件中的现象。

（4）数据不具有独立性。

数据的逻辑结构或物理结构改变后，必须对应用程序做相应的修改，这就进一步加重了程

序员的负担。

在人工管理阶段，程序与数据之间的一一对应关系，如图1-1所示。

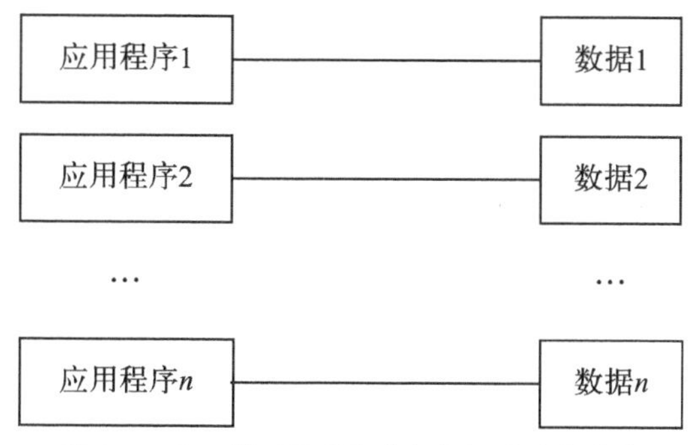

图 1-1 人工管理阶段程序与数据的对应关系

2. 文件系统阶段

20世纪50年代后期到60年代中期已有了磁盘、磁鼓等直接存储设备；而在计算机系统方面，不同类型的操作系统的出现极大地增强了计算机系统的功能。操作系统中用来进行数据管理的部分是文件系统。这时可以把相关的数据组织成一个文件存放在计算机中，在需要的时候只要提供文件名，计算机就能从文件系统中找出所要的文件，把文件中存储的数据提供给用户进行处理。但是，由于这时数据的组织仍然是面向程序的，所以依旧存在大量的数据冗余，也无法有效地进行数据共享。文件系统管理数据具有如下优点。

（1）数据可以长期保存。

数据可以组织成文件长期保存在计算机中反复使用。

（2）由文件系统管理数据。

文件系统把数据组织成内部有结构的记录，实现“按文件名访问，按记录进行存取”的管理技术。文件系统使应用程序与数据之间有了初步的独立性，程序员不必过多地考虑数据存储的物理细节。例如，文件系统中可以有顺序结构文件、索引结构文件、Hash文件等。数据在存储上的不同不会影响程序的处理逻辑。如果数据的存储结构发生改变，应用程序的改动很小，这将减少程序的维护工作量。

但是，文件系统仍存在以下缺点。

（1）数据共享性差，冗余度大。

在文件系统中，一个（或一组）文件基本上对应于一个应用（程序），即文件是面向应用的。当不同的应用（程序）使用部分相同的数据时，也必须建立各自的文件，而不能共享相同的数据。因此数据的冗余度大，浪费存储空间。同时由于相同数据的重复存储、各自管理，容易造成数据的不一致，给数据的修改和维护带来了困难。

（2）数据独立性差。

文件系统中的文件是为某一特定应用服务的，文件的逻辑结构对该应用来说是优化的，而要想对现有的数据再增加一些新的应用会很困难，系统不容易扩充。一旦数据的逻辑结构发生改变，就必须修改应用程序，还要修改文件结构，所以，数据与程序之间在逻辑结构方面依旧缺乏独立性。文件系统阶段程序与数据之间的关系，如图1-2所示。

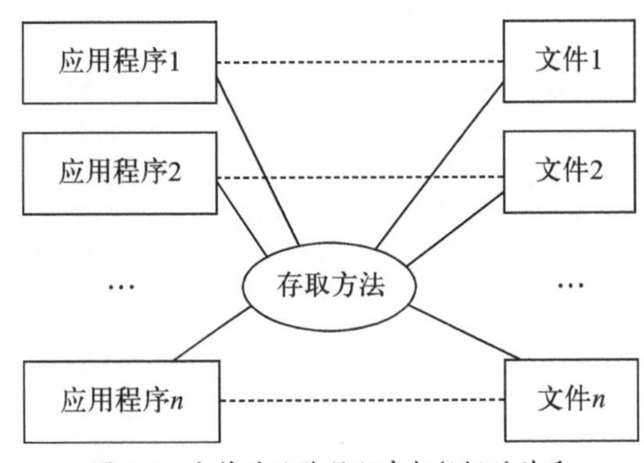

图 1-2　文件系统阶段程序与数据的关系

知识点拨

对突发事故的应对不足

在文件系统阶段还有一项重大的缺点就是对于各种突发事故，如文件误删除、磁盘故障等情况，无法有效地应对，这对数据安全来说是非常大的弊端。

3. 数据库系统阶段

20世纪60年代后期，计算机用于管理的规模越来越大，应用越来越广泛，数据量急剧增长，同时多种应用、多种语言互相覆盖的共享数据集合的要求也越来越强烈。这时已出现大容量磁盘，硬件价格下降，软件价格则上升，为编制和维护系统软件及应用程序所需的成本相对增加。在这种背景下，以文件系统作为数据管理手段已经不能满足应用的需求，于是为满足多用户、多应用共享数据的需求，使数据为尽可能多的应用服务，数据库技术便应运而生了，出现了统一管理数据的专用软件系统——数据库管理系统（database management system，DBMS）。

用数据库系统来管理数据比用文件系统管理数据具有明显的优点，从文件系统到数据库系统，标志着数据管理技术的飞跃。数据库系统具有如下特点。

（1）数据结构化。

数据库系统实现了整体数据的结构化，这是数据库最主要的特征之一。“整体”结构化是指在数据库中的数据不再仅针对某个应用，而是面向全组织；不仅数据内部结构化，而且整体结构化，数据之间有联系。

（2）数据的共享性高，冗余度小，易扩充。

因为数据是面向整体的，所以数据可以被多个用户、多个应用程序共享使用，可以大大减少数据冗余，节约存储空间，避免数据之间的不相容性与不一致性。

（3）数据独立性高。

数据独立性包括数据的物理独立性和逻辑独立性。物理独立性是指数据在磁盘上的数据库中如何存储由DBMS管理，用户程序不需要了解，应用程序要处理的只是数据的逻辑结构，这样一来，当数据的物理存储结构改变时，用户的程序不用改变。

逻辑独立性是指用户的应用程序与数据库的逻辑结构是相互独立的，也就是说，数据的逻辑结构改变了，用户程序可以不改变。数据与程序的独立，把数据的定义从程序中分离出去，加上存取数据是由DBMS负责的，从而简化了应用程序的编制，大大减少了应用程序的维护和

修改。

（4）数据由DBMS统一管理和控制。

数据库系统中的数据由DBMS来进行统一管理和控制，所有应用程序对数据的访问都要交给DBMS来完成。

DBMS 提供的控制功能

DBMS 主要提供以下控制功能：数据的安全性保护、数据的完整性检查、数据库的并发访问控制、数据库的故障恢复。

在数据库系统阶段，程序与数据之间的对应关系，如图1-3所示。

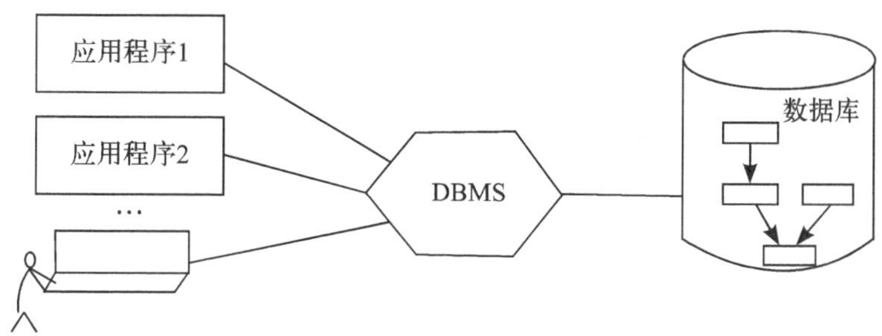

图 1-3 数据库系统阶段程序与数据的关系

上述数据管理技术发展的三个阶段的比较，如表1-1所示。

表 1-1 数据管理技术发展三个阶段的对比

		人工管理阶段	文件系统阶段	数据库系统阶段
背景	应用背景	科学计算	科学计算、管理	大规模管理
	硬件背景	无直接存储设备	磁盘、磁鼓	大容量磁盘
	软件背景	没有操作系统	有文件系统	有数据库管理系统
	处理方式	批处理	联机实时处理、批处理	联机实时处理、分布处理、批处理
特点	数据库的管理者	用户（程序员）	文件系统	数据库管理系统
	数据的共享程度	某一应用程序	某一应用	现实世界
	数据面向的对象	无共享，冗余度极大	共享性差，冗余度大	共享性高，冗余度小
	数据的独立性	不独立，完全依赖于程序	独立性差	具有高度的物理独立性和一定的逻辑独立性
	数据的结构化	无结构	记录内有结构，整体无结构	整体结构化，用数据模型描述
	数据控制能力	应用程序自己控制	应用程序自己控制	由DBMS提供数据安全性保护、完整性检查、数据库并发访问控制和故障恢复

1.1.2 数据库系统的组成

数据库系统（database system，DBS），指在计算机系统中引入数据库后的系统，一般由数据库、操作系统、数据库管理系统、应用开发工具、应用系统、数据库管理员和用户等构成。应当指出的是，数据库的建立、使用和维护等工作只靠一个DBMS是远远不够的，还要有专门的人员来完成，这些人被称为数据库管理员（datebase administrator，DBA）。

在不引起混淆的情况下，一般把数据库系统简称为数据库。数据库系统组成如图1-4所示。

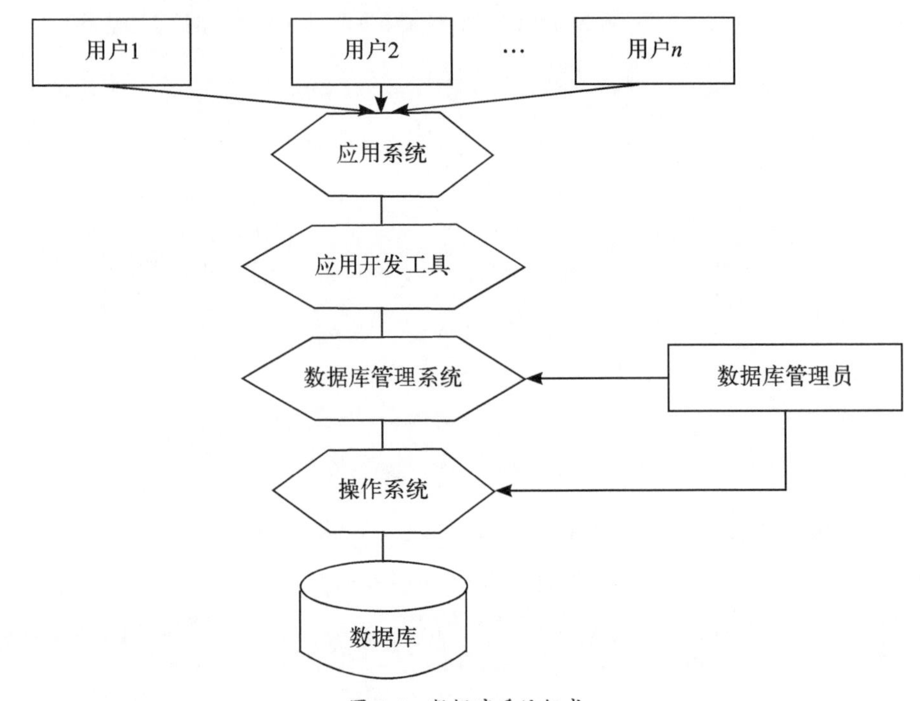

图 1-4 数据库系统组成

数据库系统在计算机系统中的地位，如图1-5所示。

数据库系统的主要组成部分如下所述。

1. 硬件平台

硬件平台主要指计算机各个硬件组成部分。鉴于数据库应用系统的需求，往往特别要求数据库主机或数据库服务器的外存要足够大，I/O存取效率要高；要求主机的吞吐量大、作业处理能力强。对于分布式数据库而言，计算机网络也是基础环境。具体硬件要求如下。

（1）要有足够大的内存，能存放操作系统和DBMS的核心模块、数据库缓冲区和应用程序。

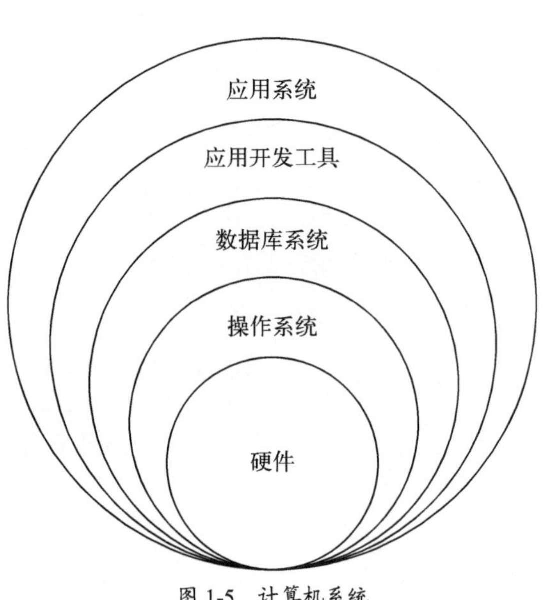

图 1-5 计算机系统

（2）有足够大的硬盘作为直接存取设备存放数据库，有足够的存储空间作为数据备份介质。

（3）要求连接系统的网络有较高的数据传输速度。

（4）要有较强处理能力的中央处理器（CPU）以保证数据处理的速度。

2. 数据库

数据库（database），就是存放数据的仓库。只不过这个仓库是在计算机的存储设备上，其中的数据是按照一定的数据模型组织的，且这些数据通常是面向一个组织、企业或部门的。例如，在学生成绩管理系统中，学生的基本信息、课程信息、成绩信息等都来自于学生成绩管理数据库。

严格地讲，数据库是长期存储在计算机内、有组织的、大量的、可共享的数据集合。数据库中的数据按一定的数据模型组织、描述和存储，具有较小的冗余度、较高的数据独立性和易扩展性，并可为各种用户共享。简单来说，数据库数据具有永久存储、有组织及可共享三个基本特点。

3. 软件

数据库搭建完毕后，需要对数据库进行维护、信息录入、读取、删除等操作，这些都需要各种管理软件的支持。数据库的软件系统主要包括以下几个部分。

（1）DBMS。

在建立了数据库之后，下一个问题就是如何科学地组织和存储数据，如何高效地获取和维护数据，完成这个任务的是一个系统软件——DBMS。DBMS是指数据库系统中对数据进行管理的软件系统，它是数据库系统的核心组成部分，数据库系统的一切操作，包括查询、更新及各种控制，都是通过DBMS进行的。

如果用户要对数据库进行操作，需要由DBMS把操作从应用程序带到外部级、概念级，再导向内部级，进而操纵存储器中的数据。DBMS的主要目标是使数据作为一种可管理的资源来处理。DBMS应使数据易于为各种不同的用户所共享，并增进数据的安全性、完整性及可用性，提供高度的数据独立性。

DBMS 的主要功能

DBMS 的主要功能有数据的定义功能、数据的操纵功能、数据的控制功能等。

（2）支持DBMS运行的操作系统。

（3）与数据库通信的高级程序语言及编译系统。

（4）为特定应用环境开发的数据库应用系统。

4. 数据库管理员及其他相关人员

所有的软硬件及数据库都需要有人工负责的部分，有些还必须由人工完成。所以在数据库系统的人员方面需要数据库管理员（DBA）、系统分析员、应用程序员和普通用户。

（1）数据库管理员。

数据库管理员负责管理和监控数据库系统，负责为用户解决应用中出现的系统问题。为了保证数据库能够高效正常地运行，大型数据库系统都设有专人负责数据库系统的管理和维护。其主要职责如下：

- 决定数据库中的信息内容和结构。数据库中要存放哪些信息，DBA要参与决策。因此DBA必须参加数据库设计的全过程，并与用户、应用程序员、系统分析员密切合作，共同协商，做好数据库设计工作。
- 决定数据库的存储结构和存取策略。
- 监控数据库的运行（系统运行是否正常，系统效率如何），及时处理数据库系统运行过程中出现的问题。例如，系统发生故障时，数据库若因此遭到破坏，DBA必须在最短的时间内把数据库恢复到正常状态。
- 安全性管理，通过对系统的权限设置、完整性控制设置来保证系统的安全性。DBA要负责确定各个用户对数据库的存取权限、数据的保密级别和完整性约束条件等。
- 日常维护，如定期对数据库中的数据进行备份、维护日志文件等。
- 对数据库有关文档进行管理。

总之，数据库管理员在数据库系统的正常运行中起着非常重要的作用。

（2）系统分析员。

系统分析员负责应用系统的需求分析和规范说明，和用户及DBA相配合，确定系统的硬件、软件配置，并参与数据库系统概要设计。

（3）应用程序员。

应用程序员是负责设计、开发应用系统功能模块的软件编程人员，他们根据数据库结构编写特定的应用程序，并进行调试和安装。

1.1.3 数据库管理系统

在建立了数据库之后，下一个问题就是如何科学地组织和存储数据，如何高效地获取和维护数据，完成这个任务的是一个系统软件——DBMS。DBMS是指数据库系统中对数据进行管理的软件系统，它是数据库系统的核心组成部分，在数据库系统中占据着举足轻重的地位，它是应用软件与底层操作系统软件之间的桥梁，在整个数据库系统中起着关键的作用。数据库系统的一切操作，包括查询、更新及各种控制，都是通过DBMS进行的。

如果用户要对数据库进行操作，需要由DBMS把操作从应用程序带到外部级、概念级，再导向内部级，进而操纵存储器中的数据。DBMS的主要目标是使数据作为一种可管理的资源，成为易于为各种不同用户所共享的资源，并增进数据的安全性、完整性、可用性，以及提供高度的数据独立性。

DBMS 的主要功能如下：

- 数据的定义功能。
- 数据的操纵功能。
- 数据的控制功能。
- 其他功能。

1.2 数据模型

数据在数据库中是按照标准进行存储和使用的。为了保持数据库的功能性和稳定性，需要一整套完备的数据库系统进行运作。

1.2.1 数据模型简介

数据模型（data model）也是一种模型，它是对现实世界数据特征的抽象。由于计算机不可能直接处理现实世界中的具体事物，因此必须事先把具体事物转换成计算机能够处理的数据，即首先要数字化，要把现实世界中的人、事、物、概念等信息用数据模型这个工具来抽象、表示和加工处理。数据模型是数据库中用来对现实世界进行抽象的工具，是数据库中用于提供信息表示和操作手段的形式构架，是现实世界的一种抽象模型。

数据模型按不同的应用层次分为3种类型，分别是概念数据模型（conceptual data model）、逻辑数据模型（logical data model）和物理数据模型（physical data model）。

（1）概念数据模型又称概念模型，是一种面向客观世界、面向用户的模型，与具体的数据库管理系统无关，与具体的计算机平台无关。人们通常先将现实世界中的事物抽象到信息世界，建立所谓的“概念模型”，然后再将信息世界的模型映射到机器世界，将概念模型转换为计算机世界中的模型。因此，概念模型是从现实世界到机器世界的一个中间层次。

（2）逻辑数据模型又称逻辑模型，是一种面向数据库系统的模型，它是概念模型到计算机之间的中间层次。概念模型只有在转换成逻辑模型之后才能在数据库中得以表示。目前，逻辑模型的种类很多，其中比较成熟的有层次模型、网状模型、关系模型和面向对象模型等。

注意事项：4种逻辑模型的区别

4种逻辑数据模型的根本区别在于数据结构不同，即数据之间联系的表示方式不同。

- 层次模型用“树结构”表示数据之间的联系。
- 网状模型用“图结构”表示数据之间的联系。
- 关系模型用“二维表”表示数据之间的联系。
- 面向对象模型用“对象”表示数据之间的联系。

（3）物理数据模型又称物理模型，是一种面向计算机物理表示的模型，此模型是数据模型在计算机上的物理结构表示。

数据模型通常由三部分组成，分别是数据结构、数据操纵和完整性约束，也称为数据模型的三大要素。概念数据模型非常多，在这里介绍最经典的概念数据模型——E-R模型；同样，在几种逻辑数据模型中，这里只介绍目前主流的逻辑数据模型——关系模型。

1.2.2 E-R模型

概念模型中最著名的是实体-联系模型（entity-relationship model，E-R模型）。E-R模型是陈品山于1976年提出的。这个模型直接从现实世界中抽象出实体型内部及实体型之间的联系，然后用实体-联系图（E-R图）表示数据模型。设计E-R图的方法称为E-R方法，E-R图是设计概念模型的有力工具。

1. E-R模型术语

首先介绍有关的名词术语，具体内容如下所述。

（1）实体（entity）。

现实世界中客观存在并可相互区分的事物叫作实体。实体可以是一个具体的人或物，如王伟、汽车等；也可以是抽象的事件或概念，如购买一本图书。

（2）属性（attribute）。

实体的某一特性称为属性，如学生实体有学号、姓名、年龄、性别、系等方面的属性。属性有“型”和“值”之分。“型”即为属性名，如姓名、年龄、性别是属性的“型”；“值”即为属性的具体内容，如“(220001,肖敏,19,女,计算机)”，这些属性值的集合表示一个学生实体。

（3）实体型（entity type）。

若干个属性型组成的集合可以表示一个实体的类型，简称实体型，如“学生(学号,姓名,年龄,性别,系)”就是一个实体型。

（4）实体集（entity set）。

同型实体的集合称为实体集，如所有的学生、所有的课程等。

（5）码（key）。

能唯一标识一个实体的属性或属性集被称为实体的码。例如，学生的学号可作为码，而学生的姓名可能有重名，所以不能作为学生实体的码。

（6）域（domain）。

属性值的取值范围称为该属性的域。例如，学号的域为6位整数，姓名的域为字符串集合，年龄的域为小于40的整数，性别的域为“(男,女)”。

（7）联系（relationship）。

在现实世界中，事物内部以及事物之间是有联系的，这些联系同样也要抽象并反映到信息世界中来，在信息世界中将被抽象为实体型内部的联系和实体型之间的联系。

2. 实体型之间的联系类型

实体型内部的联系通常是指组成实体的各属性之间的联系，实体型之间的联系通常是指不同实体集之间的联系。两个实体型之间的联系有如下3种类型。

（1）一对一联系（1：1）。

实体集A中的一个实体至多与实体集B中的一个实体相对应，反之亦然，则称实体集A与实体集B为一对一联系，记作1：1，如班级与班长、观众与座位、病人与床位等。

（2）一对多联系（1：n）。

实体集A中的一个实体与实体集B中的多个实体相对应，反之，实体集B中的一个实体至多与实体集A中的一个实体相对应，记作1：n，如班级与学生、公司与职员、省与市等。

（3）多对多联系（m：n）。

实体集A中的一个实体与实体集B中的多个实体相对应，反之，实体集B中的一个实体与实体集A中的多个实体相对应，记作（m：n），如教师与学生、学生与课程、工厂与产品等。

实际上，一对一联系是一对多联系的特例，而一对多联系又是多对多联系的特例。可以用图形来表示两个实体型之间的这三类联系，如图1-6所示。

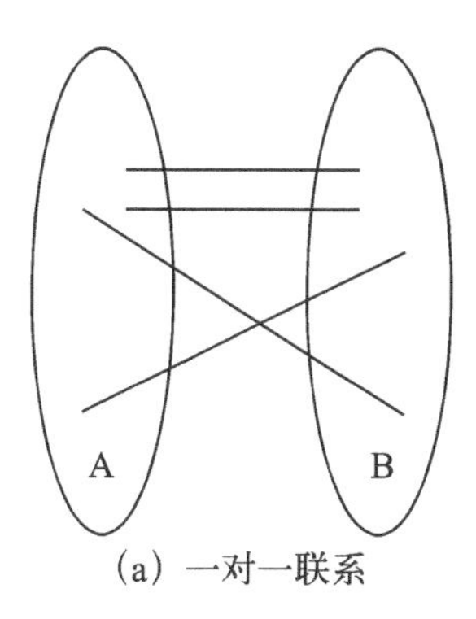

(a) 一对一联系

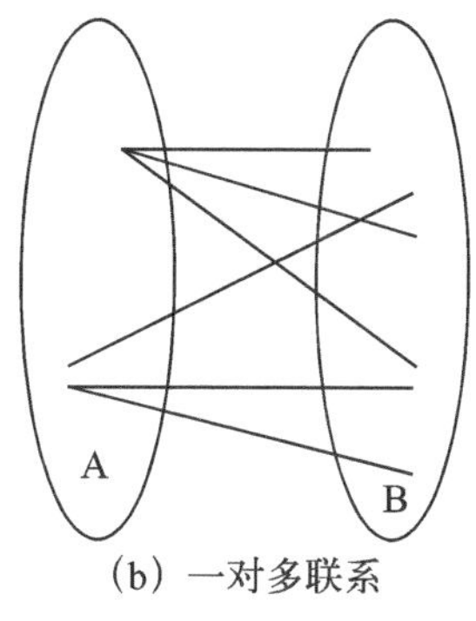

(b) 一对多联系

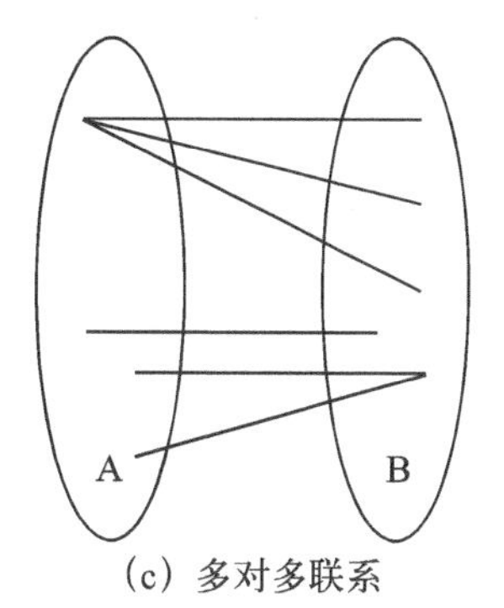

(c) 多对多联系

图 1-6 实体型之间的联系

知识点拨

E-R 图中的 4 个基本成分

（1）矩形框，表示实体型（研究问题的对象）。

（2）菱形框，表示联系类型（实体型之间的联系）。

（3）椭圆形框，表示实体型和联系类型的属性。

相应的命名均记入各种框中。对于实体标识符的属性，在属性名下面画一条横线。

（4）直线，联系类型与其涉及的实体型之间以直线连接，用来表示它们之间的联系，并在直线端部标注联系的种类（1 ：1、1 ：*n* 或 *m* ：*n*）。

3. E-R模型的优点

E-R模型有两个明显的优点：一是接近于人的思维，容易理解；二是与计算机无关，用户容易接受。因此，E-R模型已成为软件工程中一个重要的设计方法。但是，E-R模型只能说明实体间语义的联系，还不能进一步说明详细的数据结构。一般遇到一个实际问题，总是先设计一个E-R模型，然后再把E-R模型转换成计算机能够实现的数据模型。

1.2.3 关系模型

目前，数据库领域中最常用的逻辑数据模型有4种：层次模型（hierarchical model）、网状模型（network model）、关系模型（relational model）和面向对象模型（object-oriented model）。其中，层次模型和网状模型统称为非关系模型。非关系模型的数据库系统在20世纪70年代至80年代初非常流行，在当时的数据库系统产品中占据了主导地位，20世纪80年代后就逐渐被关系模型的数据库系统取代。但在美国等一些国家，由于早期开发的应用系统都是基于层次或网状模型的数据库系统，因此目前仍有不少层次或网状模型的数据库系统在继续使用。

1970年，美国IBM公司San Jose研究室的研究员E.F.Codd首次提出了数据库系统的关系模型，开创了数据库关系方法和关系数据理论的研究，为关系数据库技术奠定了理论基础。20世纪80年代以来，计算机厂商新推出的数据库管理系统几乎都支持关系模型，非关系模型的产品也大都加上了对关系模型的接口。数据库领域当前的研究工作也基本上是以关系模型为基础的。

面向对象的方法和技术在计算机各个领域，包括程序设计语言、软件工程、信息系统设计、计算机硬件设计等，都产生了深远的影响，同样也促进了数据库中面向对象数据模型的研究和发展。

关系模型是目前最重要的一种数据模型。关系数据库系统采用关系模型作为数据的组织方式。关系数据库系统与非关系数据库系统的区别：关系数据库系统中只有“表”这一种数据结构，而非关系数据库系统中还有其他类型数据结构，对这些数据结构还有其他的操作。下面主要介绍关系模型的相关知识。

1. 关系模型的基本术语

在关系模型中，用单一的二维表结构来表示实体及实体间的关系。

（1）关系（relationship）：一个关系对应一个二维表，二维表名就是关系名。

（2）关系模式（relationship schema）：二维表中的行（表头）定义记录的类型，即对关系的描述称为关系模式。关系模式的一般形式为“关系名(属性1,属性2,…,属性n)”。例如，学生关系模式为“学生(学号,姓名,年龄,性别,院系)”。

（3）属性（attribute）及值域（domain）：二维表中的列（字段）称为关系的属性。属性的个数称为关系的元数，又称为度。度为n的关系称为n元关系，度为1的关系称为一元关系，度为2的关系称为二元关系。关系的属性包括属性名和属性值两部分，其列名即为属性名，列值即为属性值。属性值的取值范围称为值域，每一个属性对应一个值域，不同属性的值域可以相同。

（4）元组（tuple）：二维表中的一行，即每一条记录的值称为关系的一个元组。其中，每一个属性的值称为元组的分量。关系由关系模式和元组的集合组成。

（5）键（key）：键也称为码，由一个或多个属性组成。

专业术语

几种实际使用的键

（1）候选键（candidate key）：若关系中的某一属性组的值能唯一地标识一个元组，则称该属性组为候选键。

（2）主键（primary key）：若一个关系有多个候选键，则选定其中一个为主键。主键中包含的属性称为主属性。不包含在任何候选键中的属性称为非键属性（non-key attribute）。关系模型的所有属性组是这个关系模式的候选键，称为全键（all-key）。

（3）外键（foreign key）：设 F 是关系 R 的一个或一组属性，但不是关系 R 的键。如果 F 与关系 S 的主键相对应，则称 F 是关系 R 的外键，关系 R 称为参照关系，关系 S 称为被参照关系。

（6）主属性与非主属性：关系中包含在任何一个候选键中的属性称为主属性，不包含在任何一个候选键中的属性称为非主属性。

2. 关系的性质

一般用集合的观点定义关系，也就是说，把关系看成一个集合，集合中的元素是元组，每个元组的属性个数均相同。如果一个关系的元组个数是无限的，称为无限关系；反之，称为有限关系。

在关系模型中对关系做了一些规范性的限制，可通过二维表格形象地理解关系的性质。

（1）关系中每个属性值都是不可分解的，即关系的每个元组分量必须是原子的。从二维表的角度讲，就是不允许表中嵌套表。表1-2中就出现了这种表中再嵌套表的情况，在“成绩”下嵌套了“平时”和“期末”。虽然类似的表在实际生活中司空见惯，但其并不符合关系的基

本定义。因为关系是从域出发定义的，每个元组分量都是不可再分的，所以不可能出现表中套表的现象。遇到这种情况，可以对表格进行简单的等价变换，使之成为符合规范的关系。例如，可把表1-2改成表1-3。这里把“成绩”分成“平时成绩”和“期末成绩”两列，两个属性都取自同一个域“成绩”。

表1-2 二维表1

学号	姓名	成绩	
		平时	期末
201804001	陈家乐	90	88
201804002	王静茹	98	96

表1-3 二维表2

学号	姓名	平时成绩	期末成绩
201804001	陈家乐	90	88
201804002	王静茹	98	96

（2）关系中不允许出现相同的元组。从语义角度看，二维表中的一行即一个元组，代表着一个实体。现实生活中不可能出现完全一样、无法区分的两个实体，因此二维表不允许出现相同的两行。同一关系中不能有两个相同的元组存在，否则将使关系中的元组失去唯一性，这一性质在关系模型中很重要。

（3）在定义一个关系模式时，可随意指定属性的排列次序，因为交换属性顺序的先后，并不改变关系的实际意义。例如，在定义表1-3所示的关系模式时，可以指定属性的次序为（学号,姓名,平时成绩,期末成绩），也可以指定属性的次序为（学号,姓名,期末成绩,平时成绩）。

（4）在一个关系中，元组的排列次序可任意交换，并不改变关系的实际意义。由于关系是一个集合，因此不考虑元组间的顺序问题。在实际应用中，常常对关系中的元组排序，这样做仅仅是为了加快检索数据的速度，提高数据处理的效率。

❗注意事项：判断关系是否相等

判断两个关系是否相等，是从集合的角度来考虑的，与属性的次序无关，与元组次序无关，与关系的命名也无关。如果两个关系仅仅是上述差别，在其余各方面完全相同，就认为这两个关系相等。

（5）关系模式相对稳定，关系却随着时间的推移不断变化。这是由数据库的更新操作（包括插入、删除、修改）引起的。

3. 关系的完整性

关系模型的完整性规则是对关系的某种约束条件。关系模型中可以有3类完整性约束：实体完整性、参照完整性和用户定义的完整性。

（1）实体完整性（entity integrity）。

一个基本关系通常对应现实世界的一个实体集，如银行关系对应于银行的集合。现实世界中的实体是可区分的，即它们具有某种唯一性标识。相应地，关系模型中以主键作为唯一性标识。主键中的属性即主属性，不能取空值。所谓空值就是“不知道”或“无意义”的值。如果主属性取空值，就说明存在某个不可标识的实体，即存在不可区分的实体，这与现实世界的应用环境相矛盾，因此这个实体一定不是一个完整的实体。

实体完整性规则：若属性A是基本关系R的主属性，则属性A不能取空值。

（2）参照完整性（referential integrity）。

现实世界中的实体之间往往存在某种联系，在关系模型中实体及实体间的联系都是用关系来描述的，这样就自然存在着关系与关系间的引用。

设F是基本关系R的一个或一组属性，但不是关系R的键，如果F与基本关系S的主键Ks相对应，则称F是基本关系R的外键，并称基本关系R为参照关系（referencing relation），基本关系S为被参照关系（referenced relation）或目标关系（target relation）。关系R和S不一定是不同的关系。参照完整性规则就是定义外键与主键之间的引用规则。

参照完整性规则：若属性（或属性组）F是基本关系R的外键，它与基本关系S的主键Ks相对应（基本关系R和S不一定是不同的关系），则对于R中每个元组在F上的值必须为：或者取空值（F的每个属性值均为空值），或者等于S中某个元组的主键值。

（3）用户定义的完整性（user-defined integrity）。

实体完整性和参照性适用于任何关系数据库系统。除此之外，不同的关系数据库系统根据其应用环境的不同，往往还需要一些特殊的约束条件。

用户定义的完整性就是针对某一具体关系数据库的约束条件，它反映某一具体应用所涉及的数据必须满足的语义要求。关系模型应提供定义和检验这类完整性的机制，以便用统一的系统的方法处理，而不是由应用程序承担这一功能。

1.3 关系数据库的设计

要开发管理信息系统，数据库设计的好坏是关键。数据库设计是指在给定的环境下，创建一个性能良好、能满足不同用户的使用要求、又能被选定的DBMS所接受的数据模式。从本质上讲，数据库设计是将数据库系统与现实世界相结合的一种过程。

人们总是力求设计出的数据库好用，但是设计数据库时既要考虑数据库的框架和数据结构，又要考虑应用程序存取数据和处理数据。因此，最佳设计不可能一蹴而就，只能是一个反复探寻的过程。

大体上可以把数据库设计划分成以下6个阶段：需求分析阶段、概念结构设计阶段、逻辑结构设计阶段、物理结构设计阶段、数据库实施阶段、数据库运行和维护阶段，如图1-7所示。

拓展阅读

提高重点软件研发水平。面向关键基础软件、高端工业软件、云计算、大数据、信息安全、人工智能、车联网等重点领域和重大需求，加强重点软件的开发。加快软件知识产权保护与信息服务体系建设。

——《“十四五”国家信息化规划》

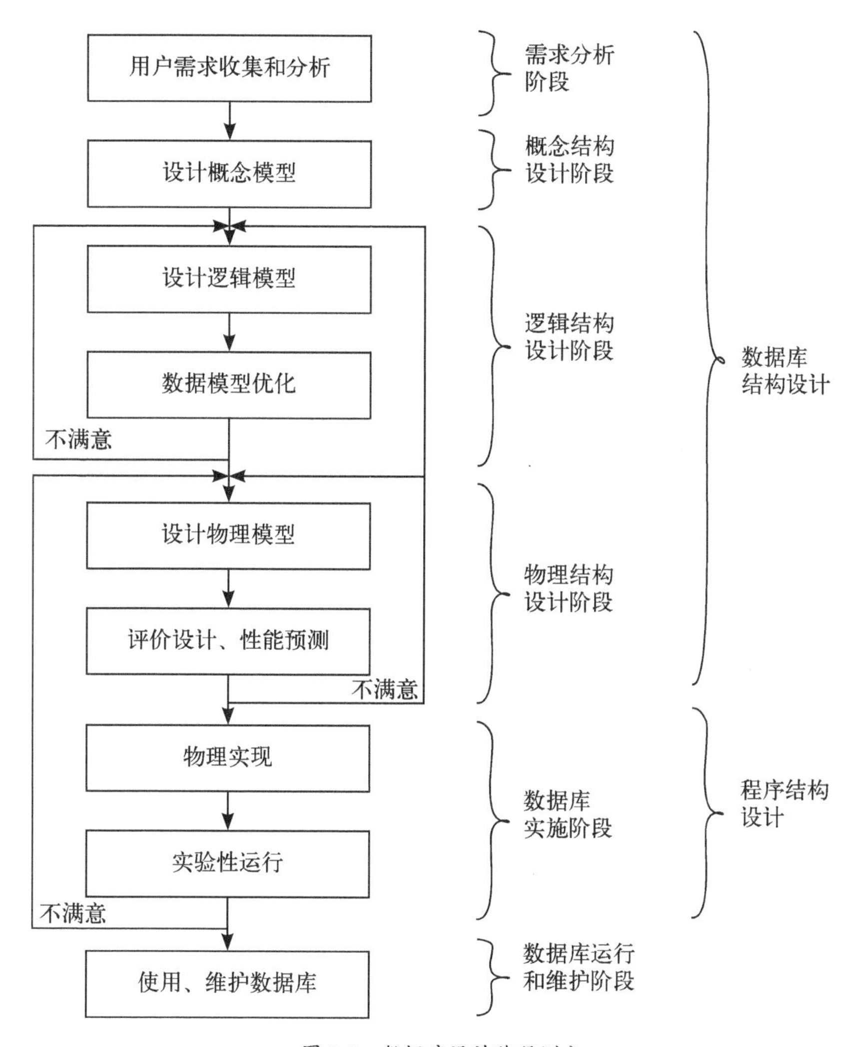

图 1-7 数据库设计阶段划分

1.3.1 需求分析

准确地搞清楚用户需求，是数据库设计的关键。需求分析的好坏，决定了数据库设计的成败。确定用户的最终需求其实是一件很困难的事。一方面用户缺少计算机知识，开始时无法确定计算机究竟能为自己做什么，不能做什么，所以无法准确地表达自己的需求，而且提出的需求往往不断地变化。另一方面设计人员缺少用户的专业知识，不易理解用户的真正需求，甚至误解用户的需求。此外新的硬件、软件技术的出现也会使用户需求发生变化。因此设计人员必须与用户不断深入地进行交流，才能逐步确定用户的实际需求。

1. 需求分析的成果

需求分析阶段的成果是系统需求说明书，主要包括数据流图、数据字典、各种说明性表格、统计输出表、系统功能结构图等。系统需求说明书是以后设计、开发、测试和验收等过程的重要依据。

注意事项：需求分析的重点

需求分析的重点是调查、收集与分析用户在数据管理中的信息要求、处理要求、安全性与完整性要求。

2. 需求分析的任务

需求分析的任务是通过详细调查现实世界要处理的对象（组织、部门、企业等），充分了解原系统（手工系统或计算机系统）的工作概况，明确用户的各种需求，在此基础上确定新系统的功能。新系统必须充分考虑今后可能的扩充和改变，不能仅仅按当前应用的需求来设计数据库。需求分析阶段的主要任务有以下几个方面。

（1）确认系统的设计范围，调查信息需求，收集数据。分析需求调查得到的资料，明确计算机应当处理和能够处理的范围，确定新系统应具备的功能。

（2）综合各种信息包含的数据，各种数据间的关系，数据的类型、取值范围和流向。

（3）建立需求说明文档、数据字典、数据流图。将需求调查文档化，文档既要为用户所理解，又要方便数据库的概念结构设计。需求分析的结果应及时与用户进行交流，反复修改，直到得到用户的认可。在数据库设计中，数据需求分析是对有关信息系统现有数据及数据间联系的收集和处理，当然也要适当考虑系统在将来的需求。一般需求分析包括数据流分析及功能分析。功能分析是指系统如何得到事务活动所需要的数据，在事务处理中如何使用这些数据进行处理（也叫加工），以及处理后数据流向的全过程的分析。换言之，功能分析是对所建数据模型支持的系统事务处理的分析。

专业术语

数据流分析

数据流分析是对事务处理所需的原始数据的收集以及处理后所得数据及其流向的分析，一般用数据流图来表示。在需求分析阶段，应当用文档形式整理出整个系统所涉及的数据、数据间的依赖关系、事务处理的说明和所需产生的报告，并且尽量借助于数据字典加以说明。除了使用数据流图、数据字典，需求分析还可使用判定表、判定树等工具。

1.3.2 概念结构设计

概念结构设计是数据库设计的第二阶段，其目标是对需求说明书提供的所有数据和处理要求进行抽象与综合处理，按一定的方法构造反映用户环境的数据及其相互联系的概念模型，即用户数据模型或企业数据模型。这种概念数据模型与DBMS无关，是面向现实世界的数据模型，极易为用户所理解。为保证所设计的概念数据模型能正确、完全地反映用户（一个单位）的数据及其相互联系，便于进行所要求的各种处理，在本阶段中可吸收用户参与和评议设计。在进行概念结构设计时，可设计各个应用的视图（view），即各个应用所看到的数据及其结构，然后再进行视图集成（view integration），以形成一个单位的概念数据模型。形成的初步数据模型还要经过数据库设计者和用户的审查与修改，最后才能形成所需的概念数据模型。

1.3.3 逻辑结构设计

逻辑结构设计阶段的设计目标是把上一阶段得到的不被DBMS理解的概念数据模型转换成等价的、为某个特定的DBMS所接受的逻辑模型所表示的概念模式，同时将概念结构设计阶段

得到的应用视图转换成外部模式，即特定DBMS下的应用视图。在转换过程中要进一步落实需求说明，并使其满足DBMS的各种限制。

1.3.4 物理结构设计

物理结构设计阶段的任务是把逻辑结构设计阶段得到的逻辑数据库在物理上加以实现。其主要内容是根据DBMS提供的各种手段，设计数据的存储形式和存取路径，如文件结构、索引的设计等，即设计数据库的内模式。数据库的内模式对数据库的性能影响很大，应根据处理需求及DBMS、操作系统和硬件的性能进行精心设计。

1.3.5 数据库实施

数据库实施主要包括以下工作：定义数据库结构，组织数据入库，编制与调试应用程序，数据库试运行。

1. 定义数据库结构

确定了数据库的逻辑结构与物理结构后，就可以使用DBMS的相关功能来严格描述数据库结构了。

2. 数据装载

数据库结构建立好后，就可以向数据库中装载数据。组织数据入库是数据库实施阶段最主要的工作。对于数据量不大的小型系统，可以用人工方式完成数据入库，其步骤如下：

（1）筛选数据。需要装入数据库中的数据通常都分散在各个部门的数据文件或原始凭证中，所以首先必须把需要入库的数据筛选出来。

（2）转换数据格式。筛选出来的需要入库的数据，其格式往往不符合数据库要求，还需要进行转换。这种转换有时可能会很复杂。

（3）输入数据。将转换好的数据输入计算机中。

（4）校验数据。检查输入的数据是否有误。

对于大型系统，由于数据量大，用人工方式组织数据入库将会耗费大量人力物力，而且很难保证数据的正确性。因此应该设计一个数据输入子系统，由计算机来辅助数据入库工作。

3. 编制与调试应用程序

数据库应用程序的设计应该与数据入库并行进行。在数据库实施阶段，当数据库结构建立好后，就可以开始编制与调试数据库的应用程序。调试应用程序时由于数据入库尚未完成，可先使用模拟数据。

4. 数据库试运行

应用程序调试完成，并且已有小部分数据入库后，就可以开始数据库的试运行。数据库试运行也称为联合调试，其主要工作包括以下两项内容。

（1）功能测试。实际运行应用程序，执行对数据库的各种操作，测试应用程序的各种功能。

（2）性能测试。测量系统的性能指标，分析是否符合设计目标。

1.3.6 数据库运行和维护

数据库试运行结果符合设计目标后，数据库就可以真正投入运行了。数据库投入运行标志着开发任务的基本完成和维护工作的开始，但并不意味着设计过程的终结。由于应用环境在不断变化，数据库运行过程中物理存储也会不断变化，对数据库设计进行评价、调整、修改等维护工作是一个长期的任务，也是设计工作的继续和提高。

在数据库运行阶段，对数据库经常性的维护工作主要是由DBA完成的。维护工作包括：故障维护，数据库的安全性、完整性控制，数据库性能的监督、分析和改进，数据库的重组织和重构造等。

1.4 认识Access

1.4.1 Access简介

Access是微软Office办公套件中一个重要成员。Access简单易学，普通的计算机用户都能掌握并使用它。同时，Access的功能也足以应付一般的小型数据管理及处理需要。无论用户是要创建一个个人使用的独立的桌面数据库，还是部门或中小公司使用的数据库，在需要管理和共享数据时，都可以使用Access作为数据库平台，提高工作效率。例如，可以使用Access处理公司的客户订单数据，管理自己的个人通讯录，记录和处理科研数据等。但Access只能在Windows系统下运行。

Access最大的特点是界面友好，简单易用，和其他Office成员一样，极易被一般用户所接受。因此，在许多低端数据库应用程序中，经常使用Access作为数据库平台。在初次学习数据库系统时，很多用户也是从Access开始的。Access的操作界面如图1-8所示。

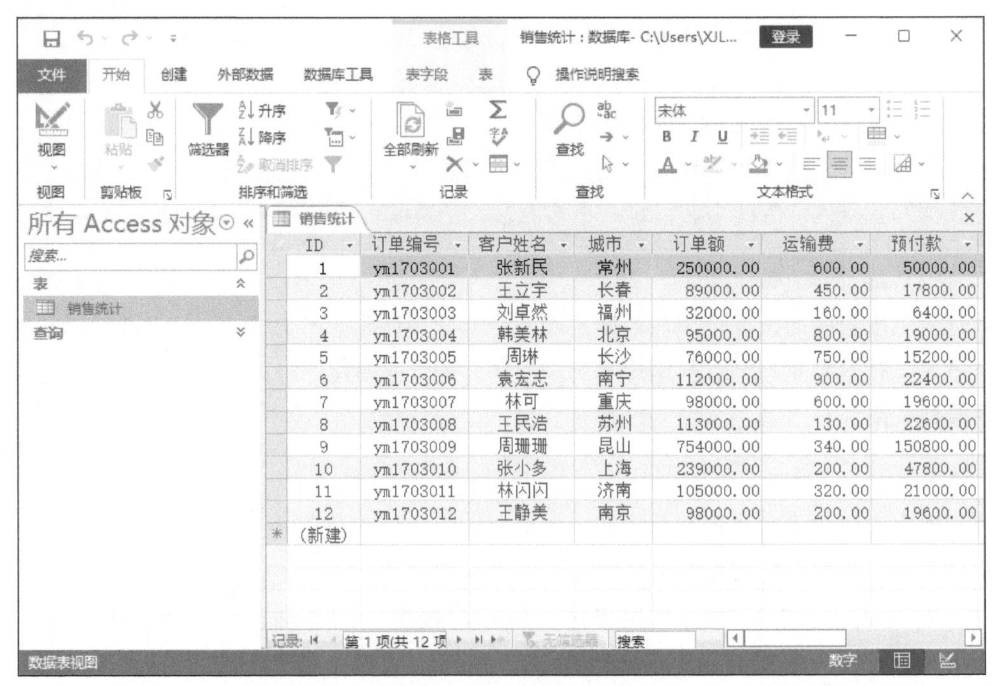

图 1-8 Access 操作界面

1.4.2 Access的启动与退出

启动Access的方法非常简单，成功安装Access以后，一般都会生成桌面快捷图标。双击该快捷图标即可打开Access软件，如图1-9所示。软件启动界面如图1-10所示。

图 1-9 启动 Access

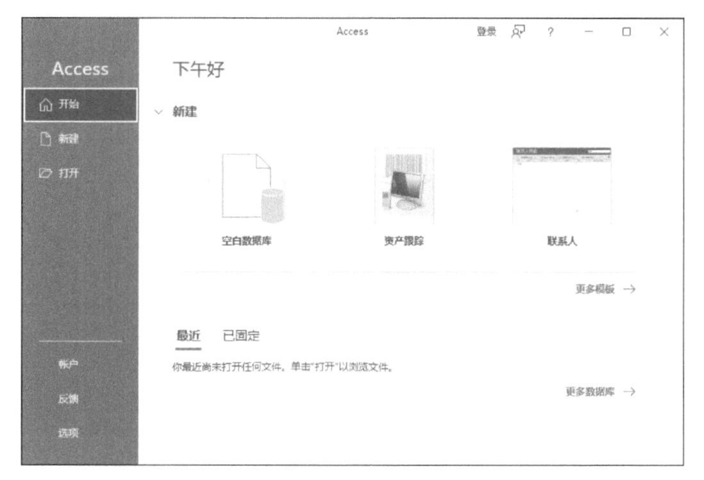

图 1-10 “新建”界面

完成数据库操作后，单击界面右上角的“关闭”按钮即可退出数据库，如图1-11所示。

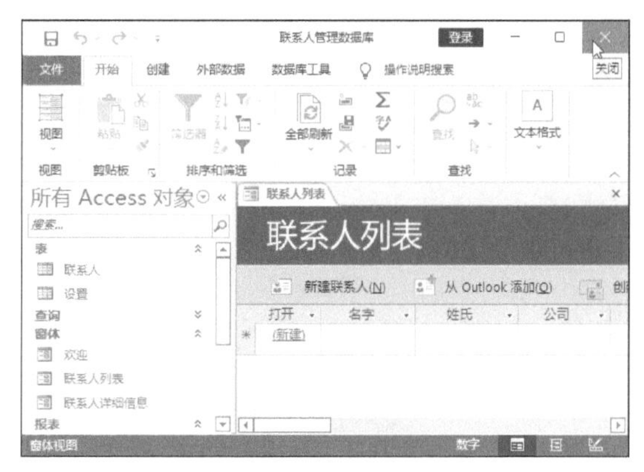

图 1-11 单击“关闭”按钮

除上述方法外，用户也可以在“文件”菜单中单击“关闭”选项退出数据库，如图1-12所示。

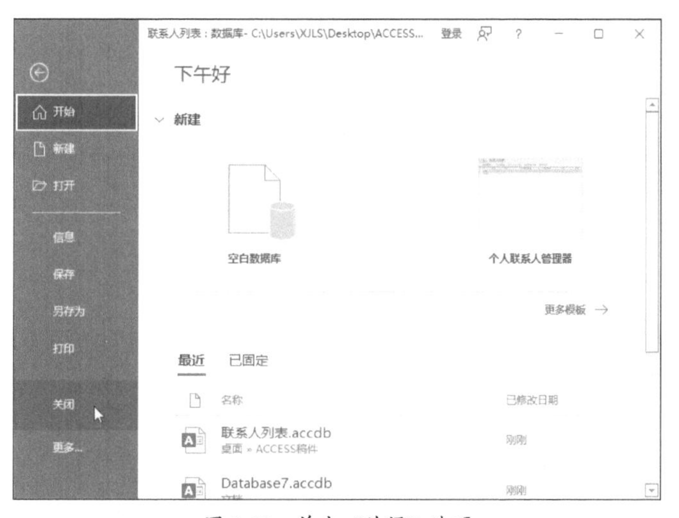

图 1-12 单击“关闭”选项

实战演练 打开指定的 Access 文件

在本例中将练习通过已启动的Access软件打开指定的Access文件。

步骤01 单击计算机屏幕左下角的“开始”图标，在“开始”菜单中单击Access图标，如图1-13所示。

步骤02 启动Access软件。在“新建”界面中单击“打开”选项，如图1-14所示。

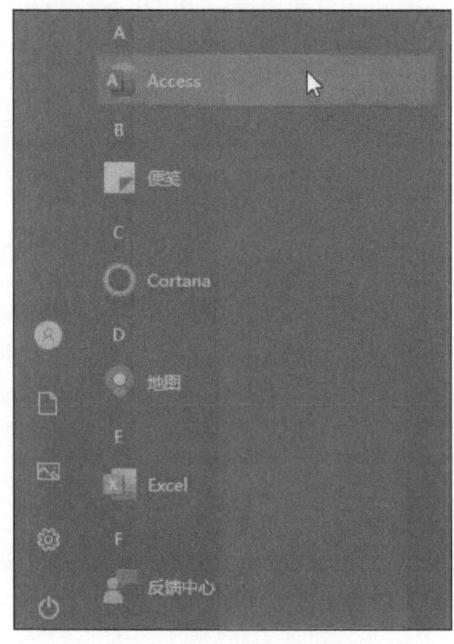

图 1-13 “开始”菜单

图 1-14 单击“打开”选项

步骤03 在打开界面的右侧可以看到很多Access文件名，用户可以在此处快速打开某个最近使用过的Access文件。若要打开计算机中的其他Access文件，可以单击“浏览”选项，如图1-15所示。

图 1-15 “打开”界面

步骤04 在弹出的“打开”对话框中找到文件的保存位置，选中要打开的文件，单击“打开”按钮，如图1-16所示。

图 1-16 “打开”对话框

步骤05 打开的Access文件如图1-17所示。为了更方便地使用打开文件这一功能，可以将“打开”按钮添加到自定义快速访问工具栏中。

步骤06 单击“自定义快速访问工具栏”按钮，在展开的列表中选择“打开”选项，如图1-18所示。

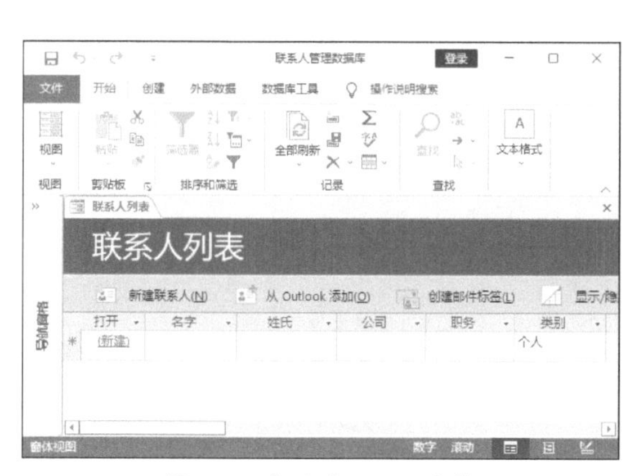

图 1-17 打开的 Access 文件

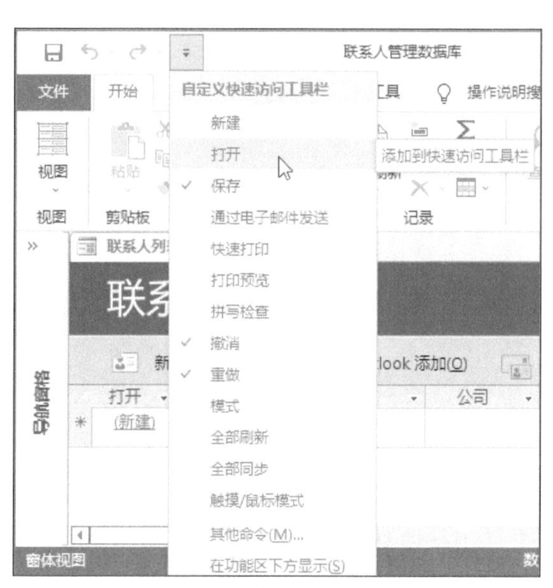

图 1-18 选择“打开”选项

步骤07 快速访问工具栏中随即添加了“打开”按钮，如图1-19所示。

图 1-19 已添加“打开”按钮

课后作业

在本作业中将练习利用右键快捷菜单创建一个Access文件，具体操作要求如下：

（1）使用右键快捷菜单，在桌面上新建一个Access文件。

（2）将文件名称设置为“商品库存信息”。

（3）双击文件图标，打开该空白数据库。

（4）在“创建”选项卡中单击“表”按钮，创建“表1”。完成效果如图1-20所示。

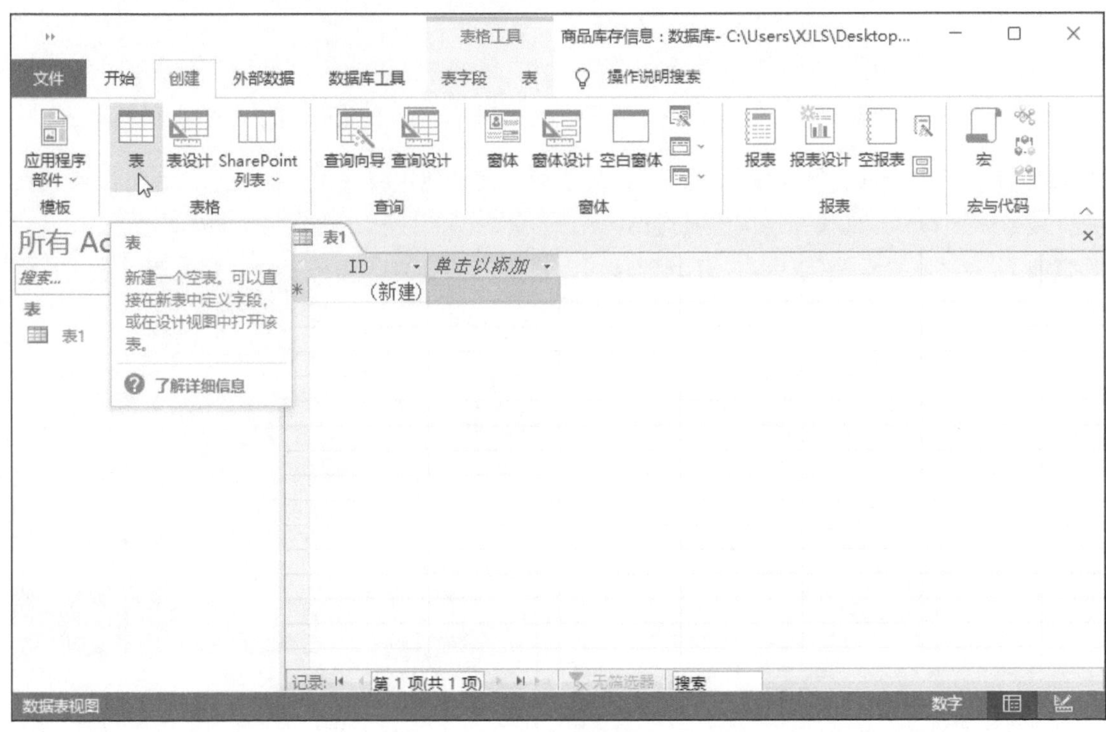

图 1-20　完成效果

学习体会

第2章 Access的操作界面和对象

内容概要

Access是一款功能强大、操作方便且灵活的关系型数据库管理系统。它拥有完整的数据库应用程序开发工具，可用于开发适合特定数据库管理的Windows应用程序。为了方便后期的学习和使用，用户需要先熟悉其操作界面，并掌握Access的7个基本对象及其基本用途。

数字资源

【本章素材】："素材文件\第2章"目录下

2.1 Access操作界面

用户启动Access后，即可进入Access的操作界面。操作界面主要由功能区、快速访问工具栏、“文件”选项、导航窗格、状态栏等部分组成，如图2-1所示。

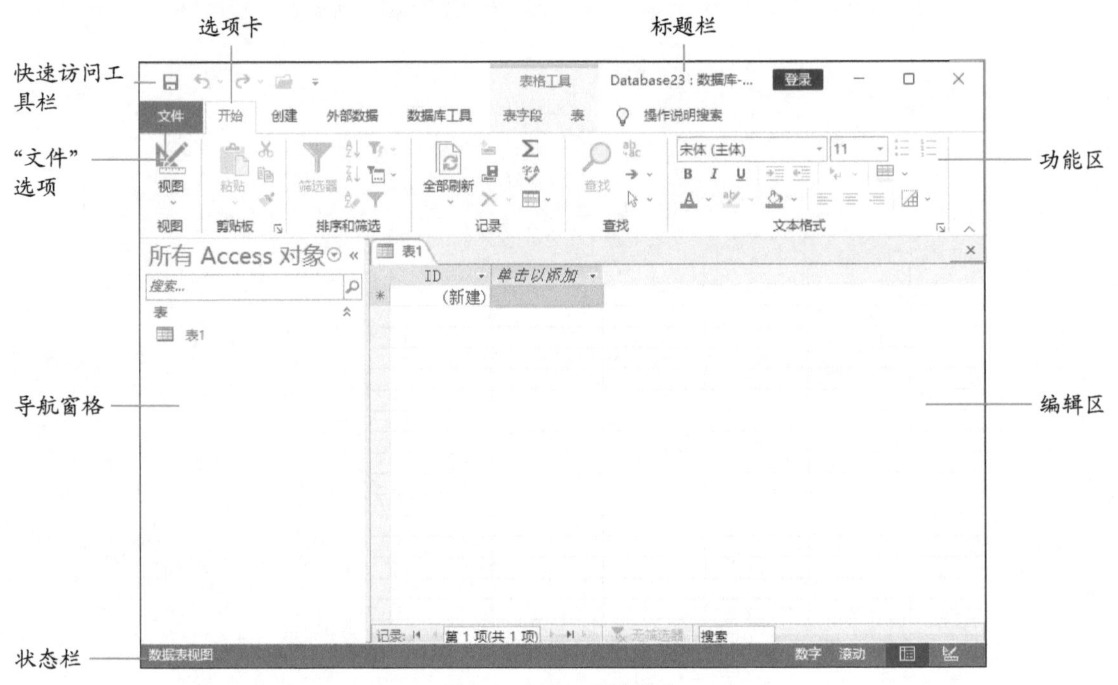

图 2-1　Access 操作界面

2.1.1　功能区

在功能区中集成了快速访问工具栏、“文件”选项、标题栏、选项卡、窗口控制按钮等。其中的选项卡默认包括“开始”“创建”“外部数据”“数据库工具”，以及“表格工具-表字段”和“表格工具-表”。单击相应名称可以打开相应选项卡，每个选项卡按功能对命令按钮进行了分组，以方便用户使用，如图2-2所示。

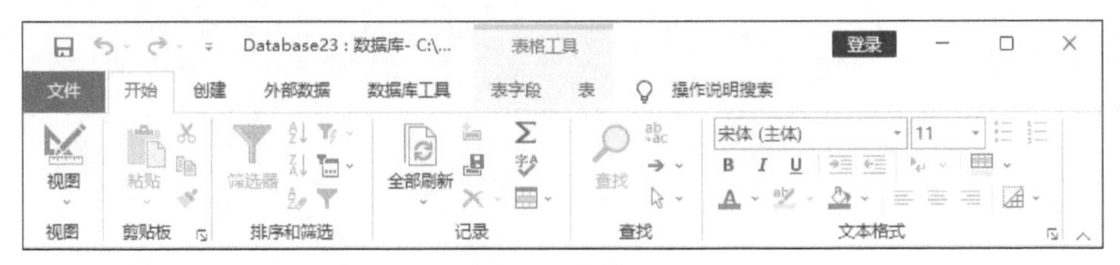

图 2-2　功能区

2.1.2　快速访问工具栏

快速访问工具栏位于窗口的左上角。在快速访问工具栏中集成了多个常用的按钮。在系统默认状态下集成了“保存”“撤消[1]”“恢复”按钮，如图2-3所示。用户可以根据需要向快速访问工具栏添加或删除常用的功能按钮。

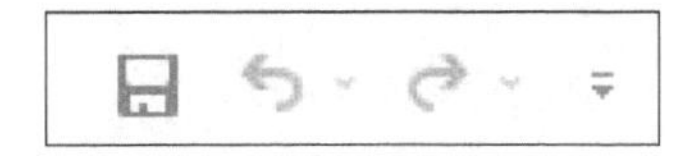

图 2-3　快速访问工具栏

① 正确写法应为“撤销”，这里采用“撤消”是为与软件保持一致。后续相同问题也采用此方法。

2.1.3 “文件”选项

“文件”选项在快速访问工具栏的下方，单击“文件”选项，可以打开“文件”菜单，在“文件”菜单中可以对数据库文件执行“新建”“打开”“保存”“打印”等操作，如图2-4所示。

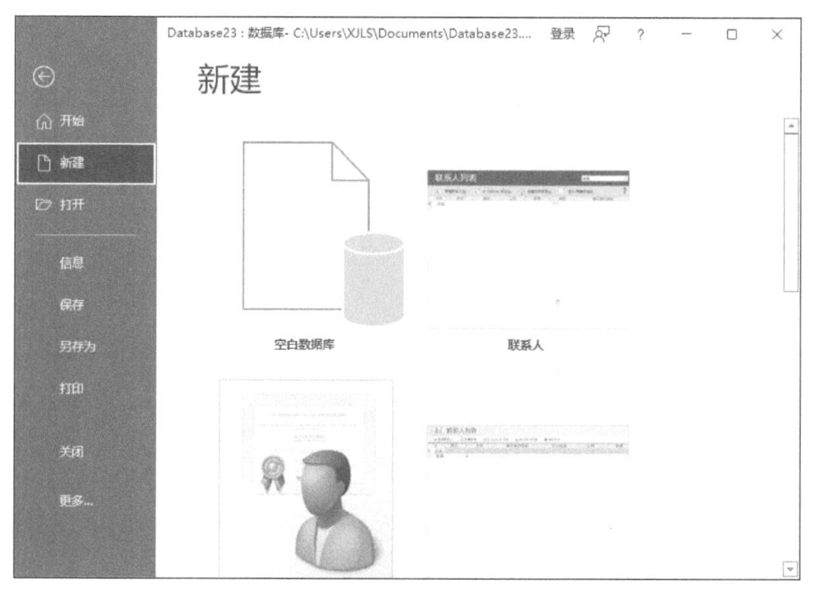

图 2-4 “文件”菜单

2.1.4 导航窗格

在导航窗格中显示的是数据中的表名称，也可以显示查询、窗体、报表和其他Access对象类型，还可以显示多种不同类型的对象，如图2-5所示。

图 2-5 导航窗格

2.1.5 状态栏

状态栏位于Access窗口的底部，它主要用于显示当前文件的信息。状态栏的右侧包含了视图按钮，单击相应按钮可切换视图，如图2-6所示。

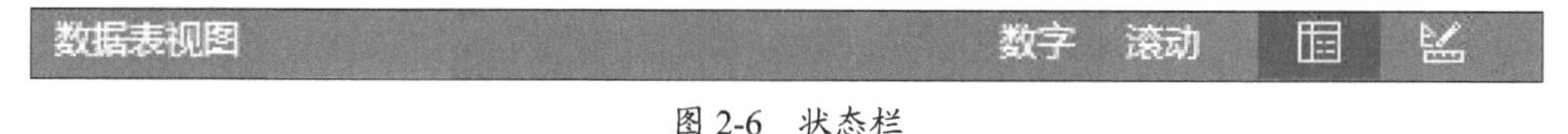

图 2-6 状态栏

2.2 Access的7种基本对象

数据库由7种对象组成，分别为表、查询、窗体、报表、宏、模块和数据访问页，下面分别介绍这7种对象的用途。

2.2.1 表

如果把数据比作一滴滴的水，那么表就是盛水的容器。在数据库中，不同主题的数据存储在不同的表中，通过行与列来组织信息。每张表都由多条记录组成，每个记录为一行，每行又有多个字段，如图2-7所示。用户可以设置一个或者多个字段作为记录的关键字，这些字段就叫作主键，并可以通过这些关键字来标识不同的记录。

销售统计

ID	订单编号	客户姓名	城市	订单额	运输费	预付款
1	ym1703001	张新民	常州	250000.00	600.00	50000.00
2	ym1703002	王立宇	长春	89000.00	450.00	17800.00
3	ym1703003	刘卓然	福州	32000.00	160.00	6400.00
4	ym1703004	韩美林	北京	95000.00	800.00	19000.00
5	ym1703005	周琳	长沙	76000.00	750.00	15200.00
6	ym1703006	袁宏志	南宁	112000.00	900.00	22400.00
7	ym1703007	林可	重庆	98000.00	600.00	19600.00
8	ym1703008	王民浩	苏州	113000.00	130.00	22600.00
9	ym1703009	周珊珊	昆山	754000.00	340.00	150800.00
10	ym1703010	张小多	上海	239000.00	200.00	47800.00
11	ym1703011	林闪闪	济南	105000.00	320.00	21000.00
12	ym1703012	王静美	南京	98000.00	200.00	19600.00
(新建)						

记录: 第 13 项(共 13 项) 无筛选器 搜索 数字

图 2-7　表

Access表有两种视图显示方式，打开表对象窗口后，可以根据不同的情况切换到不同的视图中进行查看与编辑。

1. 数据表视图

打开表对象后，在默认的数据表视图模式中可以方便地查看、添加、删除和编辑表中的数据，如图2-8所示。如果处在其他视图模式下，可单击状态栏中的按钮切换回数据表视图。

所有 Access 对象　搜索...　表　销售统计　查询

销售统计

ID	订单编号	客户姓名	城市	订单额	运输费
1	ym1703001	张新民	常州	250000.00	600.00
2	ym1703002	王立宇	长春	89000.00	450.00
3	ym1703003	刘卓然	福州	32000.00	160.00
4	ym1703004	韩美林	北京	95000.00	800.00
5	ym1703005	周琳	长沙	76000.00	750.00
6	ym1703006	袁宏志	南宁	112000.00	900.00
7	ym1703007	林可	重庆	98000.00	600.00
8	ym1703008	王民浩	苏州	113000.00	130.00
9	ym1703009	周珊珊	昆山	754000.00	340.00
10	ym1703010	张小多	上海	239000.00	200.00
11	ym1703011	林闪闪	济南	105000.00	320.00
12	ym1703012	王静美	南京	98000.00	200.00
(新建)					

记录: 第 1 项(共 12 项) 无筛选器 搜索

数据表视图　数字　滚动

图 2-8　数据表视图

2. 设计视图

在“开始”选项卡中单击“视图”下拉按钮，在展开的列表中选择“设计视图”选项，如图2-9所示。此时将切换到设计视图模式，从中可以方便地修改表的结构和定义字段的数据类型等，如图2-10所示。

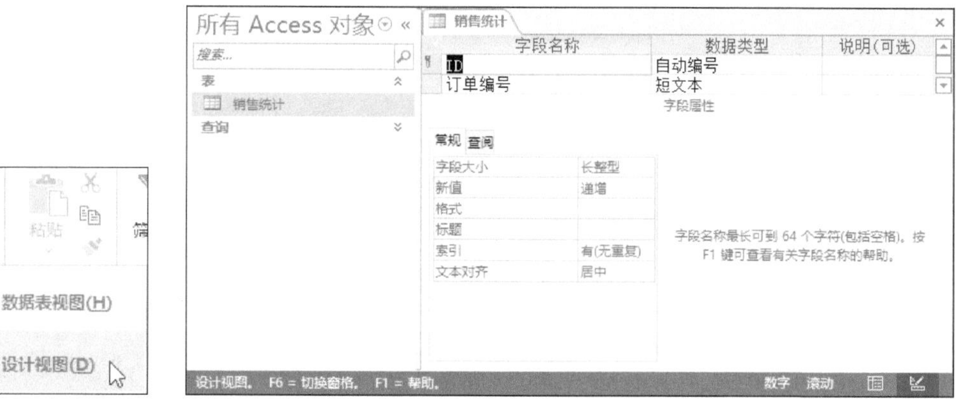

图 2-9 选择“设计视图”选项

图 2-10 设计视图

2.2.2 查询

数据库的主要用途是存储和提取信息。在输入数据后，可以立即从数据库中获取信息，也可以之后再获取这些信息。

查询是指在一个或多个表内根据搜索要求查找某些特定的数据，并将其集中起来，形成一个全局性的集合，供用户查看，如图2-11所示。由于数据是分表存储的，用户可以通过复杂的查询将多张表的关键字连接起来。查询出来的数据组成一张新表，用以保存查询到的数据信息。

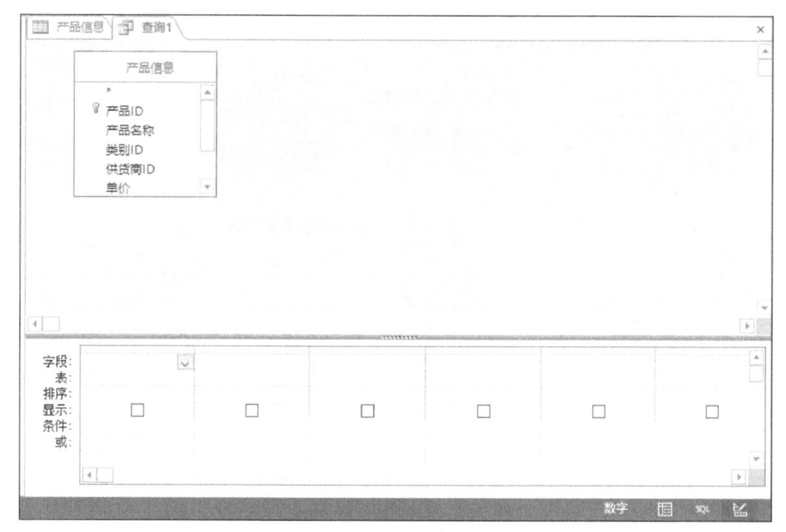

图 2-11 查询功能

Access提供了以下4种查询方式。

1. 简单查询

简单查询是指从选中的字段中创建选择查询。

2. 交叉数据表查询

有时，查询数据不仅要在数据表中找到特定的字段、记录，还需对数据表进行统计、摘要、求和、计数和求平均值等操作，此时就需要使用交叉数据表查询的方式。

3. 查找重复项查询

使用查找重复项查询的方式可以在单一表或查询中查找具有重复字段值的记录。

4. 查找不匹配项查询

查找不匹配项查询的方式是指可以在一个表中查找在另一个表中没有相关记录的行。

下面介绍创建查询的具体操作方法。

步骤01 打开一个数据表，切换到“创建”选项卡，在“查询”组中单击“查询向导”按钮，如图2-12所示。

步骤02 弹出“新建查询”对话框，选择“简单查询向导”选项，单击“确定”按钮，如图2-13所示。

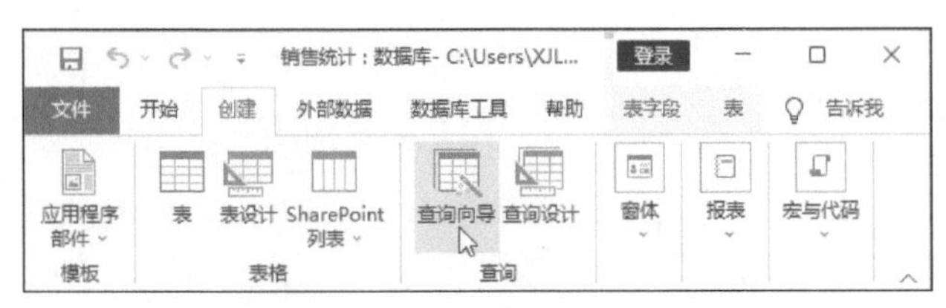

图 2-12 单击“查询向导”按钮

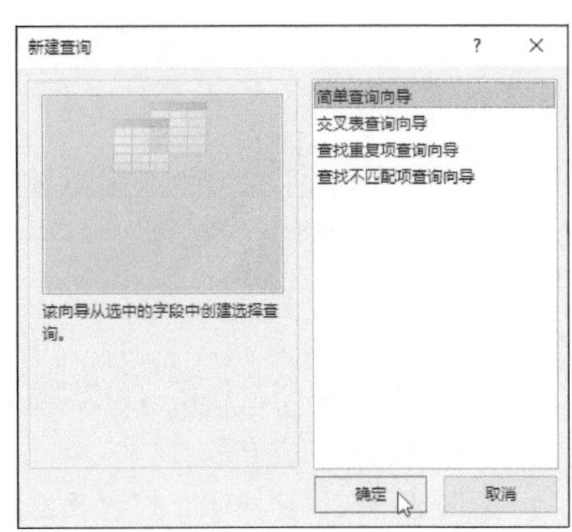

图 2-13 “新建查询”对话框

步骤03 弹出“简单查询向导”对话框，在“可用字段”列表中选择“订单编号”，然后单击 > 按钮，如图2-14所示。

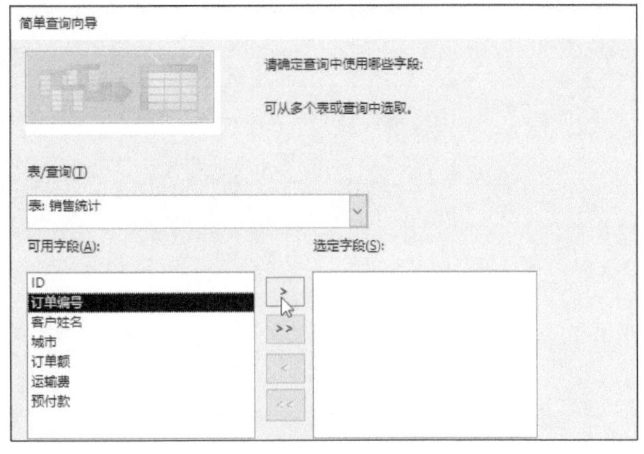

图 2-14 “简单查询向导”对话框

步骤04 所选字段随即被添加到右侧的“选定字段”列表中，如图2-15所示。

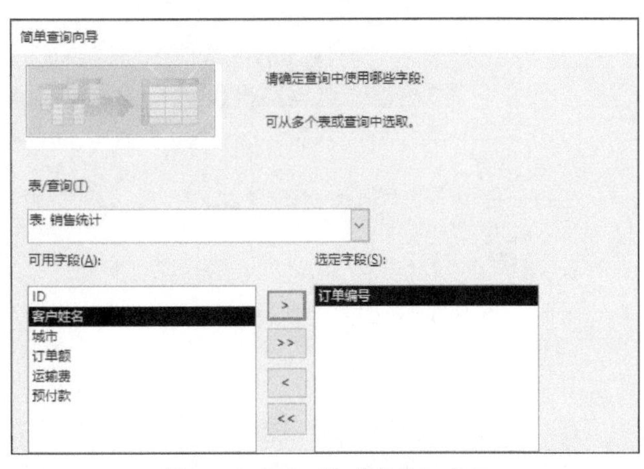

图 2-15 添加“订单编号”字段

步骤05 参照前面的步骤，继续向“选定字段”列表中添加其他字段，添加完成后，单击“下一步”按钮，如图2-16所示。

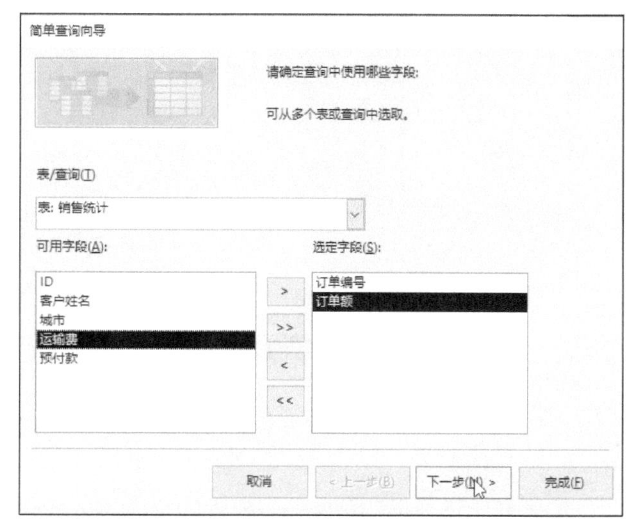

图 2-16 添加其他字段

步骤06 在打开的对话框中选中“明细(显示每个记录的每个字段)”单选按钮，单击“下一步”按钮，如图2-17所示。

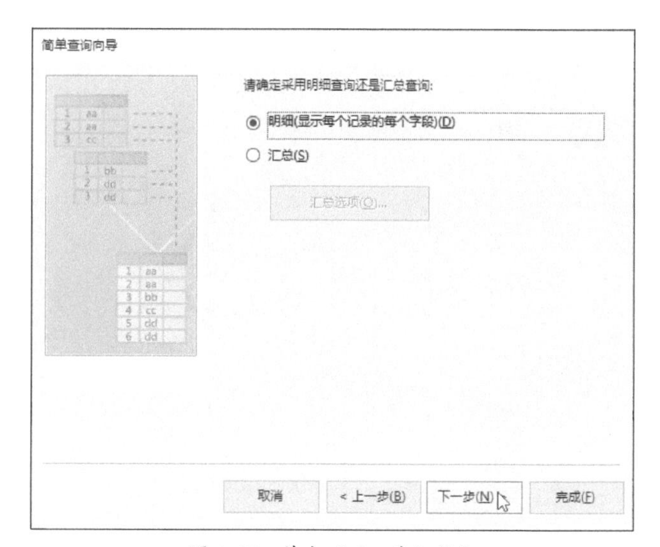

图 2-17 单击“下一步”按钮

步骤07 在打开对话框的“请为查询指定标题”文本框中输入“订单金额查询”，单击“完成”按钮，如图2-18所示。

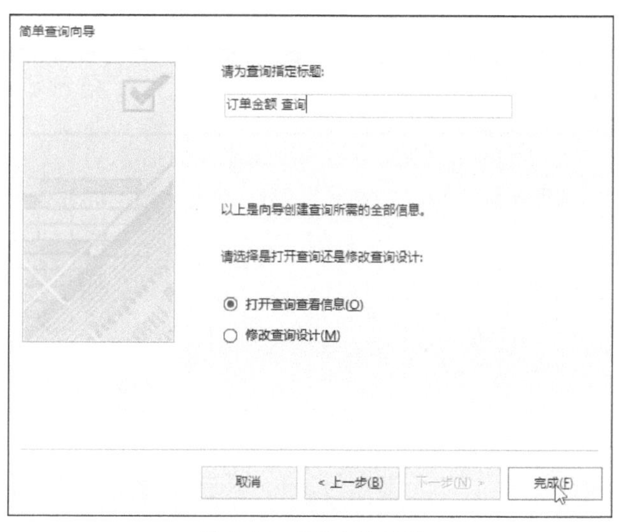

图 2-18 指定查询标题

步骤08 数据库中随即创建了指定的查询，如图2-19所示。

订单编号	运输费
ym1703001	600.00
ym1703002	450.00
ym1703003	160.00
ym1703004	800.00
ym1703005	750.00
ym1703006	900.00
ym1703007	600.00
ym1703008	130.00
ym1703009	340.00

图 2-19 创建的查询

2.2.3 窗体

窗体好比记录单，是Access提供的可以输入数据的对话框，可使用户在输入数据时感受到界面的友好性。一个窗体可以包括多个表的字段，在输入数据时不必在表与表之间来回切换，如图2-20所示。

图 2-20 窗体

下面介绍创建窗体的具体操作方法。

步骤01 在导航窗格中选择需要在窗体上显示的数据的表或查询，如图2-21所示。

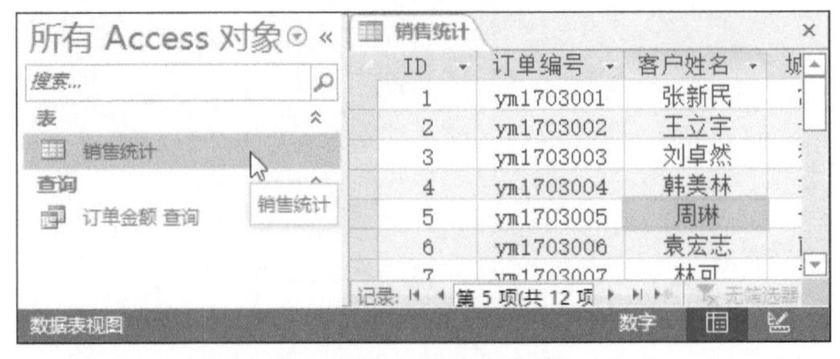

图 2-21 选择表或查询

步骤02 切换至“创建”选项卡，在“窗体”组中单击“窗体”按钮，如图2-22所示。

步骤03 数据库中随即创建了窗体。在窗体下面单击“下一条记录”按钮，则可以依次查看表中的记录，如图2-23所示。

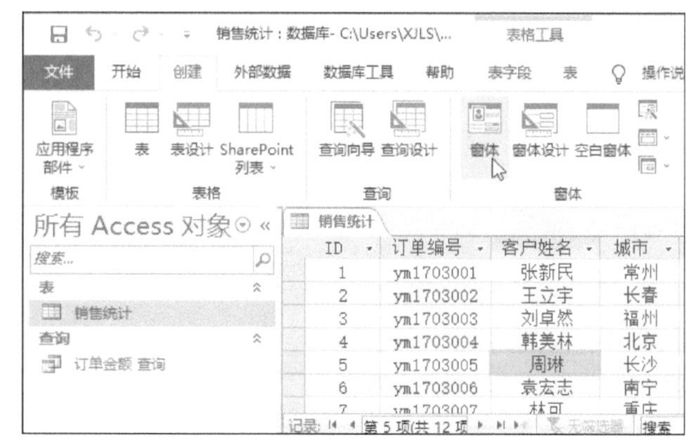

图 2-22　单击“窗体”按钮

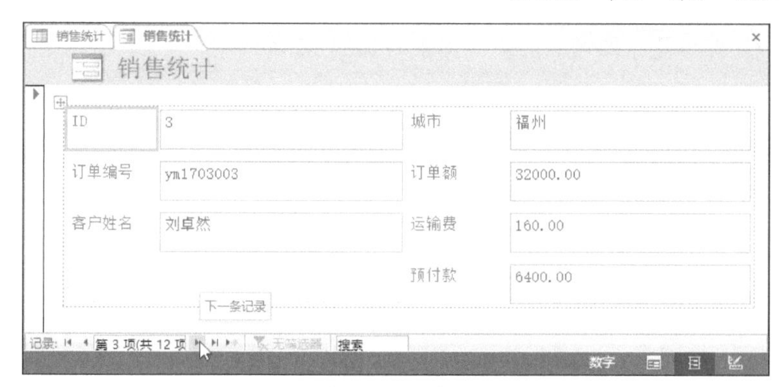

图 2-23　单击“下一条记录”按钮

2.2.4　报表

表用来存储信息，窗体用来编辑和浏览信息，查询用来检索和更新信息。若不能将这些信息以便于使用的格式输出，信息就不能以有效的方式传达给用户，信息管理的目标也就无法得以实现。因此，有必要将信息以分类的形式输出。要实现此功能，报表是一个好的选择。

使用报表可将选定的数据信息进行格式化显示和打印。报表信息可以基于某一数据表，也可以基于某一查询结果，这个查询结果可以是多个表之间关系的查询结果，如图2-24所示。报表在打印之前可以进行打印预览。

考试成绩　　2022年4月24日 14:03:47

ID	准考证号	姓名	基础理论	专业综合	笔试成绩	名次
1	1254010325	李天成	88	71	76.1	1
2	1254010107	余露	84	70	74.2	2
3	1254010124	赵芳	77	72.5	73.85	3
4	1254010311	陈可辛	87	65.5	71.95	4
5	1254010320	杨美子	74	69.5	70.85	5
6	1254010206	顾佳佳	82	65.5	70.45	6
7	1254010417	赵璐	75	67	69.4	7
8	1254010108	张丹	79	65	69.2	8
9	1254010102	李雨田	83	62.5	68.65	9
10	1254010143	周玲玲	74	65.5	68.05	10
11	1254010125	吴美文	75	65	68	11

图 2-24　报表

下面介绍创建报表的具体操作方法。

步骤01 在导航窗格中选择需要创建报表的表或查询，此处选择“考试成绩”表，如图2-25所示。

步骤02 切换至“创建”选项卡，单击“报表”组中的“报表”按钮，如图2-26所示。

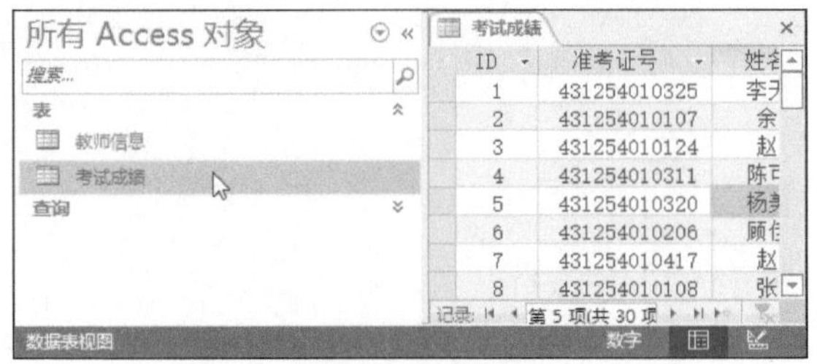

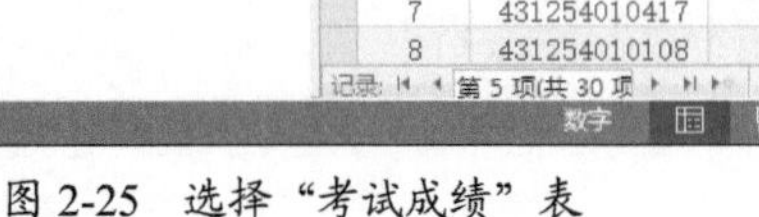

图 2-25　选择“考试成绩”表

图 2-26　单击“报表”按钮

步骤03 数据库中随即创建了“考试成绩”报表，如图2-27所示。

图 2-27　创建的“考试成绩”报表

2.2.5　宏

宏是包含一个或多个操作的集合，使用它可以使Access自动完成某些操作。用户可以设计一个宏来控制一系列操作。当执行这个宏时，就会按这个宏的定义依次执行相应的操作。

2.2.6　模块

模块是指Access提供的VBA（Visual Basic for Application）语言编写的程序段。模块有两个基本类型：类模块和标准模块。模块中的每一个过程都可以是一个函数过程或一个子程序。

2.2.7　数据访问页

使用数据访问页可使Access与因特网紧密结合起来。在Access中用户可以直接建立Web页，通过Web页，用户可以方便、快捷地将相关文件作为Web发布程序存储到指定的文件夹，或者将其复制到Web服务器上，以便在网络上发布信息。

2.2.8 Access对象之间的关系

数据库之间是通过关系、宏及模块进行联系的。表之间的系统应用主要表现在查询中。创建查询主要是依据表之间的关系，如果表之间不存在关系，则没有创建查询的必要。结合型窗体、报表及数据访问页是以表或查询为基础，非结合型窗体和报表仅是窗体和报表功能的扩展而已。设计宏和模块的主要目的是进一步扩展数据库功能，增加数据库管理的自动化程序，以提高数据库管理的效率。

查询、窗体、报表和数据访问页在操纵数据库数据时，它们之间具有一定的相似性，在某些情况下它们的作用可以互相替代，查询在数据检索方面具有独特的作用，一般适用于高级用户，它主要应用在数据库开发阶段。一旦开发完成，一般应创建基于查询的窗体、报表或数据访问页，以操纵数据。窗体的主要特点在于其具有很强的交互性，由于窗体可使用各种控件，因此可以通过各种控件及其相应的事件过程和宏，为用户提供最大程度的简便性和实用性；很少将窗体用于数据的打印输出。报表的主要功能在于其具有强大的数据分析能力，利用报表可以得到各种汇总信息，可以说报表是设计数据库的最终归宿。数据访问页结合了窗体和报表的许多功能，虽然它具有窗体的交互性，但可利用的控件却不如窗体丰富；它虽然也具有报表的排序和分组功能，但对于计算各种总计尚不如报表功能完善，而且打印输出时也不如报表易于控制。数据访问页的独特性在于其强大的网络功能，通过数据访问页可以访问存储在数据库服务器上或网络上任意可访问位置处的数据库。数据库访问页独立于Access数据库之外，其他用户使用数据访问页时无须安装Access。

2.3 Access 7种对象的基本用途

Access提供了一整套用于组织数据、创建查询、生成窗体、打印报表、共享数据、支持超级链接以及创建应用系统的手段，使用它可以完成很多工作。

2.3.1 组织数据

数据库管理系统的主要作用是组织、管理各种各样的数据。在Access中，可以将每一种类型的数据存放在不同的表中，如图2-28所示。定义好多个表之间的关系，可以将各个表中的相关数据有机联系在一起。

ID	准考证号	姓名	性别	身份证号	报考职位	考场号	座位号
1	431254010325	李天成	男	430321[illegible]6303917	幼儿教师	3	11
2	431254010107	余露	女	430724[illegible]6200229	幼儿教师	2	19
3	431254010124	赵芳	女	430724[illegible]122004x	幼儿教师	4	4
4	431254010311	陈可辛	女	432424[illegible]5100028	幼儿教师	1	8
5	431254010320	杨美子	女	430430[illegible]7240028	幼儿教师	2	5
6	431254010206	顾佳佳	女	430224[illegible]2152827	幼儿教师	2	6
7	431254010417	赵璐	女	430321[illegible]1304824	幼儿教师	1	17
8	431254010108	张丹	女	432601[illegible]6070642	幼儿教师	3	8
9	431254010102	李雨田	女	432424[illegible]030532x	幼儿教师	1	2
10	431254010143	周玲玲	女	432424[illegible]906232x	幼儿教师	1	9
11	431254010125	吴美文	女	432427[illegible]7086349	幼儿教师	1	25
12	431254010230	刘丽娟	女	430321[illegible]6051228	幼儿教师	2	7
13	431254010211	蒋欣	女	430724[illegible]4170049	幼儿教师	2	24

图 2-28 组织数据

2.3.2 创建查询

建立了数据库并且在数据库中输入大量数据后，下一步就是从数据库中找出那些有意义的数据。因此，查询是数据库管理系统不可缺少的工具。例如，通过“教师信息”表和“考试成绩”表创建“名次 查询”，如图2-29所示。

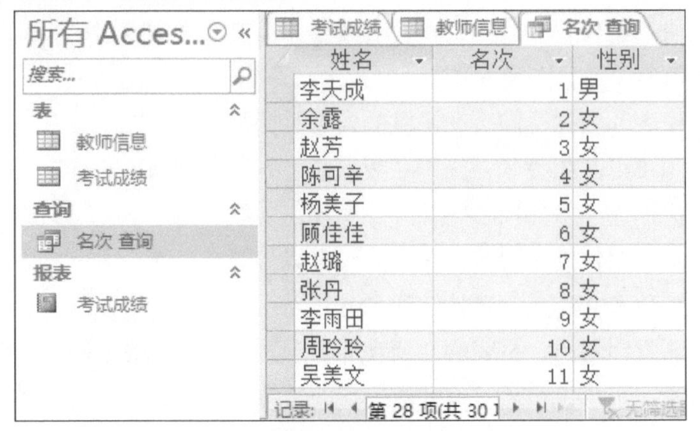

图 2-29 创建查询

2.3.3 生成窗体

窗体是用户和数据库应用程序之间的主要接口，窗体在数据库管理系统中的应用极大地提高了数据操作的安全性，丰富了操作界面。在Access中，一方面可以通过创建窗体直接查看、输入和更改表中数据，另一方面也可以通过创建的窗体实现功能的选择。例如，图2-30所示为利用“教师信息”表创建的窗体。

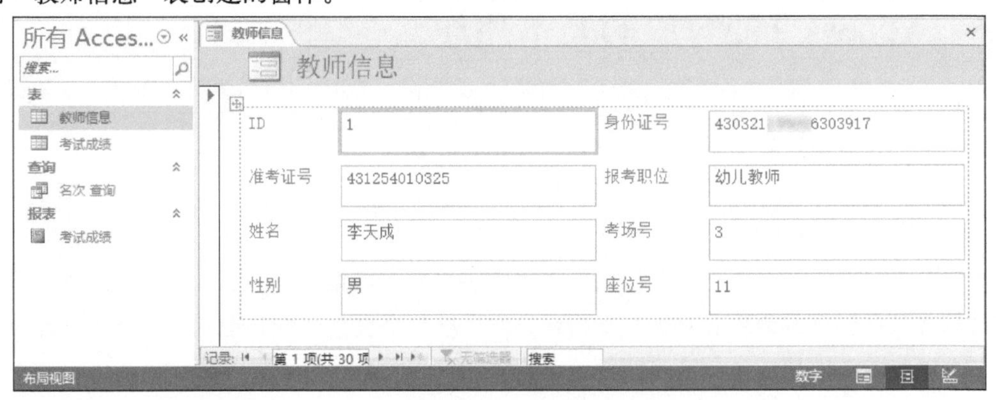

图 2-30 生成窗体

2.3.4 打印报表

在实际工作中，往往需要将各种数据或查询结果以书面报表形式与同事或上级进行交流。在Access中，可以创建一个报表来分析数据或以特定方式打印出来。图2-31所示为“考试成绩”报表的打印预览效果。

拓展阅读

提升数据资源开发利用水平。建立健全国家公共数据资源体系，构建统一的国家公共数据开放平台和开发利用端口，推动人口、交通、通信等公共数据资源安全有序开放。

——《“十四五”国家信息化规划》

考试成绩　　2022年4月24日 14:57:17

ID	准考证号	姓名	基础理论	专业综合	笔试成绩	名次
1	431254010325	李天成	88	71	76.1	1
2	431254010107	余露	84	70	74.2	2
3	431254010124	赵芳	77	72.5	73.85	3
4	431254010311	陈可辛	87	65.5	71.95	4
5	431254010320	杨美子	74	69.5	70.85	5
6	431254010206	顾佳佳	82	65.5	70.45	6
7	431254010417	赵璐	75	67	69.4	7
8	431254010108	张丹	79	65	69.2	8
9	431254010102	李雨田	83	62.5	68.65	9
10	431254010143	周玲玲	74	65.5	68.05	10
11	431254010125	吴美文	75	65	68	11
12	431254010230	刘丽娟	65	69	67.8	12
13	431254010211	蒋欣	69	66.5	67.25	13
14	431254010209	李子文	70	66	67.2	14
15	431254010220	赵翔	70	65	66.5	15
16	431254010111	程梦瑶	72	63.5	66.05	16
17	431254010319	雷娟	70	63	65.1	17
18	431254010204	吴美玲	74	60.5	64.55	18
19	431254010208	宋依依	73	60	63.9	19
20	431254010301	赵敏	69	61	63.4	20
21	431254010410	张凯	63	63.5	63.35	21
22	431254010409	吕小欧	60	64.5	63.15	22
23	431254010313	顾飞阁	74	58.5	63.15	22
24	431254010405	蒋洋洋	77	57	63	24
25	431254010403	程敏	69	60	62.7	25
26	431254010402	倪晓晴	66	60.5	62.15	26
27	431254010113	王培文	62	62	62	27
28	431254010323	刘佳乐	69	58	61.3	28
29	431254010105	顾芳华	59	61.5	60.75	29
30	431254010329	齐美珍	69	57	60.6	30
30						

共 1 页，

图 2-31　“考试成绩”报表的打印预览

2.3.5　共享数据

Access不但具有强大、方便的数据管理功能，而且能提供与其他应用程序的接口，即实现数据的导入及导出。通过这些功能，可以将其他数据库系统的数据导入或链接到Access数据库中，也可以将Access数据库数据导出到其他系统的数据库中。

2.3.6　支持超级链接

超级链接是指浏览器中一段比较醒目的文本或图标，单击超级链接，浏览器中的页面就会跳转到该链接所指向的网络对象。在Access中，可以将某个字段的数据类型定义成超级链接，并且将因特网或局域网中的某个对象赋予这个超级链接，这样在数据表或窗体中单击超级链接字段时就可以启动浏览器并跳转到该链接所指向的对象。

2.3.7 创建应用系统

使用Access提供的宏和VBA可以将各种数据库对象连接在一起，从而形成一个数据库应用系统。使用数据库应用系统可以完成不同的操作，提高工作效率。另外，Access还提供了切换面板管理器，可以将已经建立的各种数据库对象连接在一起，形成需要的应用系统。

实战演练 设计 Access 窗体

本章主要学习了Access的操作界面、7种基本对象以及这7种对象的基本用途。在本例中将深入练习Access中窗体的设计和窗体视图的切换。

步骤01 在导航窗格中选中要创建窗体的表，打开“创建”选项卡，在“窗体”组中单击“其他窗体”下拉按钮，在展开的列表中选择“分割窗体”选项，如图2-32所示。

步骤02 Access界面中将显示创建的分割窗体，如图2-33所示。

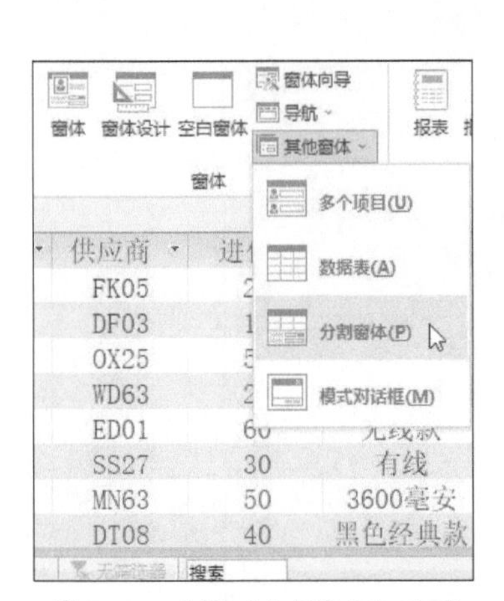

图 2-32 选择“分割窗体”选项

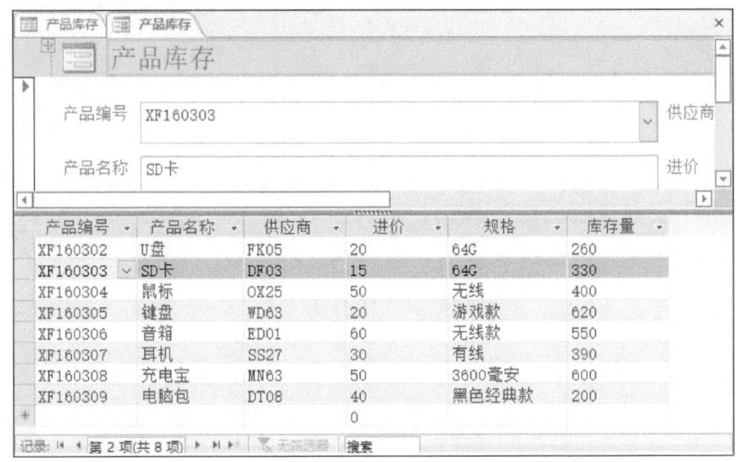

图 2-33 创建的分割窗体

步骤03 用鼠标右键单击窗体名称，在弹出的菜单中选择“设计视图”选项，如图2-34所示。

步骤04 当前窗体随即切换到设计视图模式，如图2-35所示。

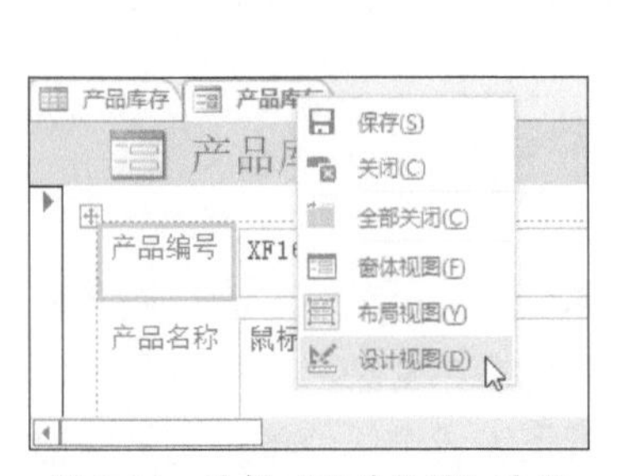

图 2-34 选择“设计视图”选项

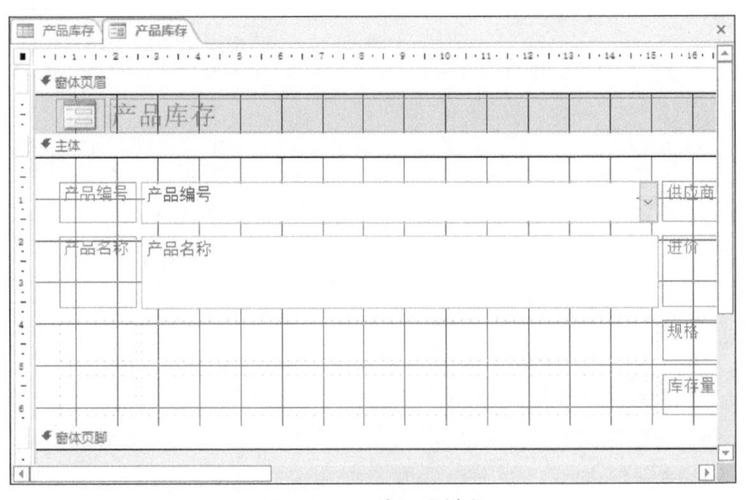

图 2-35 设计视图模式

步骤05 选中需要调整的控件，将光标放在控件的右侧，光标将变成“↔”形状，如图2-36所示。

步骤06 按住鼠标左键进行拖动，调整控件的宽度，调整到合适宽度时松开鼠标即可，如图2-37所示。参照此方法，继续调整其他控件的宽度和高度。

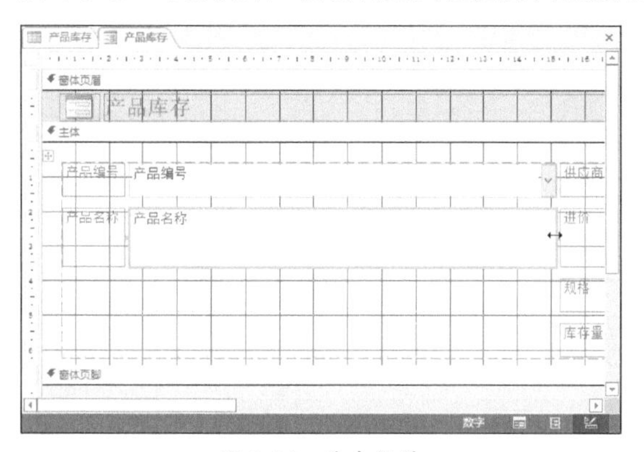

图 2-36　选中控件

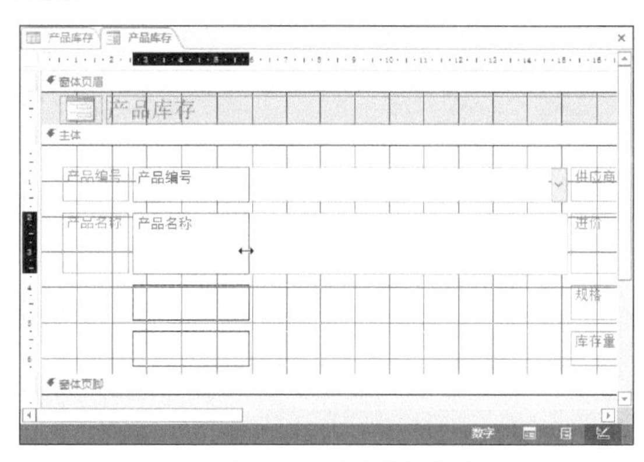

图 2-37　调整控件的宽度

步骤07 按住Ctrl键并依次单击两个“规格”控件，可将这两个控件同时选中，随后将光标放在控件的边框上，光标将变成“ ”形状，如图2-38所示。

步骤08 按住鼠标左键，将控件向“产品名称”控件下方拖动，如图2-39所示。

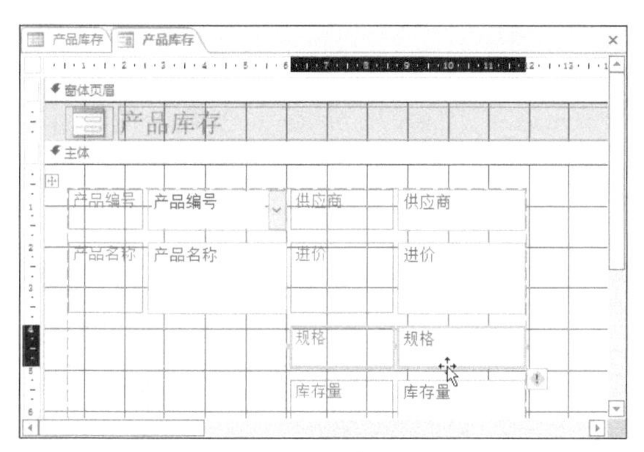

图 2-38　同时选中两个控件

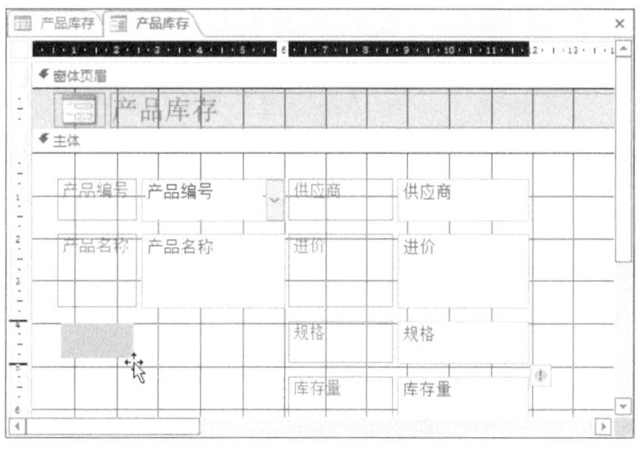

图 2-39　调整控件位置

步骤09 松开鼠标后，“规格”控件被移动到了“产品名称”控件的下方，如图2-40所示。参照此方法，继续调整其他控件的位置。

步骤10 选中所有不包含内容的控件，如图2-41所示，按Delete键，将这些空白控件删除。

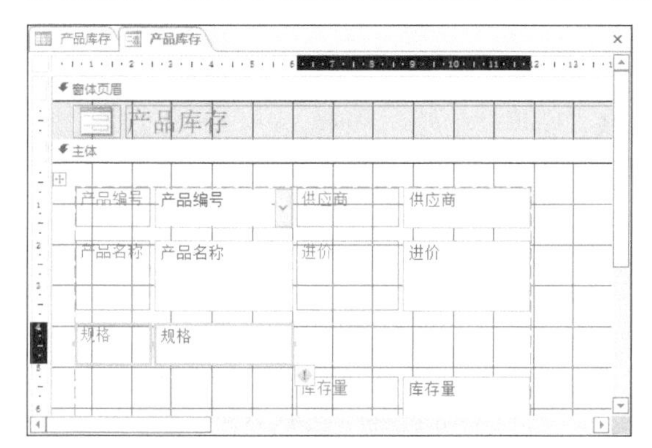

图 2-40　调整其他控件位置

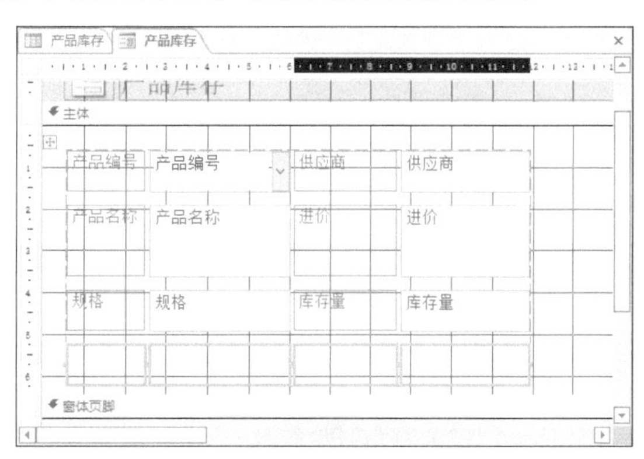

图 2-41　删除空白控件

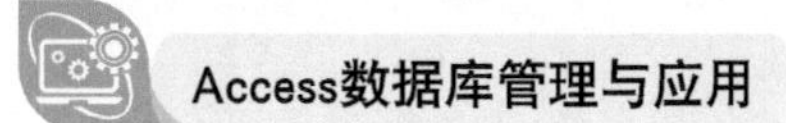

步骤 11 窗体设计完成后右击窗体名称，在弹出的菜单中选择“窗体视图”选项，如图2-42所示。

步骤 12 窗体设计完成后的效果如图2-43所示。

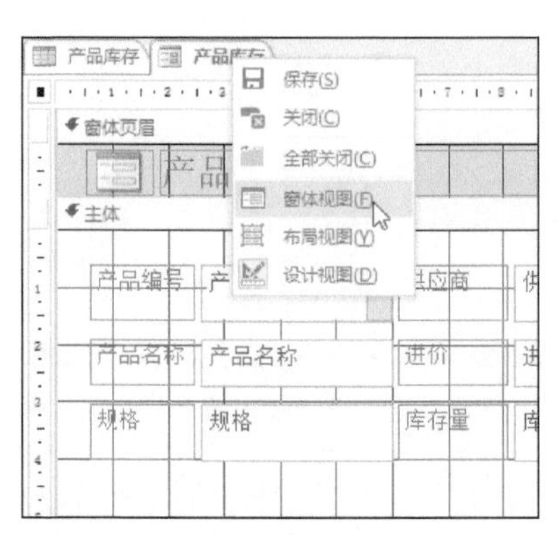

图 2-42　选择“窗体视图”选项

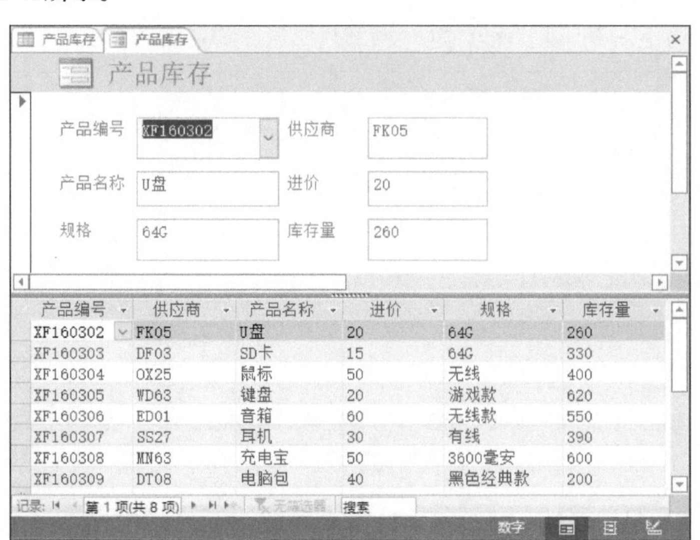

图 2-43　窗体效果

课后作业

根据操作习惯或是经常要处理的数据类型，用户可以将经常使用的命令添加到快速访问工具栏中。在本作业中将练习添加自定义快速访问工具栏中的命令按钮，具体操作要求如下：

（1）单击快速访问工具栏右侧的下拉按钮，在展开的下拉列表中选择“其他命令”选项。

（2）在“Access选项”对话框中将“打开”“另存为”“视图”命令添加到快速访问工具栏中。完成效果如图2-44所示。

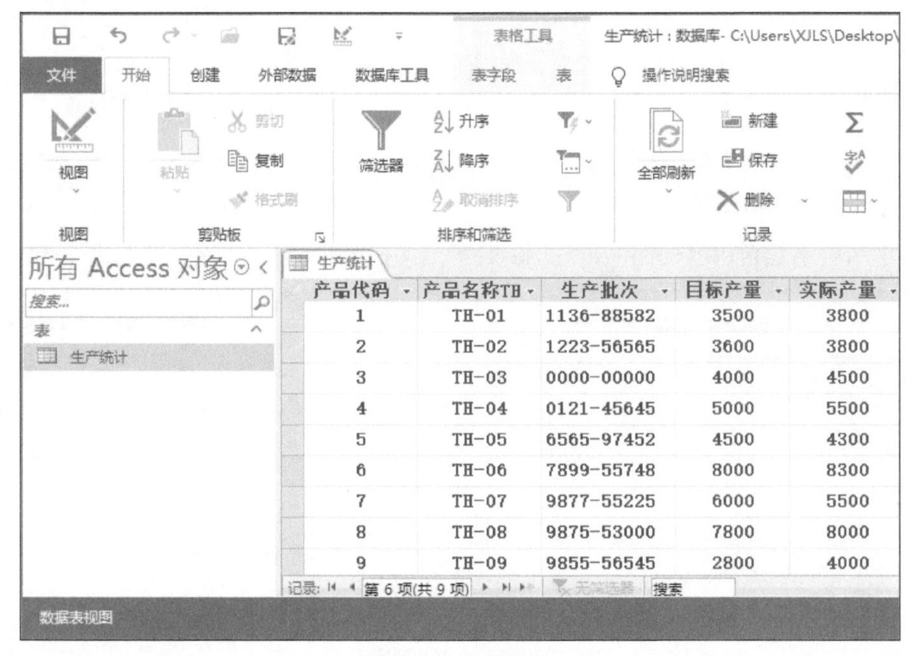

图 2-44　完成效果

第3章 Access的基本操作

内容概要

Access作为Office套件中的一员，具有Office系列软件的一般特点。本章将详细介绍Access数据库的创建、打开与关闭，数据库数据的查找与替换，数据库的保存等内容。

【本章素材】：“素材文件\第3章”目录下

3.1 创建数据库

在使用Access的过程中，首先应该学会如何创建数据库。创建数据库有两种方法：创建空白数据库和通过模板创建数据库。

3.1.1 创建空白数据库

没有任何对象的数据库就是空白数据库。下面介绍如何创建空白数据库，其具体的操作步骤如下：

步骤01 双击桌面上的Access图标，如图3-1所示。

步骤02 启动Access应用程序，选择“空白数据库”选项，如图3-2所示。

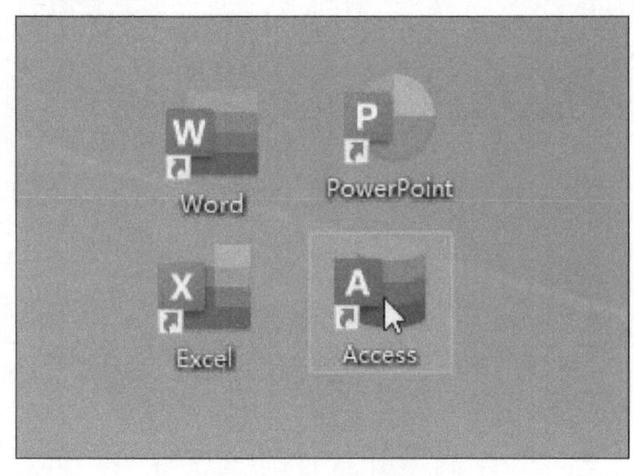

图 3-1 Access 图标

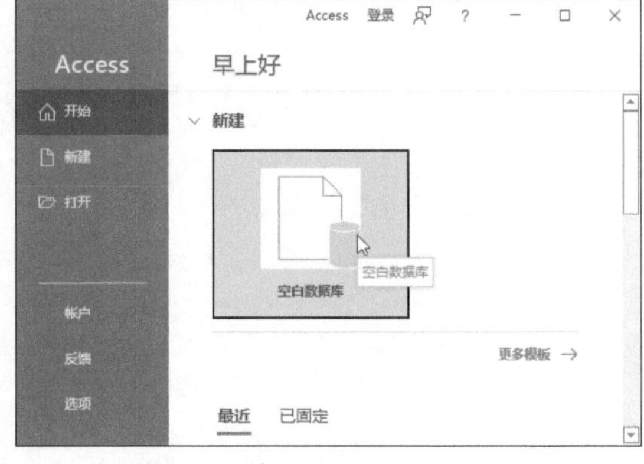

图 3-2 选择“空白数据库”选项

步骤03 在随后弹出的界面中单击“创建”按钮，如图3-3所示。

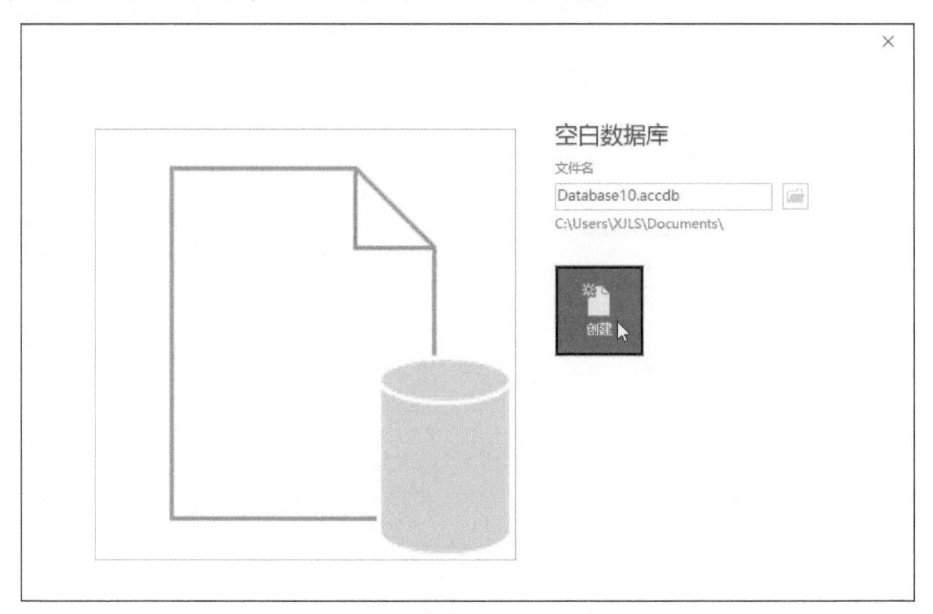

图 3-3 单击“创建”按钮

步骤 04 创建空白数据库并自动打开，如图3-4所示。

图 3-4 自动打开空白数据库

3.1.2 使用模板创建数据库

对于初学者，刚开始使用Access创建数据库时会不清楚从何处入手，此时可以通过模板来创建数据库。下面以联机模板创建数据库为例进行介绍，具体的操作步骤如下：

步骤 01 单击“文件”选项，打开“文件”菜单。进入“新建”界面，在搜索框中输入模板的类型后单击“搜索”按钮，如图3-5所示。

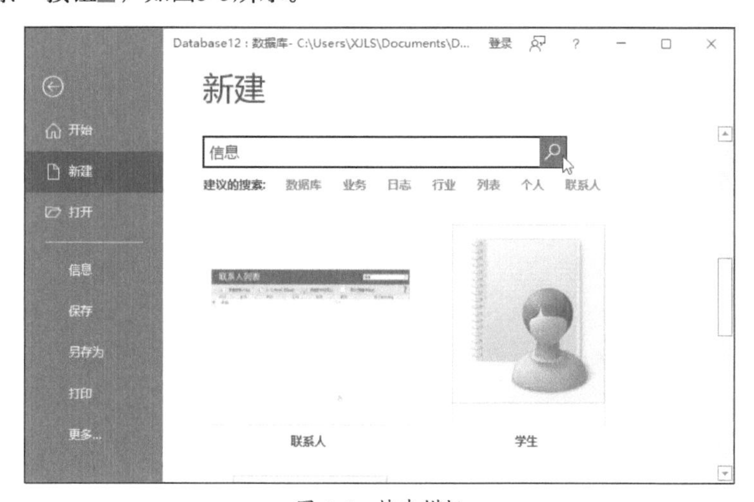

图 3-5 搜索模板

步骤 02 在搜索到的模板列表中选择“教职员”选项，如图3-6所示。

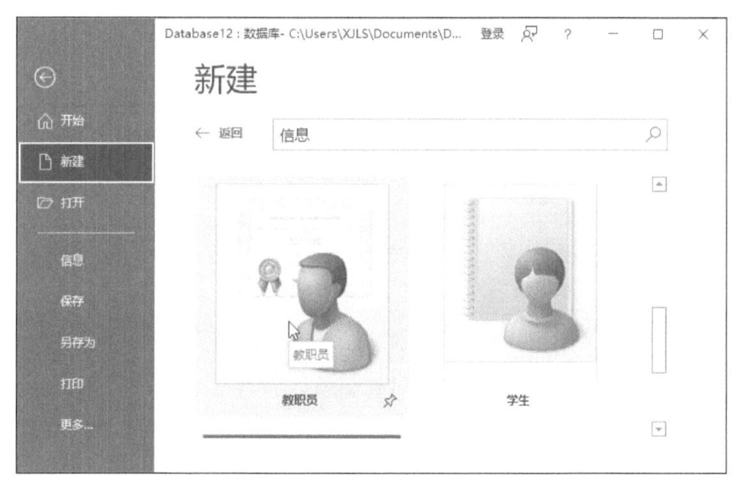

图 3-6 选择“教职员”选项

步骤 03 在弹出的界面中单击“创建”按钮，如图3-7所示。

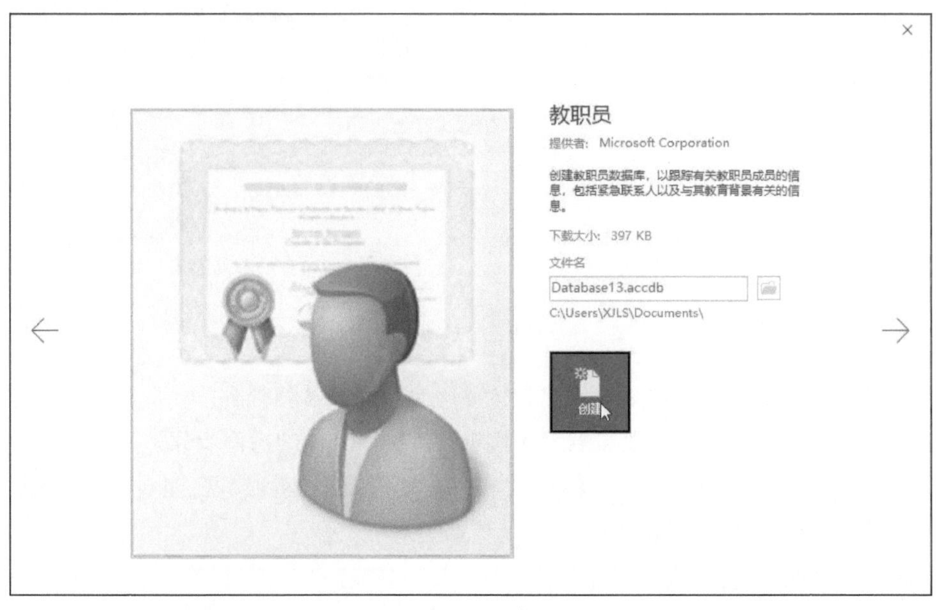

图 3-7　单击“创建”按钮

步骤 04 Access将下载模板，完成后将自动打开模板文件，如图3-8所示。

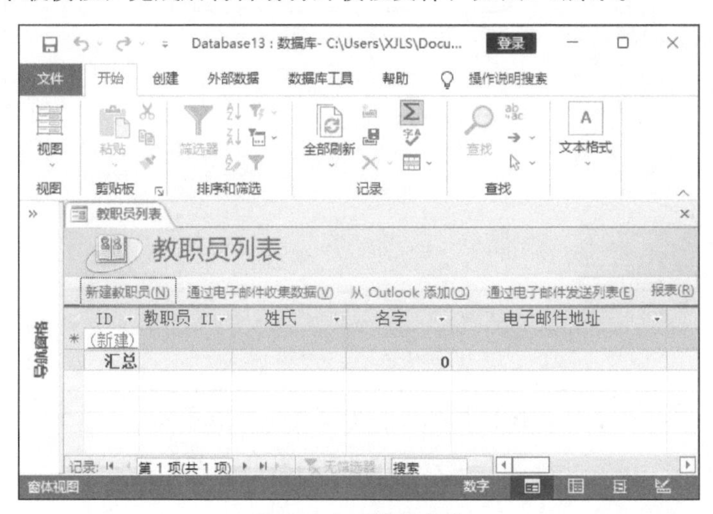

图 3-8　打开模板文件

3.2　打开与关闭数据库

打开和关闭数据库的方法有很多，下面介绍使用不同的方式打开或关闭数据库。

3.2.1　打开最近使用的数据库

可以在“文件”菜单中打开最近使用过的数据库，具体操作步骤如下：

步骤 01 单击“文件”选项，如图3-9所示，打开“文件”菜单，如图3-10所示。

步骤 02 在“文件”菜单中单击“打开”选项，切换到“打开”界面。

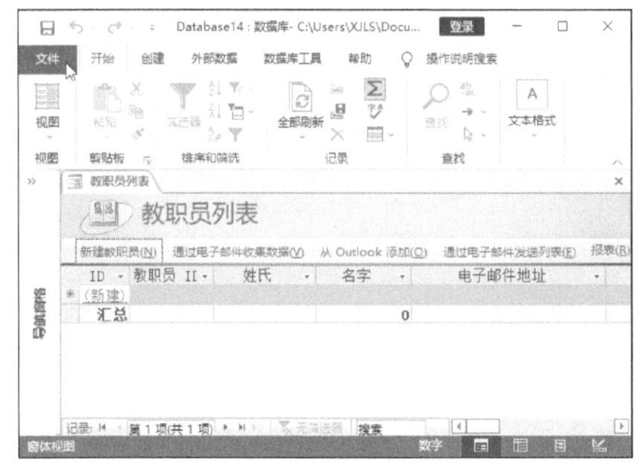

图 3-9 单击“文件”选项

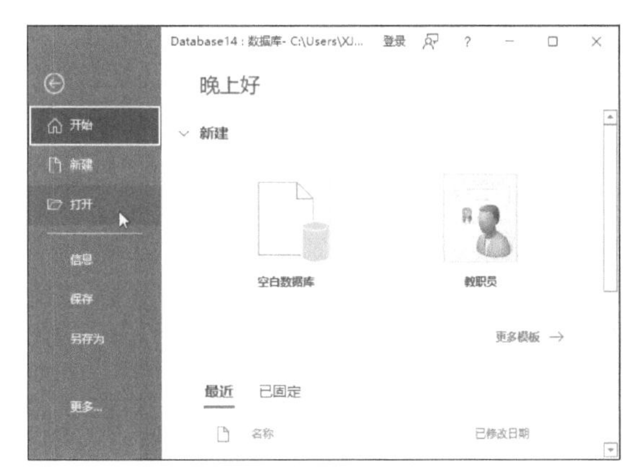

图 3-10 “文件”菜单

步骤03 界面右侧显示了最近使用过的数据库文件，单击需要打开的文件，如图3-11所示。

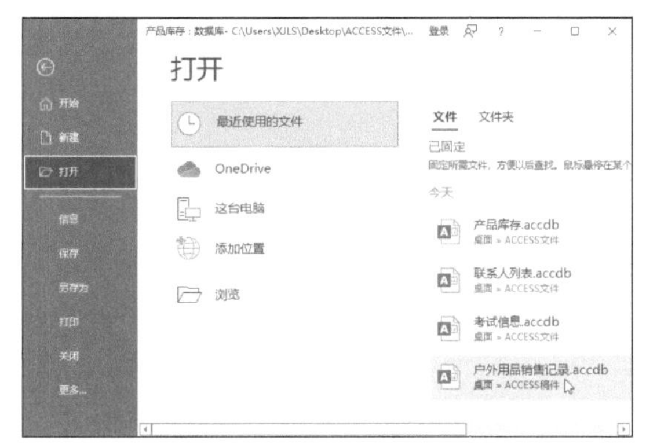

图 3-11 单击需要打开的文件

步骤04 打开的数据库如图3-12所示。

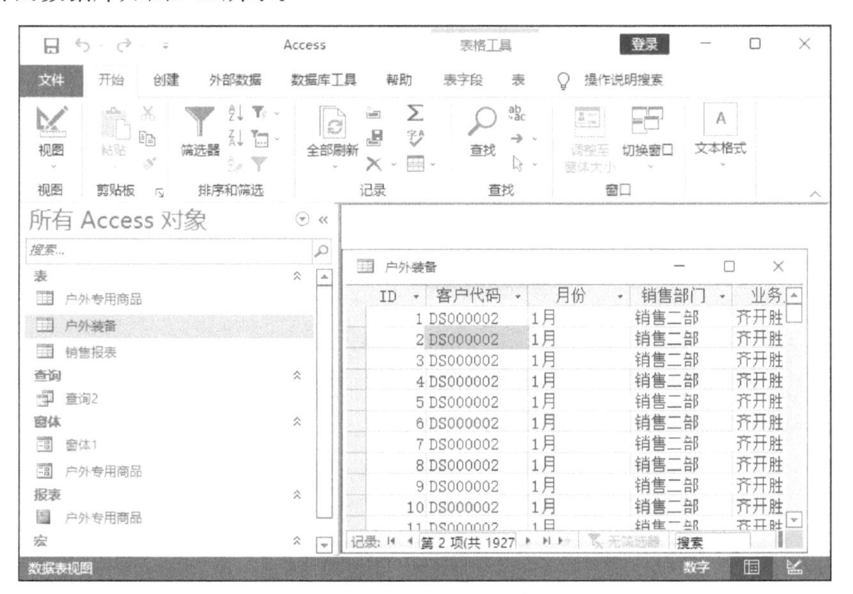

图 3-12 打开的数据库

3.2.2 打开文件夹中的数据库

要打开保存在计算机中的数据库文件，可以先打开保存该文件的文件夹，再打开相应的数据库文件，具体操作步骤如下：

步骤01 在“文件”菜单的“打开”界面中双击“这台电脑”选项，如图3-13所示。

图 3-13 双击“这台电脑”选项

步骤02 弹出“打开”对话框，找到保存数据库的文件夹，选中要打开的数据库文件，单击“打开”按钮，即可打开该数据库，如图3-14所示。

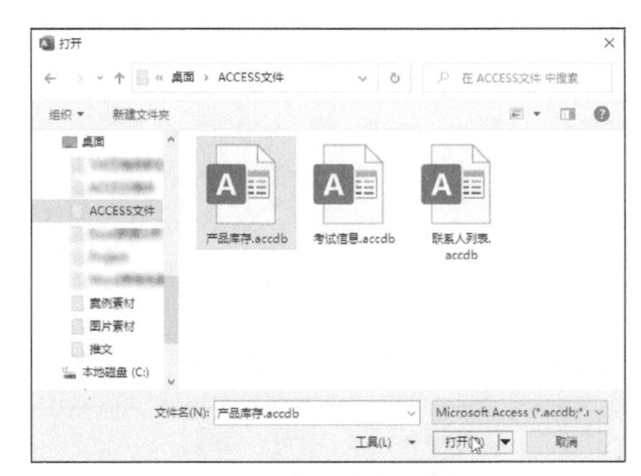

图 3-14 打开选中的文件

3.2.3 关闭数据库

关闭数据库文件有两种方法：一是在“文件”菜单中单击“关闭”选项，如图3-15所示；二是单击窗口右上角的“关闭”按钮×，如图3-16所示。

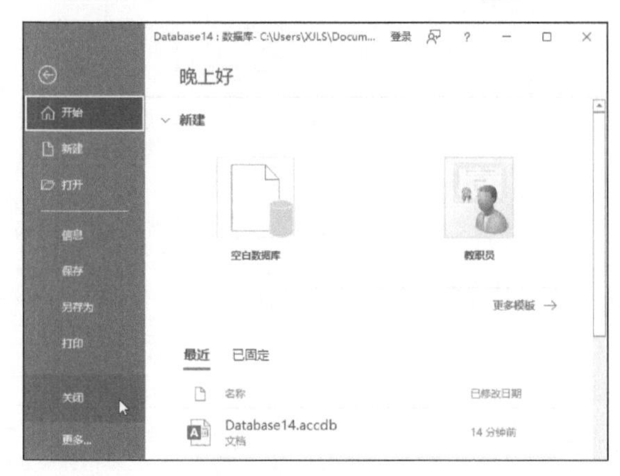

图 3-15 单击“关闭”选项

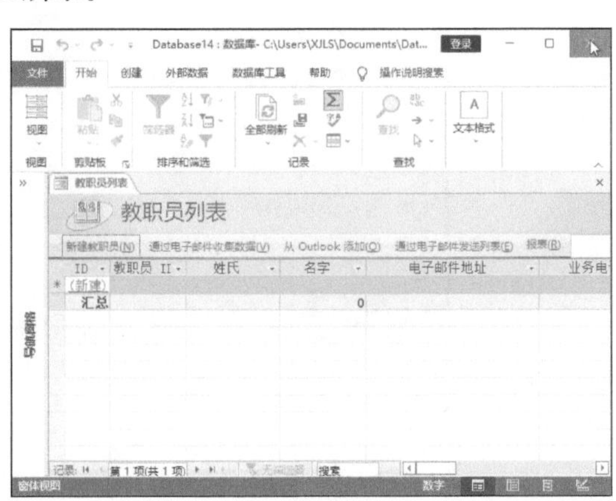

图 3-16 单击“关闭”按钮

3.3 数据的查找与替换

当数据库中的数据比较多时，查找或替换数据就显得比较困难了。Access提供了专门用于查找和替换数据的工具，下面对其进行介绍。

3.3.1 查找数据

若要在Access的大量数据中查找出需要的信息，可按照下面的步骤进行操作。

步骤01 打开“库存”数据表，如图3-17所示。

步骤02 切换至“开始”选项卡，单击“查找”组中的“查找”按钮，如图3-18所示。

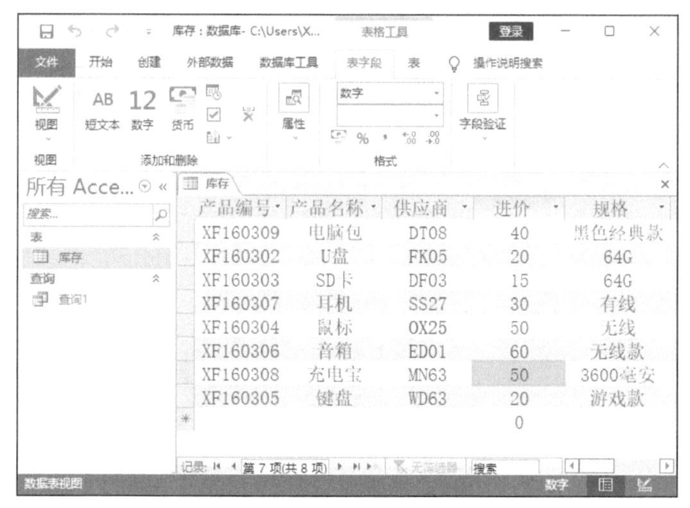

图 3-17 打开“库存”数据表

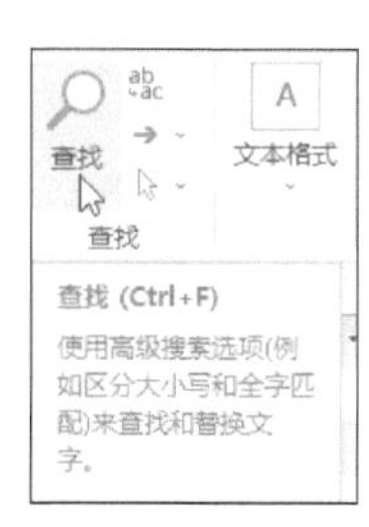

图 3-18 单击“查找”按钮

步骤03 弹出“查找和替换”对话框，在“查找内容”文本框中输入“键盘”，单击“查找下一个”按钮，如图3-19所示。

步骤04 光标将自动定位到需查找的内容，如图3-20所示。

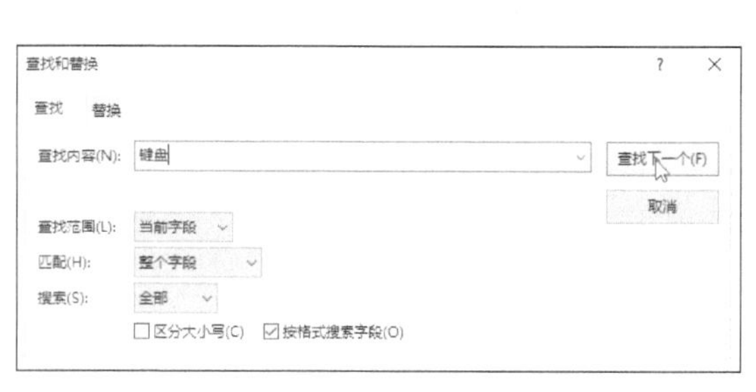

图 3-19 “查找和替换”对话框

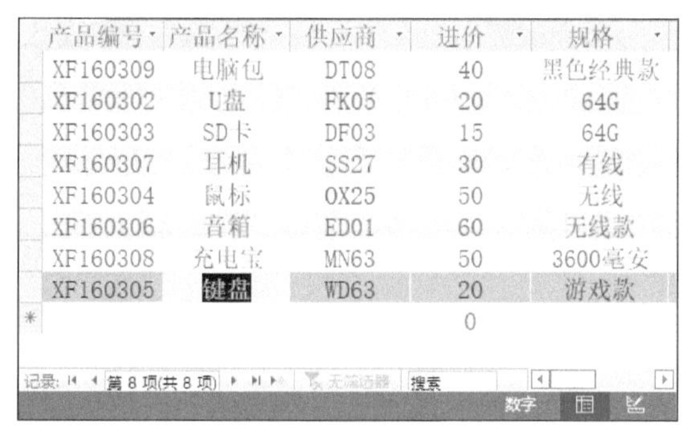

图 3-20 自动定位

3.3.2 替换数据

在实际工作中，可能会遇到需要将名称相同的多个数据更改为同一个值的情况。如果逐个找出并修改这些数据，将会耗费大量时间和精力。这时，可以利用Access提供的替换功能来快速实现这一目标，从而提高工作效率。

步骤01 打开要替换内容的数据库。在“开始”选项卡中单击“查找”按钮。

步骤02 弹出“查找和替换”对话框，切换至“替换”选项卡，如图3-21所示。

图 3-21 “替换”选项卡

步骤03 在“查找内容”文本框中输入“64G”，在“替换为”文本框中输入“128G”，然后单击“全部替换”按钮，如图3-22所示。

步骤04 系统弹出警示对话框，提示“您将不能撤消该替换操作”，单击“是”按钮，如图3-23所示。

图 3-22 全部替换

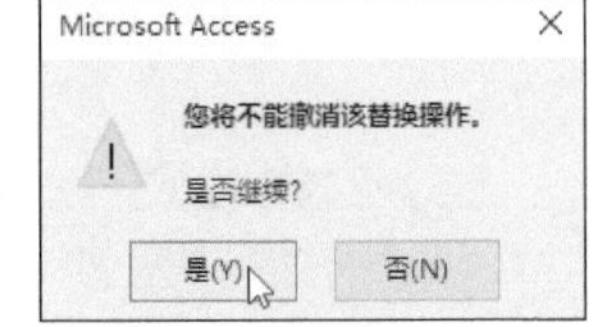

图 3-23 警示对话框

步骤05 数据库中所有的“64G”将被替换为“128G”，如图3-24所示。

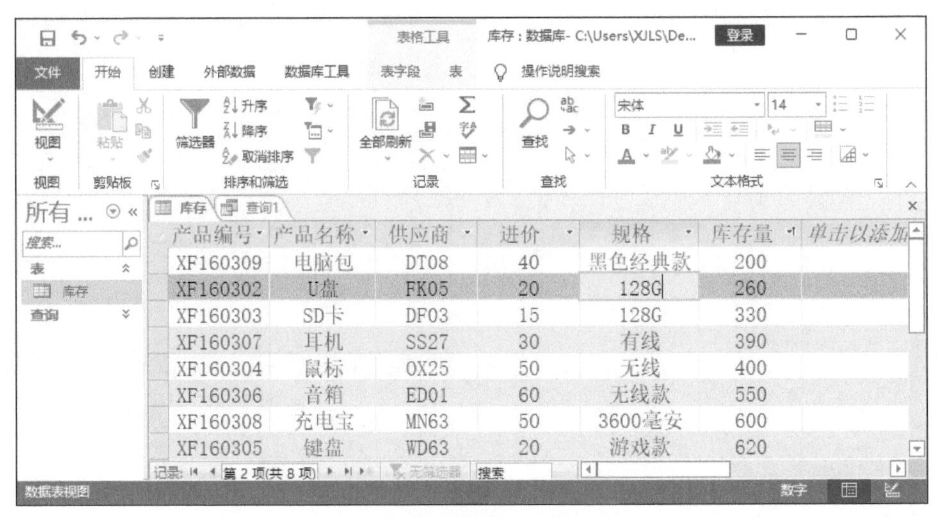

图 3-24 被替换内容

3.4 保存数据库

用户在编辑完成数据库之后，需要对数据库进行保存。保存数据库分为直接保存和另存为两种方法。

3.4.1 直接保存数据库

直接保存数据库的方法有3种：单击窗口左上角的“保存”按钮保存数据库，如图3-25所示；在“文件”菜单中单击“保存”选项，如图3-26所示；使用快捷键Ctrl+S直接保存数据库。

图 3-25 单击“保存”按钮

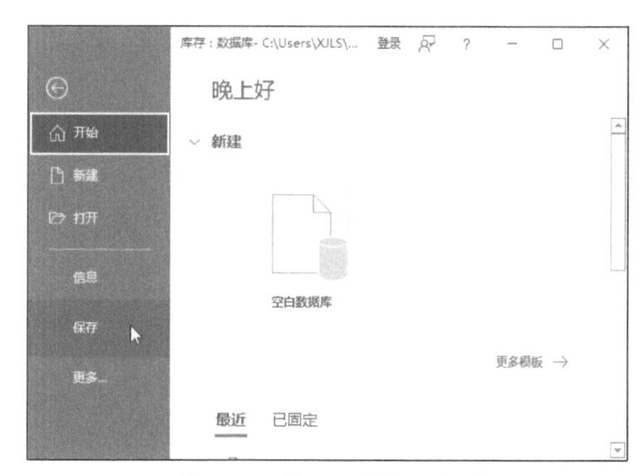

图 3-26 单击“保存”选项

3.4.2 将数据库另存

如果用户需要备份数据库文件，可以对其执行“另存为”操作。将数据库另存的最大好处是可以在不改变源文件的基础上，对其进行多次备份，以防止数据意外丢失。下面介绍将数据库另存的操作步骤。

步骤01 打开“文件”菜单，单击“另存为”选项，如图3-27所示，切换到“另存为”界面。

步骤02 在“另存为”界面单击“数据库另存为”选项，如图3-28所示。

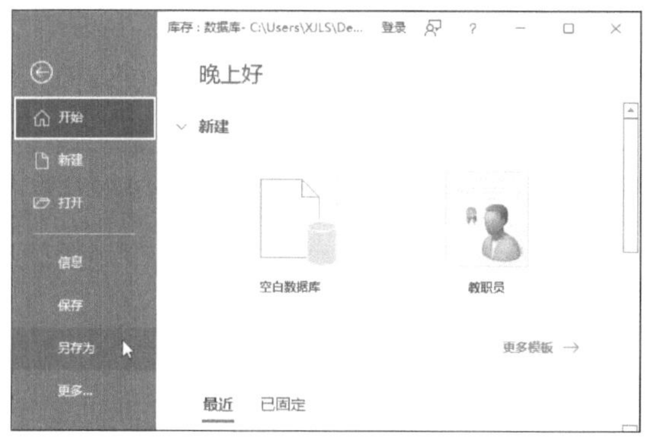

图 3-27 单击“另存为”选项

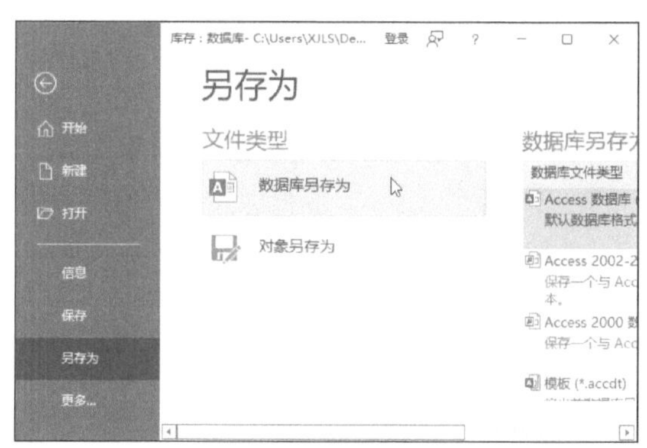

图 3-28 单击“数据库另存为”选项

步骤03 此时将弹出警示对话框，单击“是”按钮，如图3-29所示。

步骤04 弹出“另存为”对话框，选择文件的保存路径，修改文件名，最后单击“保存”按钮，如图3-30所示。

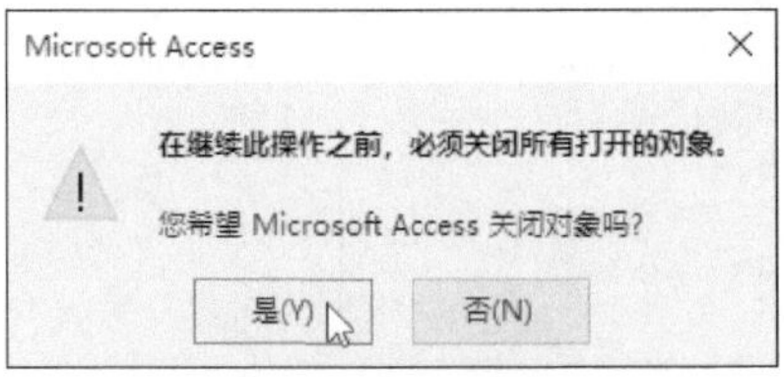

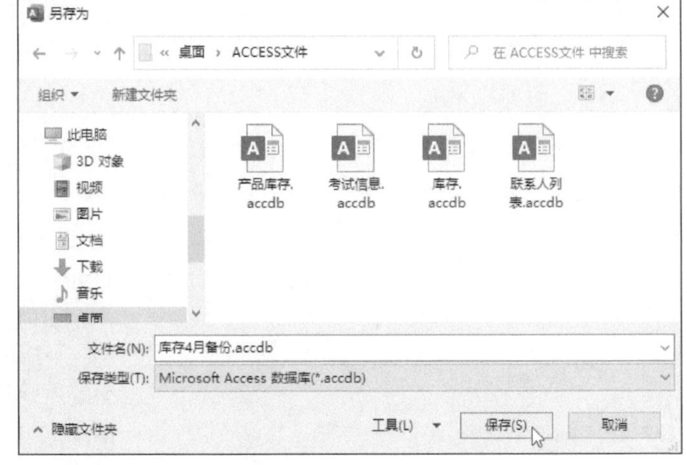

Microsoft Access

在继续此操作之前，必须关闭所有打开的对象。

您希望 Microsoft Access 关闭对象吗?

是(Y) 否(N)

图 3-29　警示对话框

图 3-30　“另存为”对话框

3.4.3　另存为低版本格式

如果当前数据库文件需要给其他用户审阅，为了让文件更好地与用户所安装的Access版本兼容，可以将Access 2016数据库另存为低版本格式。具体操作步骤如下：

步骤01 在“文件”菜单中打开“另存为”界面，在“数据库另存为”列表中双击“Access 2002-2003数据库（*.mdb）”选项，如图3-31所示。

步骤02 系统弹出警示对话框，单击“是”按钮，如图3-32所示。

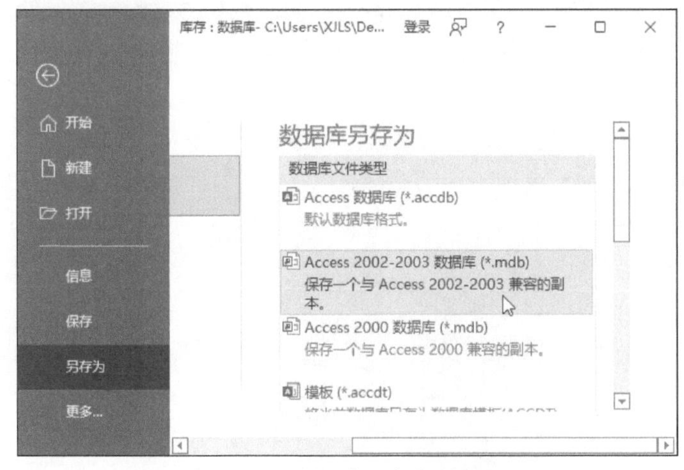

图 3-31　“数据库另存为”界面

图 3-32　警示对话框

拓展阅读

强化数据安全保障。加强数据收集、汇聚、存储、流通、应用等全生命周期的安全管理，建立健全相关技术保障措施。建立数据分类分级管理制度和个人信息保护认证制度，强化数据安全风险评估、监测预警、检测认证和应急处置，加强对重要数据、企业商业秘密和个人信息的保护，规范对未成年人个人信息的使用。

——《“十四五”国家信息化规划》

步骤03 弹出“另存为”对话框，选择文件路径，修改文件名，单击“保存”按钮，如图3-33所示。

步骤04 当前数据库将被保存为兼容格式。该格式文件的后缀名为“.mdb”，如图3-34所示。

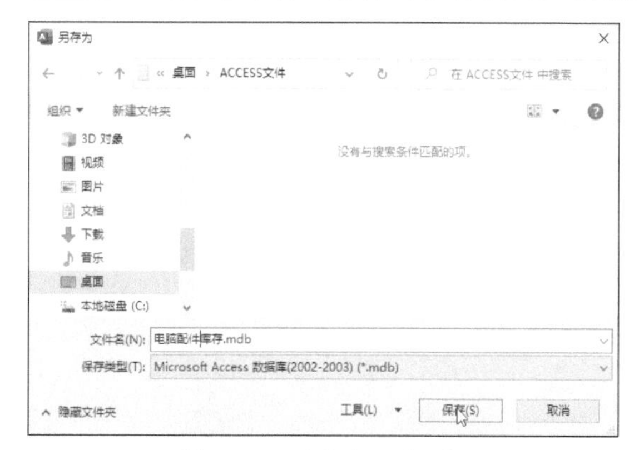

图 3-33 “另存为”对话框

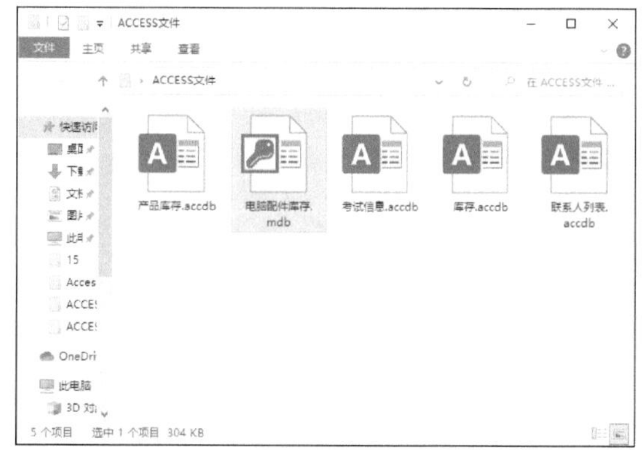

图 3-34 保存为兼容格式文件

3.4.4 重命名数据库

用户在编辑完数据库之后，为了方便日后对其进行查询，可以重命名数据库。下面介绍具体操作方法。

步骤01 选择需要重命名的数据库文件，单击鼠标右键，在弹出的快捷菜单中选择“重命名”选项，如图3-35所示。

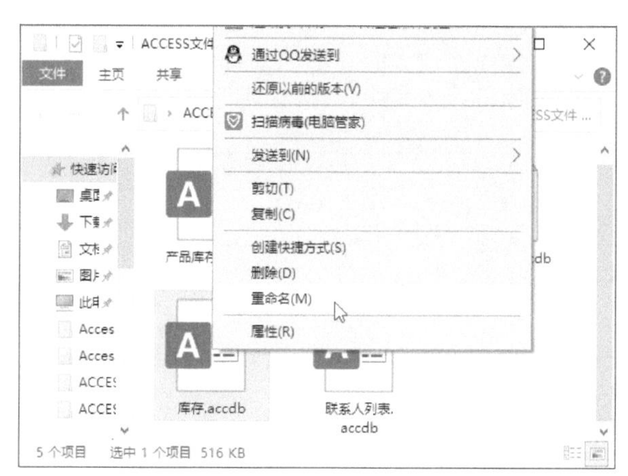

图 3-35 选择“重命名”选项

步骤02 删除原数据库名称，再输入新的数据库名称。输入完毕后，按Enter键即可完成重命名操作，如图3-36所示。

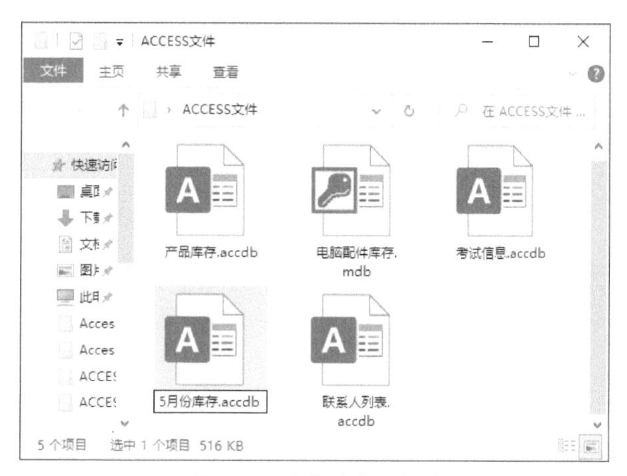

图 3-36 完成重命名操作

实战演练 将 Excel 数据导入 Access 数据库

通过Access程序构建数据库时，如果需要使用的数据是Excel文件，则无须逐一在数据库中手动输入，可以直接将Excel表格导入Access数据库中。在本例中将以销售统计表的导入为例进行练习，具体的操作步骤如下：

步骤 01 启动Access应用程序，单击“空白数据库”按钮，如图3-37所示。

步骤 02 在打开的界面中单击“创建”按钮，如图3-38所示。

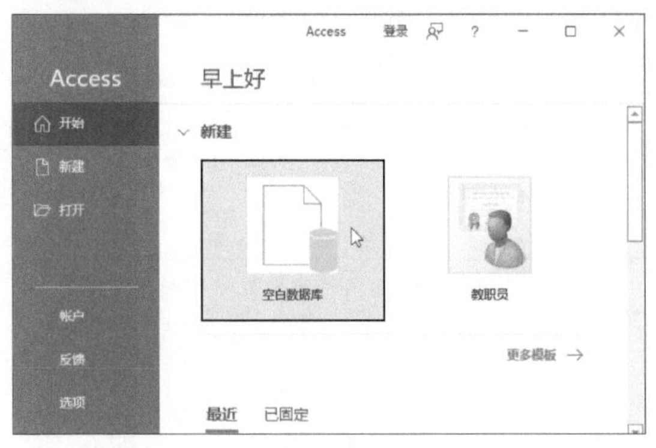
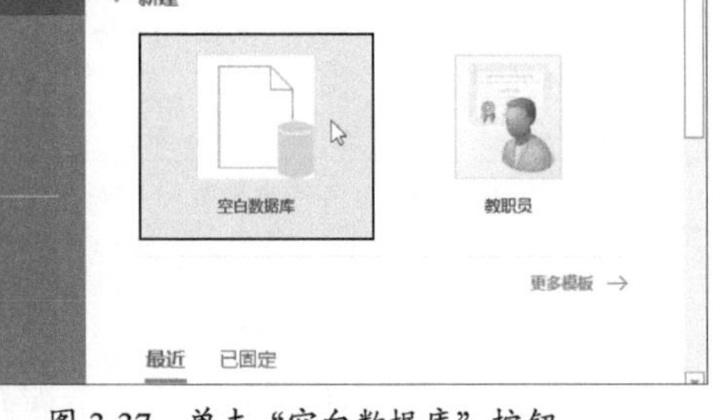

图 3-37 单击“空白数据库”按钮

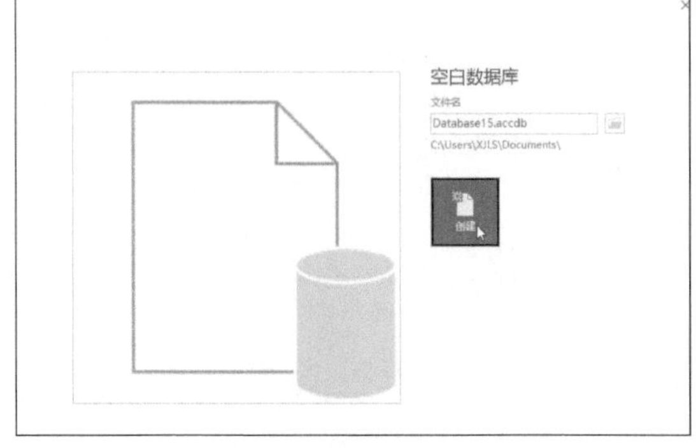

图 3-38 单击“创建”按钮

步骤 03 系统随即创建了一个空白数据库，如图3-39所示。

步骤 04 切换至“外部数据”选项卡，单击“导入并链接”组中的“新数据源”按钮，如图3-40所示。

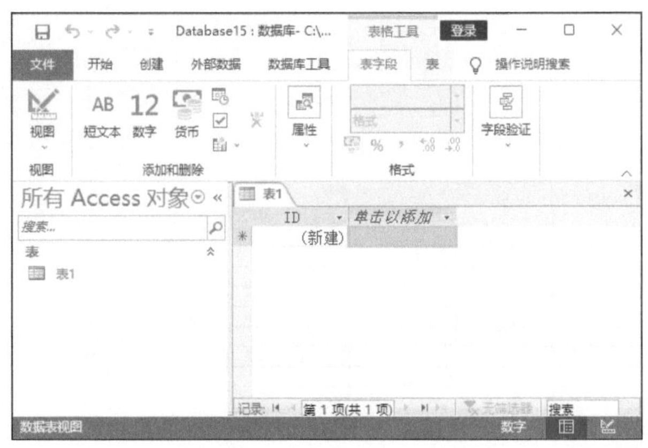

图 3-39 创建的空白数据库

图 3-40 单击“新数据源”按钮

步骤 05 在展开的下拉列表中选择“从文件”→“Excel”选项，如图3-41所示。

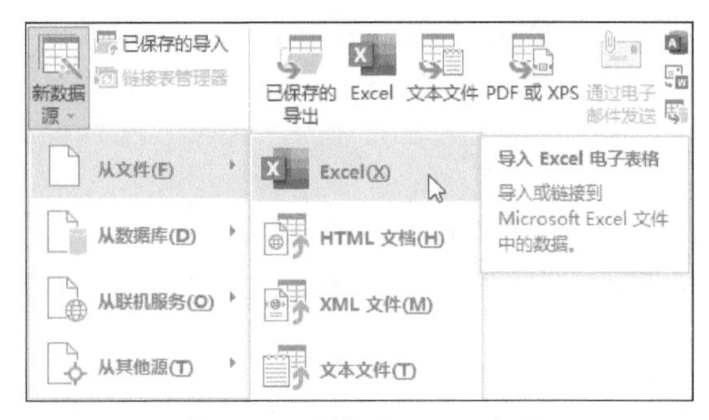

图 3-41 选择“Excel”选项

步骤06 弹出“获取外部数据-Excel电子表格”对话框，单击“浏览”按钮，如图3-42所示。

获取外部数据 - Excel 电子表格
选择数据源和目标
指定对象定义的来源。
文件名(F): C:\Users\XJLS\Desktop\ACCESS文件\
浏览(R)...
指定数据在当前数据库中的存储方式和存储位置。
但不会导入表关系、计算列、验证规则、默认值和 OLE Object 等某些旧的数据类型。
在“Microsoft Access 帮助”中搜索“导入”获取详细信息。
将源数据导入当前数据库的新表中(I)。
如果指定的表不存在，Access 会予以创建。如果指定的表已存在，Access 可能会用导入的数据覆盖其内容。对源数据所做的更改不会反映在该数据库中。
向表中追加一份记录的副本(A):
表1
如果指定的表已存在，Access 会向表中添加记录。如果指定的表不存在，Access 会予以创建。对源数据所做的更改不会反映在该数据库中。
通过创建链接表来链接到数据源(L)。
Access 将创建一个表，它将维护一个到 Excel 中的源数据的链接。对 Excel 中的源数据所做的更改
确定
取消

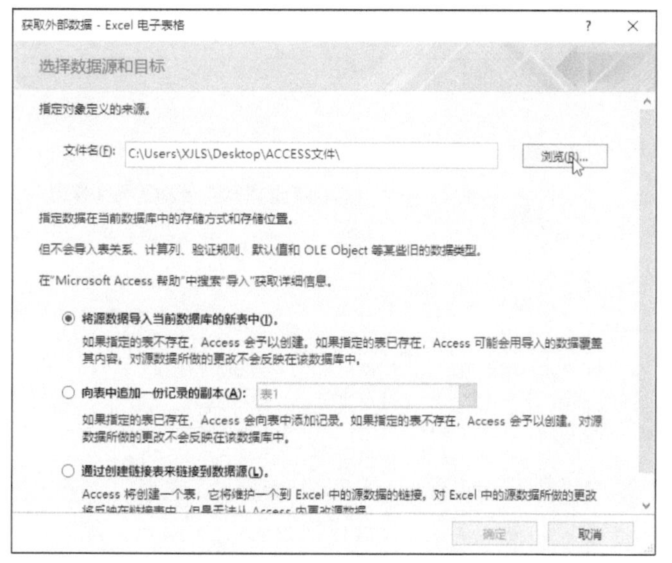

图 3-42 单击“浏览”按钮

步骤07 弹出“打开”对话框，选择要导入数据库的Excel文件，单击“打开”按钮，如图3-43所示。

打开
桌面 › ACCESS文件
在 ACCESS文件 中搜索
组织
新建文件夹
此电脑
3D 对象
视频
图片
文档
下载
音乐
桌面
本地磁盘 (C:)
新加卷 (D:)
新加卷 (E:)
订单详情.xlsx
文件名(N): 订单详情.xlsx
Microsoft Excel (*.xls;*.xlsb;*.
工具(L)
打开(O)
取消

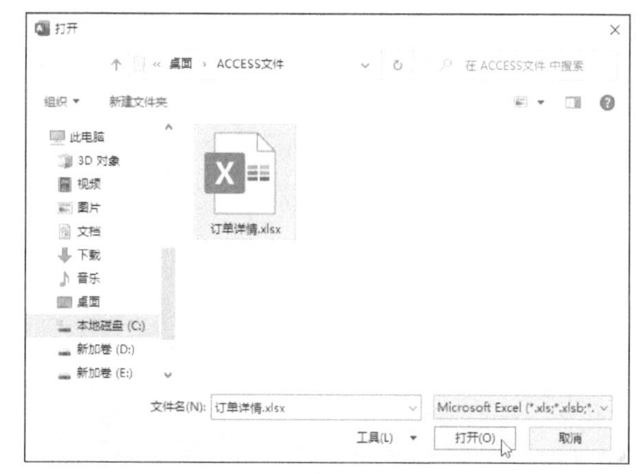

图 3-43 “打开”对话框

步骤08 返回“获取外部数据-Excel电子表格”对话框，单击“确定”按钮，如图3-44所示。

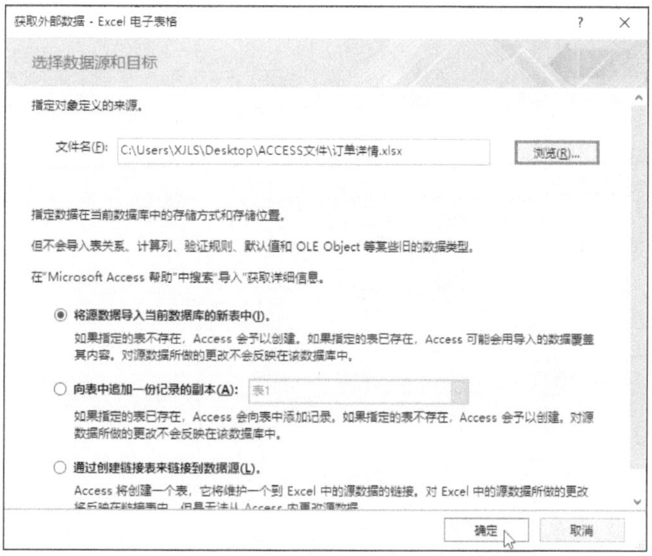

获取外部数据 - Excel 电子表格
选择数据源和目标
指定对象定义的来源。
文件名(F): C:\Users\XJLS\Desktop\ACCESS文件\订单详情.xlsx
浏览(R)...
指定数据在当前数据库中的存储方式和存储位置。
但不会导入表关系、计算列、验证规则、默认值和 OLE Object 等某些旧的数据类型。
在“Microsoft Access 帮助”中搜索“导入”获取详细信息。
将源数据导入当前数据库的新表中(I)。
如果指定的表不存在，Access 会予以创建。如果指定的表已存在，Access 可能会用导入的数据覆盖其内容。对源数据所做的更改不会反映在该数据库中。
向表中追加一份记录的副本(A):
表1
如果指定的表已存在，Access 会向表中添加记录。如果指定的表不存在，Access 会予以创建。对源数据所做的更改不会反映在该数据库中。
通过创建链接表来链接到数据源(L)。
Access 将创建一个表，它将维护一个到 Excel 中的源数据的链接。对 Excel 中的源数据所做的更改
确定
取消

图 3-44 单击“确定”按钮

步骤 09 进入“导入数据表向导”对话框，单击“下一步”按钮，如图3-45所示。

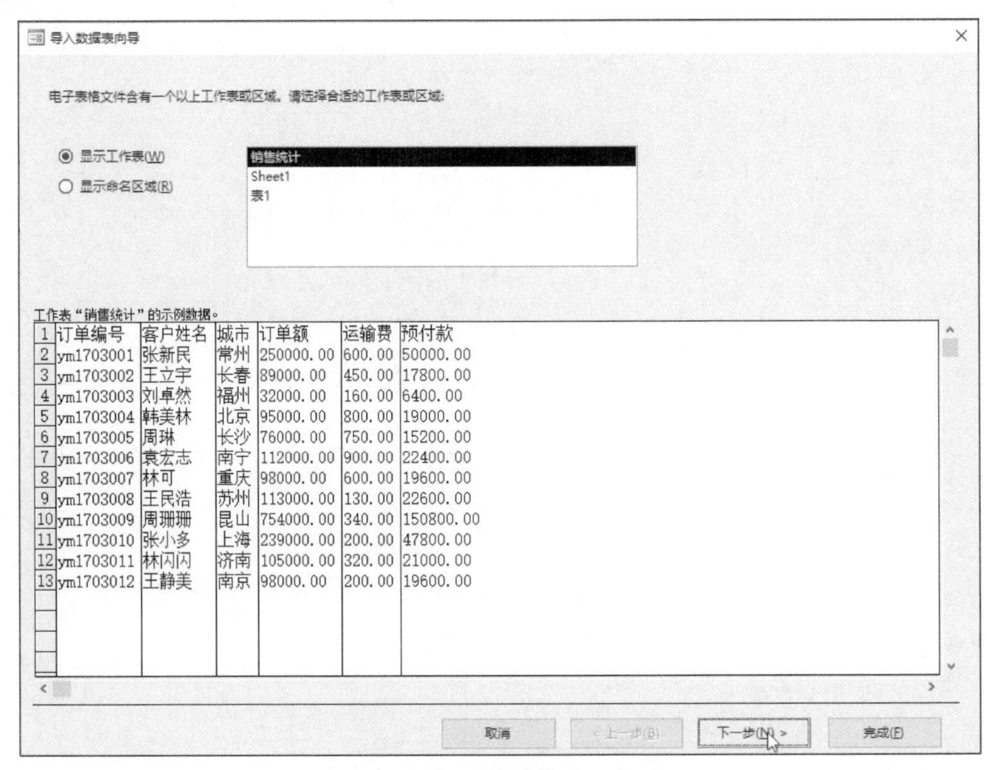

图 3-45 “导入数据表向导”对话框

步骤 10 保持默认勾选的“第一行包含列标题”复选框，单击“下一步”按钮，如图3-46所示。

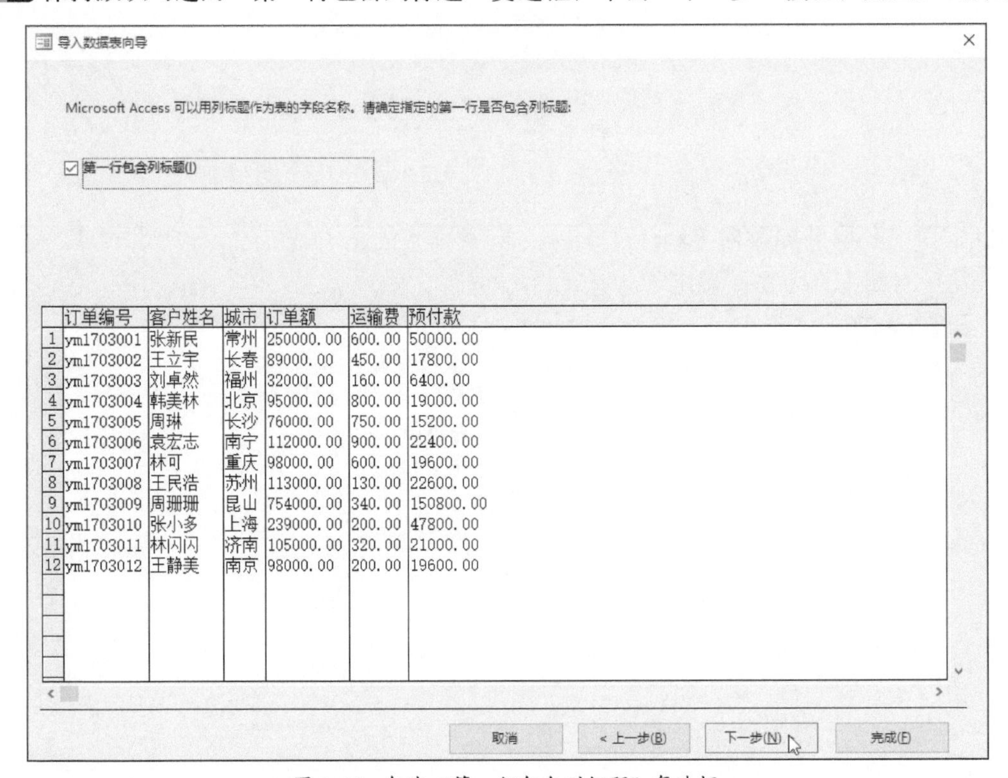

图 3-46 勾选“第一行包含列标题”复选框

步骤 11 保持对话框中的选项为默认，单击“下一步”按钮，如图3-47所示。

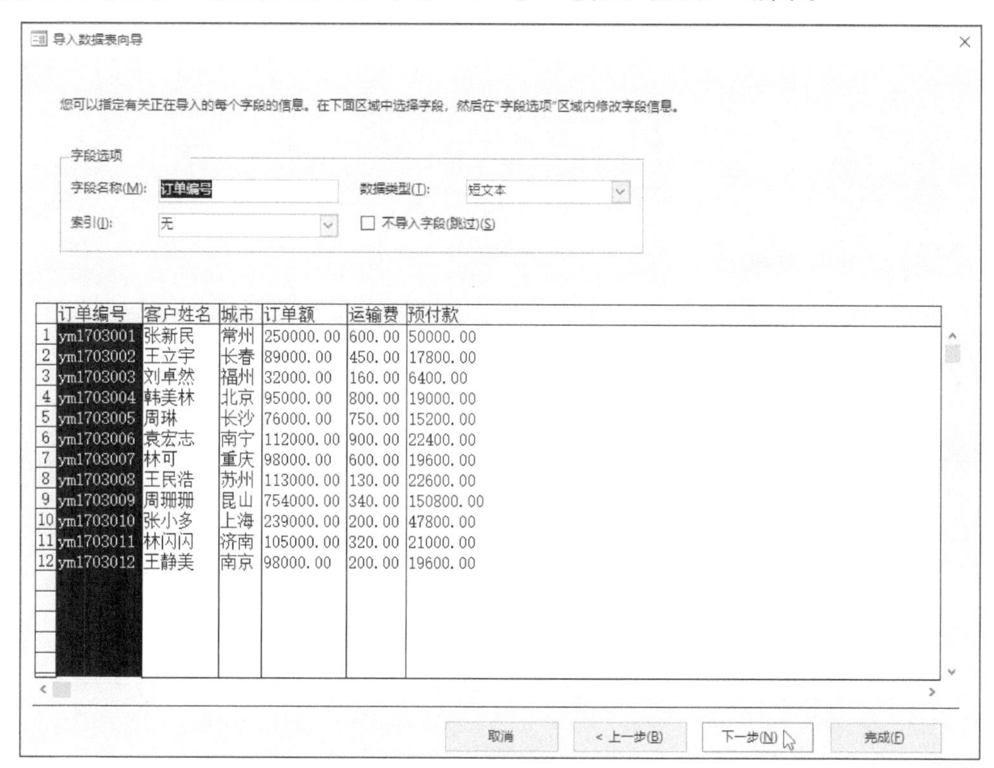

图 3-47 保持默认选项

步骤 12 选中“让Access添加主键”单选按钮，单击“下一步”按钮，如图3-48所示。

图 3-48 选中“让 Access 添加主键”单选按钮

步骤13 单击“完成”按钮，如图3-49所示。

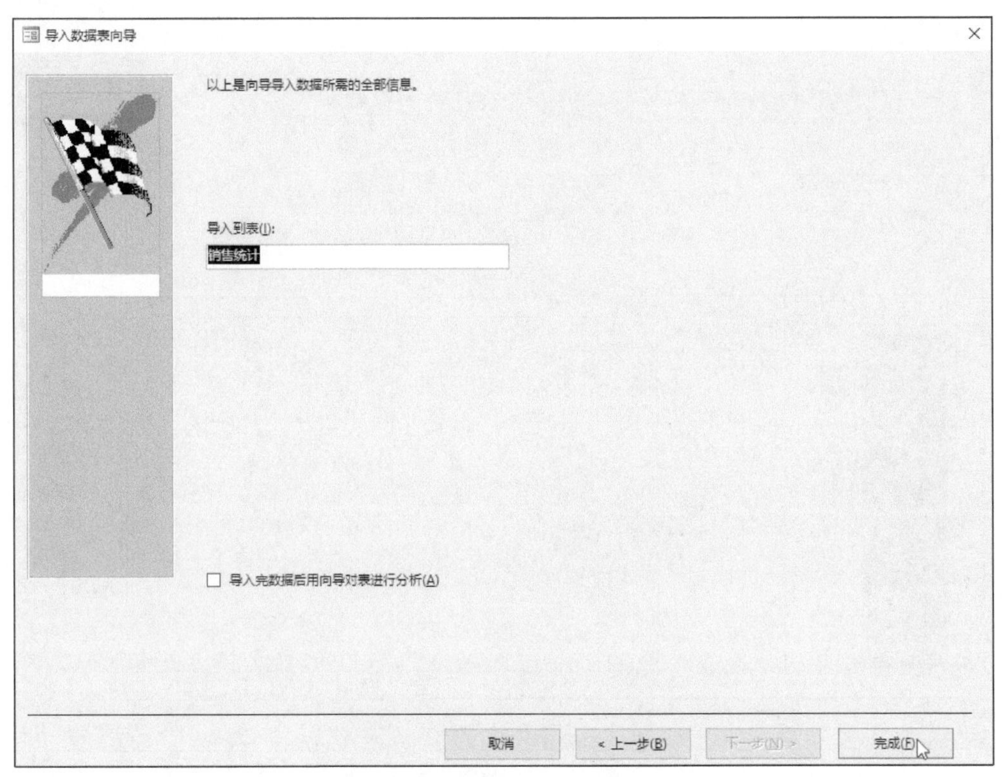

图 3-49 单击“完成”按钮

步骤14 返回“获取外部数据-Excel电子表格”对话框，单击“关闭”按钮，如图3-50所示。

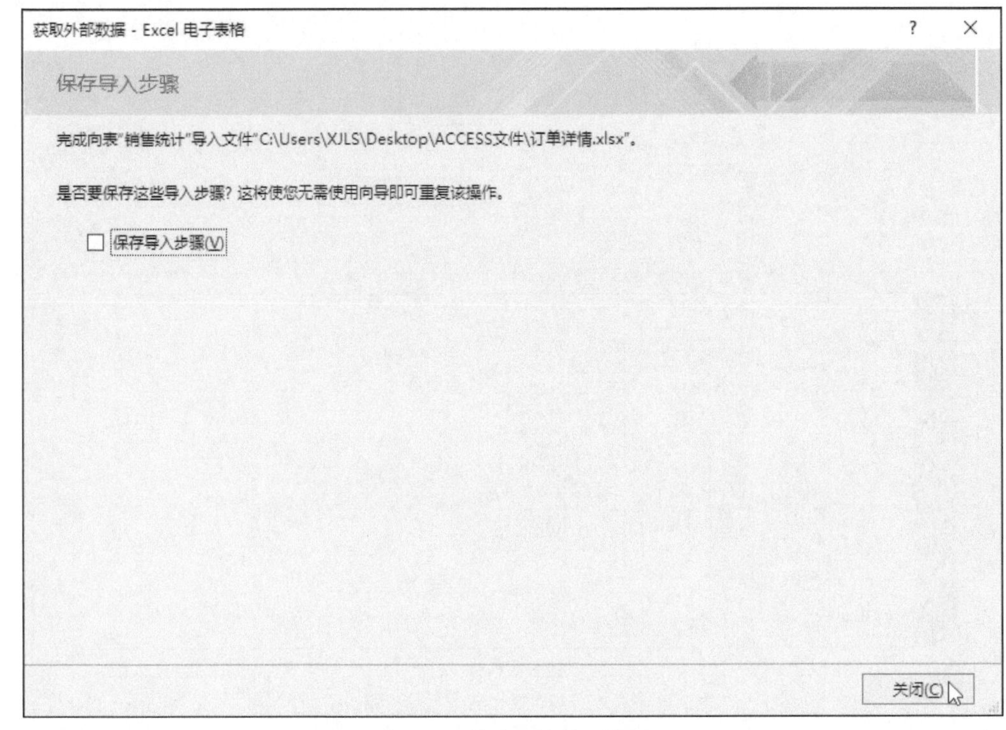

图 3-50 单击“关闭”按钮

步骤 15 所选Excel表格中的数据已导入数据库中，如图3-51所示。

ID	订单编号	客户姓名	城市	订单额	运输费	预付款
1	ym1703001	张新民	常州	250000.00	600.00	50000.00
2	ym1703002	王立宇	长春	89000.00	450.00	17800.00
3	ym1703003	刘卓然	福州	32000.00	160.00	6400.00
4	ym1703004	韩美林	北京	95000.00	800.00	19000.00
5	ym1703005	周琳	长沙	76000.00	750.00	15200.00
6	ym1703006	袁宏志	南宁	112000.00	900.00	22400.00
7	ym1703007	林可	重庆	98000.00	600.00	19600.00
8	ym1703008	王民浩	苏州	113000.00	130.00	22600.00
9	ym1703009	周珊珊	昆山	754000.00	340.00	150800.00
10	ym1703010	张小多	上海	239000.00	200.00	47800.00
11	ym1703011	林闪闪	济南	105000.00	320.00	21000.00
12	ym1703012	王静美	南京	98000.00	200.00	19600.00

图 3-51 导入的数据

课后作业

在本作业中将练习利用联机模板创建教职员信息的数据库，并通过模板中提供的窗体录入教职员信息。具体操作要求如下：

（1）启动Access，在“新建”界面中选择“教职员”模板，创建基于该模板的数据库。

（2）展开导航窗格，双击“教职员详细信息”选项，打开相应窗体。

（3）通过“教职员详细信息”窗体向数据库输入教职员信息，完成效果如图3-52所示。

图 3-52 完成效果

第4章 Access 表的构建

内容概要

表是存储数据的地方，也是数据库中最关键的部分，其他数据库对象（如查询、窗体、报表等）都是在表的基础上建立并使用的。为了使用Access管理数据，在空数据库创建完成后，还要创建相应的表。本章将介绍如何在数据库中创建表。

数字资源

【本章素材】：“素材文件\第4章”目录下

4.1 创建表

创建数据库后，即可使用表来存储数据。下面先从表的设计原则开始讲解，然后介绍几种创建表的方法。

4.1.1 表的设计原则

表是由行和列组成的基于特定主题的列表，即相关数据的集合。每个主题使用一个单独的表，即用户只需使用和存储一次该数据，这样可以提高数据库的使用效率，减少数据输入错误。以下原则可以为数据库中表的创建提供一些参考。

（1）不要有重复信息（也称为冗余数据），因为重复信息会浪费空间，并会增加出错和不一致的可能性。

（2）信息的正确性和完整性非常重要，若数据库中包含不正确的信息，任何从数据库中提取信息的报表也将包含不正确的信息，基于这些报表所做的任何决策也都将是错误的。

4.1.2 使用数据表视图创建表

Access默认使用的视图模式是数据表视图，数据表视图按行和列显示数据，在其中可对字段进行编辑、添加和删除等各种操作。用户在数据表视图中可以通过直接输入数据来创建表。下面介绍具体的操作步骤。

步骤01 启动Access，新建一个空白数据库，此时可以看到新建的数据库中已经自动生成了“表1”和“ID”字段，如图4-1所示。

步骤02 双击“表1”中的“ID”字段，可以编辑字段名，如图4-2所示。

步骤03 将字段名改为“订单编号”，然后单击右侧的“单击以添加”下拉按钮，从列表中选择“数字”选项，如图4-3所示。

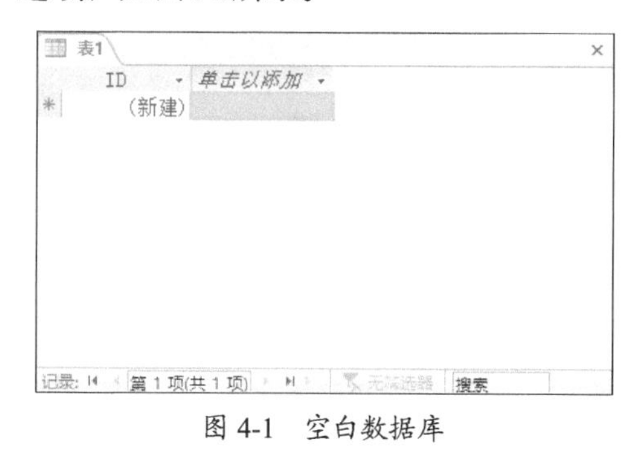

图 4-1 空白数据库

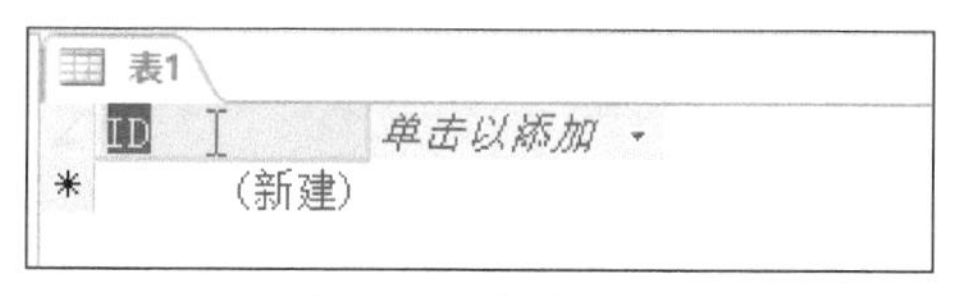

图 4-2 编辑字段名

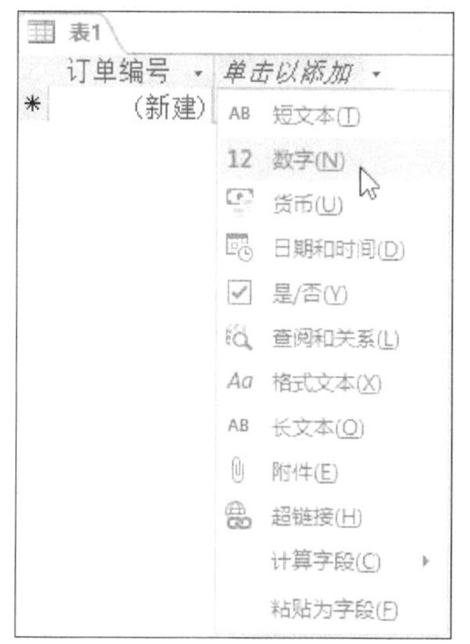

图 4-3 选择“数字”选项

步骤04 字段框名称变为“字段1”，并且可继续编辑，如图4-4所示。

步骤05 按照同样的方法，添加其他字段，直到所有字段添加完成，然后按需输入数据即可，如图4-5所示。

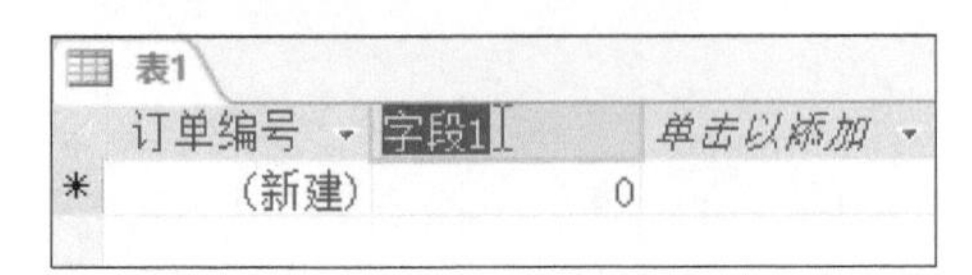

图 4-4 编辑字段名

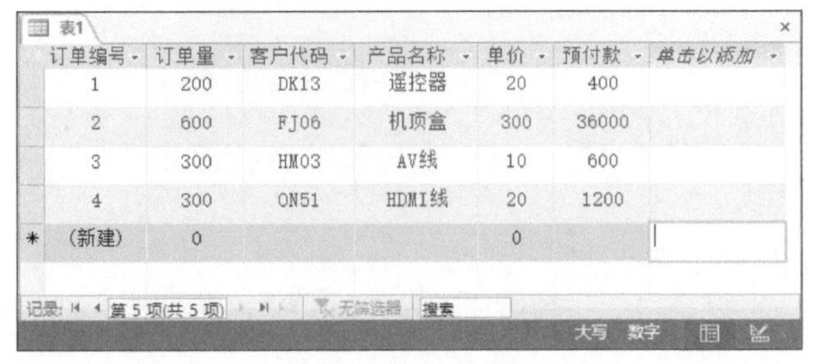

图 4-5 输入数据

4.1.3 使用模板创建表

使用模板创建表方便且快捷，但是有一定的局限性。当用户要创建“联系人”“任务”“问题”“事件”或“资产”表时，可以直接使用Access附带的表模板进行操作。下面介绍使用模板创建表的具体操作步骤。

步骤01 创建空白数据库，打开“创建”选项卡，在“模板”组中单击“应用程序部件”下拉按钮，如图4-6所示。

步骤02 在展开的下拉列表中选择“任务”选项，如图4-7所示。

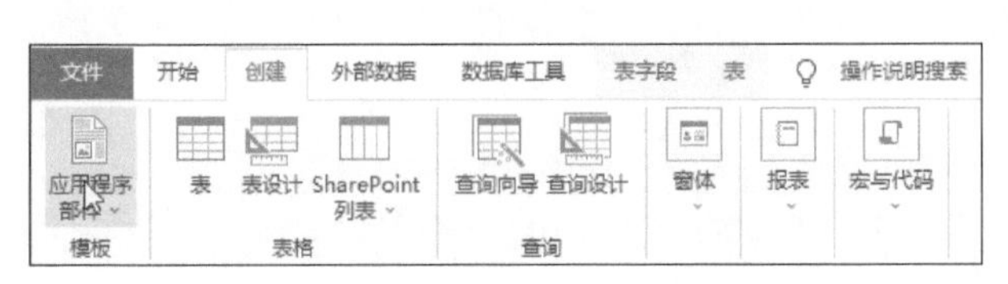

图 4-6 单击“应用程序部件”下拉按钮

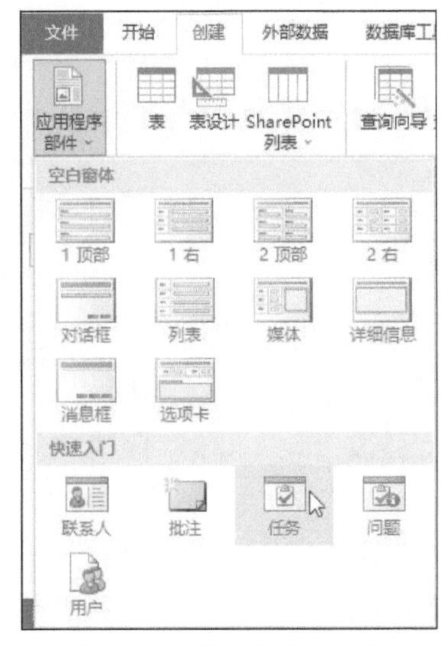

图 4-7 选择“任务”选项

步骤03 系统弹出警示对话框，单击“是”按钮，如图4-8所示。

步骤04 在导航窗格中双击“任务”选项，即可打开数据库中根据模板创建的表，如图4-9所示。

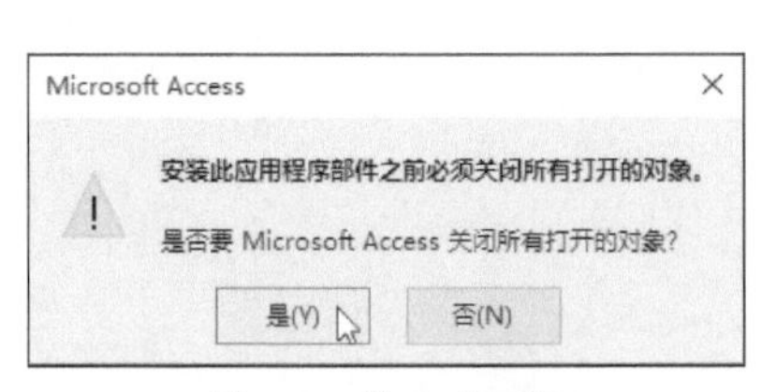

图 4-8 警示对话框

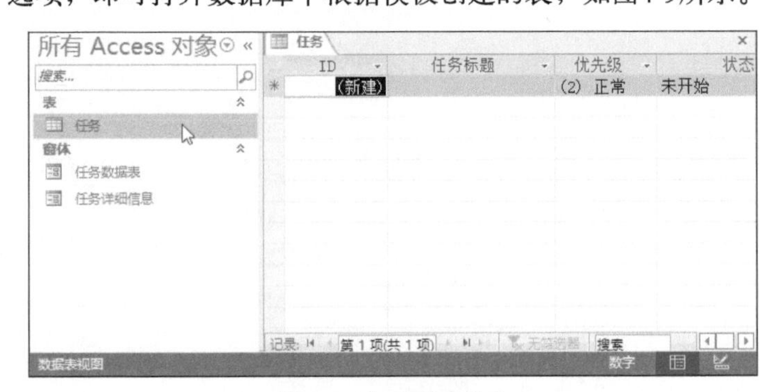

图 4-9 打开创建的表

4.1.4 使用设计视图创建表

使用设计视图创建表是一种灵活但复杂的方法，需要花费较多的时间。对于复杂的表，通常都是在设计视图中创建的。下面介绍使用设计视图创建表的具体操作步骤。

步骤01 新建空白数据库，打开“创建”选项卡，在“表格”组中单击“表设计”按钮，如图4-10所示。

步骤02 数据库自动打开“表2”，如图4-11所示。

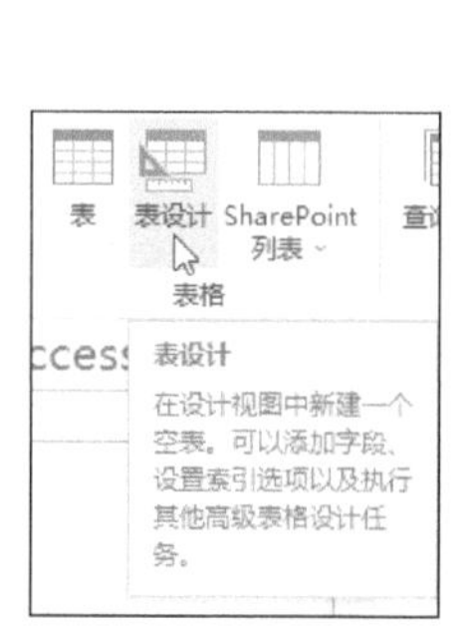

图 4-10 单击“表设计”按钮

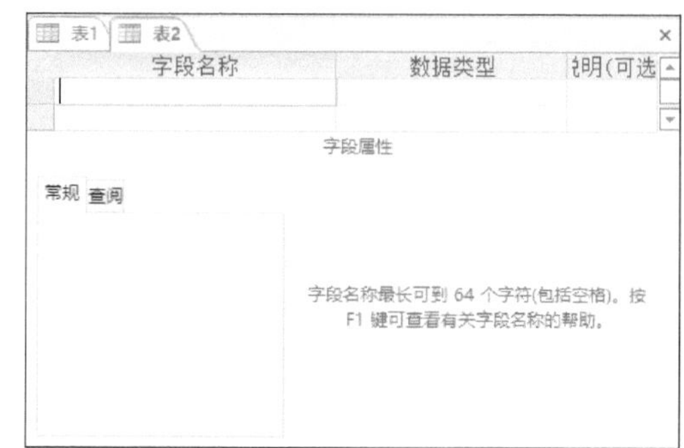

图 4-11 自动打开“表 2”

步骤03 在“表2”的“字段名称”文本框中输入“学号”，然后单击“数据类型”下拉按钮，将数据类型设置为“数字”，如图4-12所示。

步骤04 参照此方法，输入其他名称，并设置好相应的数据类型，如图4-13所示。

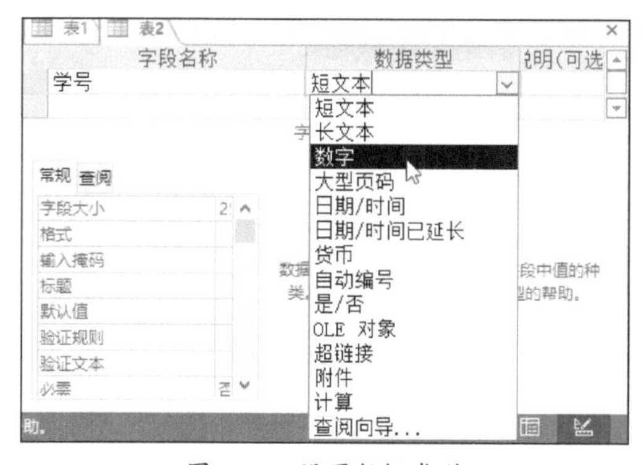

图 4-12 设置数据类型

图 4-13 输入其他名称

步骤05 在“字段名称”组中的“成绩”右侧单击，选中整行，然后在“字段属性”区域内的“常规”选项卡中通过下拉列表设置“字段大小”“格式”和“小数位数”等参数，如图4-14所示。

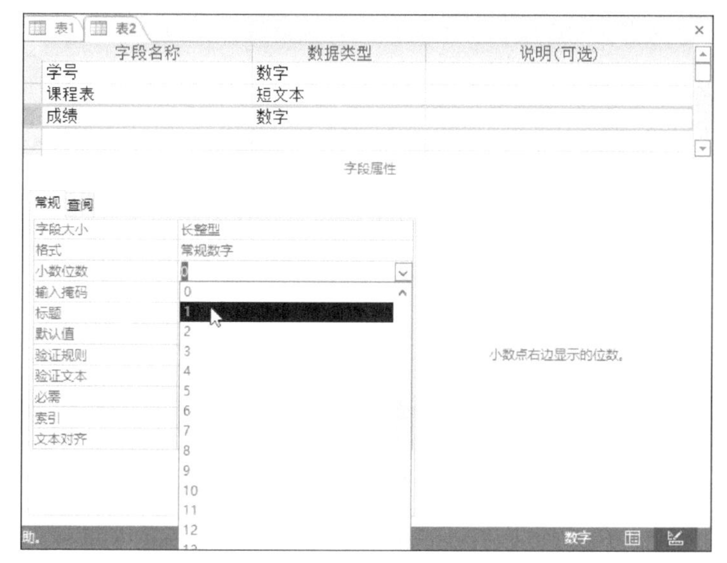

图 4-14 设置字段参数

步骤06 选中“成绩”文本，然后右击选中的文本，从弹出的快捷菜单中选择“主键”选项，如图4-15所示。

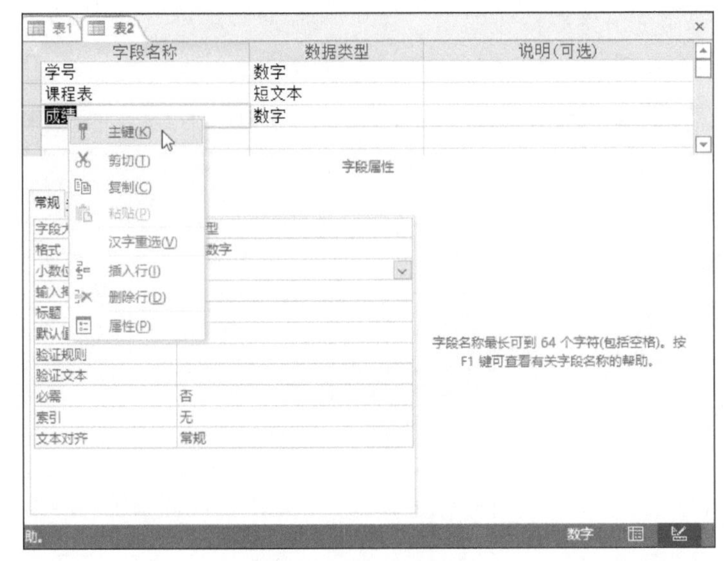

图 4-15　选择“主键”选项

步骤07 在“成绩”字段前将出现钥匙图形，如图4-16所示，完成主键设定。最后单击“保存”按钮。

步骤08 弹出“另存为”对话框，在“表名称”文本框中输入“考生成绩表”，单击“确定”按钮，如图4-17所示。

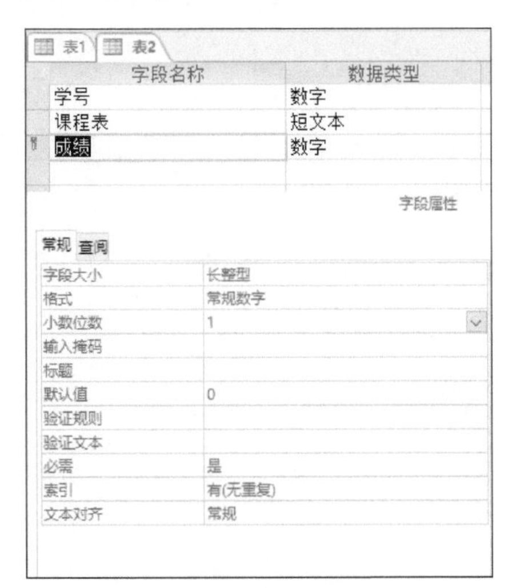

图 4-16　完成主键设定

图 4-17　保存考生成绩表

拓展阅读

强化国家数据治理协同，健全数据资源治理制度体系。深化数据资源调查，推进数据标准规范体系建设，制定数据采集、存储、加工、流通、交易、衍生产品等标准规范，提高数据质量和规范性。建立完善数据管理国家标准体系和数据治理能力评估体系。规范计量数据使用，开展国家计量数据建设和应用试点。聚焦数据管理、共享开放、数据应用、授权许可、安全和隐私保护、风险管控等方面，探索多主体协同治理机制。

——《“十四五”国家信息化规划》

步骤09 成绩表被保存，此时在导航窗格的“表”分组中可见“考生成绩表”，如图4-18所示。

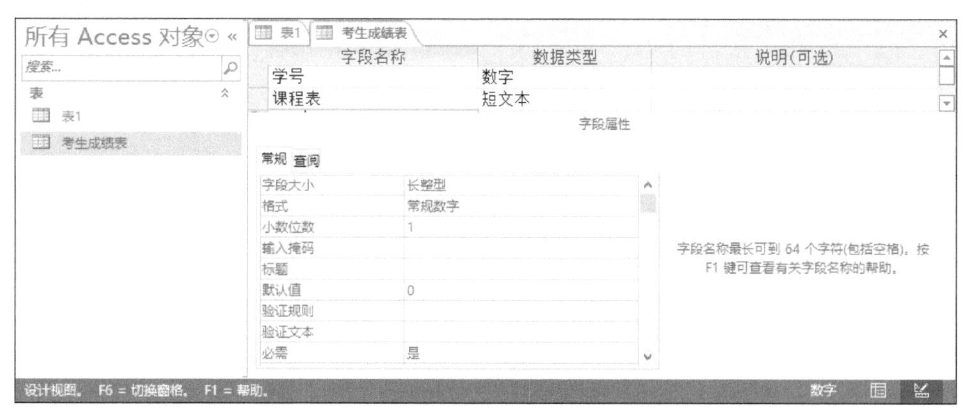

图 4-18 完成效果

4.1.5 使用导入表创建表

Access支持直接从外部数据源获取数据来创建表，这一方法方便快捷。例如，可以导入Excel工作表、HTML文档、XML文件、文本文件、其他Access数据库等。下面以导入其他数据库的数据为例介绍具体操作步骤。

步骤01 打开“外部数据”选项卡，在“导入并链接”组中单击“新数据源”下拉按钮，在展开的下拉列表中选择“从数据库”→“Access”选项，如图4-19所示。在打开的“获取外部数据-Access数据库”对话框中，单击“文件名”文本框右侧的“浏览”按钮。

步骤02 弹出“打开”对话框，选择需要导入的数据库文件，单击“打开”按钮，如图4-20所示。

图 4-19 选择“Access”选项

图 4-20 “打开”对话框

步骤03 返回“获取外部数据-Access数据库”对话框，其他选项保持默认，单击“确定”按钮，如图4-21所示。

步骤04 弹出“导入对象”对话框。当导入的Access文件中包含多个表时，如果只需要导入其中一个表，可以在“表”选项卡中选中这个表名称，然后单击“确定”按钮，如图4-22所示。

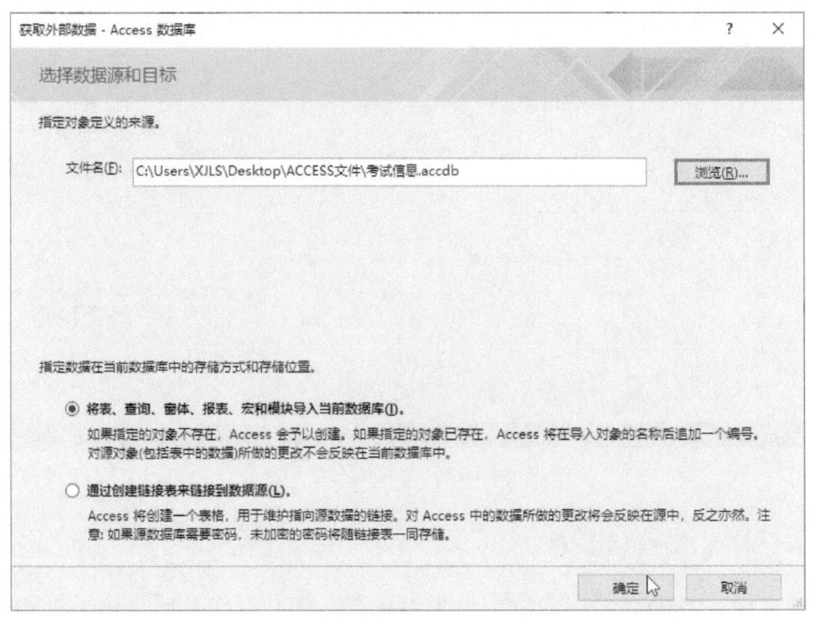

图 4-21　单击“确定”按钮

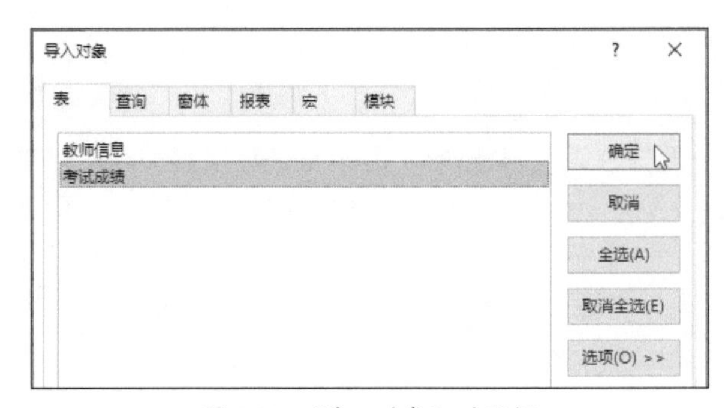

图 4-22　“导入对象”对话框

步骤 05 返回“获取外部数据-Access数据库”对话框，单击“关闭”按钮，如图4-23所示。

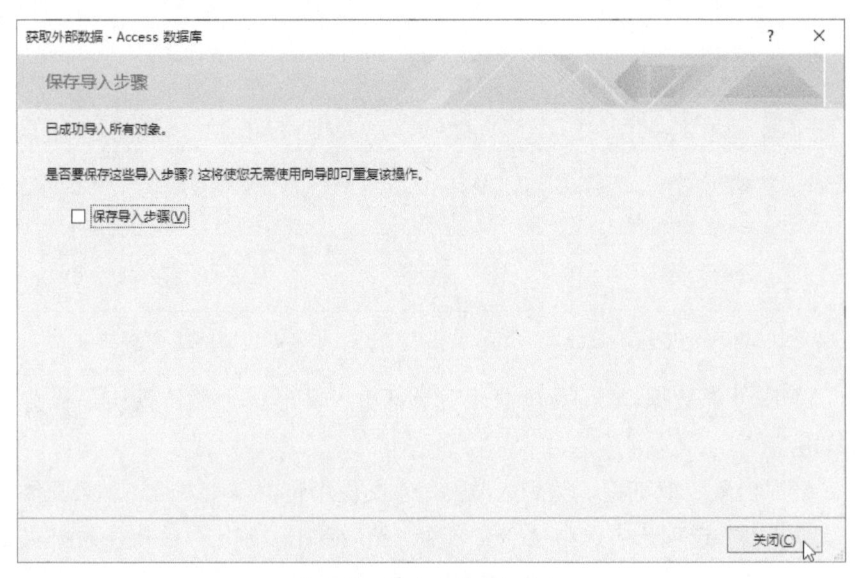

图 4-23　单击“关闭”按钮

步骤06 外部Access数据库中指定的表随即被导入当前的Access数据库中，如图4-24所示。

ID	准考证号	姓名	基础理论
1	431254010325	李天成	88
2	431254010107	余露	84
3	431254010124	赵芳	77
4	431254010311	陈可辛	87
5	431254010320	杨美子	74
6	431254010206	顾佳佳	82
7	431254010417	赵璐	75
8	431254010108	张丹	79
9	431254010102	李雨田	83
10	431254010143	周玲玲	74
11	431254010125	吴美文	75

图 4-24 导入的数据

4.2 表的连接

一个数据库通常包含多个表。要将这些不同的表数据组合在一起，就必须定义表之间的关系。在表之间建立关系，不仅是确立了表之间的关系，还将保证数据库的参照完整性。

4.2.1 定义表之间的关系

表之间有3种关系：一对多关系、多对多关系和一对一关系。下面分别介绍这3种关系。

1. 一对多关系

如果一个订单跟踪数据库中包含“客户”表和“订单”表，客户可以签任意数量的订单。“客户”表中显示的任何客户都可以这样签订单，“订单”表中可以显示很多订单。因此，“客户”表和“订单”表之间的关系就是一对多关系。

若要在数据库设计中表示一对多关系，则须获取关系“一方”的主键，并将其作为额外字段添加到关系“多方”的表中，例如，将一个新字段（即“客户”表中的ID字段）添加到“订单”表中，并将其命名为“客户ID”，然后Access即可使用“订单”表中的“客户ID”号来查找每个订单的正确客户。

2. 多对多关系

以“产品”表和“订单”表之间的关系为例，一方面，单个订单中可以包含多种产品，另一方面，一种产品可出现在多个订单中。因此，对于“订单”表中的每条记录，都可与“产品”表中的多条记录对应；而对于“产品”表中的每条记录也都可能与“订单”表中的多条记录对应，这种关系称为多对多关系。因为对于任何产品都可以有多个订单；对于任何订单也都可包含多种产品。请注意，为了检测到表之间现有的多对多关系，必须考虑关系的双方。

3. 一对一关系

在一对一关系中，第1个表中的每条记录在第2个表中只有一个匹配记录，第2个表中的每条记录在第1个表中也只有一个匹配记录。标识此类关系时，这两个表必须共享一个公共字段。

4.2.2 创建表关系

用户可以使用“关系”对话框或从“字段列表”窗格中拖动字段来创建表关系。应该在创建其他数据库（如窗体、查询和报表）对象之前创建表关系，原因有以下3点。

1. 表关系可为查询设计提供信息

要使用多个表中的记录，通常需要创建连接这些表的查询，查询的工作方式是将第1个表主键字段中的值与第2个表的外键字段进行匹配。例如，要列出每个客户所有订单的行，需要构建一个查询，该查询是基于“客户ID”字段将“客户”表与“订单”表连接起来的。在“关系”对话框中，可以手动指定连接的字段。如果已经定义了表间的关系，Access会基于现有表关系提供默认连接。此外，如果使用其中一个查询向导，Access会使用从已定义的表关系中收集的信息为用户提供正确的选择，并用适当的默认值预填充属性设置。

2. 表关系可为窗体和报表设计提供信息

在设计窗体或报表时，Access也会使用从已定义的表关系中收集的信息为用户提供正确的选择，并用适当的默认值预填充属性设置。

3. 将表关系作为基础来实施参照完整性

将表关系作为基础来实施参照完整性有助于防止数据库中出现孤立的记录。

不同表之间的关系是通过主表的主键字段和子表的相关字段来确定的。下面介绍创建表关系的具体操作步骤。

步骤01 打开“考试信息”数据库。打开“数据库工具”选项卡，在“关系”组中单击“关系”按钮，如图4-25所示。

步骤02 打开“关系”窗口，其中显示了已创建的表关系，如图4-26所示。

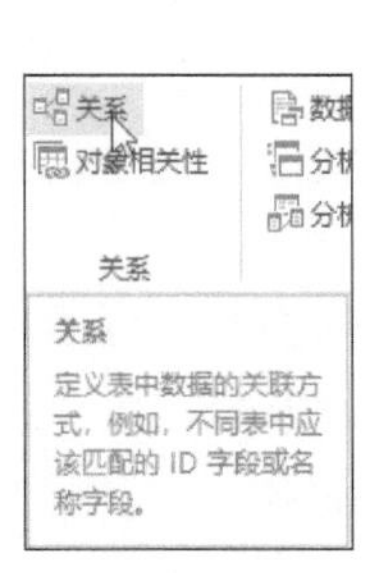

图 4-25 单击“关系”按钮

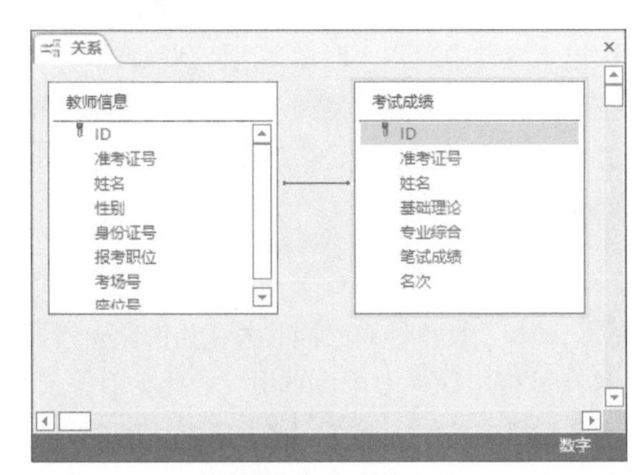

图 4-26 “关系”窗口

步骤03 按住鼠标左键拖动表的标题栏，可以将表移动至窗口的合适位置，如图4-27所示。

步骤04 在“教师信息”表中选择“性别”字段，按住鼠标左键并拖至“考试成绩”表中，如图4-28所示。

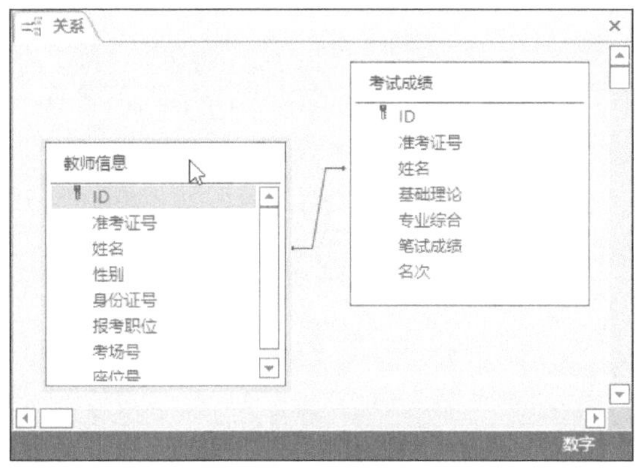
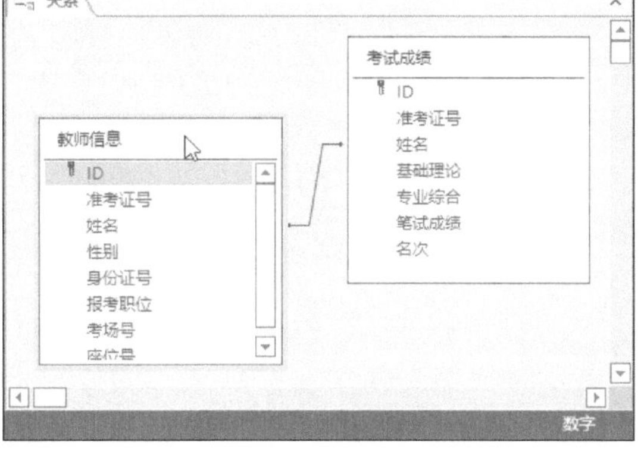

图 4-27 拖动标题栏

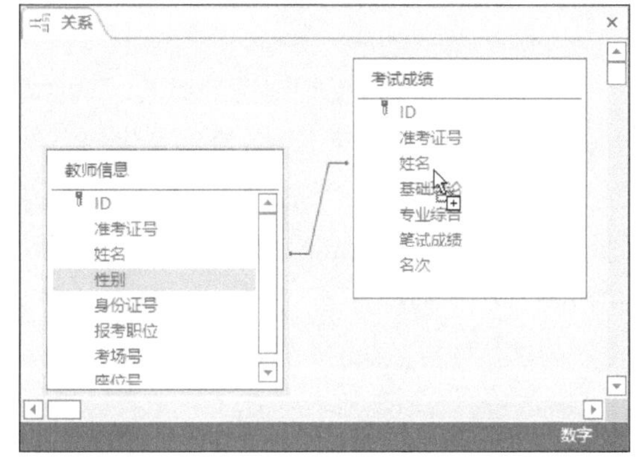

图 4-28 将“性别”字段拖至“考试成绩”表

步骤 05 松开鼠标后，系统弹出警示对话框，单击“否”按钮，如图4-29所示。

步骤 06 弹出“编辑关系”对话框，单击“创建”按钮，如图4-30所示。

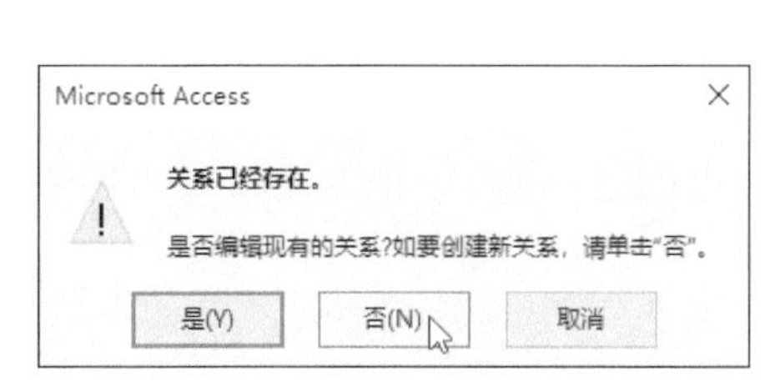

图 4-29 警示对话框

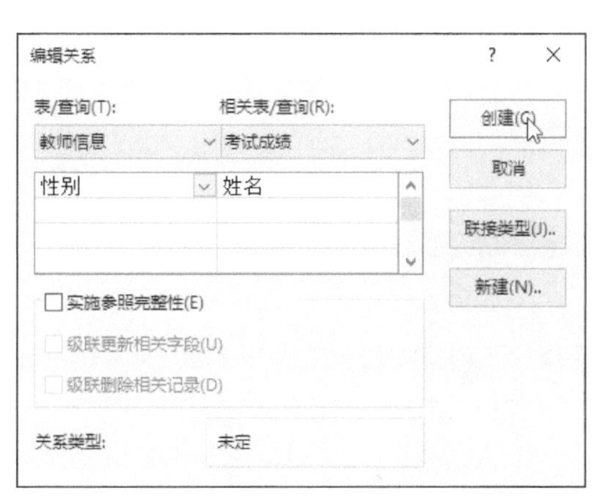

图 4-30 “编辑关系”对话框

步骤 07 窗口中即可显示新的“教师信息_1”关系表，如图4-31所示。

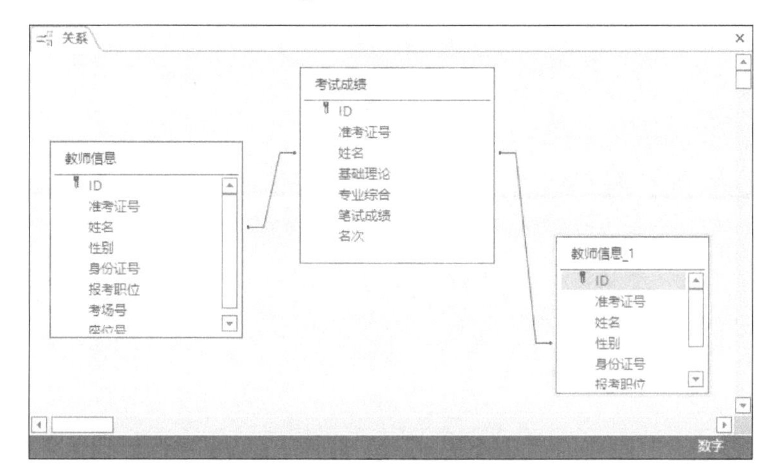

图 4-31 新的关系表

4.2.3 多字段间的关系

如果要同时创建多个字段的关系，只需在按住Ctrl键的同时用鼠标选定多个字段，然后一并拖动到目的字段即可。下面介绍具体的操作步骤。

步骤01 在“教师信息”表中按住Ctrl键依次单击“考场号”和“座位号”，将这两个字段同时选中，然后向“考试成绩”表中拖动，如图4-32所示。在随后弹出的对话框中单击“否”按钮。

步骤02 打开“编辑关系”对话框，设置“考试成绩”的两个相关字段全部为“准考证号”，单击“创建”按钮，如图4-33所示。

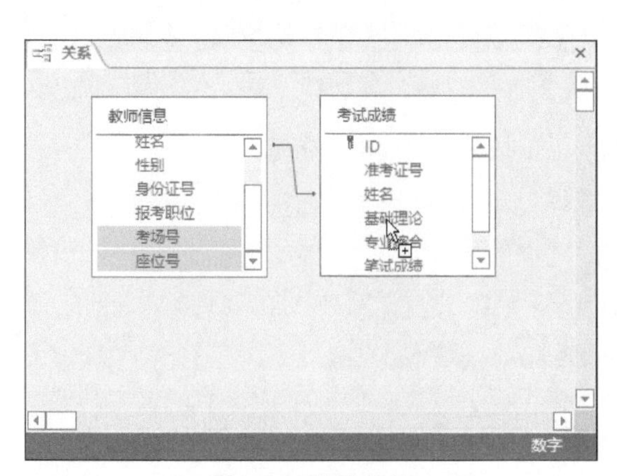

图 4-32 拖动字段

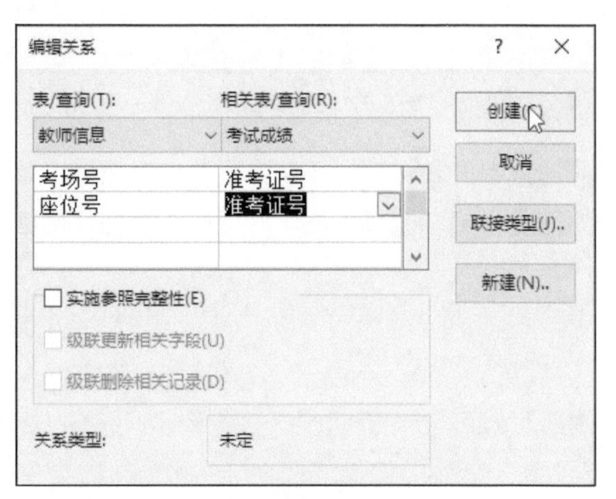

图 4-33 “编辑关系”对话框

步骤03 创建了多个字段关系的视图如图4-34所示。

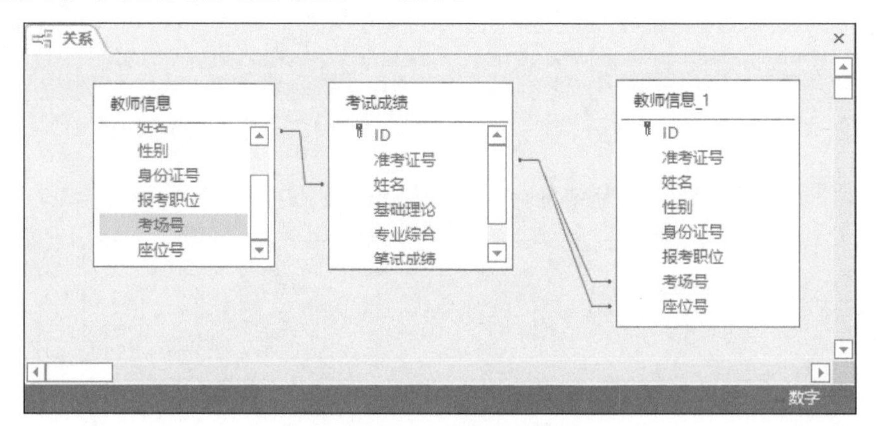

图 4-34 多个字段关系视图

4.2.4 编辑关系

在Access中，创建完表的关系后，还可以编辑已有的关系，或是删除不需要的关系。下面介绍具体操作步骤。

步骤01 用鼠标右键单击需要编辑的关系线，在弹出的快捷菜单中选择“编辑关系”选项，如图4-35所示。

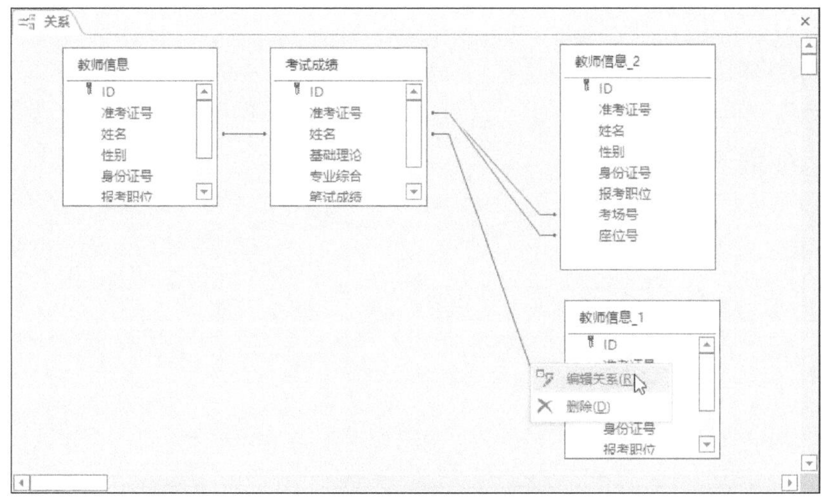

图 4-35 选择“编辑关系”选项

步骤 02 弹出“编辑关系”对话框，单击“联接[①]类型”按钮，如图4-36所示。

步骤 03 弹出“联接属性”对话框，选择一个符合联接需要的单选按钮，单击“确定”按钮，如图4-37所示。

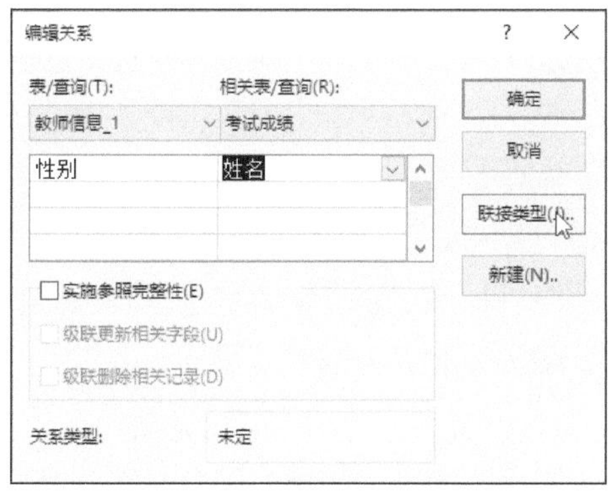

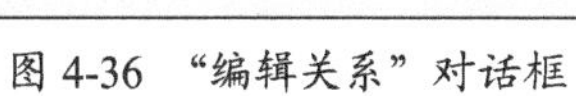

图 4-36 “编辑关系”对话框

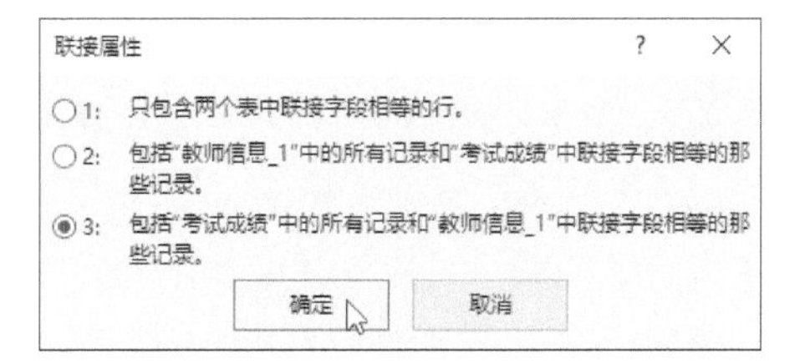

图 4-37 “联接属性”对话框

步骤 04 返回“编辑关系”对话框，单击“确定”按钮。完成连接类型的更改，如图4-38所示。

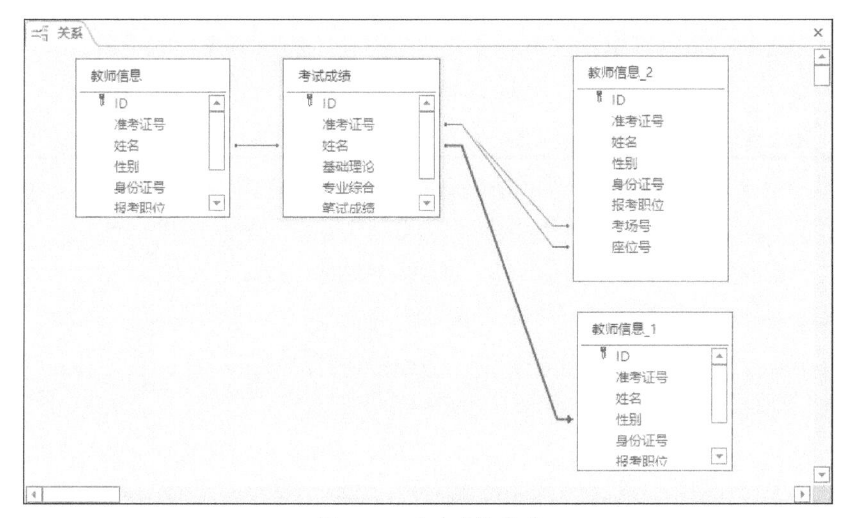

图 4-38 更改连接类型

① 正确写法应为“连接”，这里采用“联接”是为与软件保持一致。后续相同问题也采用此方法。

步骤05 用鼠标右键单击需删除的关系线，在弹出的菜单中选择“删除”选项，如图4-39所示，即可删除该线条连接的关系。

步骤06 用鼠标右键单击“关系”名称标签，在弹出的快捷菜单中选择“保存”选项，即可保存建立的关系，如图4-40所示。

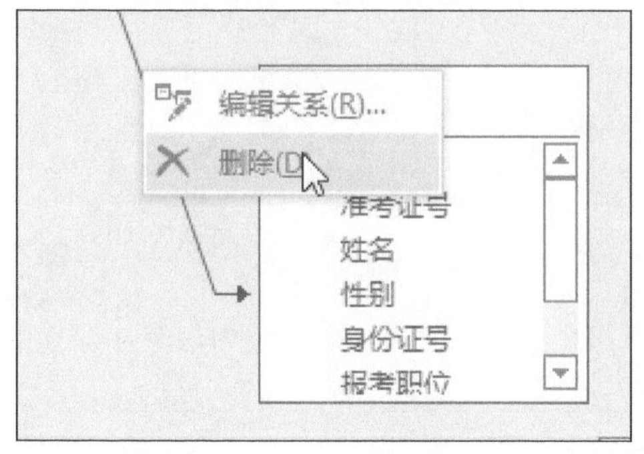

图 4-39 选择“删除”选项

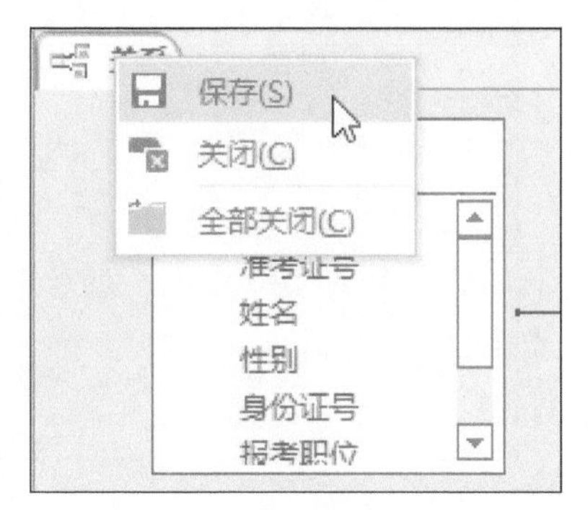

图 4-40 选择“保存”选项

4.2.5 参照完整性的定义

参照完整性是指在设计数据库时，用户首先将信息拆分为若干基于主题的表，以便最大限度地减少冗余数据。然后，通过在相关表中放置公共字段，为Access提供将数据重新组合到一起的方法。

使用参照完整性的目的是防止出现孤立记录并保持参照同步，以使这种假设的情况永远不会发生。实施参照完整性的方法是为表关系启用参照完整性。实施参照完整性后，Access将拒绝违反表关系参照完整性的任何操作，拒绝更改参照目标的更新，还将拒绝参照目标的删除。若要使Access传播参照更新和删除，则所有相关行都应进行相应更改。

在实施参照完整性时应该注意如下几点。

（1）如果值不存在于主表的主键字段中，则不能在相关表的外键字段中输入该值，否则会创建孤立记录。

（2）如果某记录在相关表中有匹配记录，则不能从主表中将它删除。例如，如果在“订单”表中有分配给某雇员的订单，则不能从“雇员”表中删除该雇员的记录。若勾选了“级联删除相关记录”复选框，则可以在一次操作中删除主记录及所有相关记录。

（3）如果更改主表中的主键值会创建孤立记录，则不能执行此操作。例如，如果在“订单明细”表中为某一订单指定了行项目，则不能更改“订单”表中该订单的编号。若勾选了“级联更新相关字段”复选框，则可以在一次操作中更新主记录及所有相关记录。

如果在启用参照完整性遇到困难时，可查看是否满足了以下条件。

（1）来自主表的公共字段必须是主键或具有唯一索引。

（2）公共字段必须具有相同的数据类型。例外的是自动编号字段，它与 FieldSize 属性设置为长整型的数字字段相关。

（3）这两个表必须存在于同一个Access数据库中。不能对链接表实施参照完整性。如果来源表为Access格式，则可打开存储这些表的数据库，并在该数据库中启用参照完整性。

4.3 字段的设置

在创建表后，用户有时需要修改表的设计，如在表中增加和删除字段。在Access中，可以在设计视图和数据表视图中添加或删除字段。

在数据库中，表的行和列都有特殊的叫法，每一列叫作一个字段。每个字段包含某一个专题的信息，例如，在一个“联系人”数据库中的“姓名”“联系电话”都是表中所有行数据共有的属性，所以将这些列称为“姓名”字段和“联系电话”字段。

“记录”是指表中每一行的数据，每一个记录包含这一行中的所有信息。例如，在“联系人”数据库中，某个人的全部信息即为一个记录，但是记录在数据库中并没有专门的名称用于相互区分，一般常用它所在的行数表示这是第几个记录。

4.3.1 字段类型

Access包括11种类型的字段，即文本、备注、数字、日期/时间、货币、自动编号、是/否、OLE对象、超级链接、附件、查阅向导。下面分别介绍这些类型及其使用方法。

1. 文本

文本是指字母和数字。

用法：用于不用作计算使用的文本和数字（如“产品ID”）。

2. 备注

备注是指字母和数字字符（长度超过255个字符）或RTF格式的文本。

用法：行长度超过255个字符的字母和数字，或RTF格式的文本（如注释、较长的说明和包含粗体或斜体等格式的段落等）应使用“备注”字段。

3. 数字

数字是指数值（整数或分数值）。

用法：用于存储要在计算机中使用的数字，货币值除外（货币值数据类型使用“货币”）。

4. 日期/时间

需要存储日期和时间时可以将“日期/时间”字段添加到表中。日期和时间数据用于记录各种事情发生的日期或时间点，如生日、发货日期和账单日期等。

用法：Access会自动以“常规日期和时间”格式显示日期和时间，这些自动格式会因计算机上Windows区域和语言选项设置中指定的地理位置而异。用户通过使用自定义显示格式可以更改这些预定义格式，选择的自定义格式不会影响数据的输入方式或Access存储该数据的方式。

5. 货币

货币是指货币值。

用法：用于存储货币值（货币），大小为8个字节。

6. 自动编号

自动编号是指添加记录时，Access自动插入的唯一的一个数值。

用法：用于生成可用作主键的唯一值。需要注意的是，自动编号字段可以按顺序增加指定的数值，也可以随机选择。

7. 是/否

是/否是指布尔值。

用法：用于只有两个可能的值（如“是/否”或“真/假”）之一的数据。

8. OLE对象

OLE对象是指OLE对象或其他二进制数据。

用法：用于存储其他Microsoft Windows应用程序中的OLE对象。

9. 超级链接

超级链接是指超链接。

用法：用于存储超链接，以通过URL（统一资源定位符）对网页进行访问，或通过UNC（通用命名约定）格式的名称访问文件，还可以链接至数据库中存储的Access对象。

超级链接字段最大支持1 GB字符，或2 GB存储空间（1个字符为2个字节），可以在控件中显示65 535个字符。

10. 附件

附件是指图片、图像、二进制文件和Office文件。附件的大小取决于附件的可压缩程度。

用法：用于存储数字图像和任意类型的二进制文件的首选数据类型。

11. 查阅向导

查阅向导实际上不是数据类型，只是调用“查阅向导”功能。

用法：用于启动“查阅向导”功能，使用户可以创建一个组合框，从而能在其他表、查询或值列表中查阅值的字段。

4.3.2 字段属性

在创建表的过程中，除了可以对字段的类型、长度进行设置外，还可以设置一些特殊的属性，如字段的有效性规则、有效性文本、字段的显示格式等。这些属性的设置使得用户在使用数据库时更加安全、方便和可靠。

表设计器的下半部分都是用来设置表中字段的属性，通过对字段属性的设置可以对字段进行更高一级的设置。“字段大小”用于设置文本型字段的最大长度和数字型字段的取值范围，“字段格式”用于设置数据的显示和打印方式。

1. 设置字段大小

下面介绍设置字段大小的操作步骤。

步骤 01 打开“文具销售统计”数据库，选择要设置字段的表，单击鼠标右键，在弹出的快捷菜单中选择“设计视图”选项，如图4-41所示。

图 4-41 选择“设计视图”选项

步骤 02 切换至设计视图，选中“日期”字段，在下方的“常规”选项卡中设置“字段大小”为24，即可完成“日期”字段大小的设置，如图4-42所示。

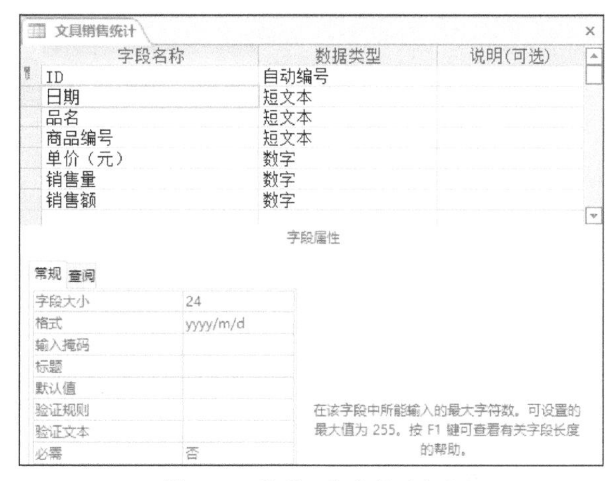

图 4-42 设置日期字段的大小

2. 设置字段格式

字段格式用来限制数据的显示格式。不同数据类型的字段，其格式有所不同。下面介绍设置字段格式的具体方法。

步骤 01 打开“文具销售统计”数据库，切换到设计视图模式。单击“日期”字段右侧的“数据类型”下拉按钮，在展开的下拉列表中选择“日期/时间”选项，如图4-43所示。

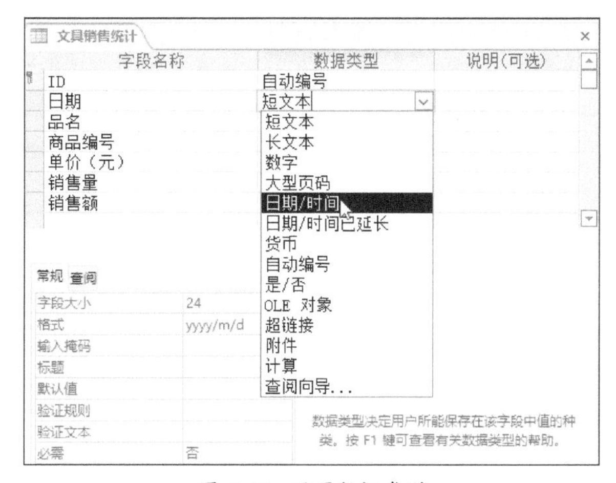

图 4-43 设置数据类型

步骤 02 在窗口下方的“常规”选项卡中单击“格式”右侧的下拉按钮，在展开的下拉列表中选择“长日期”选项，完成日期格式的设置，如图4-44所示。

图 4-44　设置日期格式

4.3.3　验证规则

验证规则用于指定一个所有有效字段值或所有有效记录必须满足的的条件。Access中的验证规则主要有两种，即字段验证规则和记录验证规则。下面介绍这两种规则。

1. 设置字段的验证规则

设置字段的验证规则时，用户首先应该保证输入的数据与字段数据类型相符。

步骤 01 打开“生产统计”数据表，在导航窗格中用鼠标右键单击“生产统计”表，在弹出的菜单中选择“设计视图”选项，如图4-45所示。

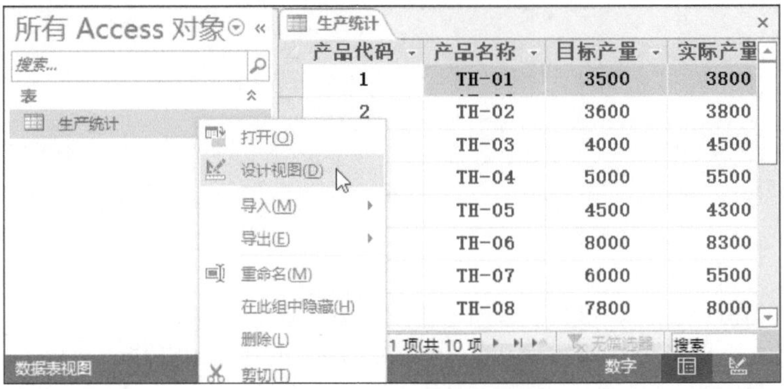

图 4-45　选择“设计视图”选项

步骤 02 在“字段名称”选项区中选中“目标产量”字段；单击“常规”选项卡下的“验证规则”右侧文本框中的…按钮，如图4-46所示。

图 4-46　设置验证规则

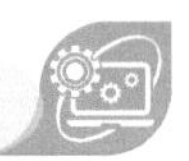

步骤03 在弹出的“表达式生成器”对话框中输入“>2000”，然后单击“确定”按钮，关闭该对话框，如图4-47所示。

步骤04 在窗口中用鼠标右键单击“生产统计”名称标签，在弹出的菜单中选择“保存”选项，如图4-48所示。

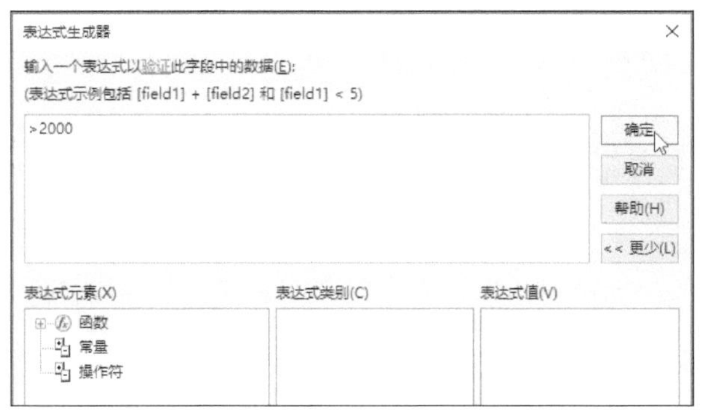

表达式生成器
输入一个表达式以验证此字段中的数据(E):
(表达式示例包括 [field1] + [field2] 和 [field1] < 5)
>2000
确定
取消
帮助(H)
<< 更少(L)
表达式元素(X)
表达式类别(C)
表达式值(V)
函数
常量
操作符

图 4-47 “表达式生成器”对话框

保存(S)
关闭(C)
全部关闭(C)
设计视图(D)
数据表视图(H)

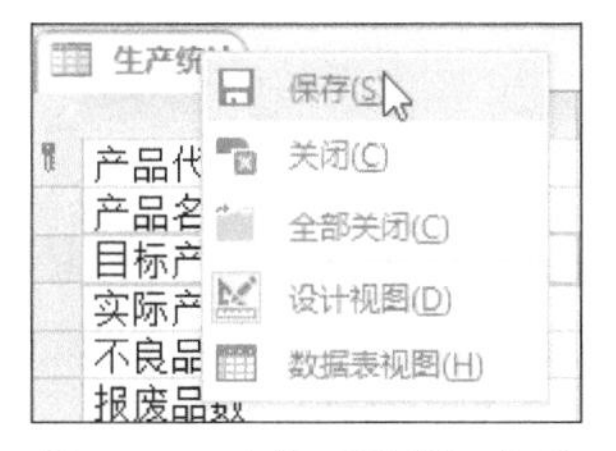

图 4-48 选择“保存”选项

步骤05 系统弹出警示对话框，单击“是”按钮，如图4-49所示。

步骤06 再次用鼠标右键单击“生产统计”名称标签，在弹出的菜单中选择“数据表视图”选项，切换视图模式，如图4-50所示。

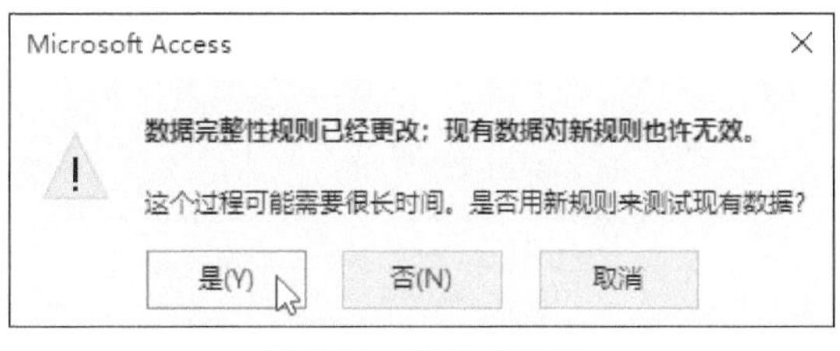

Microsoft Access
数据完整性规则已经更改：现有数据对新规则也许无效。
这个过程可能需要很长时间。是否用新规则来测试现有数据？
是(Y)
否(N)
取消

图 4-49 警示对话框

保存(S)
关闭(C)
全部关闭(C)
设计视图(D)
数据表视图(H)

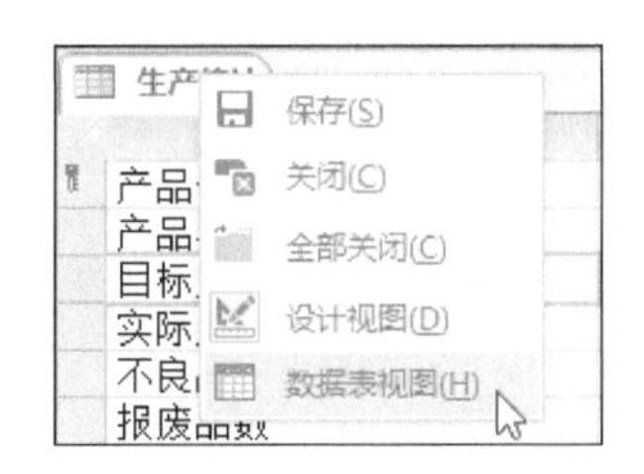

图 4-50 选择“数据表视图”选项

步骤07 在数据表视图模式中继续新建内容，当“目标产量”字段中输入了小于2 000的数值时，数据库将中断操作并弹出警示对话框，如图4-51所示。单击“确定”按钮关闭该对话框。

生产统计
产品代码 产品名称 目标产量 实际产量 不良品数 报废品数 备注 单击以添加
1 TH-01 3500 3800 2 1
2 TH-02 3600 3800 5 0
3 TH-03 4000 4500 3 1
4 TH-04 5000 5500 1 0
5 TH-05 4500 4300 2 0
6 TH-06 8000 8300 9 1
7 TH-07 6000 5500 3 0
8 TH-08 7800 8000 2 2
9 TH-09 2800 3000 1 0
10 TH-10 4500 5000 5 1
11 TH-11 1500 0 0 0
(新建) 0 0 0 0
Microsoft Access
“生产统计.目标产量”设置的验证规则“>2000”禁止一个或多个数值。输入一个该字段可以接受的数值。
确定
帮助(H)
记录: 第 11 项(共 11 项) 无筛选器 搜索

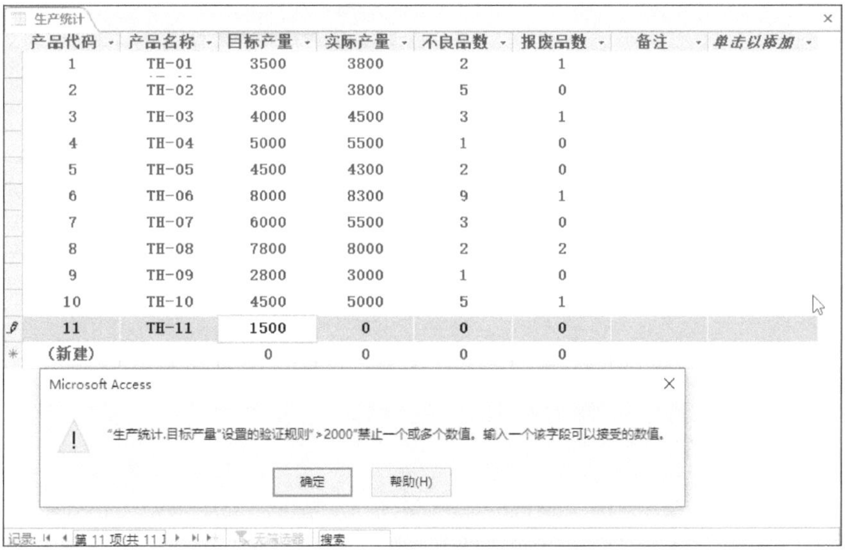

图 4-51 警示对话框

步骤08 重新输入大于或等于2 000的数值时，则可以正常录入，如图4-52所示。

生产统计

	产品代码	产品名称	目标产量	实际产量	不良品数	报废品数	备注	单击以添加
	1	TH-01	3500	3800	2	1		
	2	TH-02	3600	3800	5	0		
	3	TH-03	4000	4500	3	1		
	4	TH-04	5000	5500	1	0		
	5	TH-05	4500	4300	2	0		
	6	TH-06	8000	8300	9	1		
	7	TH-07	6000	5500	3	0		
	8	TH-08	7800	8000	2	2		
	9	TH-09	2800	3000	1	0		
	10	TH-10	4500	5000	5	1		
	11	TH-11	3500	0	0	0		
*	(新建)		0	0	0	0		

图 4-52　输入合适的数值

2. 设置记录的验证规则

记录的验证规则就是在表的级别上创建的规则，具体操作如下：

步骤01 打开“生产统计”数据表，切换至“开始”选项卡，单击“视图”组中的“视图”下拉按钮，在展开的列表中选择“设计视图”选项。

步骤02 切换至设计视图模式。打开“表格工具-表设计”选项卡，在“显示/隐藏”组中单击“属性表”按钮，如图4-53所示。

步骤03 窗口右侧随即显示“属性表”区域。在该区域中的“常规”选项卡中设置“验证规则”为“[不良品数]<[实际产量]”，如图4-54所示。

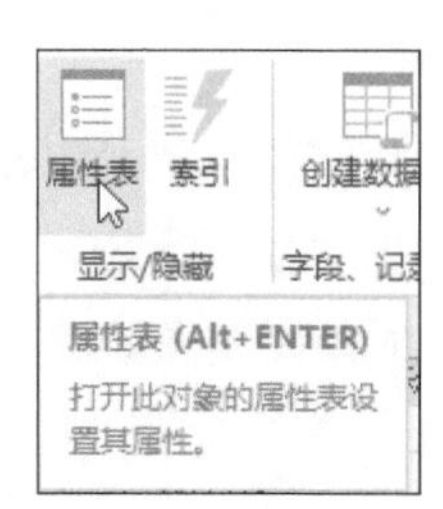

图 4-53　单击“属性表”按钮

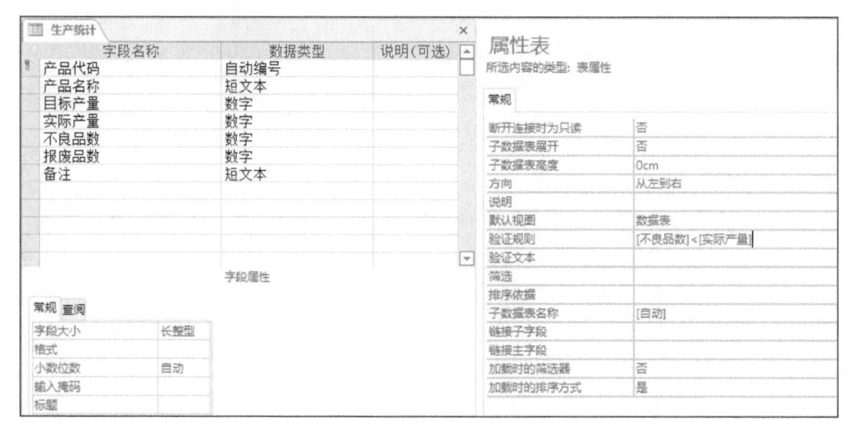

图 4-54　设置验证规则

步骤04 验证规则设置好后，按Ctrl+S组合键，此时系统弹出警示对话框，单击“是”按钮，如图4-55所示。

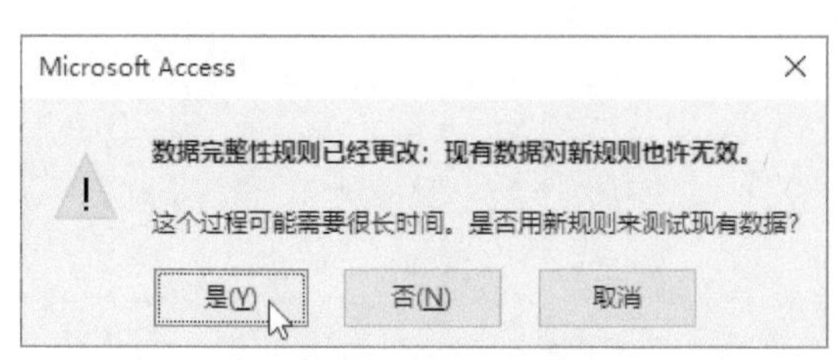

图 4-55　警示对话框

步骤05 在导航窗格中双击“生产统计”表，自动切换回数据表视图模式。在表中新建数据，如果输入的“不良品数”值大于“实际产量”值，按Ctrl+S组合键将无法保存操作，并会弹出警示对话框，如图4-56所示。

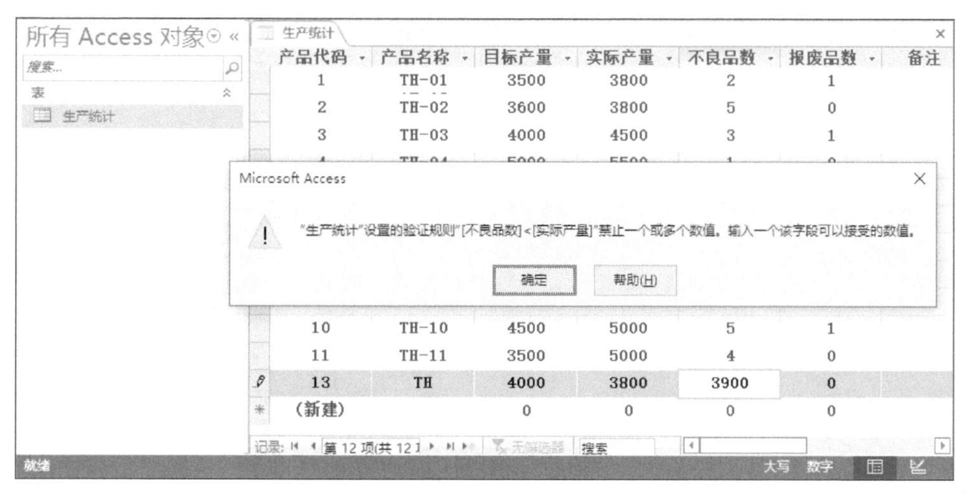

图 4-56 弹出警示对话框

4.3.4 输入掩码

在输入数据时，如果要求以指定的格式输入数据并能在输入错误时给出提示信息，则可以使用输入掩码。使用Access中的“输入掩码向导”可以设置输入掩码。下面介绍设置输入掩码的具体操作方法。

步骤01 打开“生产统计”数据表，切换至设计视图模式。用鼠标右键单击“目标产量”字段，在弹出的菜单中选择“插入行”选项，如图4-57所示。

步骤02 在新插入的行中输入“生产批次”，将其“数据类型”设置为“短文本”，如图4-58所示。

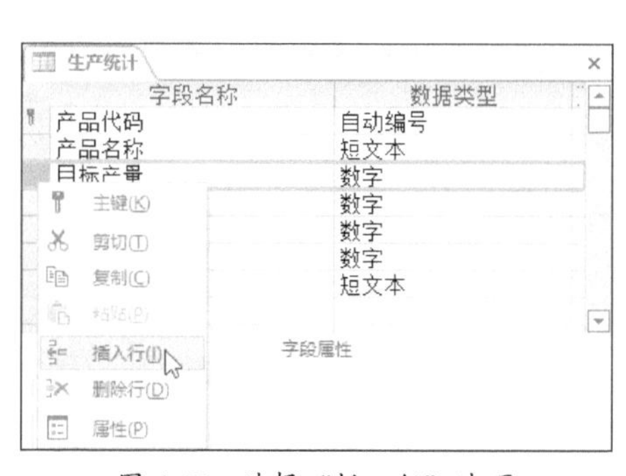

图 4-57 选择“插入行”选项

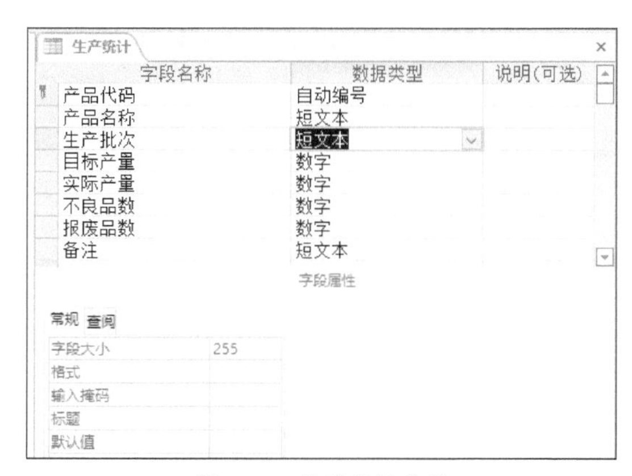

图 4-58 设置数据类型

步骤03 选中“生产批次”字段，在“字段属性”区域内单击“常规”选项卡中“输入掩码”文本框右侧的…按钮，如图4-59所示。

步骤04 弹出警示对话框，单击“是”按钮，如图4-60所示。

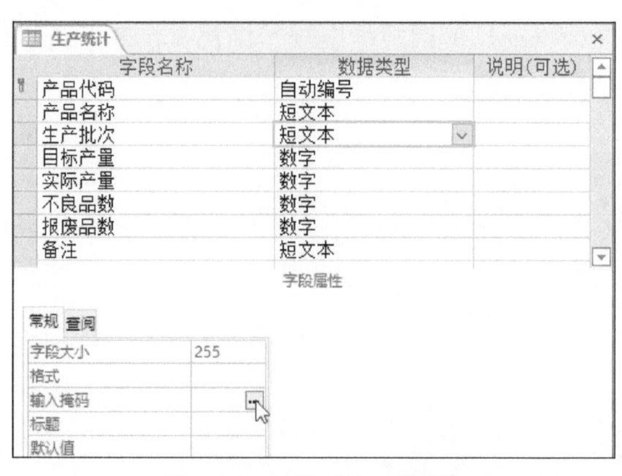

图 4-59　设置“输入掩码”

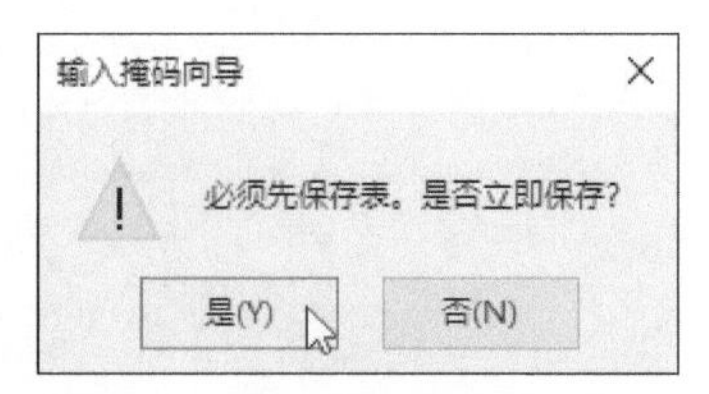

图 4-60　“输入掩码向导”对话框

步骤 05 弹出“输入掩码向导”对话框，单击“编辑列表”按钮，如图4-61所示。

步骤 06 弹出“自定义‘输入掩码向导’”对话框。在“说明”文本框中输入“生产批次”，在“输入掩码”文本框中输入“0000-00000”，单击“关闭”按钮，如图4-62所示。

图 4-61　单击“编辑列表”按钮

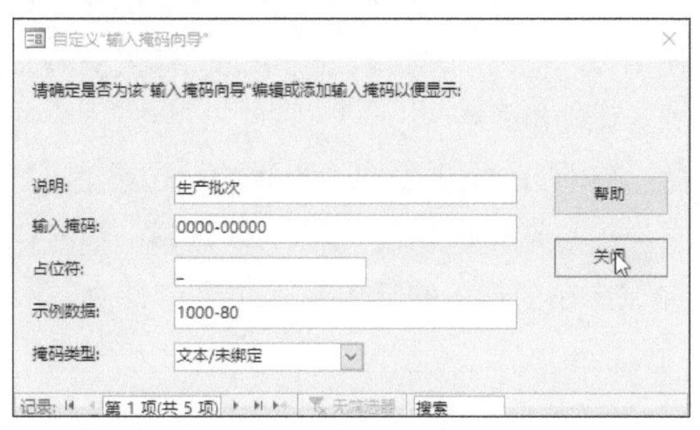

图 4-62　输入信息

步骤 07 返回“输入掩码向导”对话框，单击“下一步”按钮，如图4-63所示。

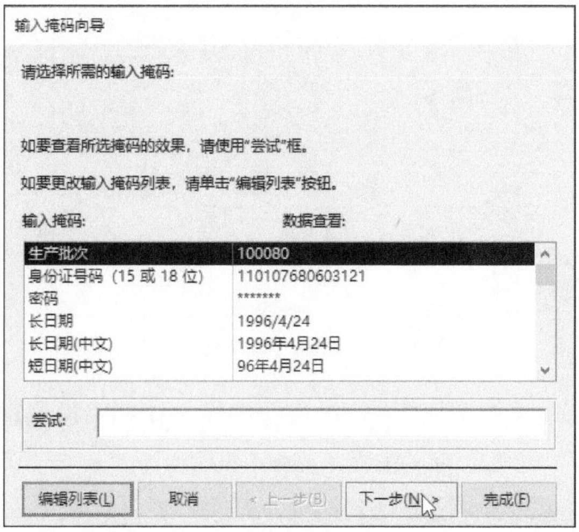

图 4-63　“输入掩码向导”对话框

步骤08 修改“占位符”为“#”，如图4-64所示，单击“下一步”按钮。

图 4-64 修改占位符

步骤09 选择一个单选按钮以确定保存数据的方式，单击“下一步”按钮，如图4-65所示。

步骤10 单击“完成”按钮，完成输入掩码的创建，如图4-66所示。

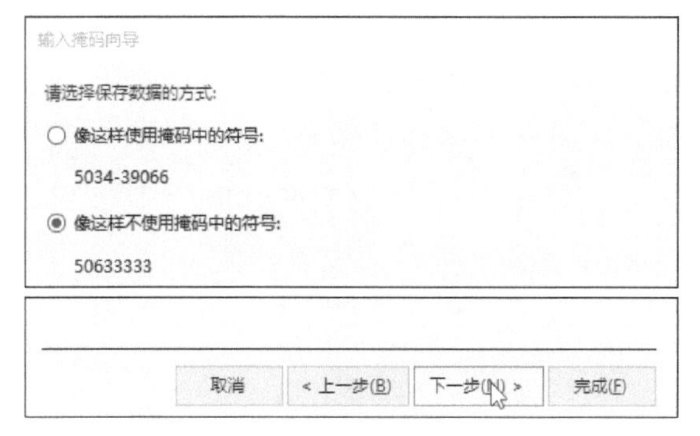

图 4-65 选择保存数据的方式

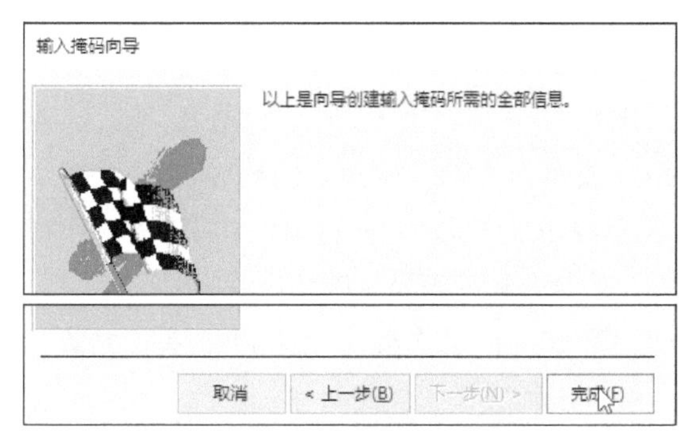

图 4-66 单击“完成”按钮

步骤11 切换至数据表视图模式。此时可以看到表中显示“生产批次”字段，选中该字段中的任意单元格，可以看到“#”显示的掩码，如图4-67所示。

步骤12 输入数字，此时会自动根据掩码调整格式，如图4-68所示。

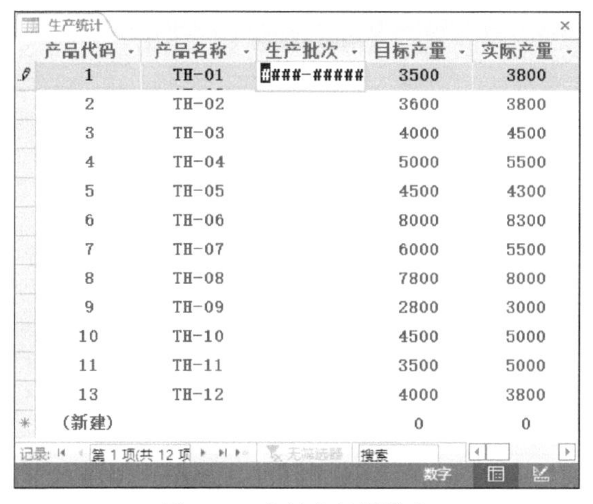

产品代码	产品名称	生产批次	目标产量	实际产量
1	TH-01	####-#####	3500	3800
2	TH-02		3600	3800
3	TH-03		4000	4500
4	TH-04		5000	5500
5	TH-05		4500	4300
6	TH-06		8000	8300
7	TH-07		6000	5500
8	TH-08		7800	8000
9	TH-09		2800	3000
10	TH-10		4500	5000
11	TH-11		3500	5000
13	TH-12		4000	3800
(新建)			0	0

图 4-67 数据表视图模式

产品代码	产品名称	生产批次	目标产量	实际产量
1	TH-01	2205-11012	3500	3800
2	TH-02		3600	3800
3	TH-03		4000	4500
4	TH-04		5000	5500
5	TH-05		4500	4300
6	TH-06		8000	8300
7	TH-07		6000	5500
8	TH-08		7800	8000
9	TH-09		2800	3000
10	TH-10		4500	5000
11	TH-11		3500	5000
13	TH-12		4000	3800
(新建)			0	0

图 4-68 自动调整格式

步骤13 若输入的数字位数不正确，系统会弹出警示对话框，如图4-69所示。

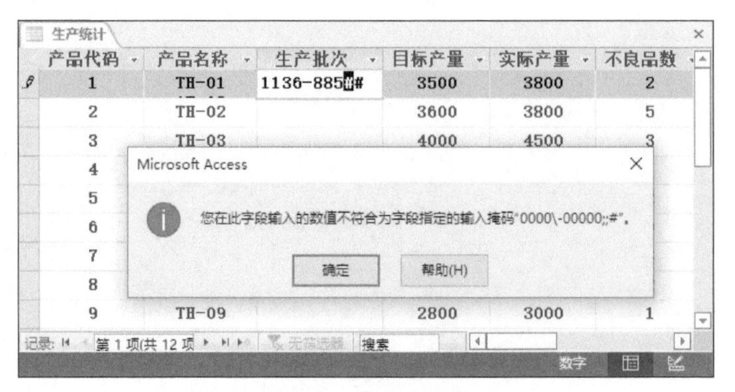

图 4-69 警示对话框

4.3.5 创建“查阅向导”字段

表中输入的数据经常是一个数据集合的某个值，对于这种情况，Access提供了“查阅向导”这种特殊的数据类型。如果将字段设置为这种数据类型，输入时即可直接从某一列表中选择数据。下面介绍创建“查阅向导”字段的具体操作方法。

步骤01 打开“生产统计”数据表，在“开始”选项卡中的“视图”组内单击“视图”下拉按钮，在展开的列表中选择“设计视图”选项，切换至设计视图模式。

步骤02 在“产品名称”字段的“数据类型”下拉列表中选择“查阅向导”选项，如图4-70所示。

图 4-70 选择“查阅向导”选项

步骤03 弹出“查阅向导”对话框，选中“自行键入所需的值”单选按钮，单击“下一步”按钮，如图4-71所示。

步骤04 在打开的对话框中输入需要查阅的内容，单击“下一步”按钮，如图4-72所示。

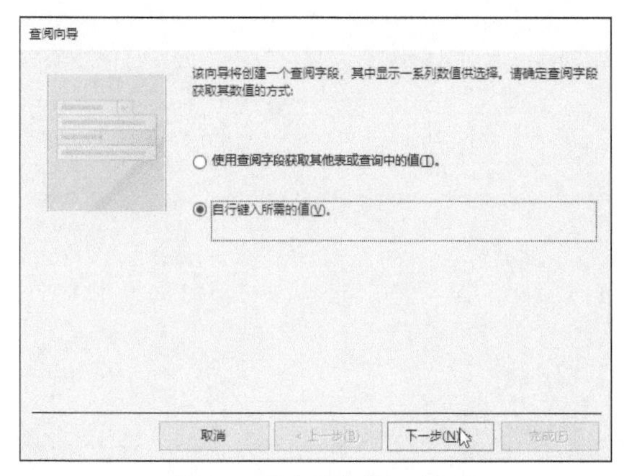

图 4-71 “查阅向导”对话框

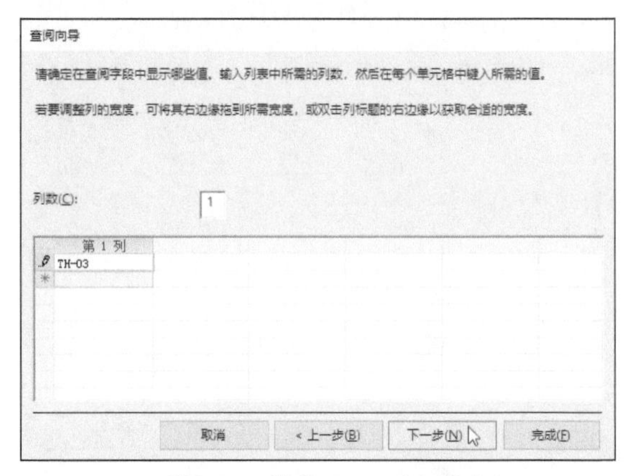

图 4-72 单击“下一步”按钮

步骤05 单击“完成”按钮，关闭对话框，如图4-73所示。

步骤06 切换至“字段属性”区域的“查阅”选项卡，查看查阅的结果，如图4-74所示。

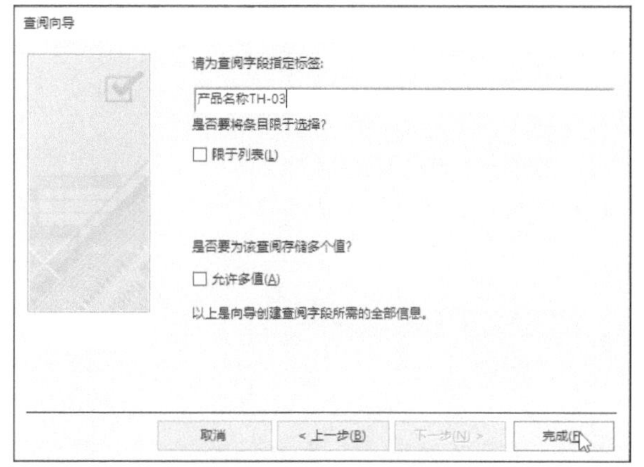
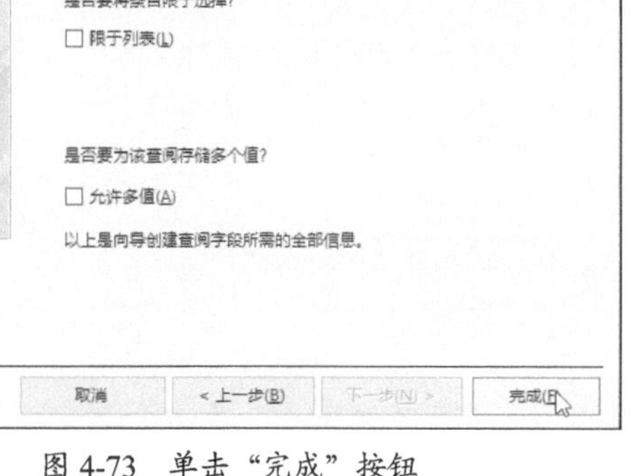

图 4-73　单击“完成”按钮

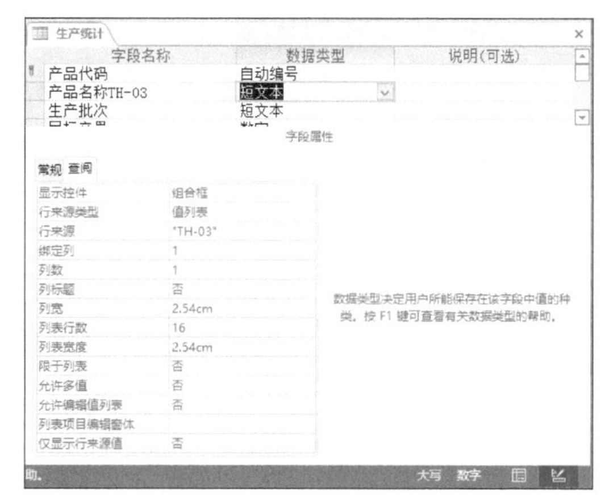

图 4-74　查阅结果

4.4　主键

在Access中，每个表通常都有一个主键字段。如果表中的某一个字段可以唯一标识记录，则可以将该字段定义为主键创建索引，这将有助于Access快速查找和排序记录。使用索引查找数据，就如在图书馆使用索引查找书目一样。

主键是表中的一个字段或字段集，为Access中的每一行提供一个标识符。在关系数据库中，用户可以将信息分成不同的主题，并基于主题创建不同的表，然后使用表关系和主键将信息再次组合起来，使多个表中的数据关联起来，并以一种有意义的方式将这些数据组合在一起。

一个合适的主键应具有如下特征。

（1）它用于唯一地标识表中的某一条记录。

（2）它从不为空，即它始终包含一个值。

（3）它几乎不改变（理想情况下永不改变）。

Access可使用主键字段将多个表中的数据关联在一起。但不是所有字段都适合设置为主键，例如，将姓名或地址设为主键就是一种糟糕的选择，因为它们不能保证唯一性。

如果无法确定哪个字段或字段集适合用作主键，则可考虑将数据类型为“自动编号”的字段作为主键字段。这样的字段不包含事实数据，即不包含任何描述所代表行的真实信息。因为不包含事实数据的字段不会更改，所以使用这些字段作为主键是一种好做法。

4.4.1　自动创建的主键

在数据表视图中创建新表时，Access会自动为用户创建主键，并且为它指定字段名和“自动编号”数据类型。默认情况下，该字段在数据表视图中为隐藏状态，但切换到设计视图后就可以看到该字段。例如，打开“生产统计”数据库中的“生产统计”表，切换至设计视图，可看到创建表时自动指定的字段名和“自动编号”数据类型，用户可以在“常规”选项卡的“新值”中选择“递增”类型，如图4-75所示。

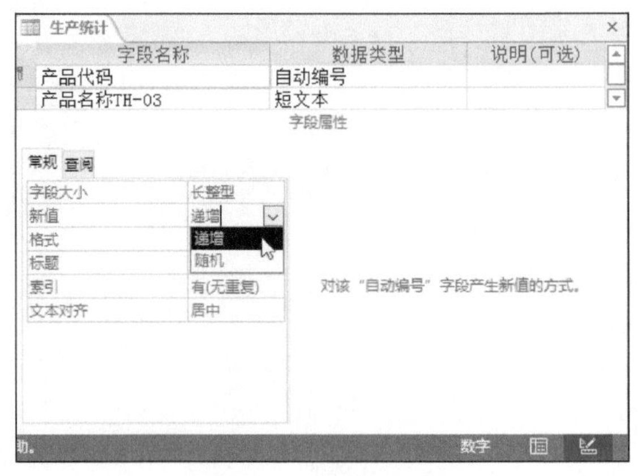

图 4-75 设置新值的类型

4.4.2 设置主键

要使主键正常工作，该字段必须唯一标识每一行，决不包含空值或Null值，并且很少（理想情况下永不）改变。下面介绍设置主键的方法。

步骤 01 打开“5月份库存”数据库，切换至“开始”选项卡，单击“视图”组中的“视图”下拉按钮，在展开的列表中选择“设计视图”选项。

步骤 02 切换至设计视图模式，选择“产品编号”字段，如图4-76所示。

步骤 03 切换至“表格工具-表设计”选项卡，单击“工具”组中的“主键”按钮，如图4-77所示。

步骤 04 所选字段即被设置为主键，如图4-78所示。

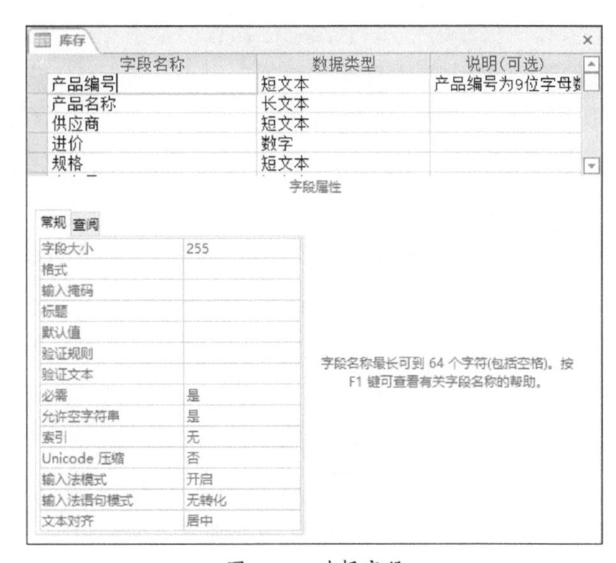

图 4-76 选择字段

图 4-77 单击“主键”按钮

图 4-78 主键设置完成

4.5 删除或修改数据库

数据库在最初设计的时候不可能做到尽善尽美，经常会出现中途修改数据库的情况。下面介绍修改数据库的方法。

4.5.1 删除表

表作为数据库的基石，在修改或者删除之前一定要对整个数据库进行备份。删除表的方法很多，下面介绍如何使用右键菜单删除表。

步骤01 在导航窗格中用鼠标右键单击要删除的表，在弹出的快捷菜单中选择“删除”选项，如图4-79所示。

步骤02 系统弹出警示对话框，单击“是”按钮，即可将表删除，如图4-80所示。

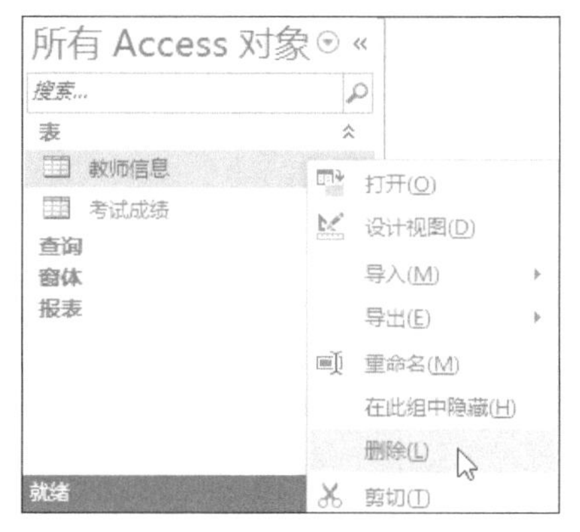

图 4-79 选择“删除”选项

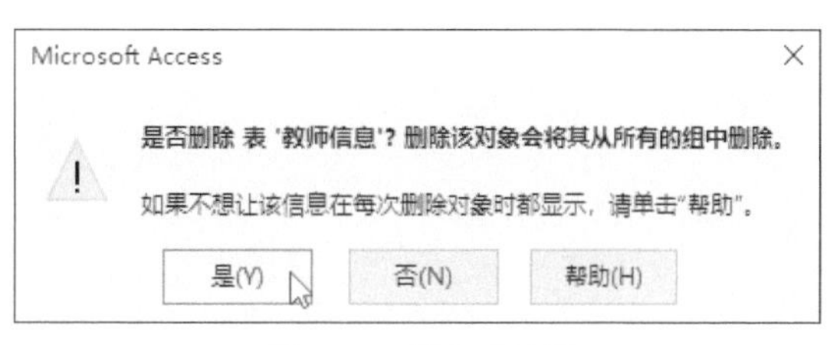

图 4-80 警示对话框

知识点拨

除了使用鼠标右键菜单删除表，还可以使用功能区中的命令按钮删除表。选择要删除的表，在“开始”选项卡的“记录”组中单击“删除”按钮即可，如图 4-81 所示。

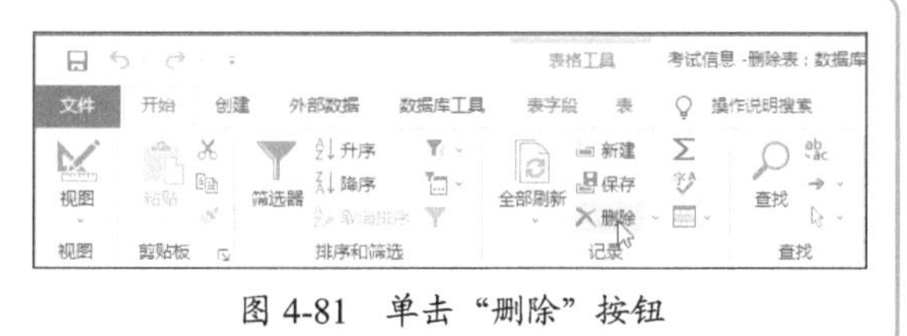

图 4-81 单击“删除”按钮

4.5.2 重命名表字段

用户可以随时更改字段名称，这种更改不会影响表的数据。下面介绍重命名表字段的具体操作方法。

步骤01 打开“生产统计”数据表，切换至“开始”选项卡，单击“视图”组中的“视图”下拉按钮，在展开的列表中选择“设计视图”选项。

步骤02 切换到设计视图模式，在表中选择要修改名称的“生产批次”字段，如图4-82所示。

步骤03 将字段名称修改为“生产编号”。在“字段属性”区域中，在“常规”选项卡下的“标题”一栏中也输入“生产编号”，如图4-83所示。

图 4-82　选择字段

图 4-83　修改字段

步骤 04 按Ctrl+S组合键保存修改，返回数据表视图模式，此时字段名称已修改，如图4-84所示。

产品代码	产品名称	生产编号	目标产量	实际产量
1	TH-01	1136-88582	3500	3800
2	TH-02	1223-56565	3600	3800
3	TH-03	0000-00000	4000	4500
4	TH-04	0121-45645	5000	5500
5	TH-05	6565-97452	4500	4300
6	TH-06	7899-55748	8000	8300
7	TH-07	9877-55225	6000	5500
8	TH-08	9875-53000	7800	8000
9	TH-09	9855-56545	2800	3000
10	TH-10	2203-56987	4500	5000
11	TH-11	2659-85562	3500	5000
13	TH-12	9875-78545	4000	3800
(新建)			0	0

记录：第 1 项(共 12 项)　搜索

图 4-84　保存修改

4.5.3　修改数据类型

Access允许用户对数据类型进行修改。在转换数据类型时需要注意如下事项。

1. 从文本类型转换为其他数据类型

备注：删除包含该字段的索引。

数字：数据只包含数字和有效分隔符。

日期/时间：文本包含的日期必须可识别。

货币：数据只包含数字和有效分隔符。

自动编号：如果该字段中有数据，则无法转换为自动编号类型，需要删除数据后再更改。

是/否：文本为“是”“真”“开”“否”“假”“关”。

超级链接：链接格式必须正确，否则无法链接到相关内容。

2. 从备注类型转换为其他数据类型

文本：自动删除超过255个字符后的文本。

数字：数据只包含数字和有效分隔符。

日期/时间：文本包含的日期必须可识别。

货币：数据只包含数字和有效分隔符。

自动编号：如果该字段中有数据，则无法转换为自动编号类型，需要删除数据后再更改。

是/否：文本为“是”“真”“开”“否”“假”“关”。

超级链接：链接格式必须正确，否则无法链接到相关内容。

3．从数字类型转换为其他数据类型

文本：无限制。

备注：无限制。

货币：无限制。

自动编号：如果该字段中有数据，则无法转换为自动编号类型，需要删除数据后再更改。

是/否：0或空为“否”，其余为“是”。

超级链接：一般情况下不会工作。

4. 从日期/时间类型转换为其他数据类型

文本：无限制。

备注：无限制。

货币：无限制，可能会四舍五入。

自动编号：如果该字段中有数据，则无法转换为自动编号类型，需要删除数据后再更改。

是/否：0或空为“否”，其余为“是”。

超级链接：一般情况下不会工作。

5. 从货币类型转换为其他数据类型

文本：无限制。

备注：无限制。

数字：必须在相应数据类型的取值范围内。

自动编号：如果该字段中有数据，则无法转换为自动编号类型，需要删除数据后再更改。

是/否：0或空为“否”，其余为“是”。

超级链接：一般情况下不会工作。

6. 从自动编号类型转换为其他数据类型

文本：无限制。

备注：无限制。

数字：必须在相应数据类型的取值范围内。

货币：无限制。

是/否：所有值都为“是”。

超级链接：一般情况下不会工作。

7. 从是/否类型转换为其他数据类型

文本：是转换为“是”，否转换为“否”。

备注：是转换为“是”，否转换为“否”。

数字：是转换为“1”，否转换为“0”。

货币：是转换为“-1”，否转换为“0”。

自动编号：不能转换。

超级链接：一般情况下不会工作。

8. 从超级链接类型转换为其他数据类型

备注：不能超过255个字符。

数字：不能转换。

日期/时间：不能转换。

货币：不能转换。

自动编号：不能转换。

是/否：不能转换。

下面举例讲解如何修改字段的数据类型。

步骤01 打开“文具销售统计”数据库，单击“开始”选项卡中的“视图”下拉按钮，在展开的列表中选择“设计视图”选项。

步骤02 在设计视图模式中单击“单价（元）”的“数据类型”下拉按钮，从展开的列表中选择“货币”选项，如图4-85所示。

步骤03 将“销售额”字段的数据类型也设置为“货币”，如图4-86所示，然后保存文件。

图 4-85　设置数据类型

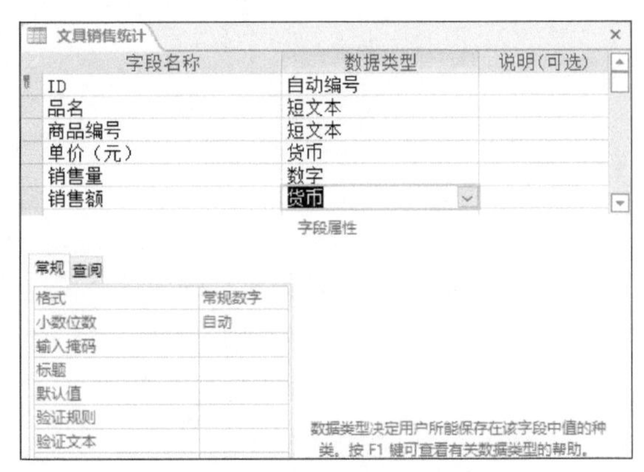

图 4-86　选择“货币”数据类型

步骤04 返回数据表视图模式，可以看到“单价（元）”和“销售额”字段中的值已经更改为货币格式，如图4-87所示。

ID	品名	商品编号	单价（元）	销售量	销售额
1	铅笔/只	SY01	¥2.00	100	¥200.00
2	中性笔/只	SY02	¥1.50	60	¥90.00
3	文具盒/个	SY03	¥5.00	25	¥125.00
4	订书器/个	SY04	¥10.00	10	¥100.00
5	作业本/本	SY05	¥1.00	80	¥80.00
6	胶带/卷	SY06	¥2.00	16	¥32.00
7	涂改液/个	SY07	¥3.00	17	¥51.00
8	钢笔/只	SY08	¥5.00	20	¥100.00
9	胶水/瓶	SY09	¥3.00	10	¥30.00
10	图钉/盒	SY10	¥2.00	3	¥6.00
11	墨水/瓶	SY11	¥5.00	4	¥20.00
12	铅笔/只	SY01	¥2.00	120	¥240.00
13	中性笔/只	SY02	¥1.50	80	¥120.00
14	文具盒/个	SY03	¥5.00	60	¥300.00
15	订书器/个	SY04	¥10.00	36	¥360.00
16	作业本/本	SY05	¥1.00	100	¥100.00
17	胶带/卷	SY06	¥2.00	20	¥40.00

图 4-87　字段值已更改

实战演练 创建“生产统计”数据库

在产品生产的过程中，公司需要对生产的产品进行统计，统计内容包括产品代码、产品名称、目标产量、实际产量等，通过生产统计表可以查看产品的相关信息。在本例中将练习如何创建生产统计表。

1. 创建表

在制作生产统计表之前先要创建表，创建的具体操作步骤如下：

步骤01 启动Access，单击“空白数据库”选项，如图4-88所示。在弹出的界面中单击“创建”按钮。

步骤02 创建一个包含“表1”的空白数据库，如图4-89所示。

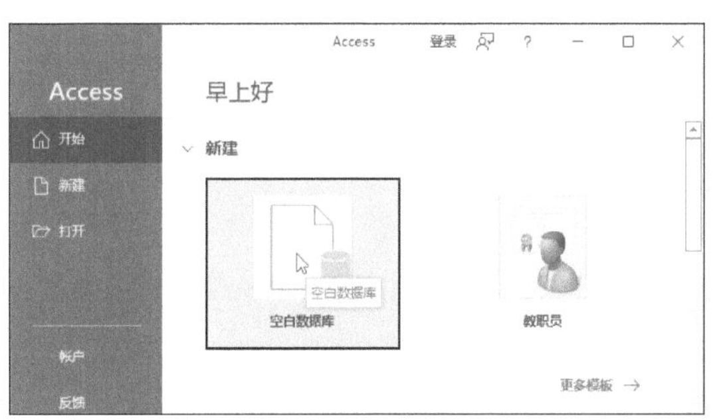

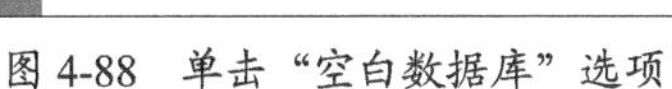

图4-88 单击“空白数据库”选项

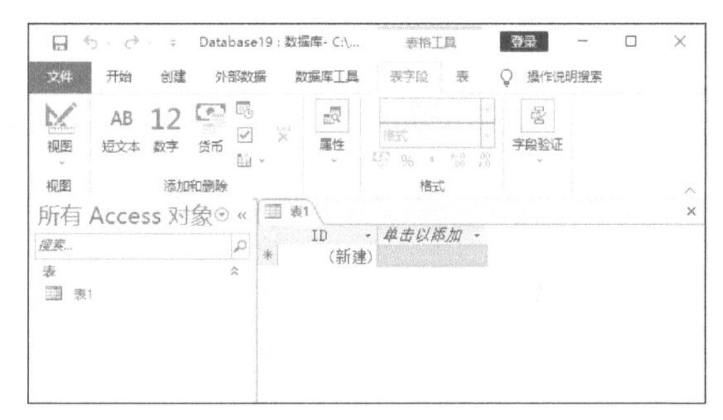

图4-89 创建空白数据库

步骤03 双击“ID”字段，修改字段名称为“产品代码”，然后单击“单击以添加”下拉按钮，从列表中选择“短文本”作为该字段的数据类型，如图4-90所示。

步骤04 按照同样的方法，依次添加多个字段，并按需在相应字段下方填充记录，如图4-91所示。

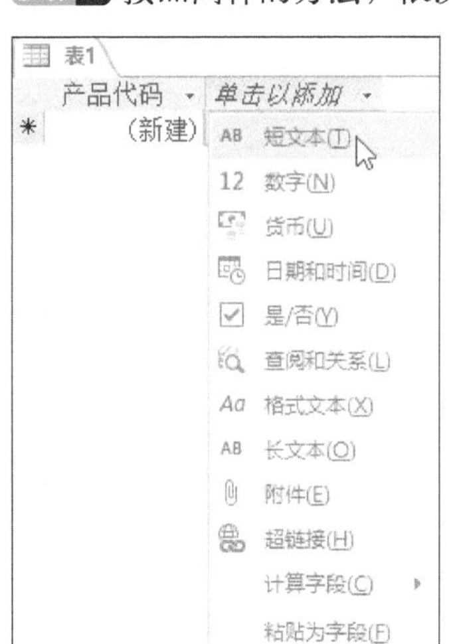

图4-90 设置数据类型

产品代码	产品名称	目标产量	实际产量	不良品数	报废品数	备注
1	TH-01	3500	3800	2	1	
2	TH-02	3600	3800	5	0	
3	TH-03	4000	4500	3	1	
4	TH-04	5000	5500	1	0	
5	TH-05	4500	4300	2	0	
6	TH-06	8000	8300	9	1	
7	TH-07	6000	5500	3	0	
8	TH-08	7800	8000	2	2	
9	TH-09	2800	3000	1	0	
10	TH-10	4500	5000	5	1	
(新建)		0	0	0	0	

图4-91 填充记录

步骤05 输入完成后，在数据表名称上单击鼠标右键，从弹出的快捷菜单中选择“保存”选项，如图4-92所示。

步骤06 弹出“另存为”对话框，输入“表名称”为“生产统计”，然后单击“确定”按钮，如图4-93所示。

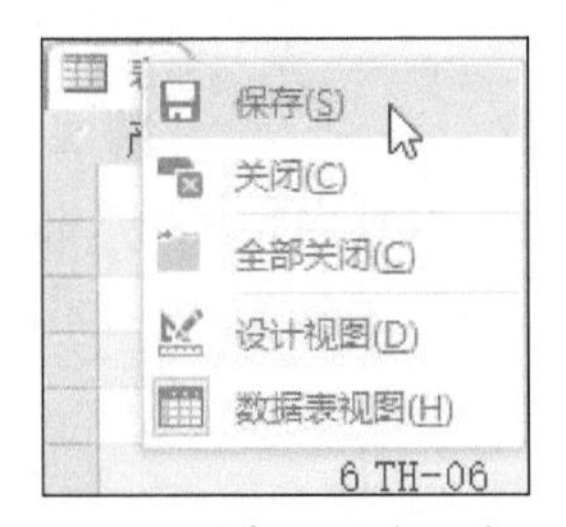

图 4-92　选择“保存”选项

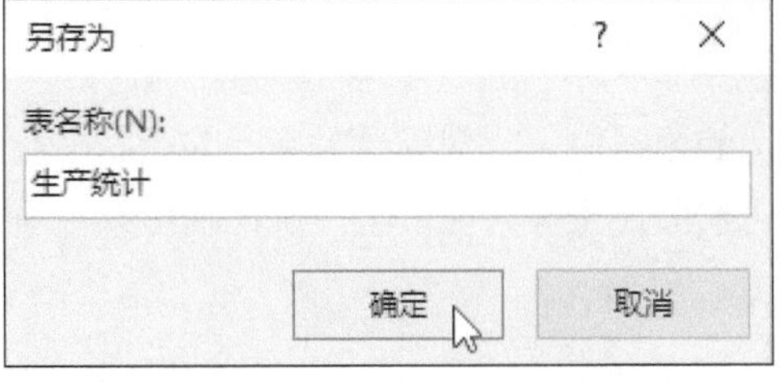

图 4-93　“另存为”对话框

2. 添加附件字段

如果需要在表中添加附件，就必须使用附件字段，具体的操作步骤如下：

步骤 01 在需要插入附件字段的位置单击鼠标右键，在弹出的快捷菜单中选择“插入字段”选项，如图4-94所示。

步骤 02 选择插入的字段，打开“表格工具”选项卡，在“表字段”的“格式”选项卡中单击“数据类型”文本框右侧的下拉按钮，从列表中选择“附件”选项，如图4-95所示。

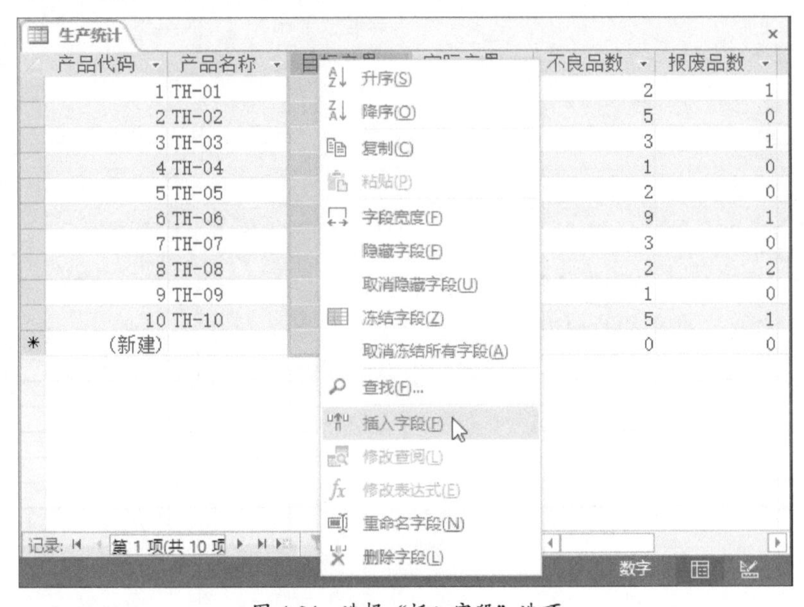

图 4-94　选择“插入字段”选项

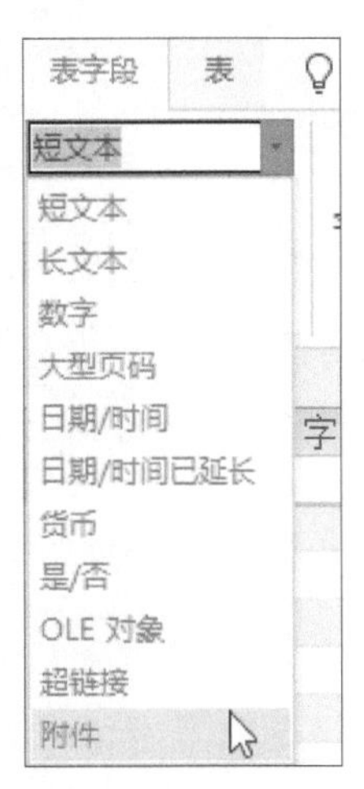

图 4-95　设置数据类型

步骤 03 表字段将显示为附件标志，如图4-96所示。表示当前字段为附加字段；(0) 表示当前的附件文件数量为0，数量会随着附加文件数量变化而自动更新。

生产统计

产品代码	产品名称	📎	目标产量	实际产量	不良品数
1	TH-01	📎(0)	3500	3800	2
2	TH-02	📎(0)	3600	3800	5
3	TH-03	📎(0)	4000	4500	3
4	TH-04	📎(0)	5000	5500	1
5	TH-05	📎(0)	4500	4300	2
6	TH-06	📎(0)	8000	8300	9
7	TH-07	📎(0)	6000	5500	3
8	TH-08	📎(0)	7800	8000	2
9	TH-09	📎(0)	2800	3000	1
10	TH-10	📎(0)	4500	5000	5
* (新建)		📎(0)	0	0	0

图 4-96　显示为附件标志

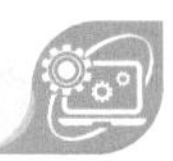

步骤04 双击附件字段标志，弹出“附件”对话框，单击“添加”按钮，如图4-97所示。

步骤05 弹出“选择文件”对话框，选择文件后单击“打开”按钮，如图4-98所示。

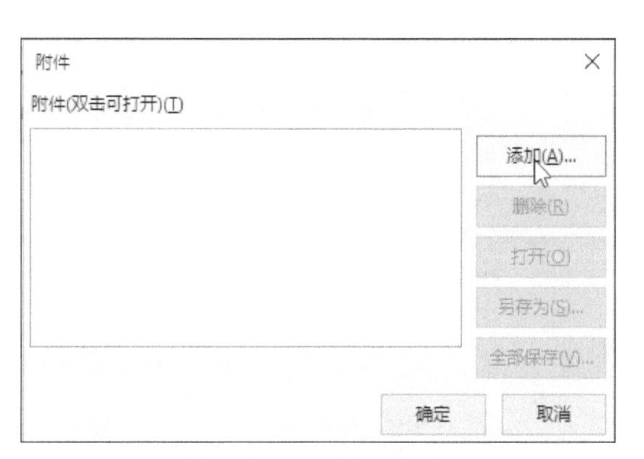

附件
附件(双击可打开)(I)
添加(A)...
删除(R)
打开(O)
另存为(S)...
全部保存(V)...
确定
取消

图 4-97 “附件”对话框

选择文件
桌面 › ACCESS文件
在 ACCESS文件 中搜索
组织
新建文件夹
此电脑
3D 对象
视频
图片
文档
下载
音乐
桌面
本地磁盘 (C:)
新加卷 (D:)
01.jpeg
02.jpeg
03.jpg
5月份库存.
产品库存.accdb
创建表.accdb
文件名(N): 01.jpeg
所有文件(*.*)
工具(L)
打开(O)
取消

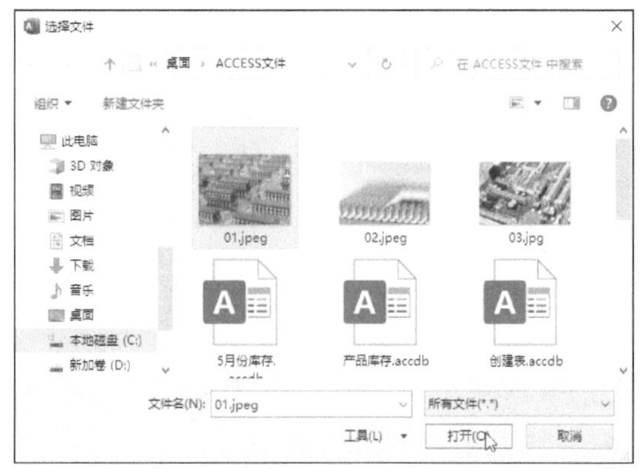

图 4-98 “选择文件”对话框

步骤06 返回“附件”对话框，单击“确定”按钮，完成附件的添加。按照同样的方法，添加其他附件，效果如图4-99所示。

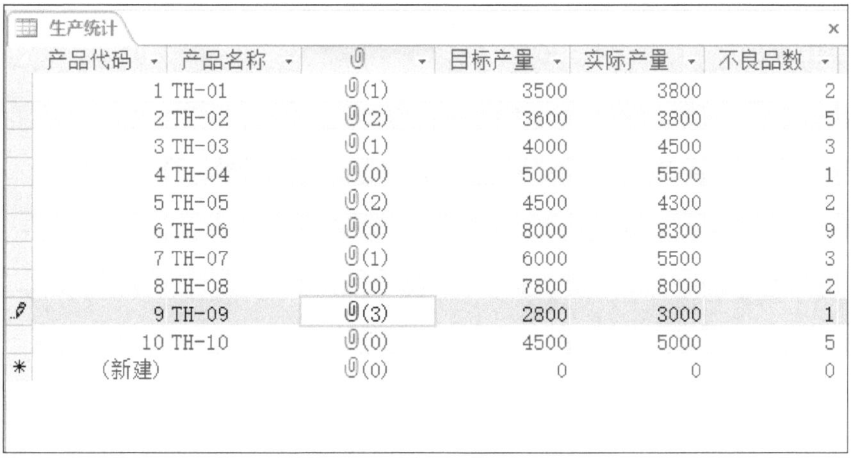

生产统计
产品代码	产品名称	附件	目标产量	实际产量	不良品数
1	TH-01	(1)	3500	3800	2
2	TH-02	(2)	3600	3800	5
3	TH-03	(1)	4000	4500	3
4	TH-04	(0)	5000	5500	1
5	TH-05	(2)	4500	4300	2
6	TH-06	(0)	8000	8300	9
7	TH-07	(1)	6000	5500	3
8	TH-08	(0)	7800	8000	2
9	TH-09	(3)	2800	3000	1
10	TH-10	(0)	4500	5000	5
(新建)		(0)	0	0	0

图 4-99 完成效果

3. 设置表格式并保存数据库

完善表记录后，还可按需对表格式进行美化，最后将数据库保存至指定的位置，具体操作步骤如下：

步骤01 单击表左上方的三角按钮，选中表中的所有内容，切换至“开始”选项卡，在“文本格式”组中单击“**B**”按钮，表中的文字将被加粗，如图4-100所示。

全部刷新
记录
查找
宋体 (主体)
11
文本格式
生产统计
加粗
产品代码 产品名称 目标产量 实际产量 不良品数

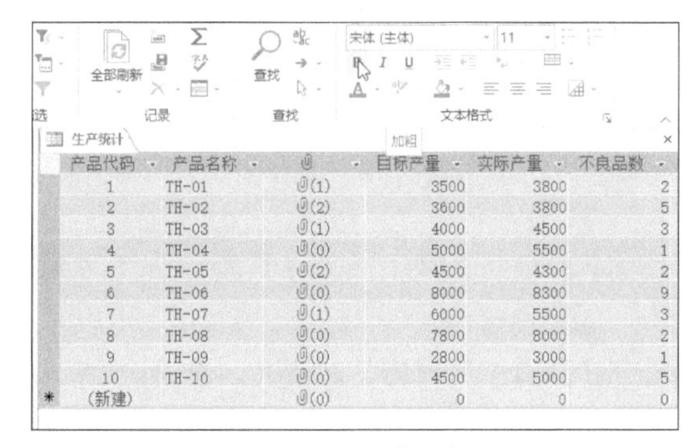

图 4-100 文字加粗

步骤02 选中“产品名称”字段的列文本，切换至“开始”选项卡，在“文本格式”组内单击“居中”按钮，选中的文本将居中显示，如图4-101所示。

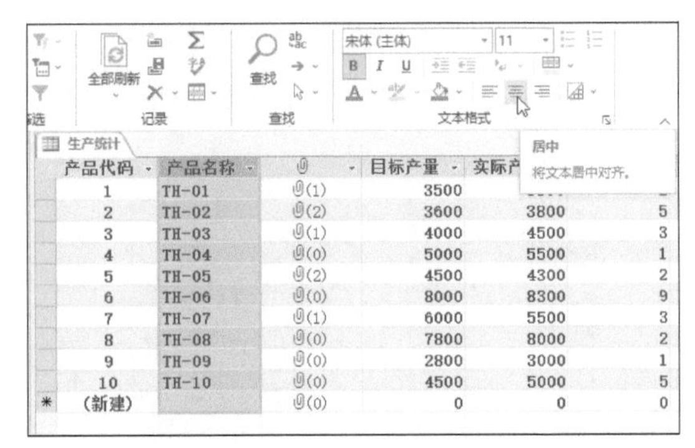

产品代码	产品名称	附件	目标产量	实际产…
1	TH-01	(1)	3500	
2	TH-02	(2)	3600	3800
3	TH-03	(1)	4000	4500
4	TH-04	(0)	5000	5500
5	TH-05	(2)	4500	4300
6	TH-06	(0)	8000	8300
7	TH-07	(1)	6000	5500
8	TH-08	(0)	7800	8000
9	TH-09	(0)	2800	3000
10	TH-10	(0)	4500	5000
(新建)		(0)	0	0

图 4-101　文字居中显示

步骤03 单击表左上方的三角按钮，选择表中所有内容，单击鼠标右键，从弹出的菜单中选择“行高”选项，如图4-102所示。

步骤04 弹出“行高”对话框，设置“行高”值为“18”，然后单击“确定”按钮，如图4-103所示。

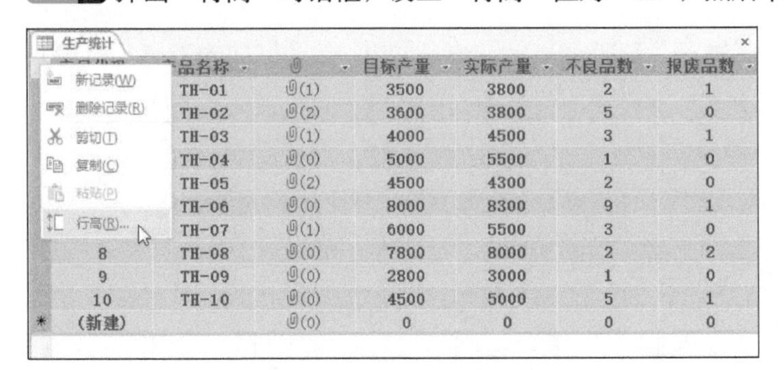

产品代码	产品名称	附件	目标产量	实际产量	不良品数	报废品数
	TH-01	(1)	3500	3800	2	1
	TH-02	(2)	3600	3800	5	0
	TH-03	(1)	4000	4500	3	1
	TH-04	(0)	5000	5500	1	0
	TH-05	(2)	4500	4300	2	0
	TH-06	(0)	8000	8300	9	1
	TH-07	(1)	6000	5500	3	0
8	TH-08	(0)	7800	8000	2	2
9	TH-09	(0)	2800	3000	1	0
10	TH-10	(0)	4500	5000	5	1
(新建)		(0)	0	0	0	0

图 4-102　选择“行高”选项

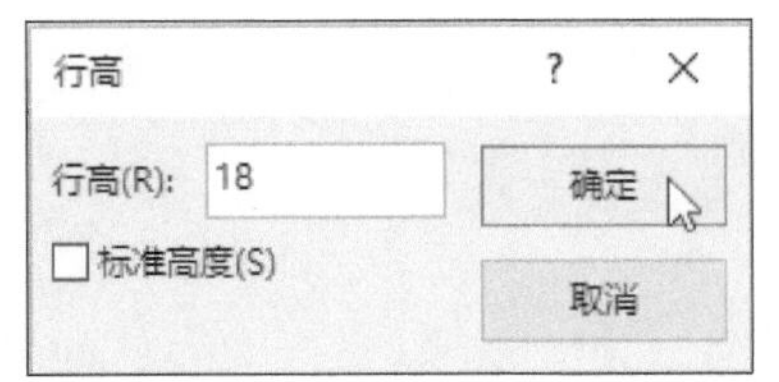

图 4-103　“行高”对话框

步骤05 切换至“开始”选项卡，单击“文本格式”组中的“可选行颜色”下拉按钮，从列表中选择“浅蓝”选项，如图4-104所示。

步骤06 所选行的颜色将更改为浅蓝，效果如图4-105所示。

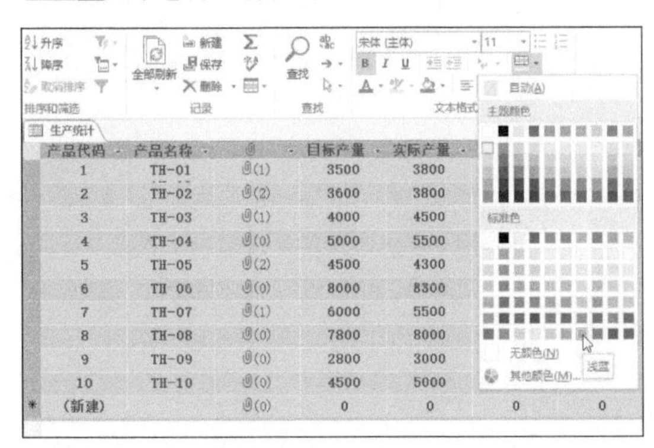

图 4-104　选择颜色

产品代码	产品名称	附件	目标产量	实际产量	不良品数	报废品数
1	TH-01	(1)	3500	3800	2	1
2	TH-02	(2)	3600	3800	5	0
3	TH-03	(1)	4000	4500	3	1
4	TH-04	(0)	5000	5500	1	0
5	TH-05	(2)	4500	4300	2	0
6	TH-06	(0)	8000	8300	9	1
7	TH-07	(1)	6000	5500	3	0
8	TH-08	(0)	7800	8000	2	2
9	TH-09	(0)	2800	3000	1	0
10	TH-10	(0)	4500	5000	5	1
(新建)		(0)	0	0	0	0

图 4-105　更改颜色的效果

步骤07 单击“文件”选项，打开“文件”菜单，切换到“另存为”界面，单击“另存为”按钮，如图4-106所示。

步骤08 弹出“另存为”对话框，选择文件的保存路径，输入文件名，单击“保存”按钮，即可保存数据库，如图4-107所示。

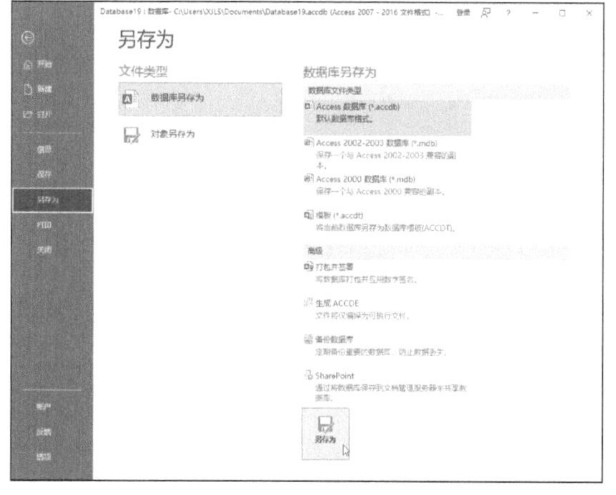

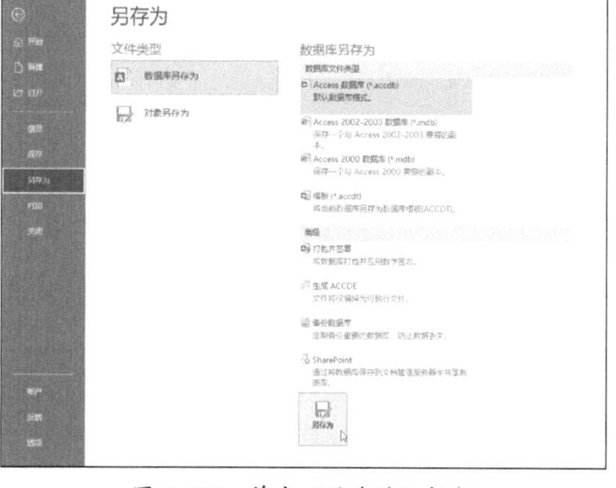

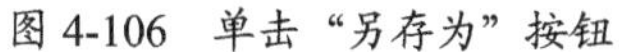

图 4-106 单击“另存为”按钮

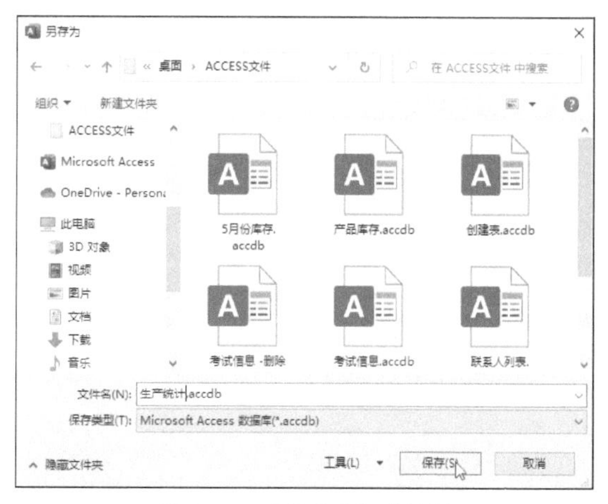

图 4-107 “另存为”对话框

课后作业

在本作业中将练习在Access中创建表并设置字段的格式，具体操作要求如下：

（1）新建一个Access数据库，设置表名称为“订货信息”。

（2）在设计视图中，设置下列字段名称：ID、订货日期、客户名称、产品名称、订货数量、单价、金额、经手业务员。

（3）依次设置每个字段的数据类型为自动编号、日期/时间、短文本、短文本、数字、货币、货币、短文本。

（4）返回数据表视图，在表格中的各字段下输入数据。

（5）根据每个字段中内容的多少调整好字段的宽度，完成效果如图4-108所示。

（6）将“订货信息”表中的数据导出为Excel文件。

订货信息

ID	订货日期	客户名称	产品名称	订货数量	单价	金额	经手业务员
1	2022/8/1	华远数码科技有限公司	保险柜	3	¥3,200.00	¥9,600.00	赵恺
2	2022/8/2	觅云计算机工程有限公司	名片扫描仪	4	¥600.00	¥2,400.00	刘晓明
3	2022/8/2	觅云计算机工程有限公司	SK05装订机	2	¥2,600.00	¥5,200.00	刘晓明
4	2022/8/4	华远数码科技有限公司	静音050碎纸机	2	¥2,300.00	¥4,600.00	赵恺
5	2022/8/4	常青藤办公设备有限公司	SK05装订机	2	¥260.00	¥520.00	宋乾成
6	2022/8/6	海宝二手办公家具公司	保险柜	2	¥3,200.00	¥6,400.00	宋乾成
7	2022/8/6	大中办公设备有限公司	支票打印机	2	¥550.00	¥1,100.00	宋乾成
8	2022/8/8	七色阳光科技有限公司	指纹识别考勤机	1	¥230.00	¥230.00	赵恺
9	2022/8/9	大中办公设备有限公司	支票打印机	4	¥550.00	¥2,200.00	宋乾成
10	2022/8/9	常青藤办公设备有限公司	咖啡机	3	¥450.00	¥1,350.00	宋乾成
11	2022/8/10	大中办公设备有限公司	多功能一体机	4	¥2,000.00	¥8,000.00	宋乾成
12	2022/8/15	七色阳光科技有限公司	008K点钞机	4	¥750.00	¥3,000.00	赵恺
13	2022/8/15	觅云计算机工程有限公司	档案柜	1	¥1,300.00	¥1,300.00	刘晓明
14	2022/8/15	浩博商贸有限公司	SK05装订机	2	¥260.00	¥520.00	周子天
15	2022/8/18	七色阳光科技有限公司	咖啡机	5	¥450.00	¥2,250.00	赵恺
16	2022/8/18	觅云计算机工程有限公司	支票打印机	3	¥550.00	¥1,650.00	刘晓明
17	2022/8/25	华远数码科技有限公司	SK05装订机	4	¥260.00	¥1,040.00	赵恺
18	2022/8/25	大中办公设备有限公司	多功能一体机	3	¥2,000.00	¥6,000.00	宋乾成
19	2022/8/27	常青藤办公设备有限公司	静音050碎纸机	3	¥2,300.00	¥6,900.00	宋乾成
20	2022/8/28	华远数码科技有限公司	指纹识别考勤机	4	¥230.00	¥920.00	赵恺
21	2022/8/28	海宝二手办公家具公司	M66超清投影仪	4	¥2,800.00	¥11,200.00	宋乾成
22	2022/8/29	华远数码科技有限公司	4-20型碎纸机	3	¥1,200.00	¥3,600.00	赵恺
23	2022/8/30	大中办公设备有限公司	4-20型碎纸机	3	¥1,200.00	¥3,600.00	宋乾成
24	2022/8/31	觅云计算机工程有限公司	008K点钞机	5	¥750.00	¥3,750.00	刘晓明
(新建)					¥0.00	¥0.00	

记录: 第 1 项(共 24 项 无筛选器 搜索

图 4-108 完成效果

第5章 查询的创建

内容概要

查询数据就是根据用户需要，在数据库中查找到特定范围内的信息。建立一个查询后，可以将它视为一个简化的数据表，由它作为窗体、报表的数据来源，也可以以它为基础建立其他查询。本章主要讲述Access数据库查询的相关知识。

数字资源

【本章素材】：“素材文件\第5章”目录下

5.1 认识查询

查询是对数据源进行一系列检索的操作。它可以按照一定的规则从表中取出特定的信息，在取出数据的同时可以对数据执行统计、分类和计算操作，然后按照用户的要求对数据进行排序并加以利用。查询的结果可以作为窗体、报表和新数据表的数据来源，也可以用作另外一个查询的数据源。

5.1.1 查询的功能

查询可将多个表的数据组合在一起，从中检索出符合特定条件的数据，并指定给窗体、报表或数据访问页作为数据源。另外，还可以通过查询向多个表添加和编辑数据。利用查询可以通过不同的方法和角度来查看、更改以及分析数据，从多个表中获取的数据可以按特定的顺序进行排序。

查询为使用数据库提供了极大的方便，通过查询不仅可以检索数据库中的信息，还可以利用查询直接编辑数据源中的数据，而且这种编辑功能只要操作一次就可以更改整个数据库的相关数据。

查询的运行结果是一个数据集，也称为动态集。它很像一个表，但并没有存储在数据库中。创建查询后，只保存查询的操作，只有在运行查询时才会从查询数据源中抽取数据并创建。只要关闭查询，查询的动态集就会自动消失。

在Access中，查询的功能有以下几种。

1. 选择字段

在查询中，可以只选择表中的部分字段。如建立一个查询，只显示“教师”表中每名教师的姓名、性别、工作时间和系别。

2. 选择记录

用户可以指定一个或多个条件，只有符合条件的记录才能出现在查询结果中。

3. 分组和排序功能

用户可以对查询结果进行分组，并指定浏览的顺序。

4. 计算功能

用户可以建立一个计算字段，利用计算字段保存计算结果。计算字段根据一个或多个表中的一个或多个字段计算出表中没有的数据。为了在表单和报表中显示计算字段，用户可以建立一个包含计算字段的查询。

5. 使用查询作为窗体、报表或数据访问页的记录源

为了从一个或多个表中选择需要的数据，以便在窗体或报表中显示出来，用户可以建立一个查询条件，利用该查询从基表中检索出最新数据。

6. 建立新表

用户可以将查询结果存储为一个数据表，用户以后就可以直接打开这个数据表操作。如果

此数据表是一个自由表，必须使用添加操作才能将它添加到当前数据库中。

5.1.2 查询的类型

Access提供了5种查询类型：选择查询、交叉数据表查询、动作查询、参数查询和SQL查询。这5种查询类型分别如下所述。

1. 选择查询

选择查询是最常见的查询类型，它从一个或多个表中检索数据，并且在可以更新记录的数据表中显示结果。

2. 交叉数据表查询

查询数据不仅要在数据表中找到特定的字段、记录，有时还需对数据表进行统计，如求和、计数、求平均值等，此时就要用到交叉数据表查询方式。

3. 动作查询

动作查询也称操作查询，可以通过一个动作同时修改多个记录，或者对数据表进行统一修改。

4. 参数查询

参数即查询条件，参数查询是选择查询的一种，是指从一张或多张数据表中查询出符合条件的数据信息，而且可以以同样的方式设置其他查询条件。

5. SQL查询

SQL查询是用户使用SQL语句创建的查询。SQL查询适用于一些特殊的场合，如联合查询、传递查询、数据定义查询和子查询。

5.1.3 查询的视图

在Access中，查询有4种视图：设计视图、数据表视图、数据透视图和SQL视图。

1. 设计视图

设计视图就是查询设计器，通过该视图可以设计除SQL查询之外的任何类型的查询。

2. 数据表视图

数据表视图是查询的数据浏览器，通过该视图可以查看查询的运行结果，即查询所检索到的记录。查询的数据表视图与表的数据表视图的操作和应用完全相同。

3. 数据透视图

数据透视图是将查询和数据透视表相结合的视图，同样具有汇总并分析数据的作用。它是通过拖动查询来查看不同级别的详细信息或指定布局。

4. SQL视图

SQL视图按照SQL语法规范显示查询，即显示查询的SQL语句，此视图主要用于SQL查询。

5.2 创建查询

Access能为用户创建查询，所以用户不必从无到有地设计查询，只需根据要创建的查询类型选择不同的向导即可。首先创建查询的框架，然后在查询设计视图中对向导所创建的查询做进一步修改，以适应特定需要。在Access中创建查询除了可以通过向导来实现，还可以通过设计视图来创建。

5.2.1 使用简单查询向导创建查询

简单查询即选择查询，此类查询会从一个或多个表或查询中选择字段，并在数据表视图中显示符合条件的记录。如果用户对创建查询功能不够熟悉，可以通过查询向导创建查询，具体操作步骤如下：

步骤 01 打开“订单统计”数据库，如图5-1所示。

步骤 02 打开“创建”选项卡，在“查询”组中单击“查询向导”按钮，如图5-2所示。

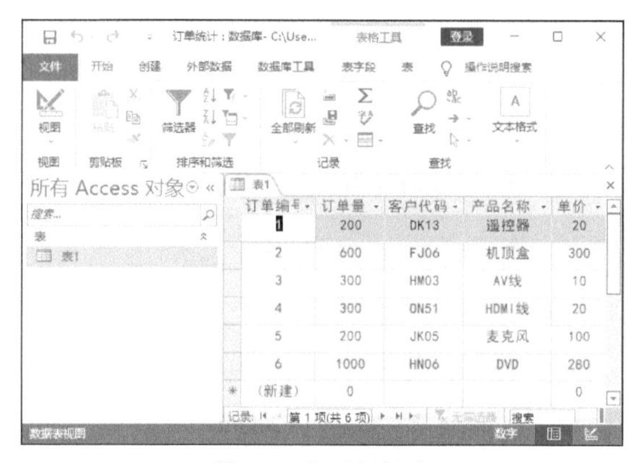

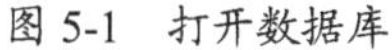
图 5-1 打开数据库

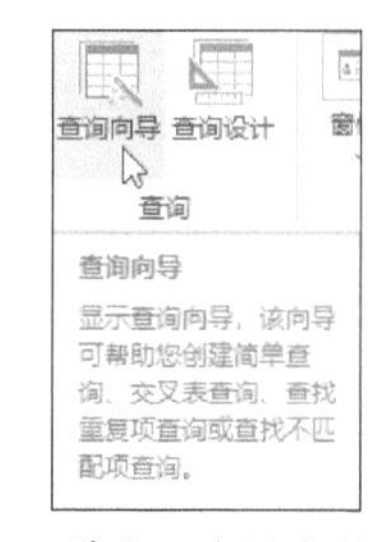

图 5-2 单击“查询向导”按钮

步骤 03 打开“新建查询”对话框，系统默认选择“简单查询向导”选项，单击“确定”按钮，如图5-3所示。

步骤 04 打开“简单查询向导”对话框，设置查询字段，单击“下一步”按钮，如图5-4所示。

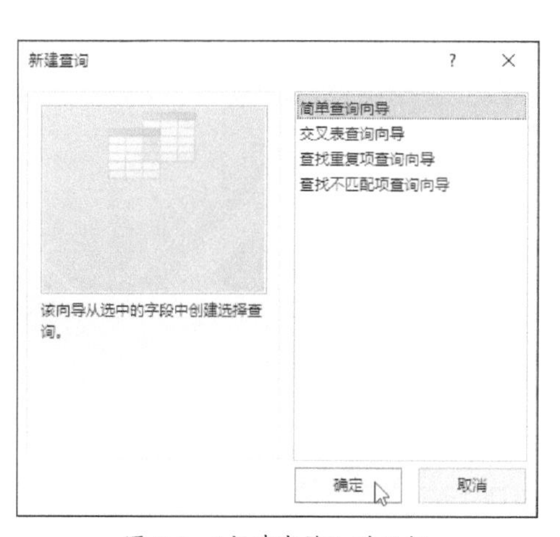

图 5-3 “新建查询”对话框

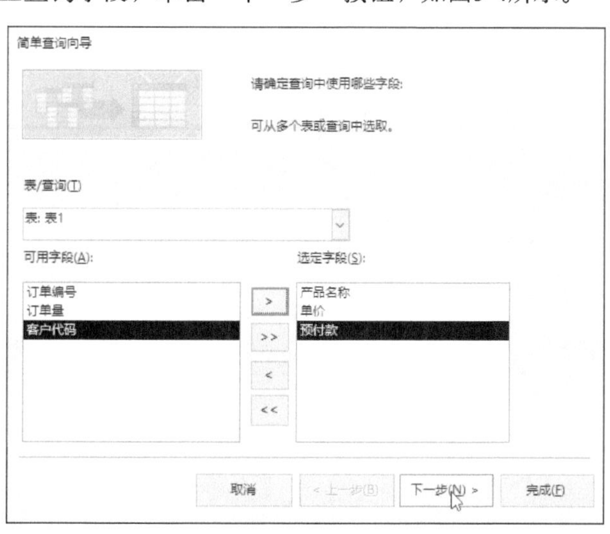

图 5-4 “简单查询向导”对话框

步骤 05 保持默认设置，单击“下一步”按钮，如图5-5所示。

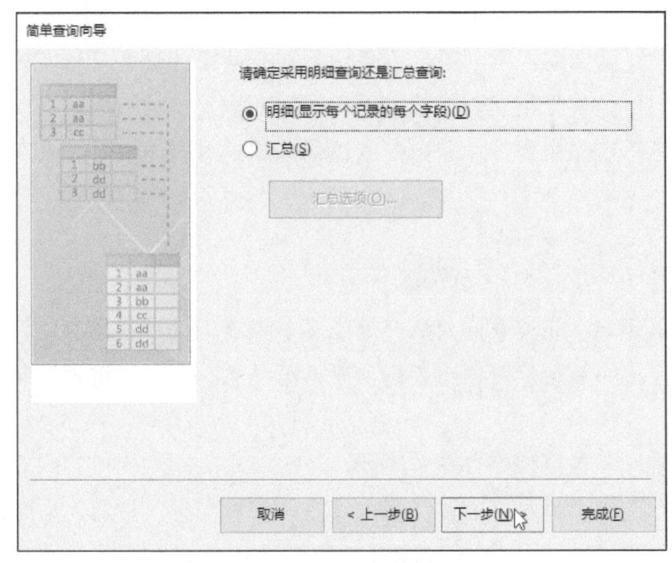

图 5-5　单击“下一步”按钮

步骤 06 设置查询标题后，单击“完成”按钮，如图5-6所示。

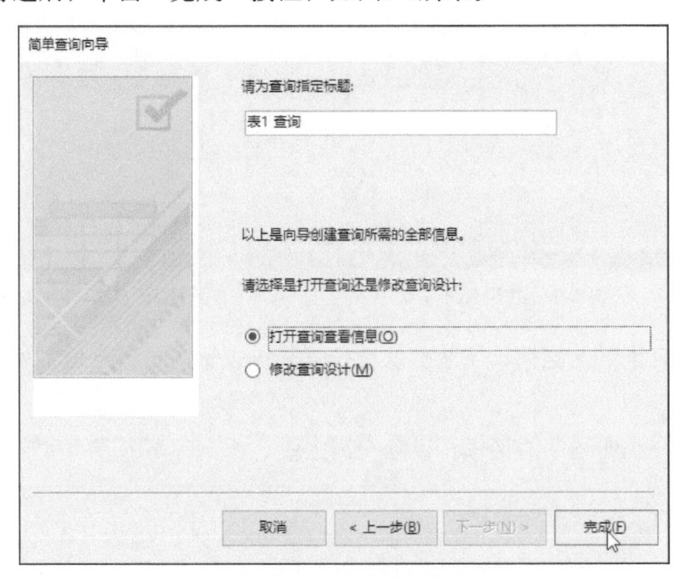

图 5-6　单击“完成”按钮

步骤 07 使用简单查询向导创建查询可在导航窗格中显示查询表，查询结果会以表的形式显示出来，如图5-7所示。

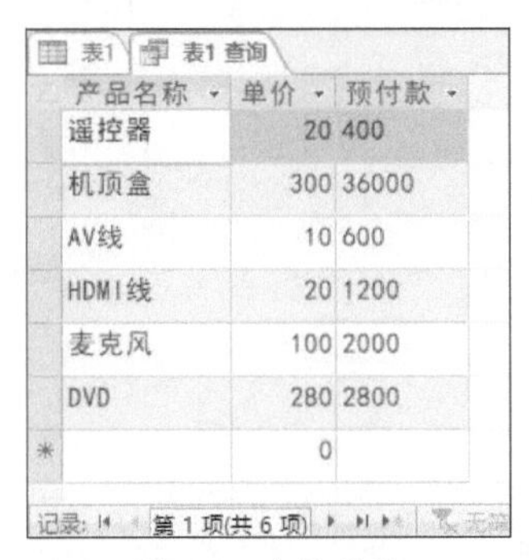

表1　表1 查询

产品名称	单价	预付款
遥控器	20	400
机顶盒	300	36000
AV线	10	600
HDMI线	20	1200
麦克风	100	2000
DVD	280	2800
*	0	

记录: 第 1 项(共 6 项)

图 5-7　查询结果

5.2.2 使用交叉表查询向导创建查询

在Access中，可使用向导或由查询设计网格来创建交叉表查询。在设计网格中，可以指定要作为列标题的字段值、要作为行标题的字段值和进行总和、平均、计数或其他类型计算的字段值。下面介绍使用交叉表查询向导创建查询的具体操作方法。

步骤01 打开“生产统计”数据库，打开“创建”选项卡，在“查询”组中单击“查询向导”按钮。

步骤02 弹出“新建查询”对话框，选择“交叉表查询向导”选项，单击“确定”按钮，如图5-8所示。

步骤03 弹出“交叉表查询向导”对话框，保持默认设置，单击“下一步”按钮，如图5-9所示。

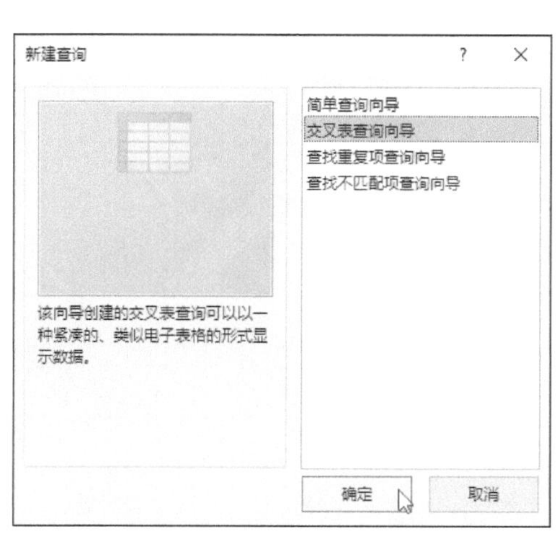

图 5-8 “新建查询”对话框

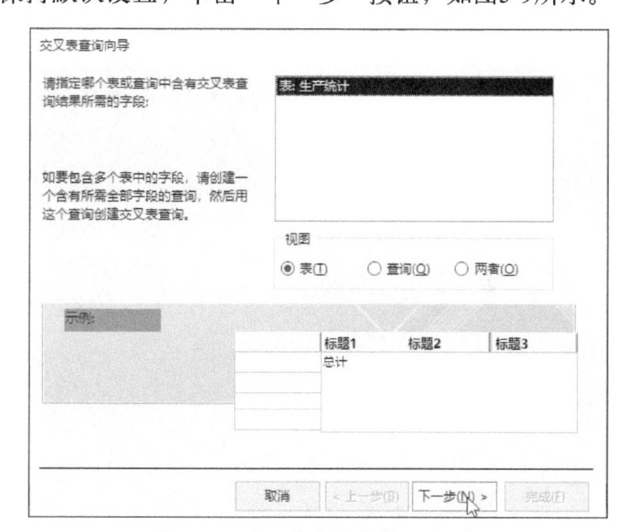

图 5-9 “交叉表查询向导”对话框

步骤04 在“可用字段”列表中选择“产品代码”字段，然后单击 > 按钮，将该字段添加到“选定字段”列表中，如图5-10所示。

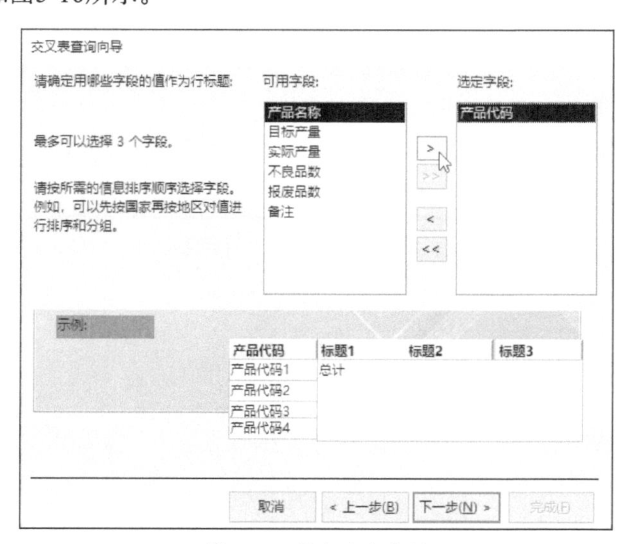

图 5-10 添加选定字段

步骤 05 继续向“选定字段”列表中添加“产品名称”字段，然后单击“下一步”按钮，如图5-11所示。

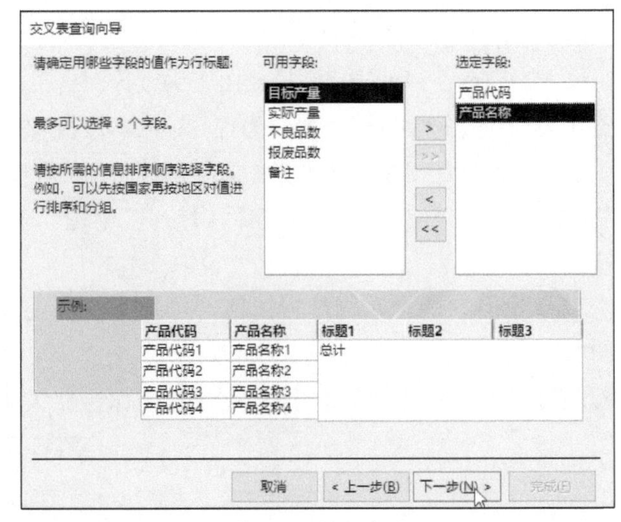

图 5-11　添加字段

步骤 06 在“交叉表查询向导”对话框中设置“目标产量”为列标题，单击“下一步”按钮，如图5-12所示。

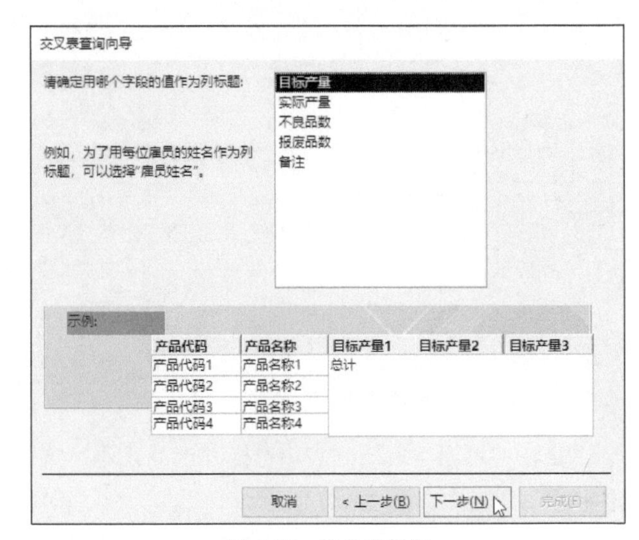

图 5-12　设置列标题

步骤 07 在“交叉表查询向导”对话框中设置“实际产量”的函数为“总数”，单击“下一步”按钮，如图5-13所示。

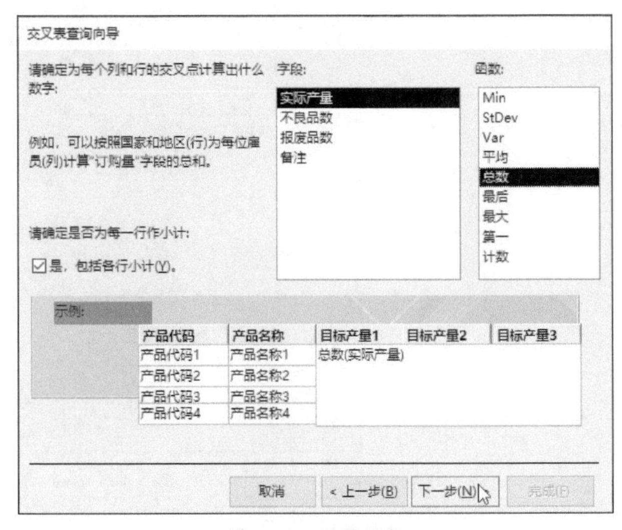

图 5-13　设置函数

步骤08 保持默认设置，单击“完成”按钮，如图5-14所示。

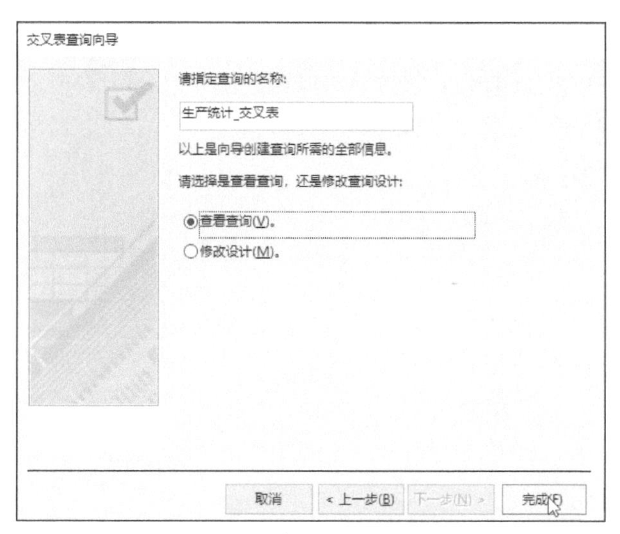

图 5-14 单击“完成”按钮

步骤09 自动生成交叉表查询，效果如图5-15所示。

产品代码	产品名称	总计 实际	2800	3500	3600	4000	4500	5000	6000	7800	8000
1	TH-01	3800		3800							
2	TH-02	3800			3800						
3	TH-03	4500				4500					
4	TH-04	5500						5500			
5	TH-05	4300					4300				
6	TH-06	8300									8300
7	TH-07	5500							5500		
8	TH-08	8000								8000	
9	TH-09	3000	3000								
10	TH-10	5000					5000				

图 5-15 交叉表查询效果

5.2.3 使用查找重复项查询向导创建查询

将表的一个字段或字段组设置为主关键字，可以确保该字段或字段组的取值在表中是唯一的，从而避免重复出现。查找重复项查询向导可以帮助用户在数据表中查找具有一个或多个内容相同字段的记录。此向导可以用来查找基本表中是否存在重复记录。下面介绍使用查找重复项查询向导创建查询。

步骤01 打开“生产统计”数据库，切换到“创建”选项卡，在“查询”组中单击“查询向导”按钮。

步骤02 弹出“新建查询”对话框，选择“查找重复项查询向导”选项，单击“确定”按钮，如图5-16所示。

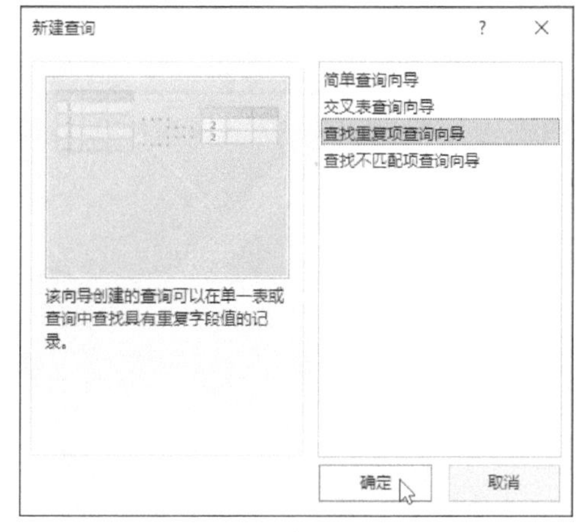

图 5-16 “新建查询”对话框

步骤 03 弹出“查找重复项查询向导”对话框，保持默认设置，单击“下一步”按钮，如图5-17所示。

图 5-17 “查找重复项查询向导”对话框

步骤 04 在“可用字段”列表中选择“实际产量”字段，单击 > 按钮，如图5-18所示。

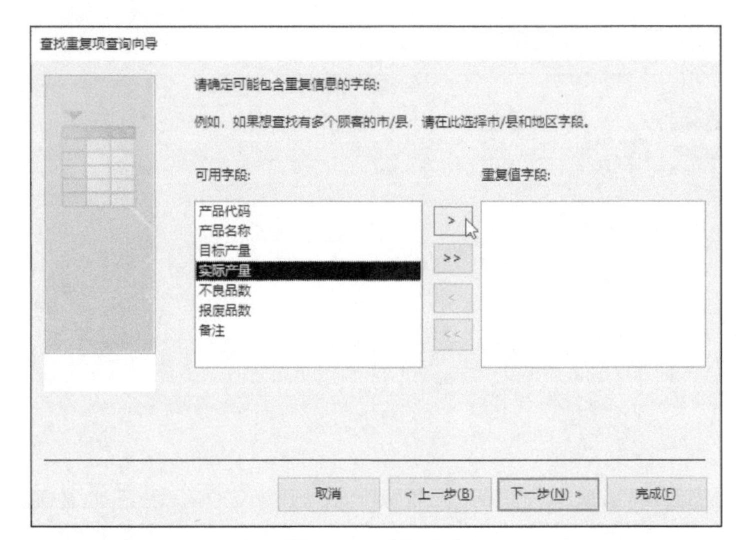

图 5-18 选择字段

步骤 05 “实际产量”字段随即被添加到“重复值字段”列表中，单击“下一步”按钮，如图5-19所示。

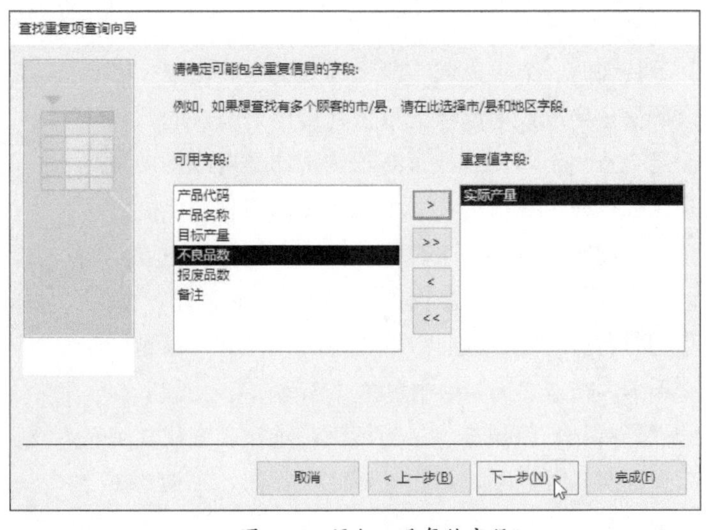

图 5-19 添加“重复值字段”

步骤 06 将“可用字段”列表中的“产品名称”字段添加到“另外的查询字段”列表中，单击“下一步”按钮，如图5-20所示。

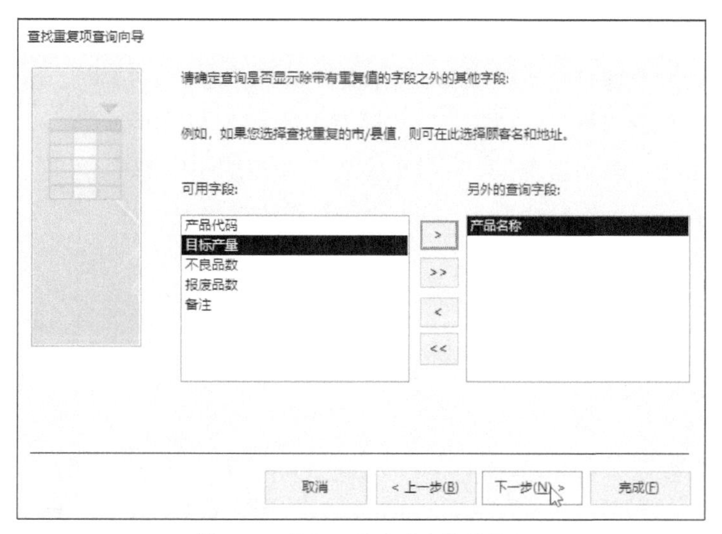

图 5-20 添加“另外的查询字段”

步骤 07 保持对话框中的默认设置，单击“完成”按钮，如图5-21所示。

图 5-21 单击“完成”按钮

步骤 08 Access随即建立查询，窗口将自动打开查询到的重复项，如图5-22所示。

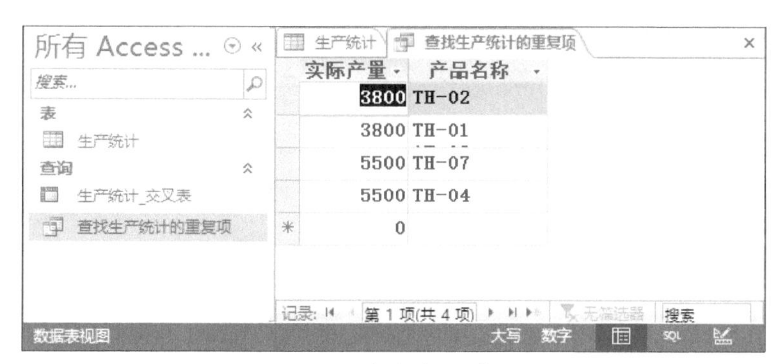

图 5-22 查询到的重复项

5.2.4 使用查找不匹配项查询向导创建查询

查找不匹配项查询向导用来帮助用户在数据中查找不匹配记录。根据查询到的不匹配项的结果可以确定在某个表中是否存在与另外一个表没有对应记录的行，若存在这样的记录，就表明它们已经破坏了数据库的参照完整性，这样的记录是不允许存在的。下面介绍使用查找不匹配项查询向导创建查询的具体操作步骤。

步骤 01 打开“考试信息”数据库，这个数据库中包含了“教师信息”和“考试成绩”两张表的内容。打开“创建”选项卡，在“查询”组中单击“查询向导”按钮。

步骤 02 弹出“新建查询”对话框，选择“查找不匹配项查询向导”选项，单击“确定”按钮，如图5-23所示。

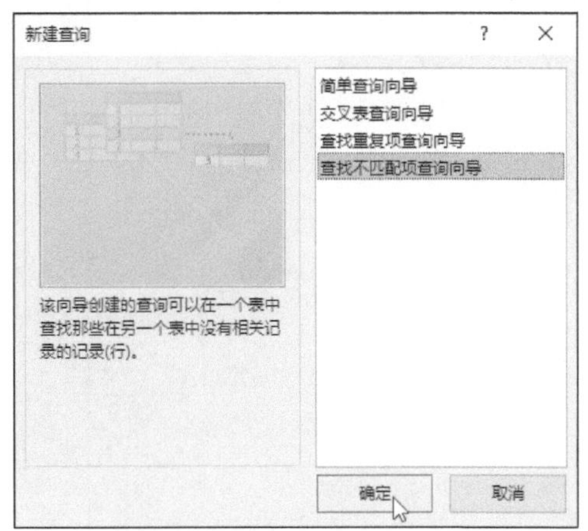

图 5-23 “新建查询”对话框

步骤 03 弹出“查找不匹配项查询向导”对话框，单击“下一步”按钮，如图5-24所示。

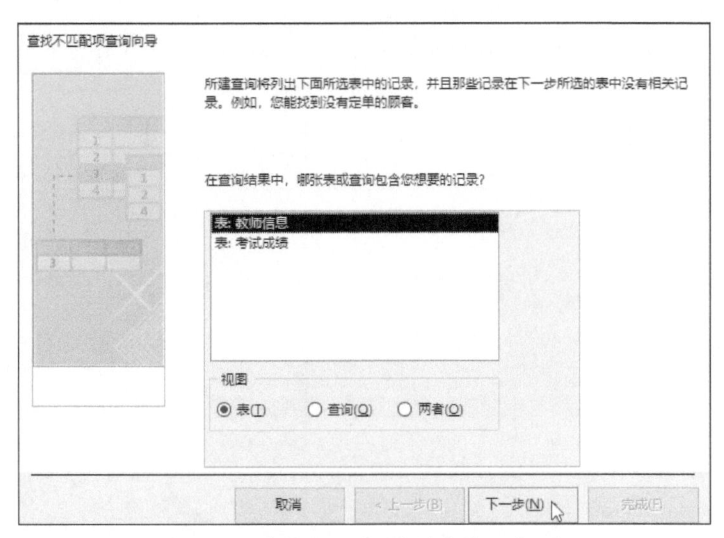

图 5-24 “查找不匹配项查询向导”对话框

步骤 04 保持对话框中的默认设置，再次单击“下一步”按钮，如图5-25所示。

图 5-25 单击“下一步”按钮

步骤05 设置匹配字段为“姓名<=>姓名”，如图5-26所示，单击“下一步”按钮。

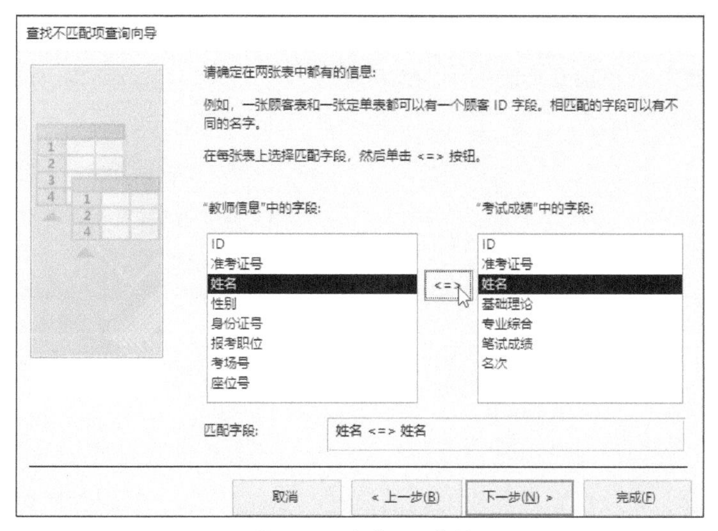

图 5-26 设置匹配字段

步骤06 将“姓名”“考场号”和“座位号”3个可用字段添加到“选定字段”列表中，单击“下一步”按钮，如图5-27所示。

图 5-27 添加字段

步骤07 保持默认设置，单击“完成”按钮，如图5-28所示。

图 5-28 单击“完成”按钮

步骤 08 Access随即创建相应的查询，并显示查询到的不匹配项，如图5-29所示。

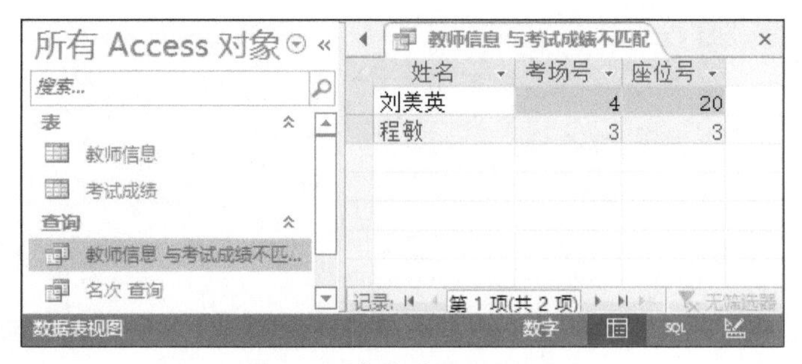

图 5-29 查询到的不匹配项

5.2.5 使用设计视图创建查询

利用向导创建查询固然是一种好方法，但在很多情况下，向导创建的查询并不能满足需要，必须对向导创建的查询做进一步修改，以满足特殊需要。以在设计视图中创建“生产统计”表的查询为例，使用设计视图创建查询的具体操作步骤如下：

步骤 01 打开“生产统计”数据库。打开“创建”选项卡，在“查询”组中单击“查询设计”按钮，如图5-30所示。

步骤 02 打开“显示表”对话框，选中“生产统计”表，单击“添加”按钮，如图5-31所示。随后单击“关闭”按钮，关闭对话框。

步骤 03 随即打开“查询1”查询。在“生产统计”列表中选择“产品名称”字段，将其向“字段”行中拖动，如图5-32所示。

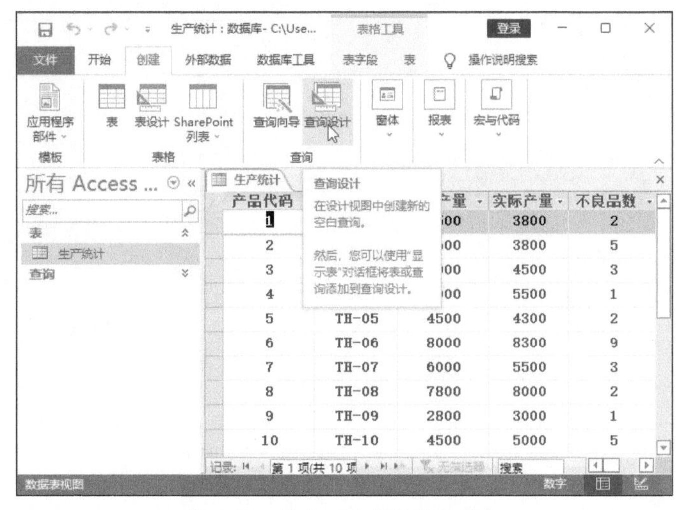

图 5-30 单击“查询设计”按钮

图 5-31 “显示表”对话框

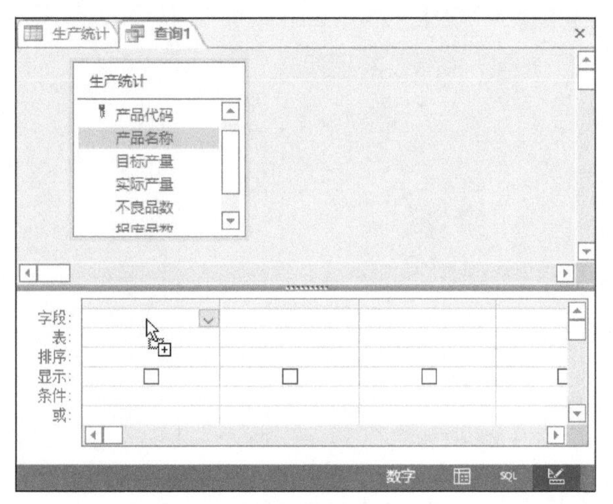

图 5-32 拖动字段

步骤04 松开鼠标后，“产品名称”字段便添加到了“字段”行中，如图5-33所示。

步骤05 使用此方法继续将“生产统计”列表中的“实际产量”字段添加到“字段”行中，如图5-34所示。

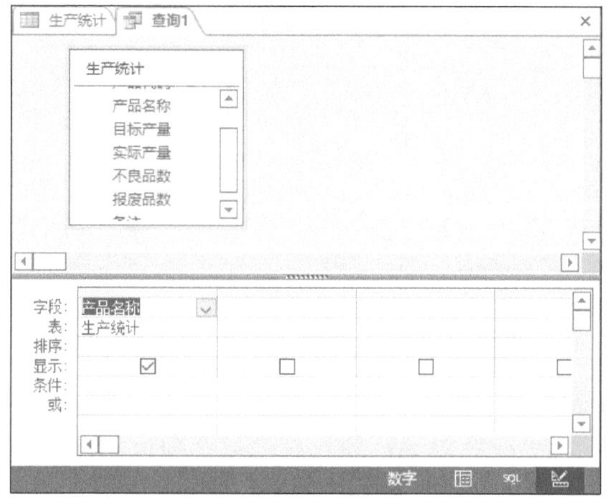

图 5-33 已添加字段

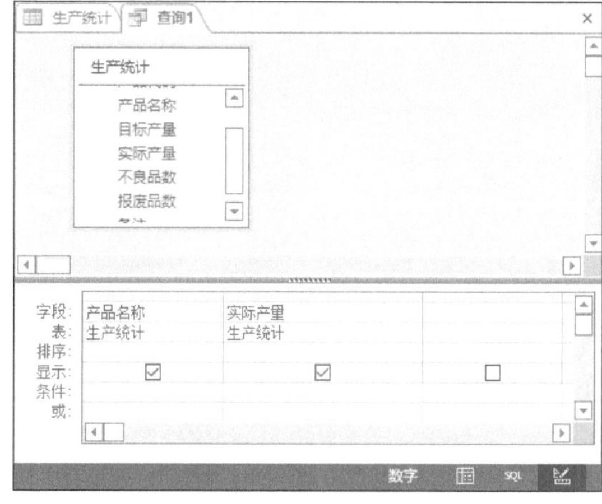

图 5-34 添加其他字段

步骤06 在“实际产量”字段下的“条件”单元格中输入“Between[3000]And[5000]”，如图5-35所示。这段文本表示可查询3 000～5 000范围内的实际产量。

步骤07 在Access窗口的右下角单击“数据表视图”按钮，如图5-36所示。

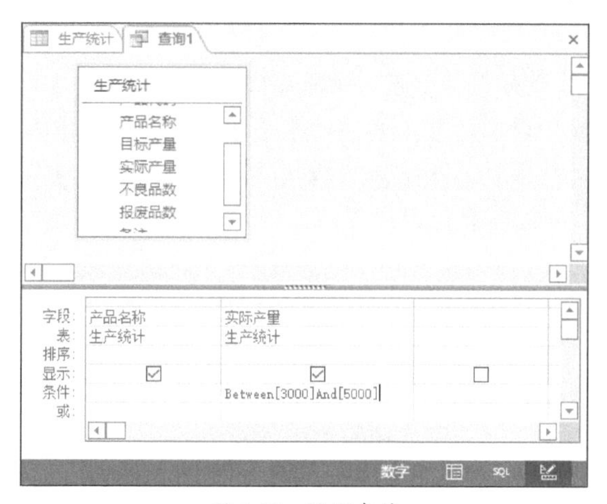

图 5-35 设置条件

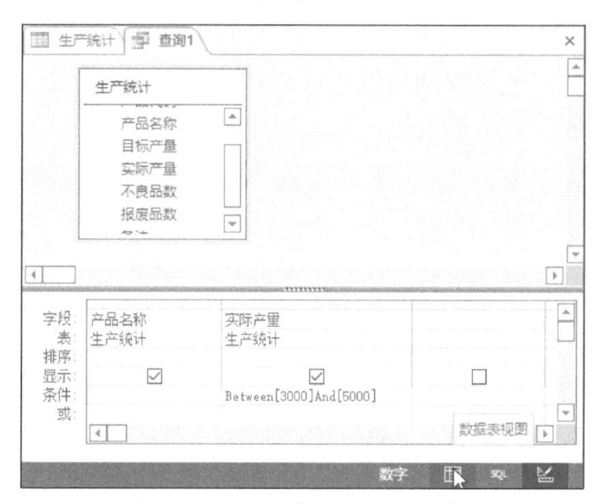

图 5-36 单击“数据表视图”按钮

步骤08 弹出“输入参数值”对话框，输入“3000”，单击“确定”按钮，如图5-37所示。

步骤09 在随后弹出的对话框中输入“5000”，单击“确定”按钮，如图5-38所示。

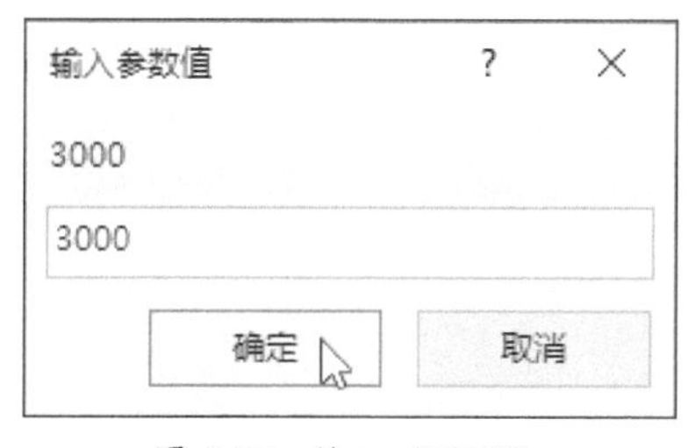

图 5-37 输入“3000”

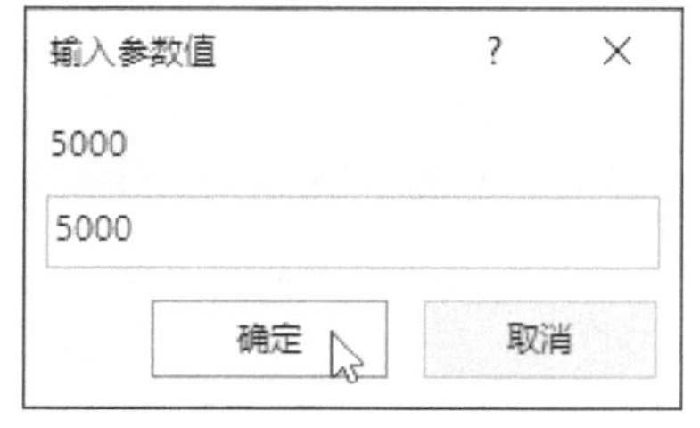

图 5-38 输入“5000”

步骤 10 “查询1”查询中随即查询出符合条件的数据，效果如图5-39所示。

生产统计 查询1

产品名称	实际产量
TH-01	3800
TH-02	3800
TH-03	4500
TH-05	4300
TH-09	3000
TH-10	5000
*	0

记录: 第1项(共6项) 无筛选器 搜索

图 5-39　查询到的数据

5.2.6　查询设计视图中的操作

在查询设计视图中可以方便地添加或删除字段、更改字段名、插入或删除准则行、排序记录、显示或隐藏字段等。

1. 添加或删除字段

如果要在设计网格中添加字段，可以从字段列表中将相应字段拖动到设计网格的列中。如果要删除设计网格中的字段，单击相应字段的列选定器，然后按Delete键。

2. 移动查询设计网格中的字段

通过移动查询设计网格中的字段可以改变生成的最终查询中字段的排列顺序。要移动字段，首先单击相应字段的列选定器，然后将其拖放到目标位置。要移动多个字段，首先选定多个字段，然后用鼠标拖动要移动的多个字段到目标位置；或先单击要移动的多个字段中的第一个字段，在按住Shift键的同时单击最后一个字段，然后将其拖到目标位置。

3. 在查询中更改字段名

将查询的源表或查询中的字段拖放到设计网格中后，查询会自动将源表或查询的字段作为目标查询的字段名。为了更准确地说明字段中的数据，可以更改这些字段名。在定义新的计算字段或计算已有的字段的总和、计数和其他类型的总计时，这个功能会特别有用。

4. 在查询中插入或删除准则行

如果要在查询设计视图中插入一个准则行，可单击要插入新行下方的行，然后在“查询工具-查询设计”选项卡中的“查询设置”组内，单击“插入行”按钮。新行将插入在所单击行的上方。如果要删除准则行，可单击相应行的任意位置，然后在“查询设置”组中单击“删除行”按钮。

5. 在查询中添加或删除准则

在查询中可以通过准则来检索满足特定条件的记录。在查询设计视图中可以实现准则的添加或删除。

6. 在查询设计网格中更改列宽

如果查询设计视图中设计网格的列宽不足以显示所有的内容时，可以改变列宽。首先将鼠标指针移到要更改列宽的列选定器的右边框，当指针变为双向箭头时，将边框向左拖动使列变窄，或向右拖动使列变宽。

7. 使用查询设计视图排序

如果利用查询设计视图设计的查询未加指定，则查询的记录不会进行排序。如果需要进行排序，必须明确指定排列顺序。

8. 显示或隐藏字段

对于设计网格中的每个字段，用户都可以控制其是否显示在查询的数据表视图中。如果设计网格中某字段显示行的复选框被选中，则该字段会显示在数据表视图中，否则将不显示。

5.3 操作查询

操作查询是仅在一个操作中更改许多记录的查询，它包含4种类型：生成表查询、删除查询、追加查询与更新查询。

5.3.1 生成表查询

生成表查询是指利用一个或多个表的全部或部分数据创建一个新表，以对数据库中的一部分特定数据进行备份。查询生成的数据可转换成表数据。其具体操作步骤如下：

步骤01 打开“文具销售统计”数据库，打开“创建”选项卡，在“查询”组中单击“查询设计”按钮。

步骤02 打开“显示表”对话框，单击“添加”按钮，然后单击“关闭”按钮，如图5-40所示。

步骤03 将需要查询的字段添加到下方的“字段”行中，如图5-41所示。

图 5-40 “显示表”对话框

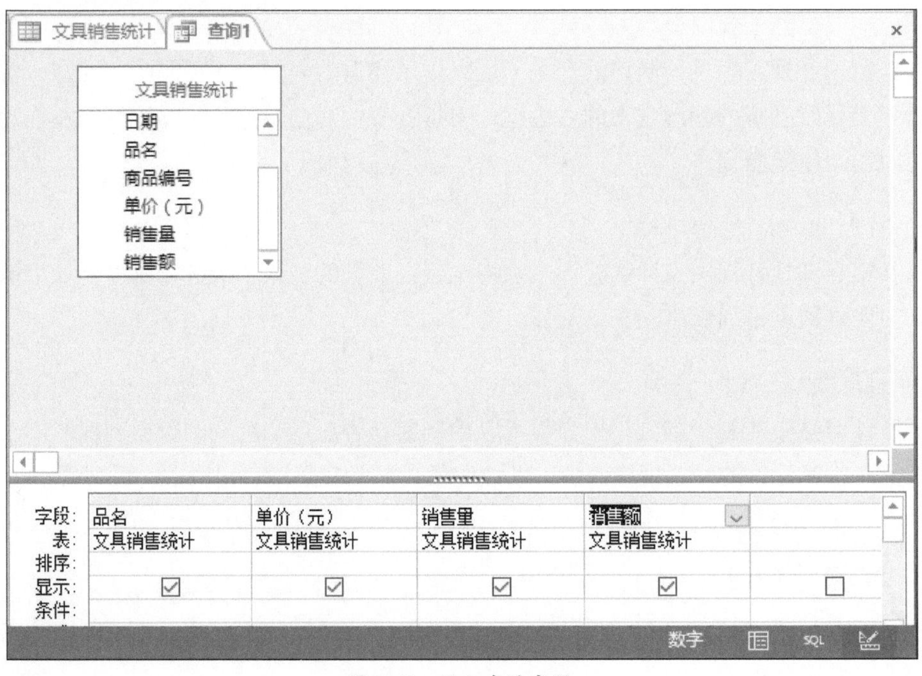

图 5-41　添加查询字段

步骤04 打开“查询工具-查询设计”选项卡，在“查询类型”组中单击“生成表”按钮，如图5-42所示。

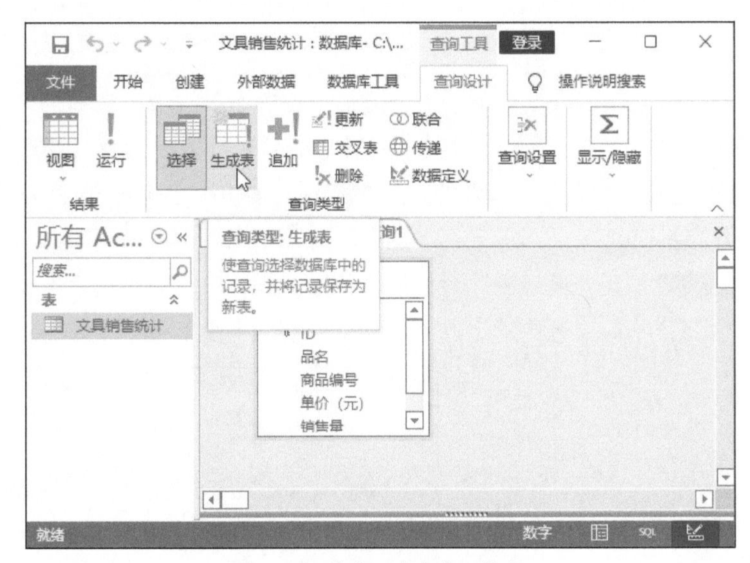

图 5-42　单击“生成表”按钮

步骤05 弹出“生成表”对话框，在“表名称”文本框中输入“产品销售查询”，单击“确定”按钮，如图5-43所示。

图 5-43　“生成表”对话框

步骤 06 打开“查询工具-查询设计”选项卡，在“结果”组中单击“运行”按钮，如图5-44所示。

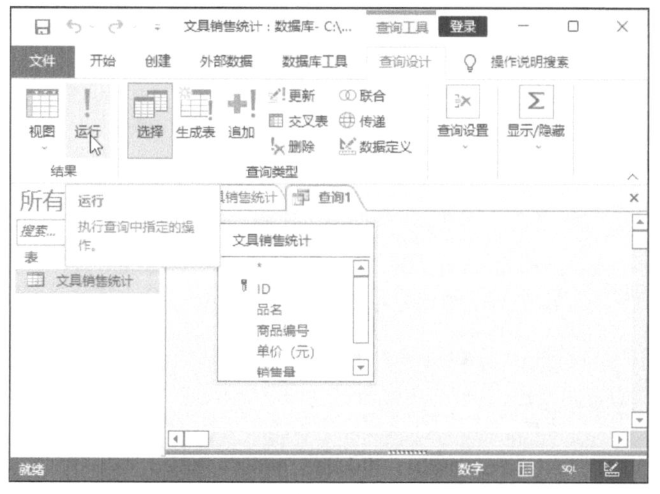

图 5-44 单击“运行”按钮

步骤 07 弹出提示对话框，单击“是”按钮进行确认，如图5-45所示。

步骤 08 系统自动生成查询表，效果如图5-46所示。

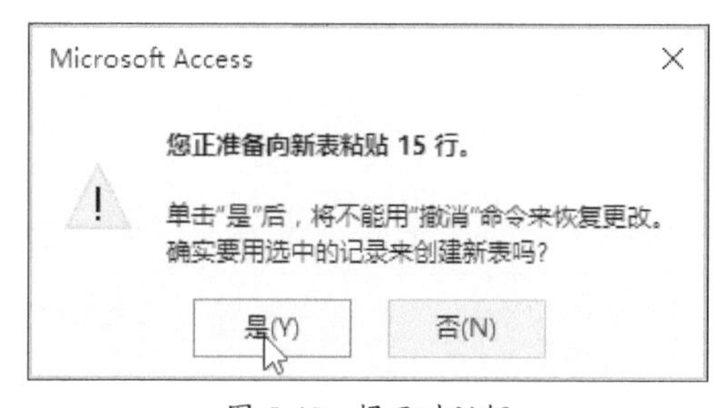

图 5-45 提示对话框

文具销售统计 | 查询1 | 产品销售查询

品名	单价（元）	销售量	销售额
铅笔/只	2	100	200
中性笔/只	1.5	60	90
文具盒/个	5	25	125
订书器/个	10	10	100
作业本/本	1	80	80
胶带/卷	2	16	32
涂改液/个	3	17	51
钢笔/只	5	20	100
胶水/瓶	3	10	30
图钉/盒	2	3	6
墨水/瓶	5	4	20
铅笔/只	2	120	240
中性笔/只	1.5	80	120
文具盒/个	5	60	300
订书器/个	10	36	360
*			

记录: 第 1 项(共 15 项) 无筛选器 搜索

图 5-46 查询表效果

5.3.2 删除查询

删除查询是指从一个或多个表中删除一组记录的查询。删除查询根据其所涉及的表与表之间的关系，可以简单地划分为3种类型：删除单个表或一对一关系表中的记录；使用只包含一对多关系中一端的表的查询删除多端表的记录；使用包含一对多关系中两端的表的查询删除两端表的记录。

以删除“生产统计”表中“报废品数”大于0的记录信息为例，具体操作步骤如下：

步骤 01 打开“生产统计”数据库，打开“创建”选项卡，在“查询”组中单击“查询设计”按钮。

步骤 02 弹出“显示表”对话框，先单击“添加”按钮，然后单击“关闭”按钮，如图5-47所示。

图 5-47 “显示表”对话框

步骤03 在“生产统计”列表框中分别双击“产品名称”和“报废品数”选项，将这两个字段添加到“字段”行中，如图5-48所示。

步骤04 在“报废品数”字段下的“条件”单元格中输入“>0”，如图5-49所示。

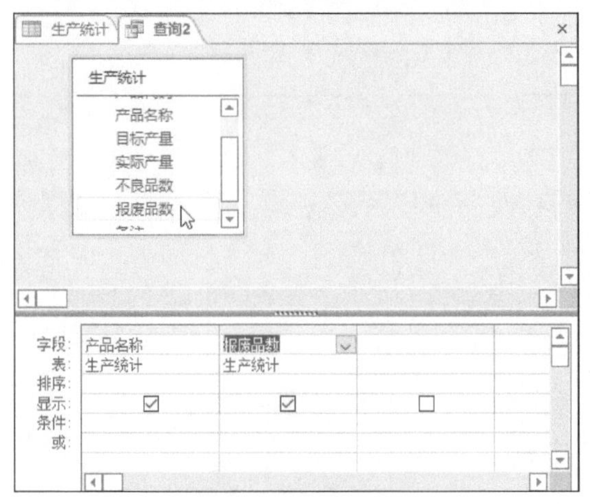

图 5-48 添加字段

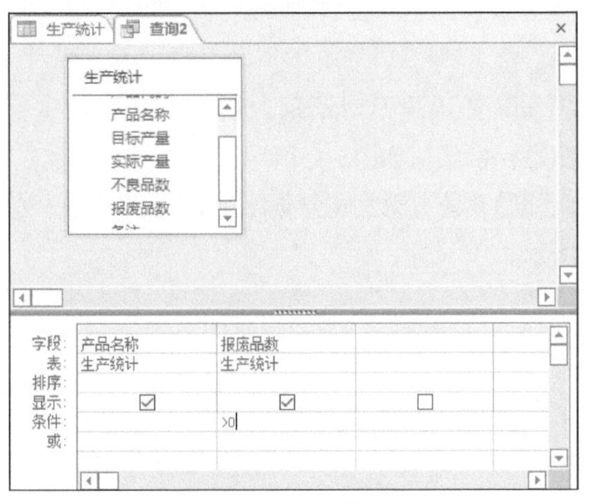

图 5-49 设置条件

步骤05 打开“查询工具-查询设计”选项卡，在“查询类型”组中单击“删除”按钮，如图5-50所示。

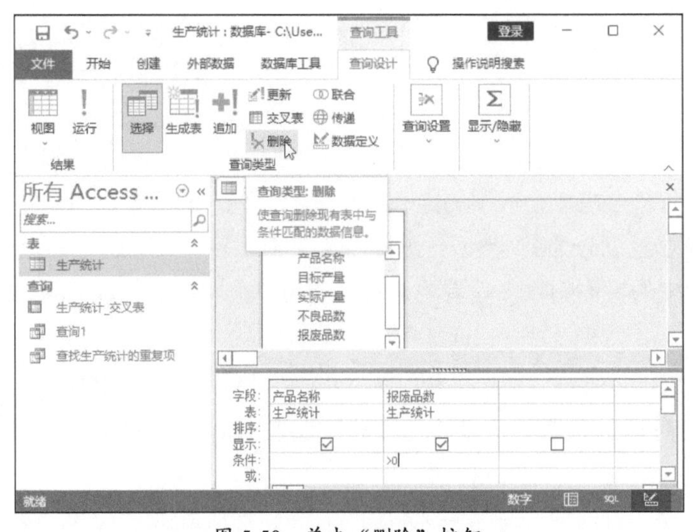

图 5-50 单击“删除”按钮

步骤06 单击“生产统计”列表框中的“*”选项，按住鼠标左键的同时向设计网格中“字段”行的第1列上拖动，如图5-51所示。

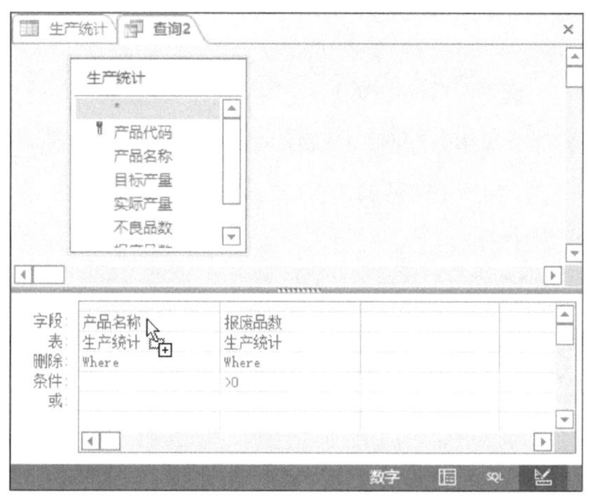

图 5-51 拖动“*”选项

步骤07 松开鼠标后将自动添加“生产统计.*”字段，如图5-52所示。

步骤08 单击Access窗口右下角的“数据表视图”按钮，如图5-53所示。

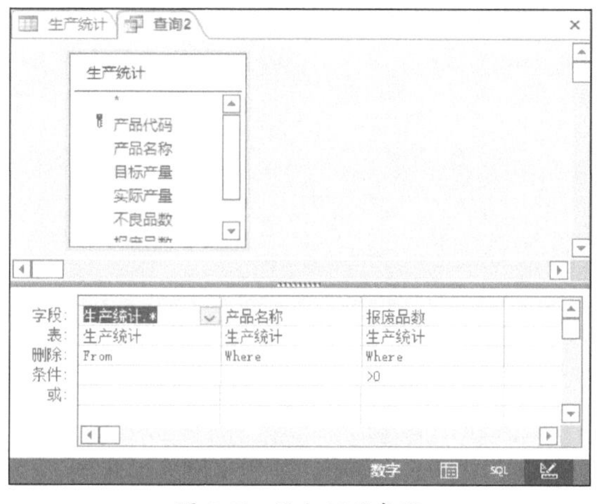

图 5-52 添加好的字段

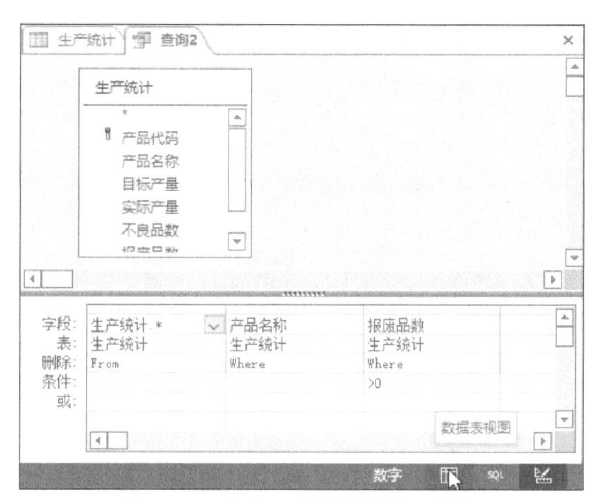

图 5-53 单击“数据表视图”按钮

步骤09 返回数据表视图模式，此时“查询2”表中“报废品数”大于0的信息已经全部被删除，如图5-54所示。

产品代码	生产统计	目标产量	实际产量	不良品数	生产统计.
1	TH-01	3500	3800	2	1
3	TH-03	4000	4500	3	1
6	TH-06	8000	8300	9	1
8	TH-08	7800	8000	2	2
10	TH-10	4500	5000	5	1
（新建）		0	0	0	0

记录: 第 1 项(共 5 项) 无筛选器 搜索

图 5-54 删除“报废品数”大于 0 的信息

5.3.3 追加查询

追加查询是指将一个或多个表中的一组数据追加到另一个表的尾部。例如，公司生产了一批新产品，可以将新产品的信息追加到文具销售统计表中，具体的操作步骤如下：

步骤 01 打开“文具销售统计”数据库，打开“创建”选项卡，在“查询”组内单击“查询设计”按钮。

步骤 02 弹出“显示表”对话框，选择“新产品”选项，先单击“添加”按钮，再单击“关闭”按钮，如图5-55所示。

图 5-55 “显示表”对话框

步骤 03 双击“*”字段，将“新产品”中的所有字段添加到“字段”行中，如图5-56所示。

图 5-56 双击“*”字段

步骤 04 打开“查询工具-查询设计”选项卡，在“查询类型”组中单击“追加”按钮，如图5-57所示。

图 5-57 单击“追加”按钮

步骤05 弹出"追加"对话框，在"表名称"中输入"文具销售统计"，然后单击"确定"按钮，如图5-58所示。

步骤06 打开"查询工具-查询设计"选项卡，在"结果"组内单击"运行"按钮，如图5-59所示。

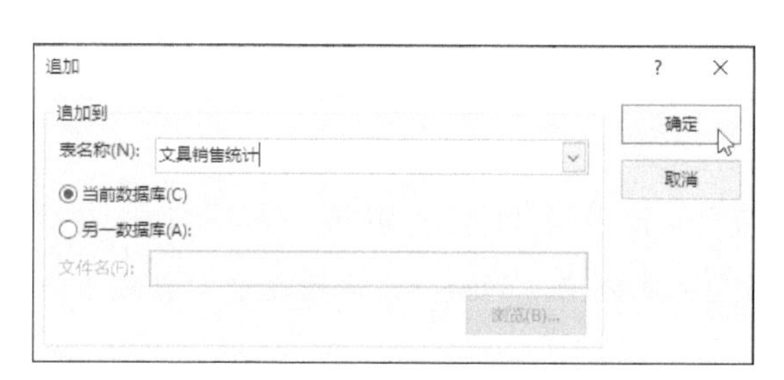

图 5-58 "追加"对话框

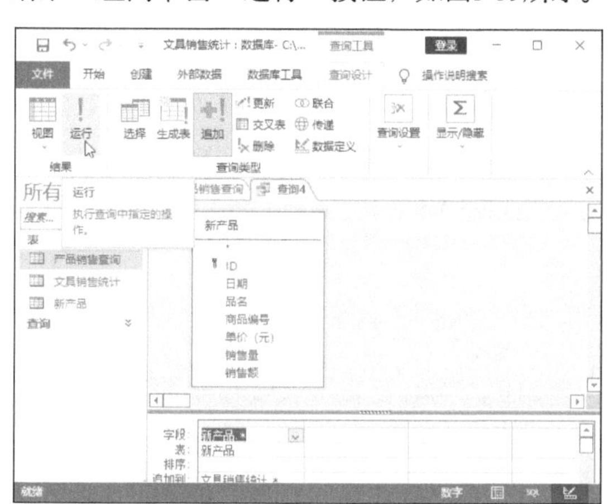

图 5-59 单击"运行"按钮

步骤07 弹出提示对话框，单击"是"按钮，确认追加记录，如图5-60所示。

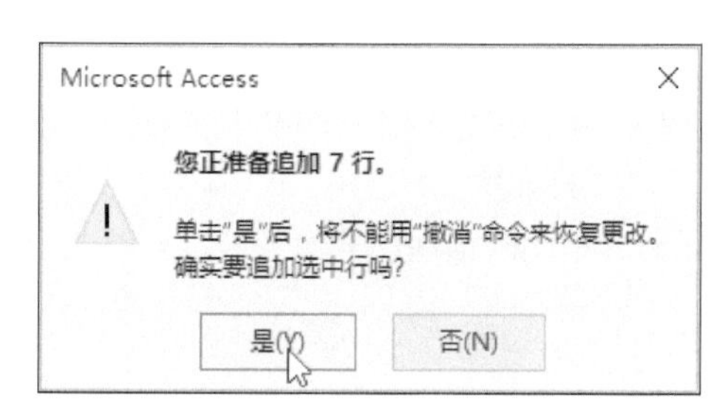

图 5-60 提示对话框

步骤08 "新产品"表中的数据已追加到"文具销售统计"表中，如图5-61所示。

ID	日期	品名	商品编号	单价（元）	销售量	销售额	单击以添加
1	星期一	铅笔/只	SY01	2	100	200	
2	星期一	中性笔/只	SY02	1.5	60	90	
3	星期一	文具盒/个	SY03	5	25	125	
4	星期一	订书器/个	SY04	10	10	100	
5	星期一	作业本/本	SY05	1	80	80	
6	星期一	胶带/卷	SY06	2	16	32	
7	星期一	涂改液/个	SY07	3	17	51	
8	星期一	钢笔/只	SY08	5	20	100	
9	星期一	胶水/瓶	SY09	3	10	30	
10	星期一	图钉/盒	SY10	2	3	6	
11	星期一	墨水/瓶	SY11	5	4	20	
12	星期二	铅笔/只	SY01	2	120	240	
13	星期二	中性笔/只	SY02	1.5	80	120	
14	星期二	文具盒/个	SY03	5	60	300	
15	星期二	订书器/个	SY04	10	36	360	
16	星期三	笔芯/支	SY01	1	200	200	
17	星期三	鸡毛键/只	SY02	2	150	300	
18	星期三	羽毛球拍/副	SY03	50	60	3000	
19	星期四	笔芯/支	SY01	1	180	180	
20	星期四	鸡毛键/只	SY02	2	140	280	
21	星期四	羽毛球拍/副	SY03	50	15	750	
22	星期五	跳绳/条	SY04	5	100	500	
0							

记录: 第 19 项(共 22 项) 无筛选器 搜索

数据表视图

图 5-61 追加的数据

5.3.4 更新查询

用户不仅可以利用查询功能将某个表中查询到的记录从所在表中删除，也可将查询的结果追加到另一表中，还可以利用查询结果将表更新。

使用更新查询可以添加、更改或删除一条或多条现有记录中的数据。可以将更新查询视为一种功能强大的“查找和替换”对话框，它可以输入选择条件（大致相当于搜索字符串）和更新条件（大致相当于替换字符串）。与“查找和替换”对话框不同，更新查询可接受多个条件，使用户可以一次更新大量记录，并可以一次更改多个表中的记录。

5.4 SQL查询

SQL查询是指使用SQL语句创建的结构化查询。SQL查询包括联合查询、传递查询、数据定义查询和子查询等。SQL查询语句是业界通用的关系数据库的数据处理规范，它独立于平台，具有较好的开放性、可移植性和可扩展性。

5.4.1 SELECT语句

SELECT语句是创建SQL查询最常用的语句，它指示Microsoft Jet数据库引擎返回数据库中的信息，此时将数据库视为记录的集合。

SELECT语句的语法格式如下：

```
SELECT [predicate] { * | table.* | [table.]field1 [AS alias1] [,[table.]field2 [AS alias2] [,
...]]}
FROM tableexpression [, ...] [IN externaldatabase]
[WHERE... ]
[GROUP BY... ]
[HAVING... ]
[ORDER BY... ]
[WITH OWNERACCESS OPTION]
```

SELECT语句中最常用的3个关键字是SELECT、FROM和WHERE。

SELECT子句用于指定字段的名称，只有指定的字段才能在查询集中出现。但有一点例外，如果希望检索到表中的所有字段信息，则可以使用星号代替列出的所有字段名称，且列出的字段顺序与表定义的字段顺序相同。

FROM子句用于列出查询所涉及的表的名称。FROM子句不仅可以列出一个表的名称，而且可以列出许多表的名称，列出的表都是将要查询的对象。

WHERE子句用于给出查询的条件，只有匹配这些条件的记录才能出现在结果中。

除了这3个子句外，还可以使用SELECT语句中的其他子句进一步限制和组织已返回的数据，若需要了解更多信息，可参见所用子句的主题帮助。SELECT语句各部分参数的意义如表5-1所示。

表 5-1 SELECT 语句各参数的意义

参数	意义
predicate	可用谓词：ALL、DISTINCT、DISTINCTROW 或 TOP。使用谓词可以限制返回的记录数。如果不指定，则默认为 ALL
*	选择指定表中的所有字段
table	表的名称
field1, field2	字段名，这些字段包含了要检索的数据。如果包括多个字段，将按列出顺序对它们进行检索
alias1, alias2	用作列标题的名称，不是 table 中的原始列名
tableexpression	表的名称，表中包含要检索的数据
externaldatabase	包含 tableexpression 中所列表的数据库的名称（如果这些表不在当前数据库中）

5.4.2 使用SQL语句修改查询的条件

使用SQL语句可以直接在SQL视图中修改已建立的查询条件。下面将“生产统计”数据库中已建立的“查询1”的查询条件由原来的“3000～5000”更改为“4000～6000”。使用SQL语句修改查询条件的具体操作步骤如下：

步骤 01 打开“生产统计”数据库，在导航窗格中双击“查询1”，在对话框中输入相应数值，打开该查询。随后打开“开始”选项卡，单击“视图”下拉按钮，在下拉列表中选择“SQL 视图”选项，如图5-62所示。

步骤 02 在Access操作界面中弹出“查询1”窗口，窗口中显示SQL语句，如图5-63所示。

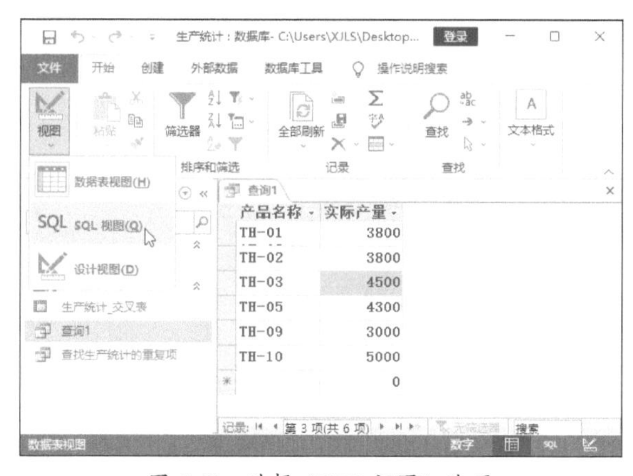

图 5-62 选择“SQL 视图”选项

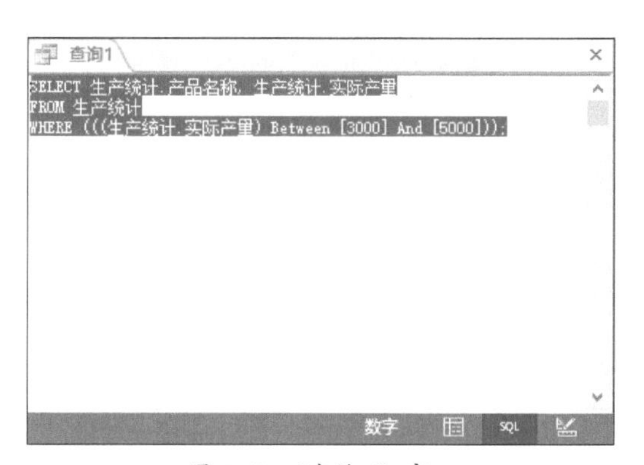

图 5-63 “查询 1”窗口

步骤 03 将“Between [3000] And [5000]”修改为“Between [4000] And [6000]”，单击窗口右下角的“数据表视图”按钮，如图5-64所示。

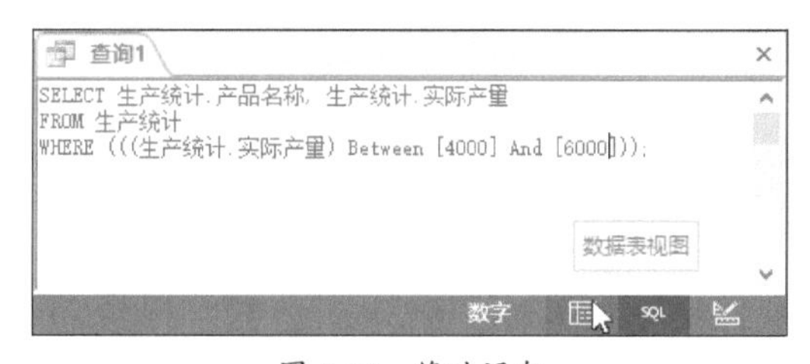

图 5-64 修改语句

步骤 04 弹出“输入参数值”对话框，分别输入“4000”和“6000”，然后单击“确定”按钮，如图5-65和图5-66所示。

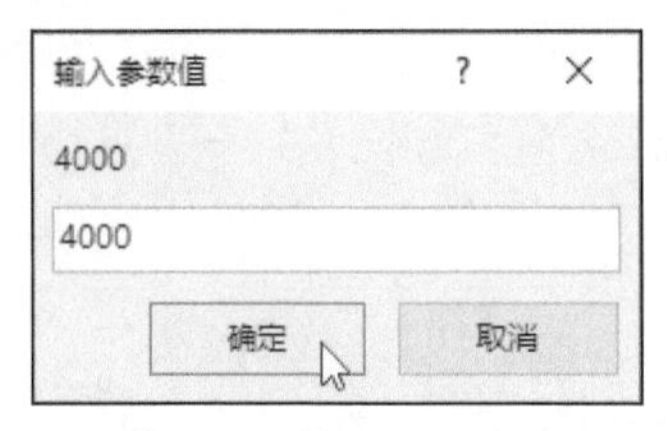

图 5-65　输入“4000”

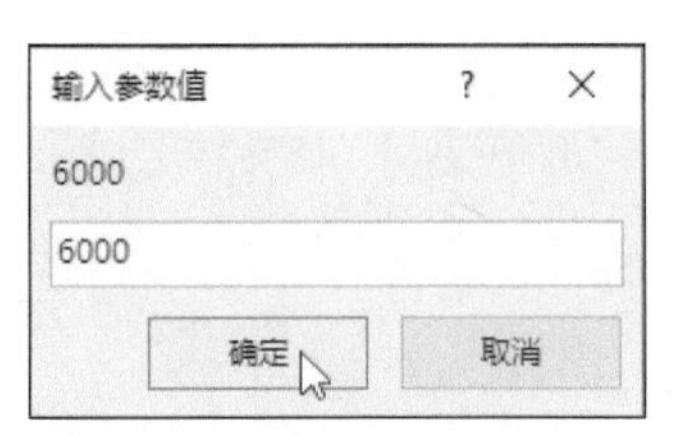

图 5-66　输入“6000”

步骤 05 查询条件修改完成后的结果如图5-67所示。

图 5-67　修改查询条件后的结果

实战演练 管理“水果销售统计”数据库

在本例中将以管理“水果销售统计”数据库中的数据为例，练习如何管理包含大量销售数据的数据库。

1. 添加现有字段

如果新建表中的多个数据需要应用已有表中多个字段的数据时，可以按照下面的步骤进行操作。

步骤 01 打开“水果销售统计”数据库，打开“创建”选项卡，在“表格”组内单击“表”按钮，如图5-68所示。

步骤 02 在新建的表名称“表1”上单击鼠标右键，从弹出的菜单中选择“保存”选项，如图5-69所示。

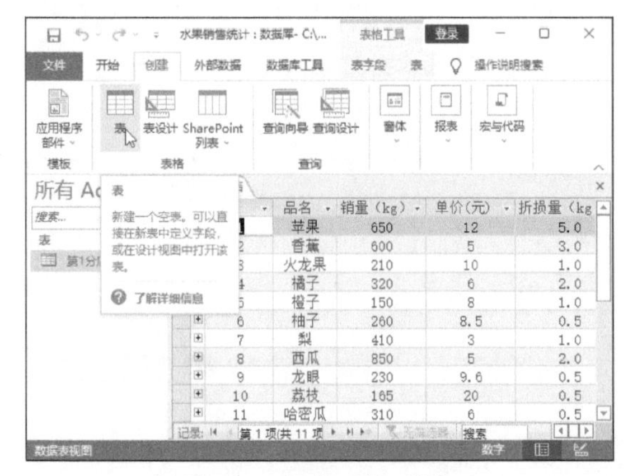

图 5-68　单击“表”按钮

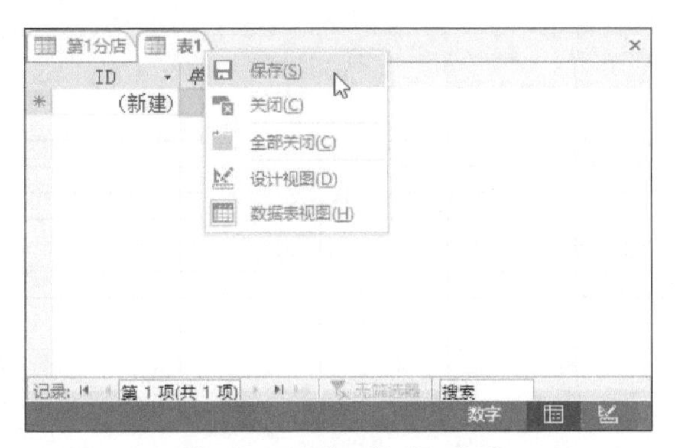

图 5-69　选择“保存”选项

步骤03 弹出“另存为”对话框，在文本框中输入“产品促销”，单击“确定”按钮，如图5-70所示。

步骤04 打开“表格工具-表字段”选项卡，单击“视图”下拉按钮，在展开的列表中选择“设计视图”选项，如图5-71所示。

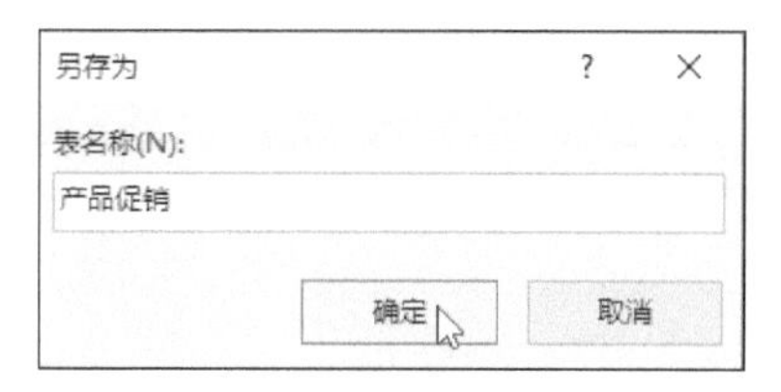

图 5-70 “另存为”对话框

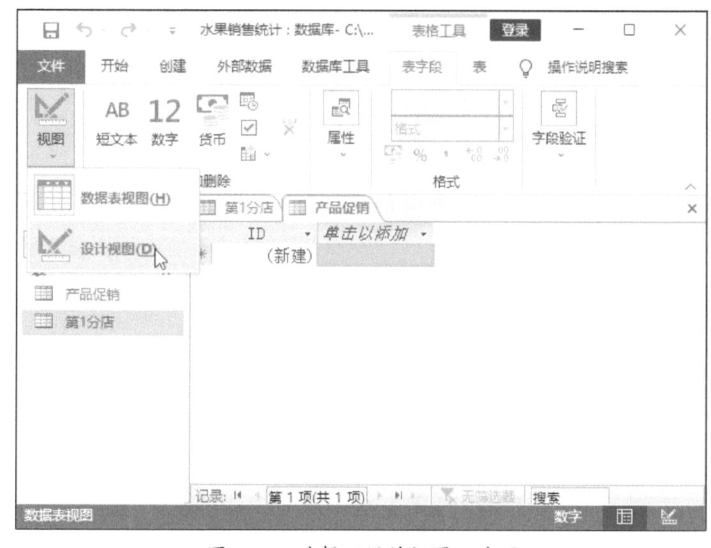

图 5-71 选择“设计视图”选项

步骤05 打开“表格工具-表设计”选项卡，“在工具”组中单击“修改查阅”按钮，如图5-72所示。

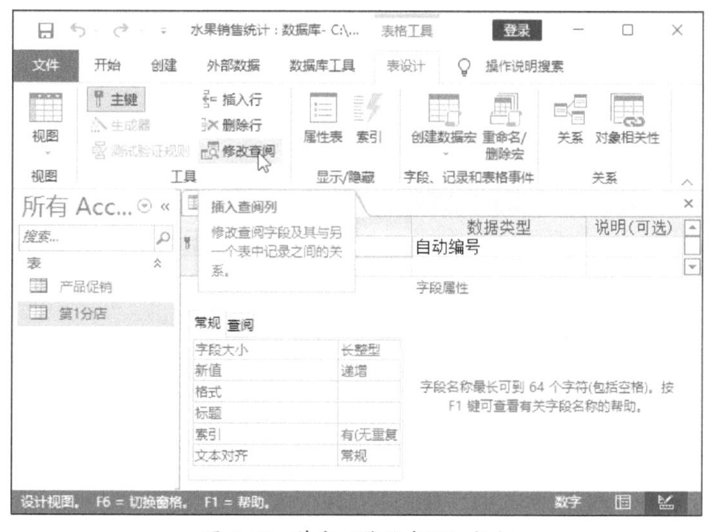

图 5-72 单击“修改查阅”按钮

步骤06 弹出“查阅向导”对话框，保持默认设置，单击“下一步”按钮，如图5-73所示。

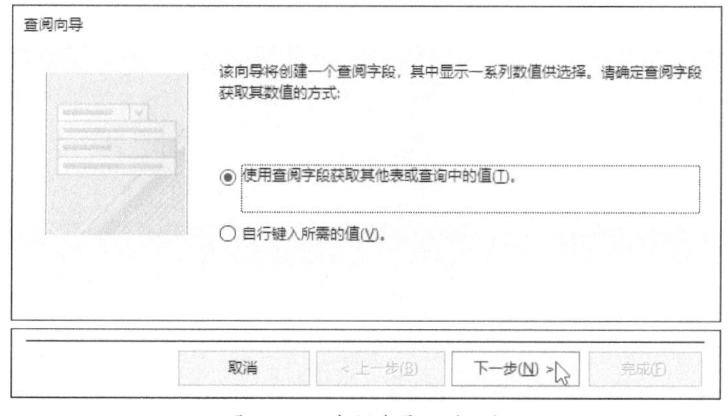

图 5-73 “查阅向导”对话框

步骤07 在列表框中选择“表：第1分店”选项，单击“下一步”按钮，如图5-74所示。

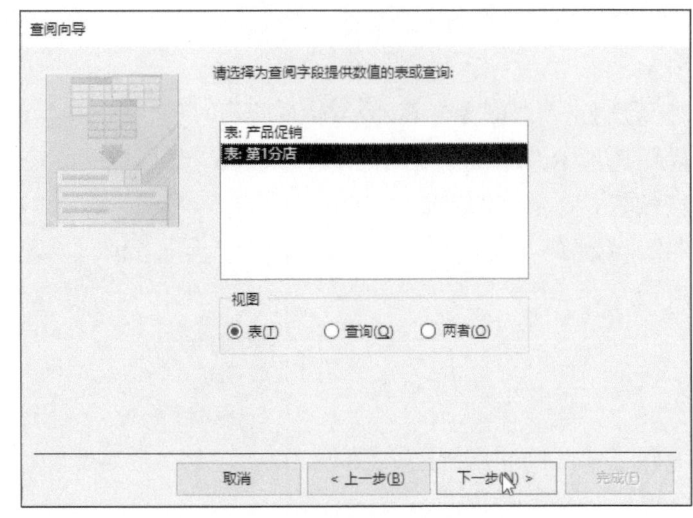

图 5-74　单击“下一步”按钮

步骤08 打开的对话框如图5-75所示，单击 >> 按钮，将“可用字段”列表中的所有字段添加到“选定字段”列表中。

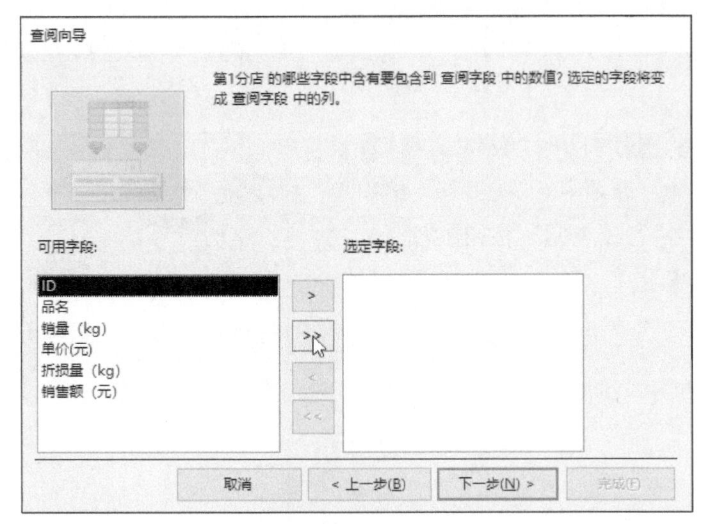

图 5-75　添加字段

步骤09 添加完选定字段后，单击“下一步”按钮，如图5-76所示。

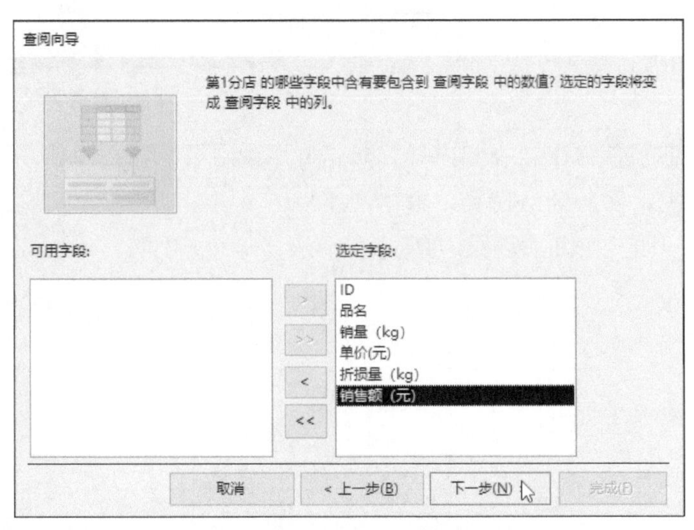

图 5-76　添加完成

步骤 10 单击第1个文本框右侧的下拉按钮，从下拉列表中选择“销量（kg）”，如图5-77所示。

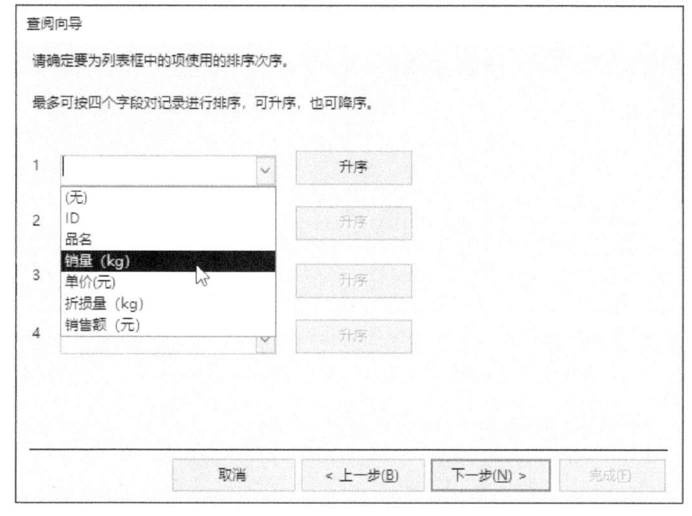

图 5-77 选择“销量（kg）”

步骤 11 使用默认的“升序”排列，单击“下一步”按钮，如图5-78所示。

查阅向导

请确定要为列表框中的项使用的排序次序。

最多可按四个字段对记录进行排序，可升序，也可降序。

1 销量（kg） 升序

2 升序

3 升序

4 升序

取消 < 上一步(B) 下一步(N) > 完成(F)

图 5-78 默认“升序”排列

步骤 12 保持默认设置，单击“下一步”按钮，如图5-79所示。

查阅向导

请指定查阅字段中列的宽度：

若要调整列的宽度，可将其右边缘拖到所需宽度，或双击列标题的右边缘以获取合适的宽度。

☑ 隐藏键列(建议)(H)

品名	销量（kg）	单价(元)	折损量（kg）	销售额（元）
橙子	150	8	1.00	1200
荔枝	165	20	0.50	3300
火龙果	210	10	1.00	2100
龙眼	230	9.6	0.50	2208
柚子	260	8.5	0.50	2210
哈密瓜	310	6	0.50	1860
橘子	320	6	2.00	1920
梨	410	3	1.00	1230
香蕉	600	5	3.00	3000

取消 < 上一步(B) 下一步(N) > 完成(F)

图 5-79 保持默认设置

步骤 13 在文本框中输入“品名”，单击“完成”按钮，如图5-80所示。

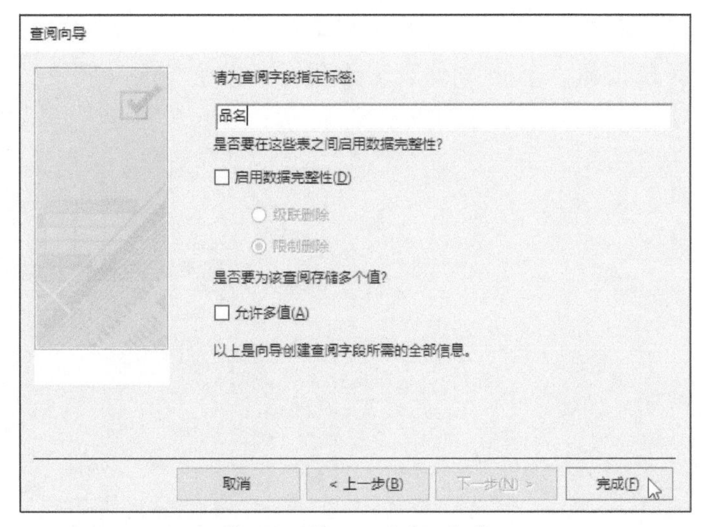

图 5-80　输入“品名”标签

步骤 14 单击字段名的下拉按钮，可以选择字段名，如图5-81所示。

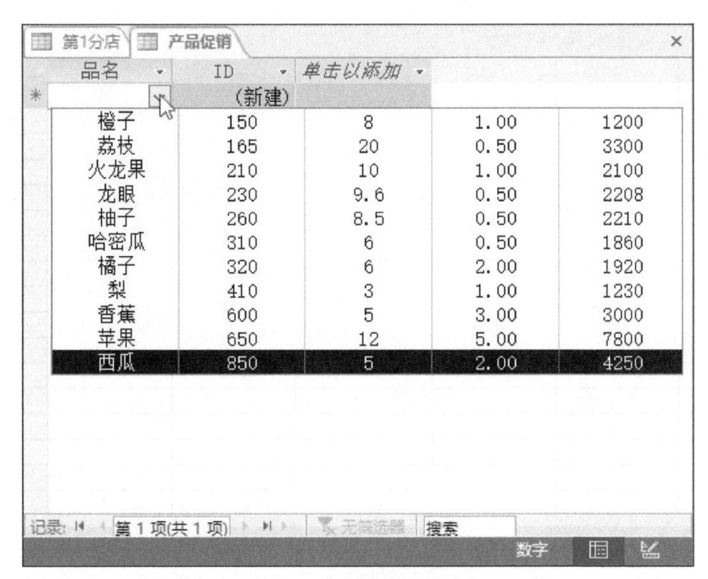

图 5-81　选择字段名

步骤 15 连续添加多个品名记录后，继续按需添加其他字段，如图5-82所示。

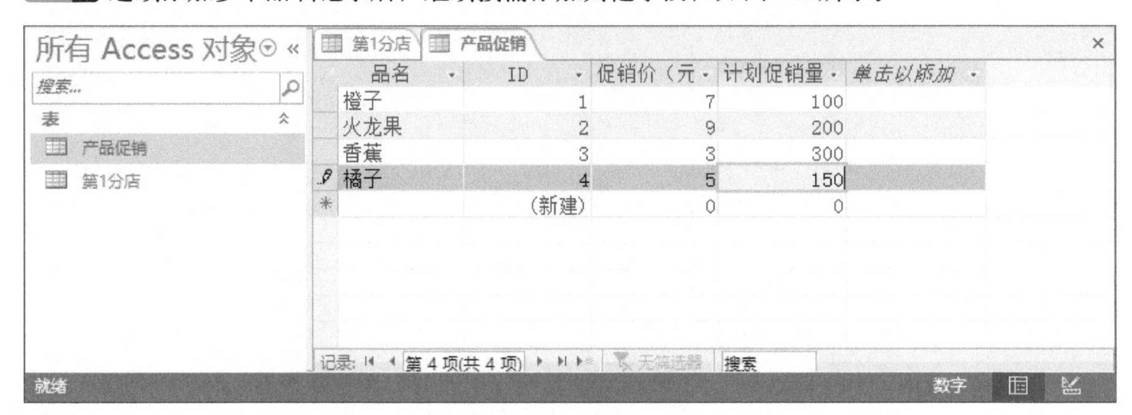

图 5-82　添加其他字段

2. 生成表查询

生成表查询是指将查询结果直接保存在表中。利用查询结果时，可以将查询结果由动态数据转化为利用生成表查询获得的新建表，具体的操作步骤如下：

步骤01 打开“创建”选项卡，在“查询”组中单击“查询设计”按钮。

步骤02 弹出“显示表”对话框，选择“第1分店”选项，先单击“添加”按钮，再单击“关闭”按钮，如图5-83所示。

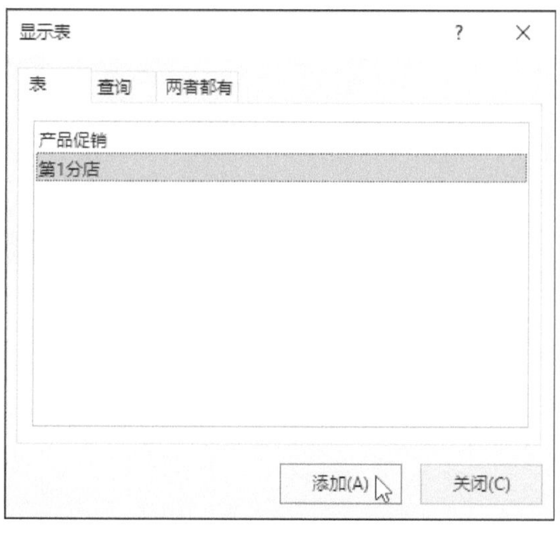

图 5-83 “显示表”对话框

步骤03 打开“查询工具-查询设计”选项卡，在“查询类型”组中单击“生成表”按钮，如图5-84所示。

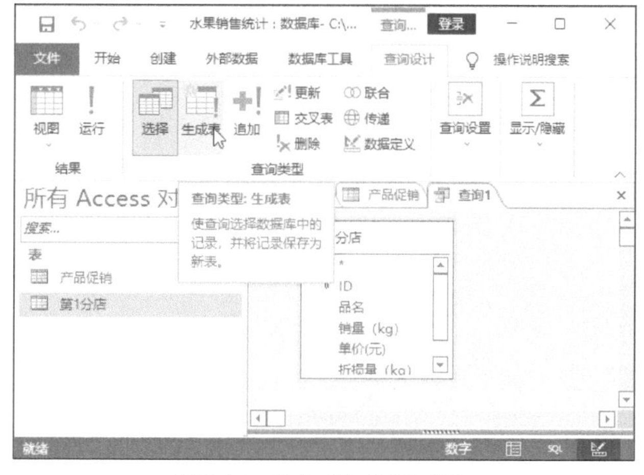

图 5-84 单击“生成表”按钮

步骤04 弹出“生成表”对话框，在“表名称”文本框中输入“第1分店”，然后单击“确定”按钮，如图5-85所示。

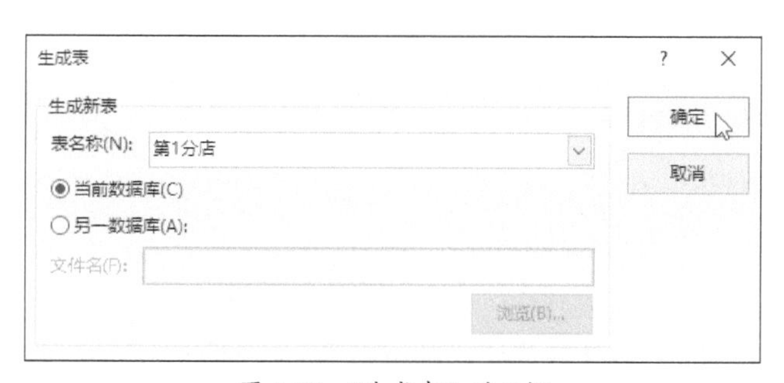

图 5-85 “生成表”对话框

步骤05 按需添加需查询的字段，并设置“销量”的查询条件为“>200”，如图5-86所示。

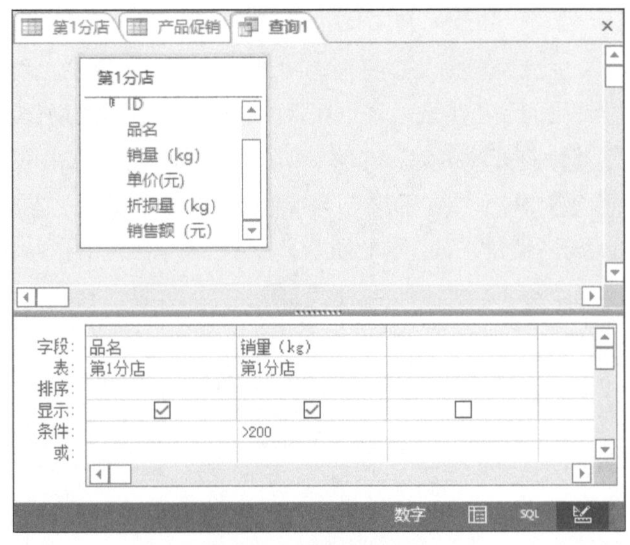

图 5-86　设置查询条件

步骤06 打开“查询工具-查询设计”选项卡，单击“视图”下拉按钮，在展开的列表中选择“数据表视图”选项，如图5-87所示。

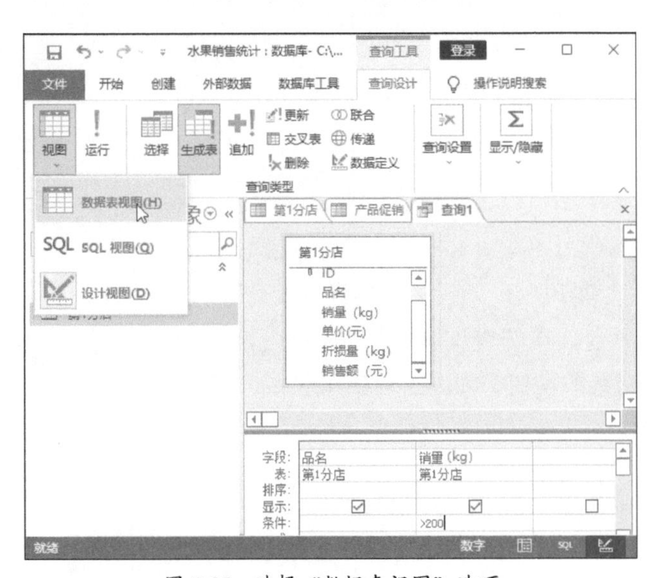

图 5-87　选择“数据表视图”选项

步骤07 在数据表视图中将查询到销量大于200 kg的商品，如图5-88所示。

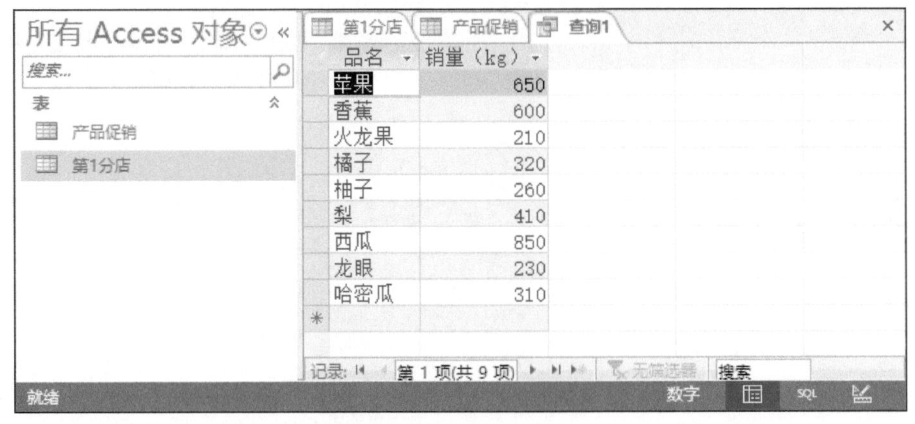

品名	销量（kg）
苹果	650
香蕉	600
火龙果	210
橘子	320
柚子	260
梨	410
西瓜	850
龙眼	230
哈密瓜	310

图 5-88　按条件查询商品

拓展阅读

加强信息化、数字化、智能化理论体系研究与构建。健全数字经济统计监测体系，加强数字经济安全风险预警，支撑提升宏观经济治理能力。

——《“十四五”国家信息化规划》

课后作业

在本作业中将练习在数据库中查询员工的工资，具体操作要求如下：

（1）使用“查询向导”对“基本工资”表执行查询操作，查询“姓名”“性别”“基本工资”字段，完成效果如图5-89所示。

（2）使用“查询设计”查询“姓名”“职务”和“基本工资”字段并运行，然后保存查询。

（3）设置查询名称为“各部门员工基本工资”。完成效果如图5-90所示。

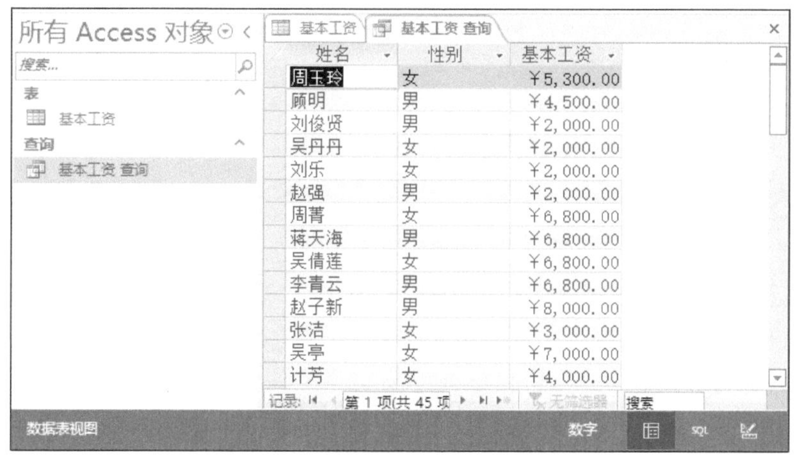

姓名	性别	基本工资
周玉玲	女	￥5,300.00
顾明	男	￥4,500.00
刘俊贤	男	￥2,000.00
吴丹丹	女	￥2,000.00
刘乐	女	￥2,000.00
赵强	男	￥2,000.00
周菁	女	￥6,800.00
蒋天海	男	￥6,800.00
吴倩莲	女	￥6,800.00
李青云	男	￥6,800.00
赵子新	男	￥8,000.00
张洁	女	￥3,000.00
吴亭	女	￥7,000.00
计芳	女	￥4,000.00

图 5-89 完成效果 1

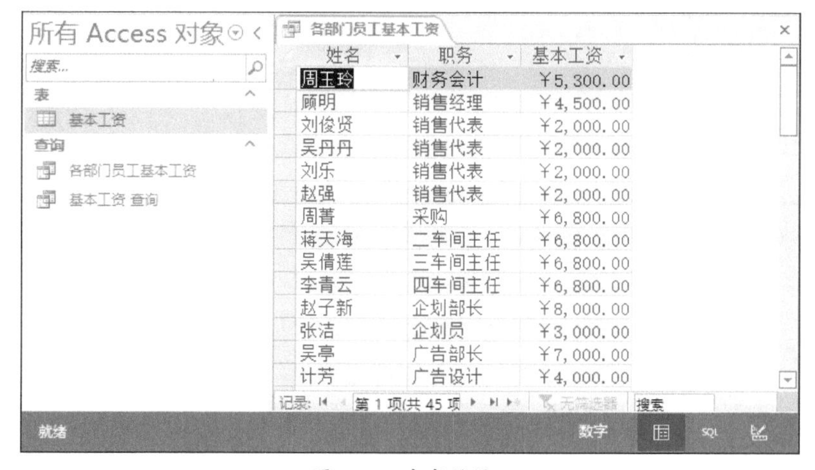

姓名	职务	基本工资
周玉玲	财务会计	￥5,300.00
顾明	销售经理	￥4,500.00
刘俊贤	销售代表	￥2,000.00
吴丹丹	销售代表	￥2,000.00
刘乐	销售代表	￥2,000.00
赵强	销售代表	￥2,000.00
周菁	采购	￥6,800.00
蒋天海	二车间主任	￥6,800.00
吴倩莲	三车间主任	￥6,800.00
李青云	四车间主任	￥6,800.00
赵子新	企划部长	￥8,000.00
张洁	企划员	￥3,000.00
吴亭	广告部长	￥7,000.00
计芳	广告设计	￥4,000.00

图 5-90 完成效果 2

第6章 窗体的设计

内容概要

一个优质的数据库系统不仅要有结构合理的表，灵活方便的查询，还应有漂亮的外观和功能强大的用户界面。本章主要讲述Access中窗体的基本知识。窗体是为用户提供查看、接收、编辑数据的平台，可使数据库信息的显示变得更加灵活。

数字资源

【本章素材】：“素材文件\第6章”目录下

6.1 认识窗体

窗体可以与表和查询协同工作，通过窗体，可以合理安排表或查询中的字段显示在屏幕上，还可以通过插入文本、图像、声音和视频而使界面更加丰富美观。

6.1.1 窗体的作用

精美的窗体能够使数据库操作这种让人感到枯燥的工作变得轻松，并且可以让用户的数据库系统更富于变化，显示出数据库设计上的专业水平。

在Access中，窗体主要用来实现以下操作。

1. 显示和操作记录

这是窗体最常见的使用形式。利用窗体可以显示某个记录，并对它进行更改和删除等操作，还可以输入新的记录。所有这些操作都能对数据库进行相应的改变。

2. 显示信息

窗体会提供使用应用程序的方式或即将发生的操作的提示信息。例如，在要删除一条记录时，要求进行确认。

3. 控制应用程序流程

窗体可以利用宏或者VBA自动进行某些数据的操作，还可以控制下一步的流程，如执行查询、打开另一个窗口等。

4. 打印信息

可以将窗体中的信息打印出来，并给它加上页眉和页脚。在第7章中将介绍如何设计出更有效的报表来打印信息。

6.1.2 窗体的类型

在Access中，窗体大致可分成纵栏式窗体、表格式窗体、表窗体、图表向导、数据透视表、主/子窗体和分割窗体等。

1. 纵栏式窗体

这是最基本也是内置的窗体格式，一次只显示一条记录，适用于字段多、资料记录条数少的情况。由于界面上同时只会显示一条记录，若想查找其他记录或数据，可用鼠标拉动垂直滚动条或是下方的记录移动按钮。

2. 表格式窗体

这是以表格形式的结构在同一个界面上显示多条记录，使用的时候刚好和纵栏式窗体相反，适用于数据记录条数较多的情况。表格式窗体看起来和数据表视图有几分相似，最上面一列是字段名称，接下来的每一列是数据记录，其差异在于这个窗体经过视觉效果的修饰后会更加好看。

3. 表窗体

表窗体即为数据工作表，它是将表运用到窗体上方，以显示Access中最原始的数据信息。

4. 图表向导

和其他Office成员一样，在Access中可以使用Graph制作统计图表，用于整理、归纳、比较及进一步分析数据。

5. 数据透视表

数据透视表和第5章中的交叉表查询的结果类似，可用于统计及交叉分析各种信息间的相互影响。其所进行的计算与数据在数据透视表中的排列有关，如先水平或垂直显示字段值，再计算每行或列的合计，或是将字段值作为行号或列标，在交叉点进行统计。

6. 主/子窗体

主/子窗体亦称为多重表窗体，其目的是在窗体中呈现出两个一对多的表，也就是所谓的“主文件-明细文件”数据。当移动主文件的一条记录时，将自动显示相应的明细文件资料。

7. 分割窗体

在Access 2016中，窗体形式又增加了一个种类，就是分割窗体。它是传统纵栏式窗体和表窗体类型的结合。其窗体上部显示窗体数据源所有数据记录的数据表，窗体下部显示为传统单一窗体的形式。这种类型的窗体对习惯Excel数据操作的用户而言很方便，同时初级用户可以在窗体上利用按钮或组合框等控件完成数据筛选。

6.2 创建窗体

Access数据库与用户之间的接口是窗体对象。窗体为用户提供了数据编辑、数据接收、数据查看和显示信息等许多功能。本节将介绍几种创建窗体的方法。

6.2.1 自动创建窗体

自动创建窗体的方法十分简单，只需单击一次鼠标即可创建窗体。下面以创建“销售统计”表的窗体为例进行介绍，具体操作步骤如下：

步骤 01 打开“销售统计”数据库，打开“创建”选项卡，在“窗体”组中单击“窗体”按钮，如图6-1所示。

步骤 02 系统会自动生成带有“销售统计”表所有字段的窗体，如图6-2所示。

拓展阅读

把数字产业化作为推动经济高质量发展的重要驱动力量，加快培育信息技术产业生态，推动数字技术成果转化应用，推动数字产业能级跃升，支持网信企业发展壮大，打造具有国际竞争力的数字产业集群。

——《“十四五”国家信息化规划》

图 6-1 单击“窗体”按钮

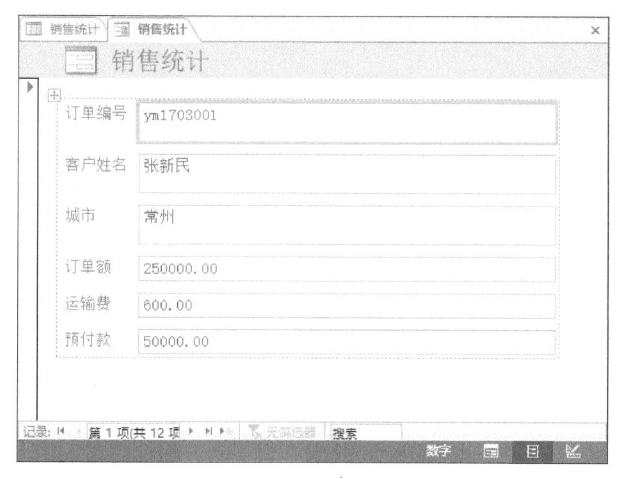

图 6-2 窗体

6.2.2 通过文件另存创建窗体

通过文件另存创建窗体具有3个特点。一是此窗体继承了来自数据表的属性，如输入掩码、格式等，但也可以重新设置属性；二是此窗体显示数据表的所有字段；三是如果数据表已经和其他表有关联，则在此窗体中会有子窗体显示。下面对其具体的操作进行介绍。

步骤 01 打开“文件”菜单，切换到“另存为”界面，选择“对象另存为”选项，然后单击“另存为”按钮，如图6-3所示。

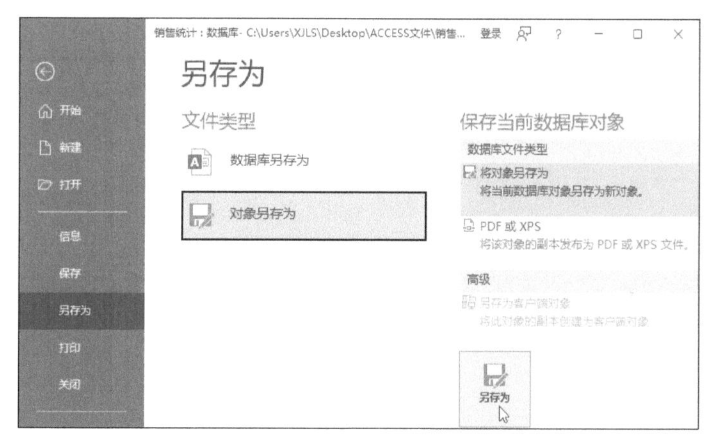

图 6-3 “另存为”界面

步骤02 弹出“另存为”对话框，将“保存类型”设置为“窗体”，并输入窗体名称，然后单击“确定”按钮即可，如图6-4所示。

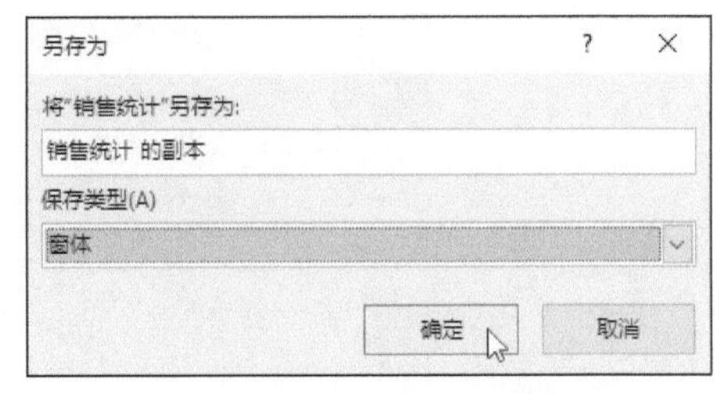

图 6-4 “另存为”对话框

6.2.3 使用向导创建窗体

在Access中，虽然可以利用“窗体”工具快速创建一个窗体，但所建窗体只适用于简单的单列窗体，窗体的布局也已确定，如果要加入用户对各个字段的选择，则需要使用向导来创建窗体。下面将介绍具体的操作步骤。

步骤01 打开“销售统计”数据库，打开“创建”选项卡，单击“窗体”组内的“窗体向导”按钮，如图6-5所示。

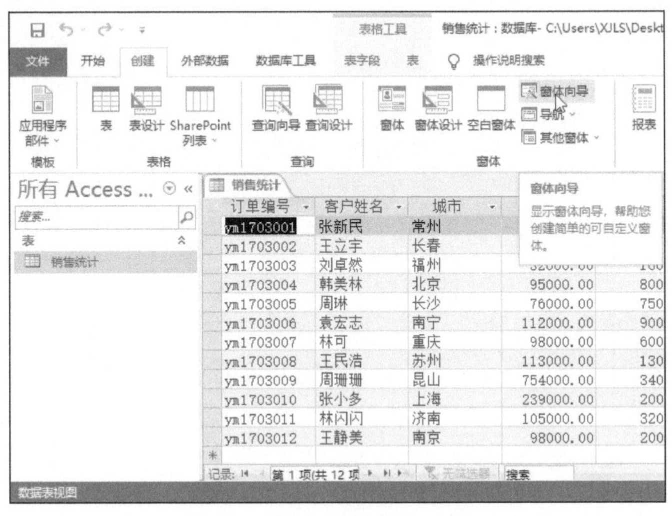

图 6-5 单击“窗体向导”按钮

步骤02 打开“窗体向导”对话框，在“可用字段”列表中选择字段，单击 > 按钮，如图6-6所示。

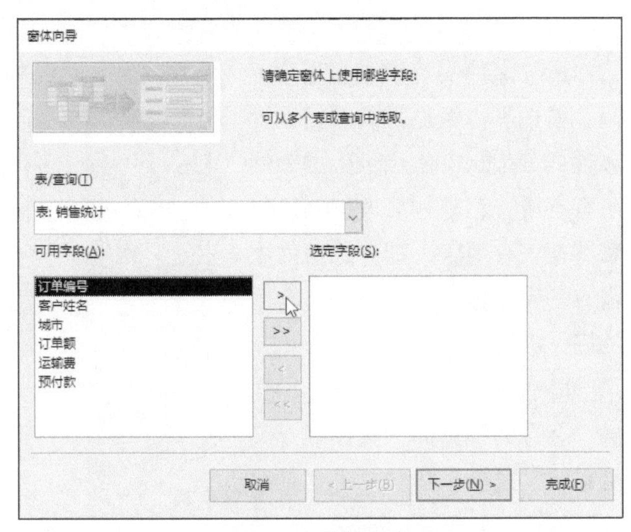

图 6-6 选择字段

步骤03 添加多个字段到“选定字段”列表中，单击“下一步”按钮，如图6-7所示。

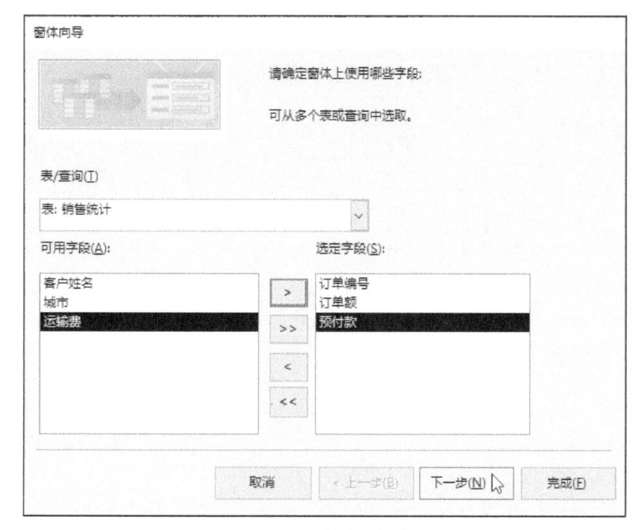

图 6-7　添加字段

步骤04 选中“纵栏表”单选按钮，单击“下一步”按钮，如图6-8所示。

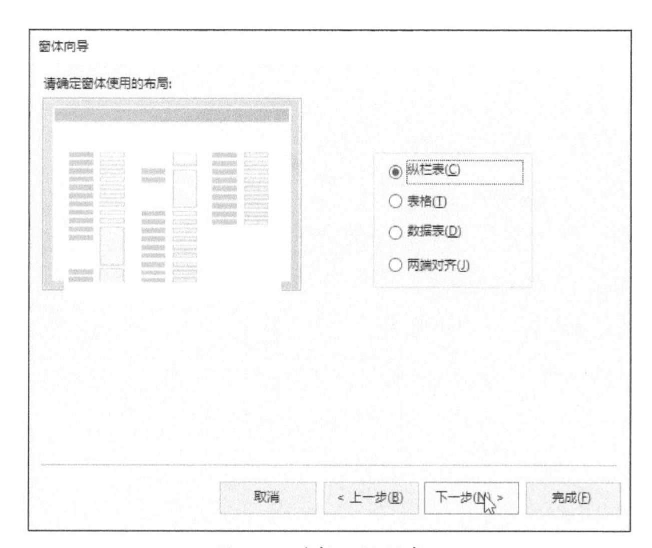

图 6-8　选择“纵栏表”

步骤05 在文本框中输入“销售统计”，单击“完成”按钮，如图6-9所示。

图 6-9　输入窗体标题

步骤 06 生成的窗体如图6-10所示。

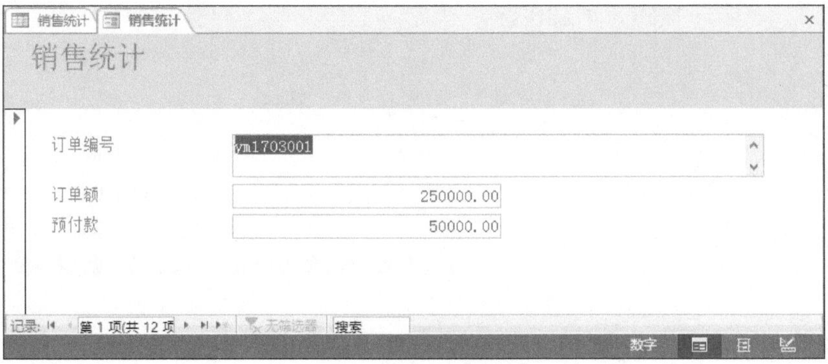

图 6-10　生成的窗体

6.2.4　自定义窗体

如果向导或窗体构建工具无法满足用户需要，还可以自定义窗体。当用户计划只在窗体上放置很少的几个字段时，快速自定义窗体将是一种非常快捷的构建方式。

在自行设计窗体时首先要建立一个空白窗体，然后在空白窗体中加入各种控件，从而组成一个完整的窗体。具体操作步骤如下：

步骤 01 打开“销售统计”数据库，切换到“创建”选项卡，在“窗体”组中单击“空白窗体”按钮，如图6-11所示。

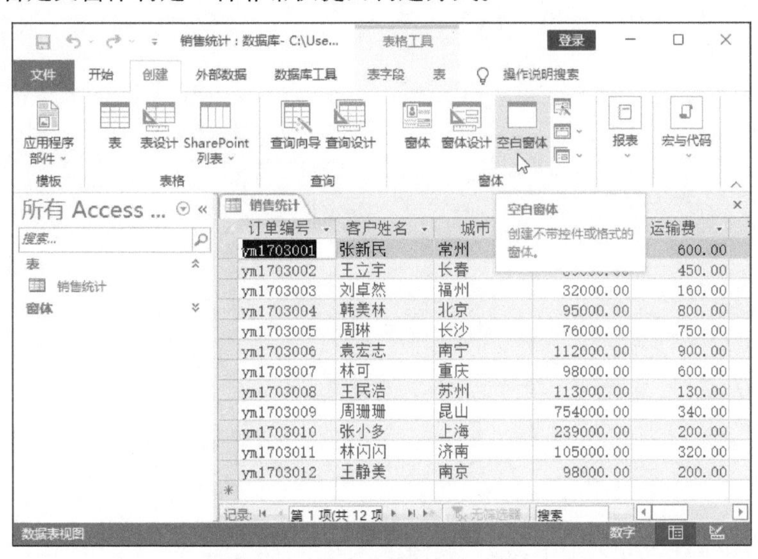

图 6-11　单击“空白窗体”按钮

步骤 02 工作区中随即打开一个空白窗体，并显示“字段列表”窗格，如图6-12所示。

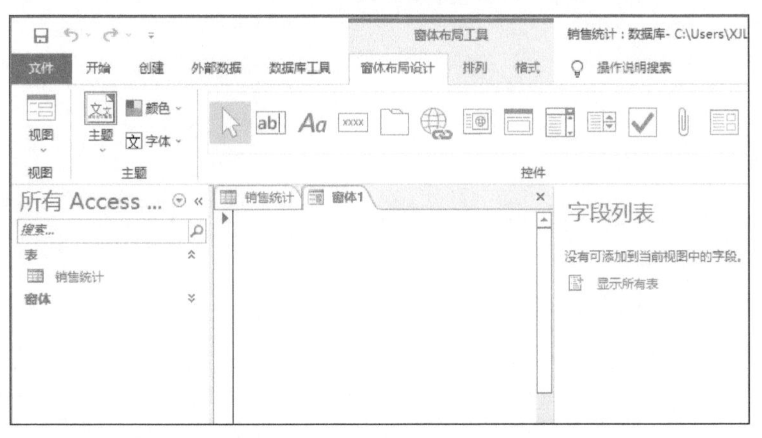

图 6-12　打开空白窗体

步骤03 在“字段列表”窗格中单击“显示所有表”选项，如图6-13所示。

步骤04 双击表中的字段名称，即可将该字段添加到窗体中，如图6-14所示。

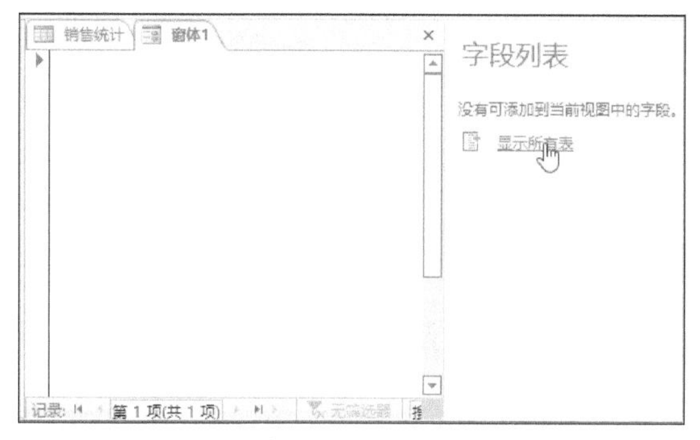

图 6-13 单击“显示所有表”选项

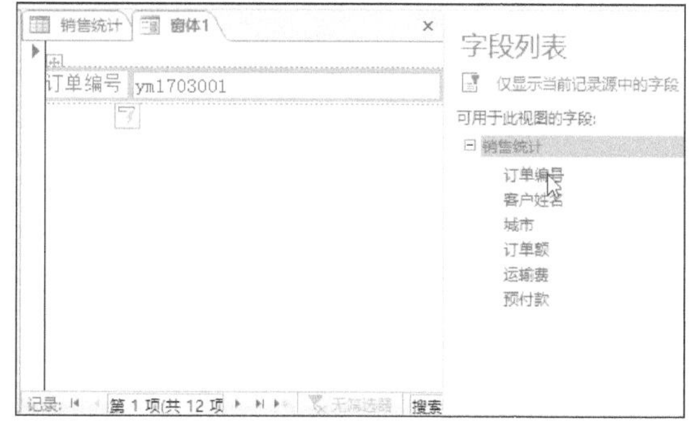

图 6-14 为窗体添加字段

步骤05 继续双击其他字段，将这些字段添加到窗体中，如图6-15所示。

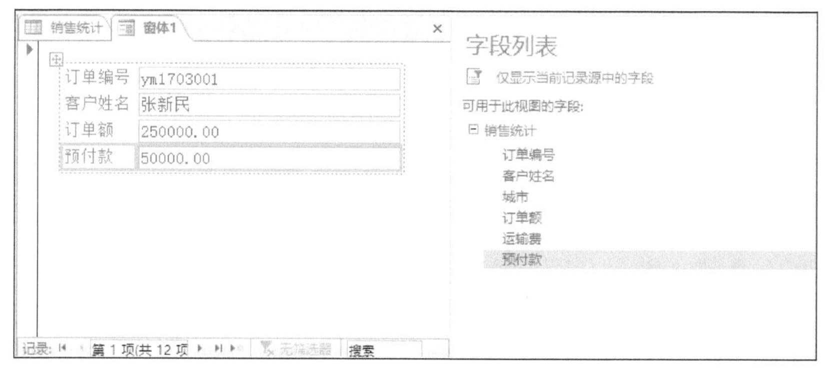

图 6-15 添加其他字段

步骤06 打开“窗体布局工具-窗体布局设计”选项卡，在“页眉/页脚”组中单击“标题”按钮，为窗体添加标题，如图6-16所示。

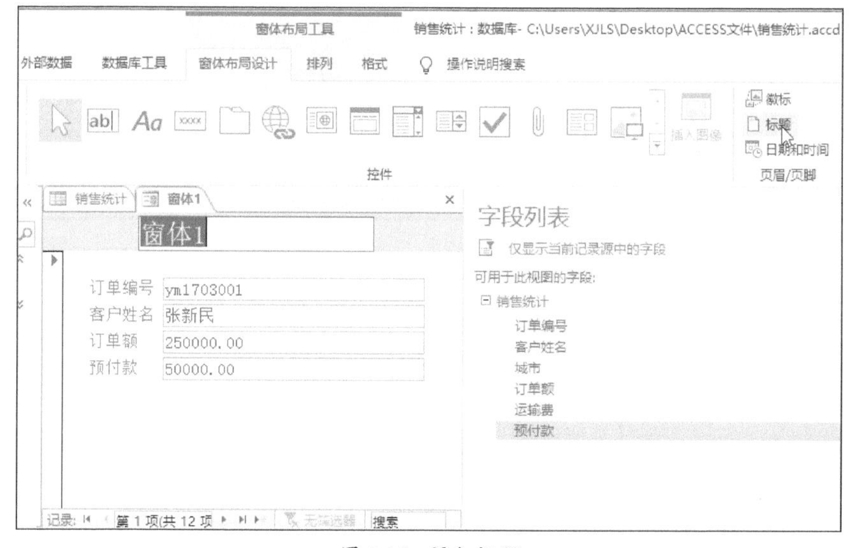

图 6-16 添加标题

步骤07 修改标题，继续在“页眉/页脚”组中单击“日期和时间”按钮，为窗体添加日期和时间，如图6-17所示。

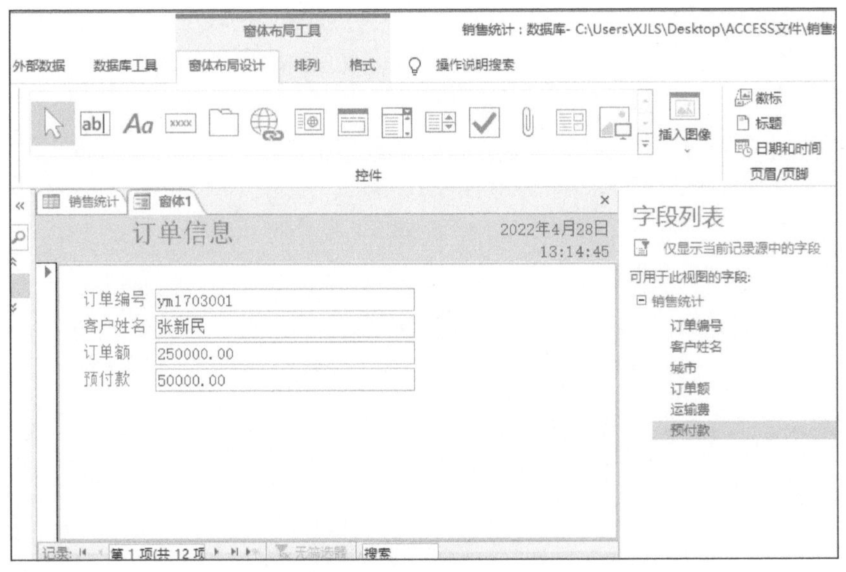

图 6-17　添加日期和时间

6.2.5　窗体的组成

窗体一般由若干部分组成，每一部分为一个节，窗体最多可以拥有5个节，分别为窗体页眉、页面页眉、主体节、页面页脚和窗体页脚。窗体中的信息可以分布在多个节中，但所有窗体都必须有主体节。

在设计视图中，节表现为区段形式，并且窗体包含的每一个节都只出现一次。在打印窗体中，页面页眉和页脚可以每页重复一次。可以通过放置控件（如标签和文本框）确定每个节中信息的显示位置。

1. 窗体页眉

窗体页眉用于显示每一条记录的内容说明，如窗体的标题、打开相关窗体或执行其他任务的命令按钮等。在窗体视图中，窗体页眉显示在屏幕的顶部；在打印时，窗体页眉显示在第1页顶部。

2. 页面页眉

页面页眉用于显示标题、图像、列标题等内容，或显示用户要在每一打印页上方显示的内容。页面页眉只显示在用于打印的窗体上。

3. 主体节

主体节用于显示记录，可以在屏幕或页上只显示一个记录，或按其大小尽可能多地显示记录。

4. 页面页脚

页面页脚用于显示日期、页码等内容，或显示用户要在每一打印页下方显示的内容。页面页脚只显示在用于打印的窗体上。

5. 窗体页脚

窗体页脚用于显示用户要为每一条记录显示的内容，如命令按钮和使用窗体的指导等。在窗体视图中，窗体页脚只在屏幕的底部显示。在打印时，窗体页脚显示在最后一页的最后一个主体节之后。

6.2.6 在设计视图中创建窗体

下面将以在设计视图中创建销售统计表窗体为例进行介绍，具体操作步骤如下：

步骤 01 打开“创建”选项卡，单击“窗体”组中的“窗体设计”按钮，如图6-18所示。

图 6-18 单击“窗体设计”按钮

步骤 02 主窗口切换至“窗体1”界面，如图6-19所示。

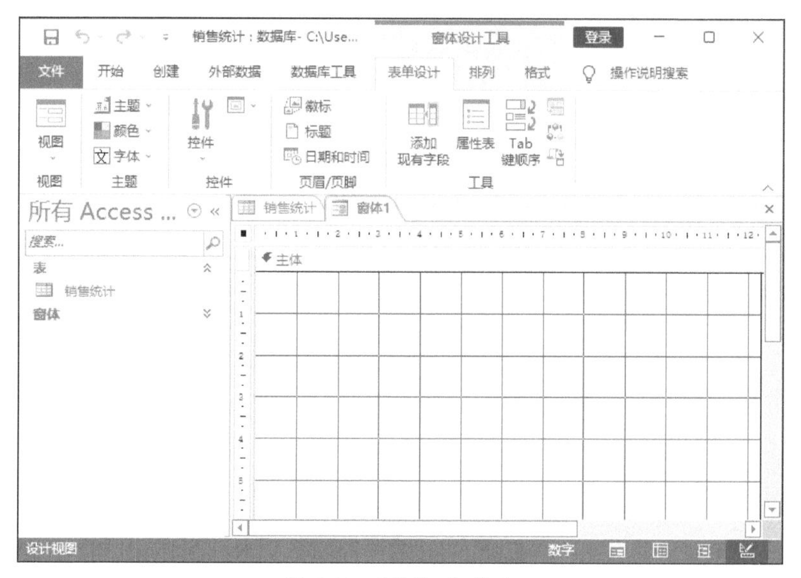

图 6-19 “窗体 1”界面

步骤03 打开“窗体设计工具-表单设计”选项卡，单击“工具”组中的“属性表”按钮，如图6-20所示。

图 6-20 单击“属性表”按钮

步骤04 弹出“属性表”任务窗格，单击“全部”选项卡中“记录源”右侧的[...]按钮，如图6-21所示。

步骤05 弹出“显示表”对话框，先单击“添加”按钮，然后单击“关闭”按钮，如图6-22所示。

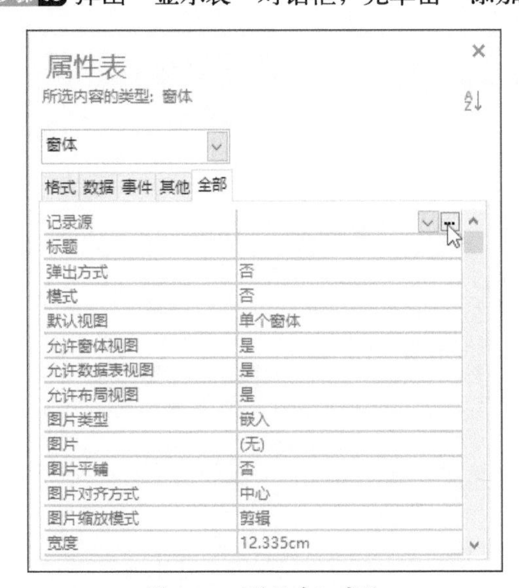

图 6-21 “属性表”窗格

图 6-22 “显示表”对话框

步骤06 Access自动打开“窗体1：查询生成器”窗口，在“销售统计”列表中双击“订单编号”字段，如图6-23所示。

步骤07 添加多个字段后，在“窗体1：查询生成器”标签上单击鼠标右键，从弹出的快捷菜单中选择“关闭”选项，如图6-24所示。

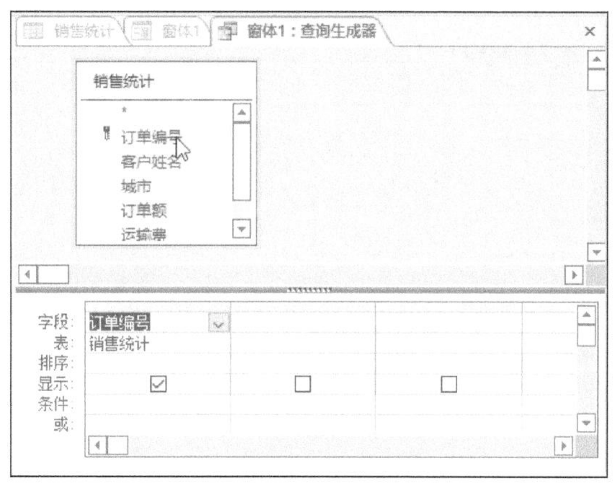

图 6-23　添加“订单编号”字段

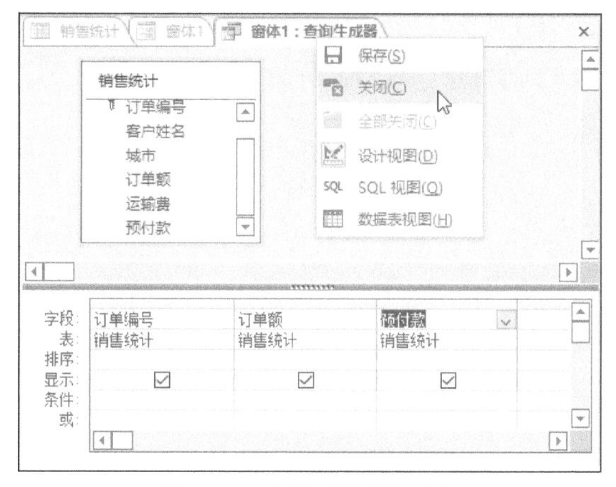

图 6-24　选择“关闭”选项

步骤 08 弹出提示对话框，单击“是”按钮，如图6-25所示。

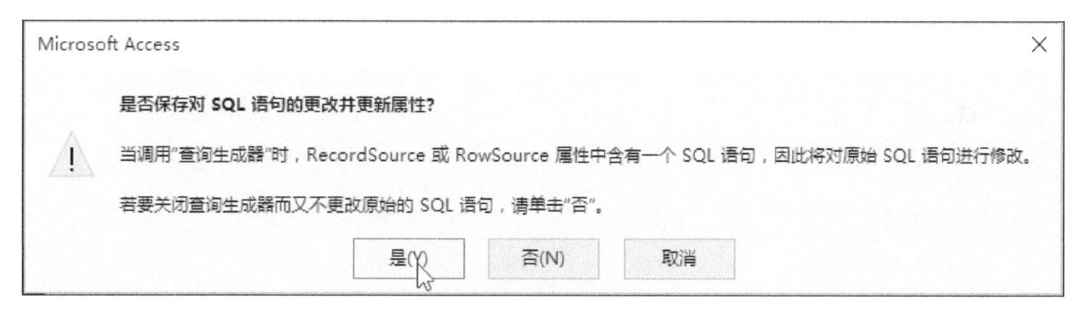

图 6-25　提示对话框

步骤 09 返回“窗体1”界面，打开“窗体设计工具-表单设计”选项卡，单击“控件”组中的“列表框”按钮，如图6-26所示。

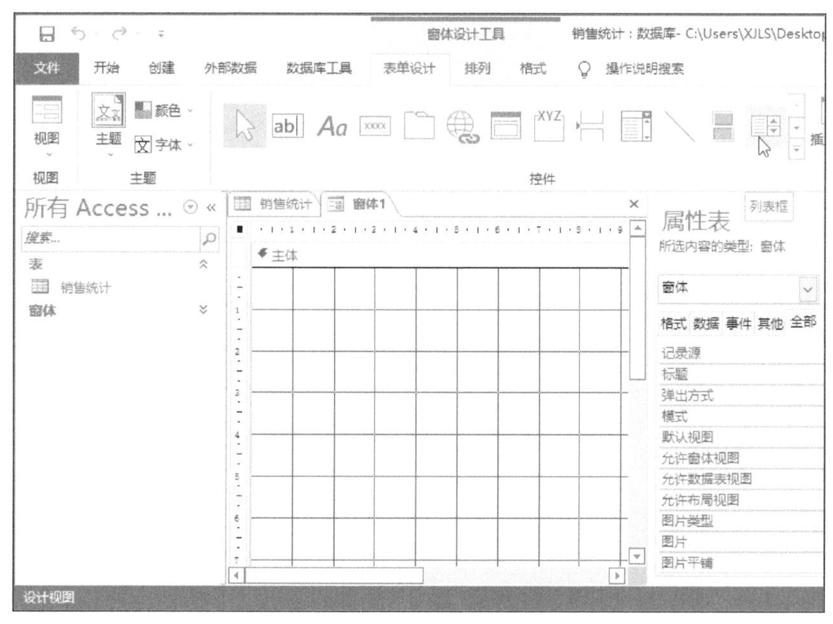

图 6-26　单击“列表框”按钮

步骤 10 按住鼠标左键不放，在“窗体1”的任意位置绘制列表框，如图6-27所示。

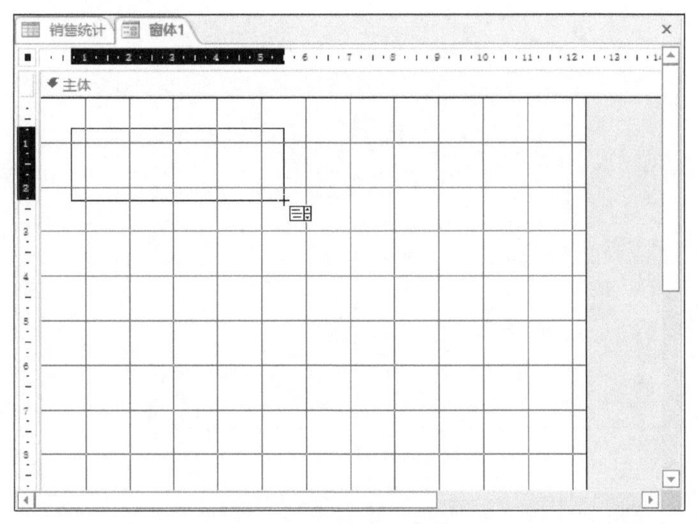

图 6-27　绘制列表框

步骤 11 绘制完毕后，弹出“列表框向导”对话框，单击“下一步”按钮，如图6-28所示。

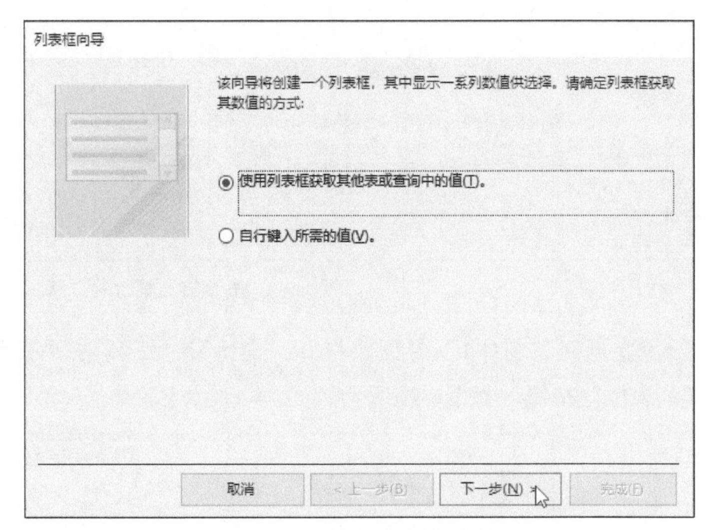

图 6-28　“列表框向导”对话框

步骤 12 保持默认设置，单击“下一步”按钮，如图6-29所示。

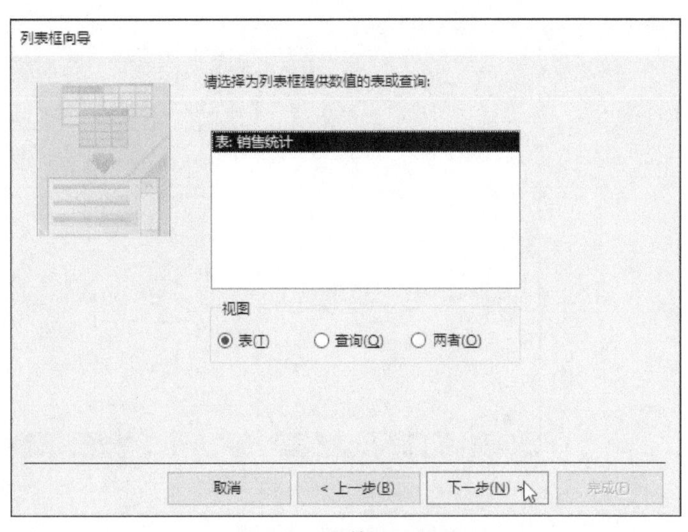

图 6-29　保持默认设置

步骤13 按需将“可用字段”列表中的字段添加到“选定字段”列表中，单击“下一步”按钮，如图6-30所示。

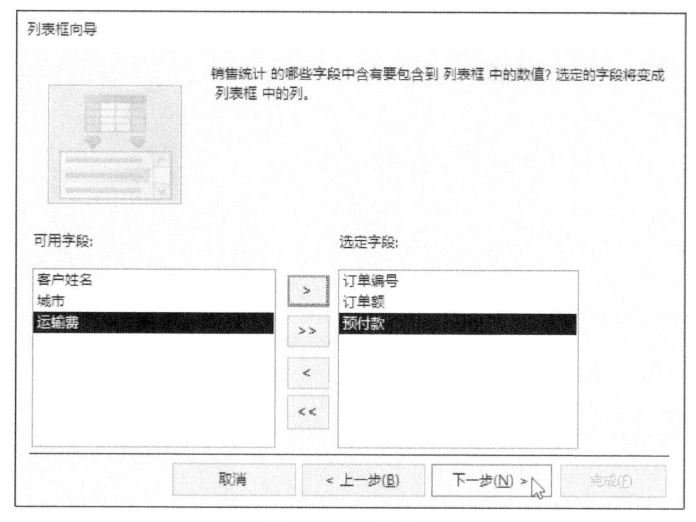

图 6-30 添加字段

步骤14 指定字段顺序，并设置排序方式，单击“下一步”按钮，如图6-31所示。

列表框向导

请确定要为列表框中的项使用的排序次序。

最多可按四个字段对记录进行排序，可升序，也可降序。

1 订单编号 升序

2 订单额 升序

3 预付款 升序

4 升序

取消 < 上一步(B) 下一步(N) > 完成(F)

图 6-31 指定字段顺序及排序方式

步骤15 取消勾选“隐藏键列(建议)”复选框，单击“下一步”按钮，如图6-32所示。

列表框向导

请指定列表框中列的宽度:

若要调整列的宽度，可将其右边缘拖到所需宽度，或双击列标题的右边缘以获取合适的宽度。

☐ 隐藏键列(建议)(H)

订单编号	订单额	预付款
ym1703001	250000.00	50000.00
ym1703002	89000.00	17800.00
ym1703003	32000.00	6400.00
ym1703004	95000.00	19000.00
ym1703005	76000.00	15200.00
ym1703006	112000.00	22400.00
ym1703007	98000.00	19600.00
ym1703008	113000.00	22600.00
ym1703009	754000.00	150800.00

取消 < 上一步(B) 下一步(N) > 完成(F)

图 6-32 取消勾选“隐藏键列(建议)”复选框

步骤 16 保持默认设置，单击“下一步”按钮，如图6-33所示。

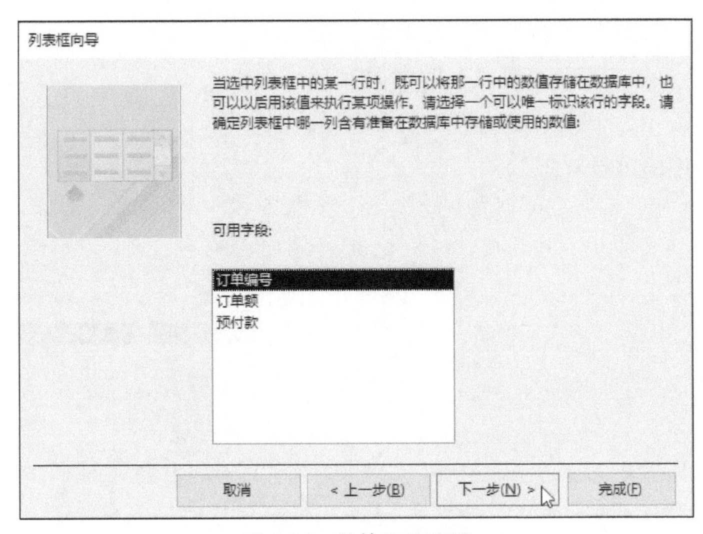

图 6-33 保持默认设置

步骤 17 保持默认设置，单击“下一步”按钮，如图6-34所示。

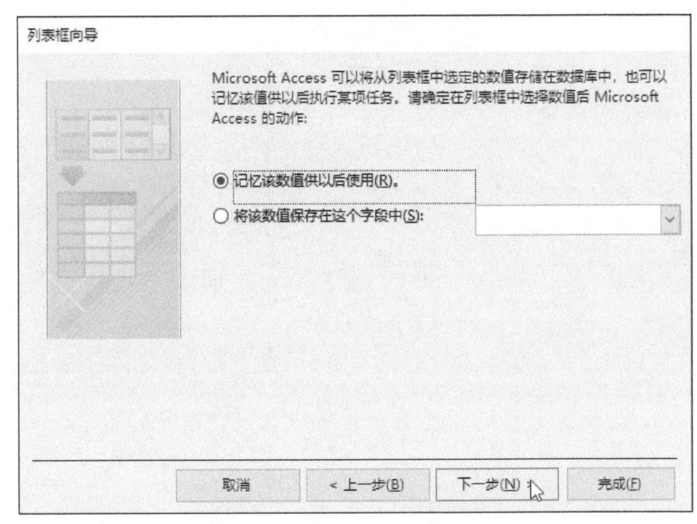

图 6-34 单击“下一步”按钮

步骤 18 按需为列表框指定标签后，单击“完成”按钮即可，如图6-35所示。

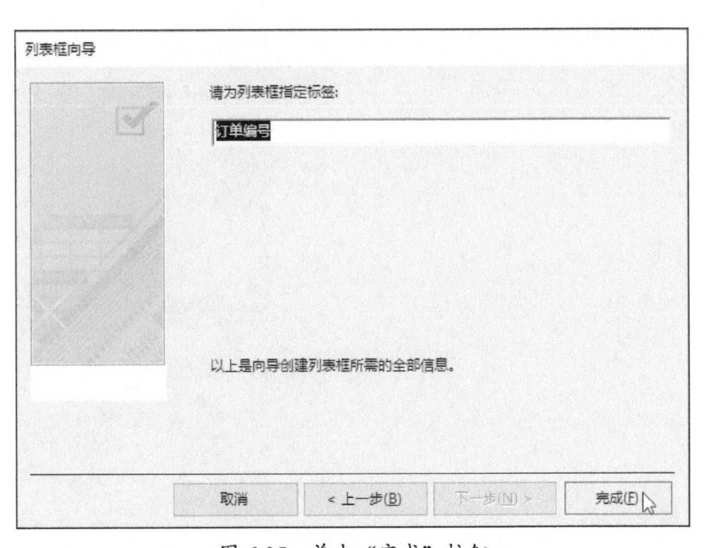

图 6-35 单击“完成”按钮

6.2.7 控件的类型

控件是窗体、报表和数据访问页设计的重要组件，凡是能在窗体、报表上选取的对象都是控件，它用于数据的显示、操作的执行和对象的装饰。控件种类不同，其功能也就不同。可以使用的控件都位于“设计”选项卡的“控件”组中，主要包括标签、文本框、列表框、选项卡控件等。这些工具决定了数据在窗体的显示方式，依照使用来源及属性的不同，可分为组合控件、非组合控件和计算控件3种。

1. 组合控件

组合控件指的是和表中的字段相关联的控件，当移动窗体上的记录指针时，该控件的内容将会动态改变。

2. 非组合控件

未与数据来源形成对应关系的控件就是非组合控件，其定义恰好和组合控件相反。此类控件大多用于显示不会变动的标题、提示文字，或是用于美化窗体的线条、圆形、矩形等对象。移动窗体上的记录指针时，非组合控件的内容不会随之改动。

3. 计算控件

计算控件用于加总或平均数值类型的数据，其来源是表达式而非字段值，Access只是将运算后的结果显示在窗体中。例如，产品销售统计时，可先建立查询，再利用查询功能产生窗体，或是直接在窗体设计窗口中设置。

6.2.8 控件的设计

在设计窗体的过程中，还可以按需对控件进行设计，包括调整控件的位置和大小、美化控件等，具体操作步骤如下：

步骤01 单击需要调整的控件，将光标移至控件周围的控制点上，光标变为双向箭头时，按住鼠标左键不放，按需缩放控件，如图6-36所示。

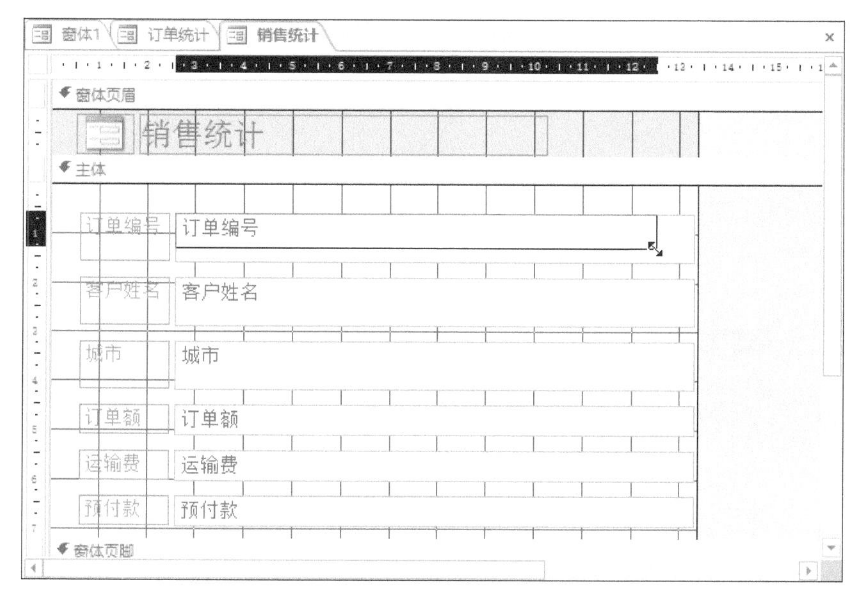

图 6-36 按需缩放控件

步骤 02 将光标移至控件周围的控制点上，光标变为十字箭头时，按住鼠标左键不放，拖动鼠标可将其移至合适的位置，如图6-37所示。

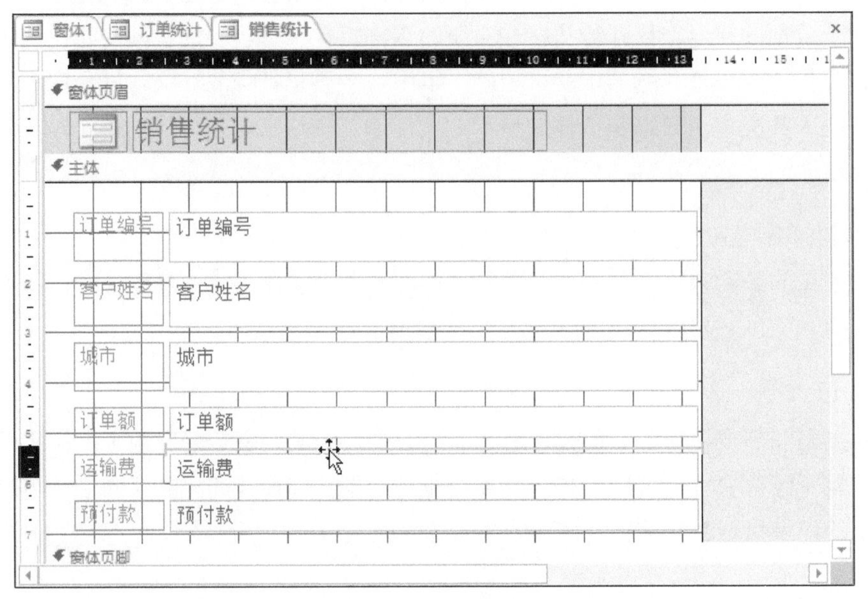

图 6-37　移动控件

步骤 03 打开“窗体设计工具-排列”选项卡，在“表”组中单击“网格线”下拉按钮，在展开的列表中选择“水平”选项，如图6-38所示。

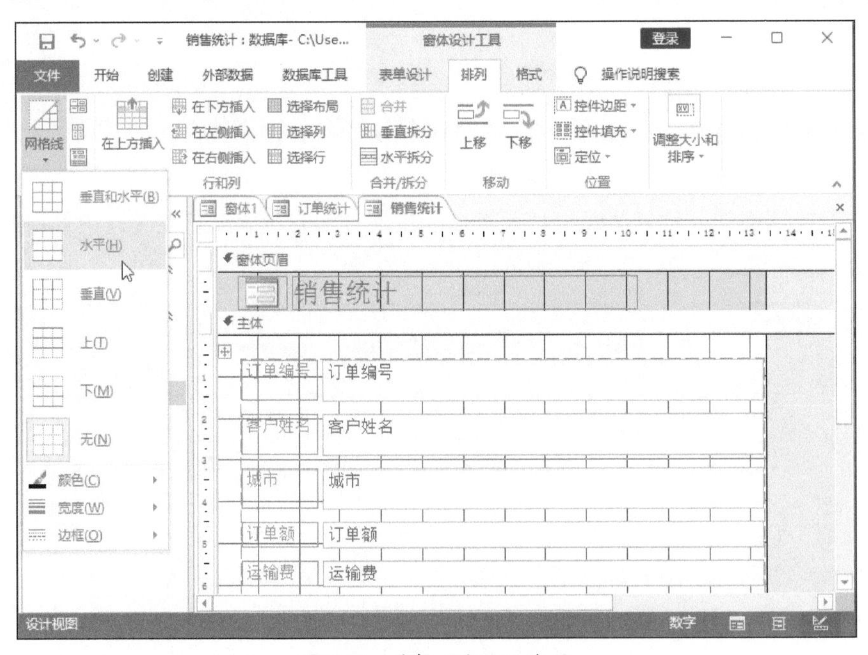

图 6-38　选择“水平”选项

步骤 04 再次单击“网格线”下拉按钮，在下拉列表中选择“颜色”→“紫色”选项，如图6-39所示，网格线颜色随即更改为所选的紫色。

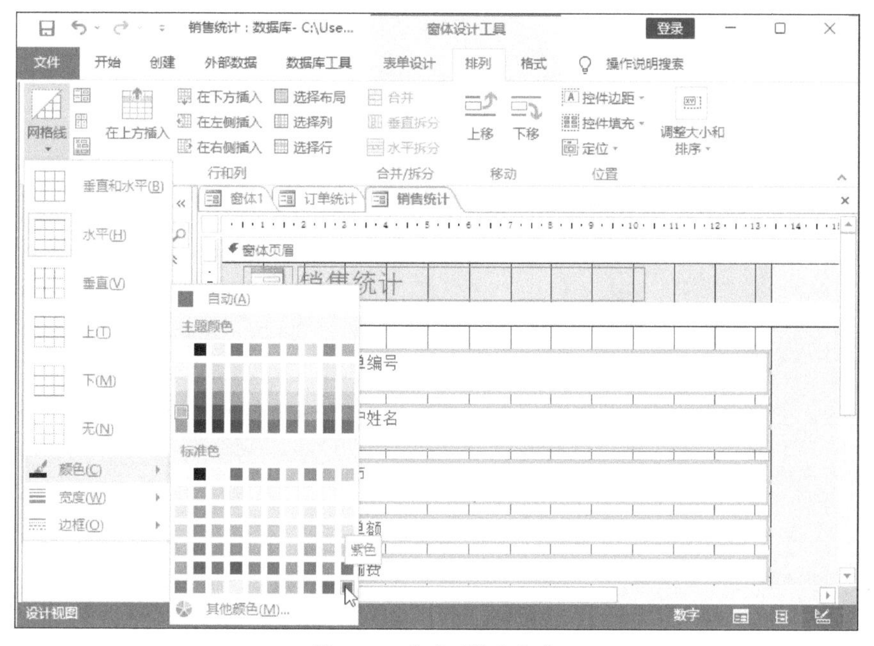

图 6-39 更改网格线颜色

步骤 05 通过“网格线”下拉列表中的“宽度”和“边框”级联菜单中的命令，可以设置网格线的宽度和边框样式，如图6-40所示。

图 6-40 设置网格线的宽度和边框样式

步骤 06 在“表”组中单击“堆积”按钮，可使控件堆积排列，如图6-41所示。

步骤 07 选择某一控件后，单击“行和列”组中的“在下方插入”按钮，可在所选控件下方插入一个新控件，如图6-42所示。

图 6-41 单击“堆积”按钮

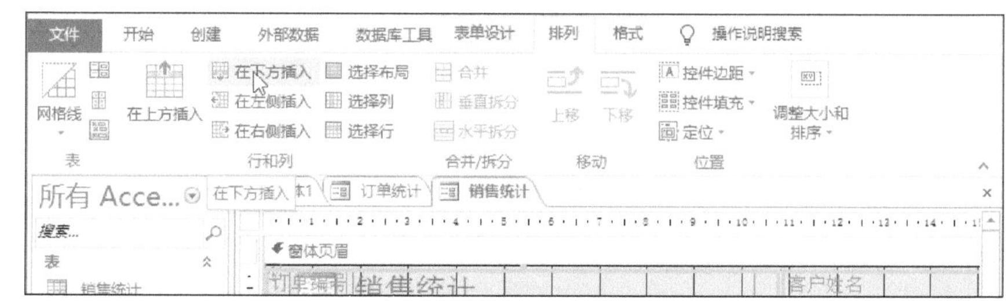

图 6-42 插入控件

步骤08 选中控件后，在“行和列”组中单击“选择布局”按钮，可选中窗口内的所有控件，如图6-43所示；单击“选择列”和“选择行”按钮可以选中控件所在的列或行内的所有控件。

图 6-43　单击“选择布局”按钮

步骤09 单击“合并/拆分”组中的“合并”“垂直拆分”“水平拆分”中的任一按钮，可以合并或拆分控件，如图6-44所示。

图 6-44　合并或拆分控件

步骤10 单击“调整大小和排序”组中的按钮，可以调整控件大小、对齐控件和调整控件叠放次序，如图6-45所示。

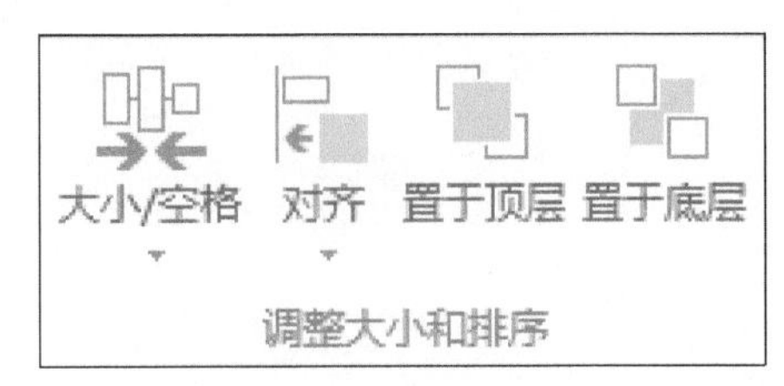

图 6-45　调整控件大小和排序

6.2.9 设置窗体背景

如果觉得默认的空白窗体的背景太单调，还可以为窗体添加一个漂亮的背景，具体操作步骤如下：

步骤01 打开“销售统计”数据库中的“窗体1”窗体，单击“开始”选项卡中的“视图”按钮，从列表中选择“布局视图”选项，如图6-46所示。

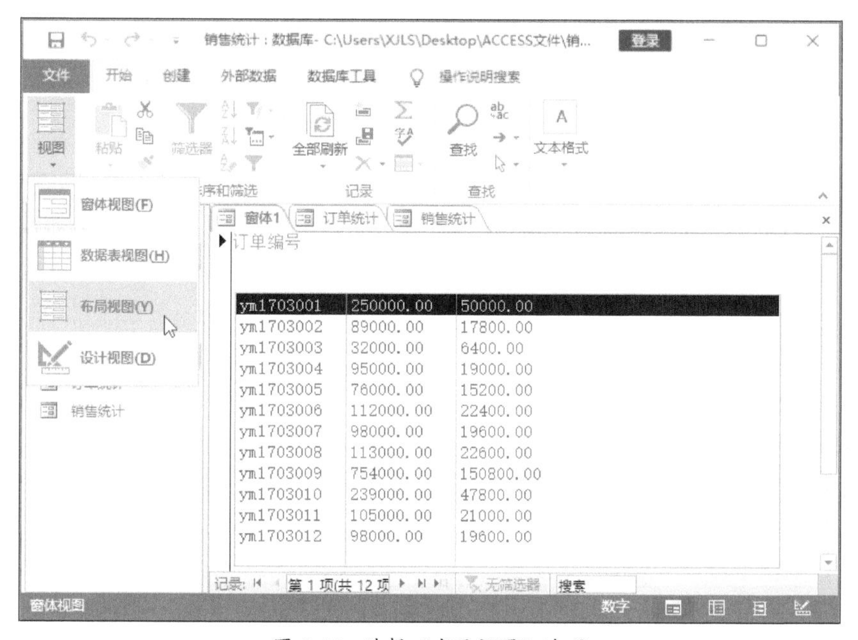

图 6-46 选择“布局视图”选项

步骤02 打开“窗体设计工具-格式”选项卡，单击“背景图像”下的“浏览”按钮，如图6-47所示。

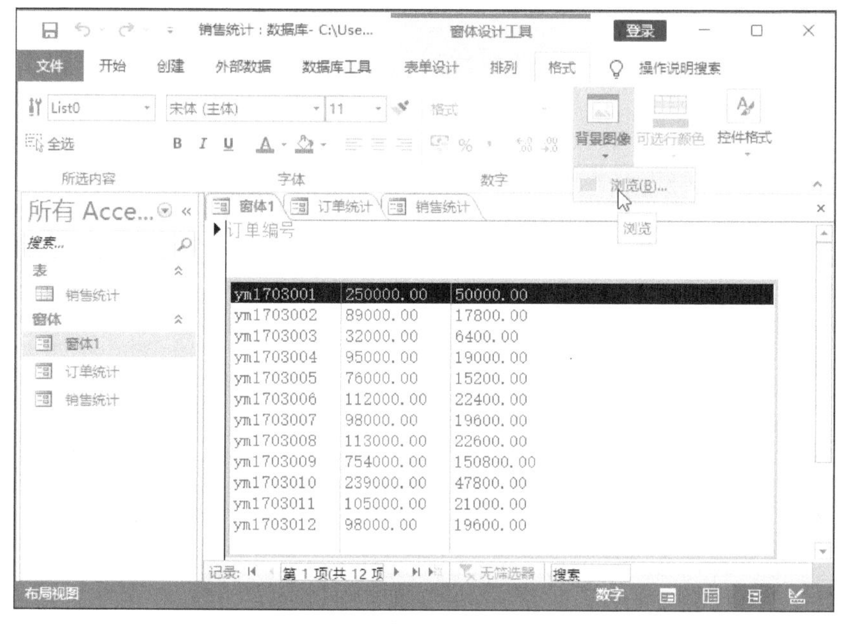

图 6-47 单击“浏览”按钮

步骤 03 弹出“插入图片”对话框，选择图片后单击“确定”按钮，如图6-48所示。

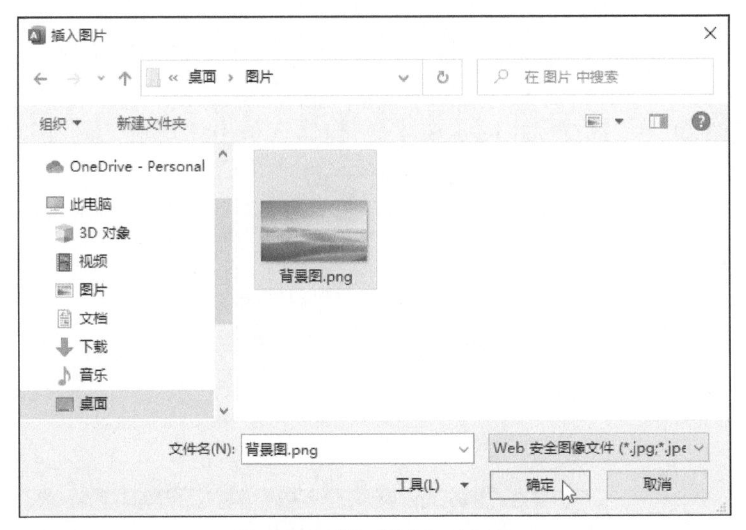

图 6-48 “插入图片”对话框

步骤 04 所选图片将成为窗体背景，效果如图6-49所示。

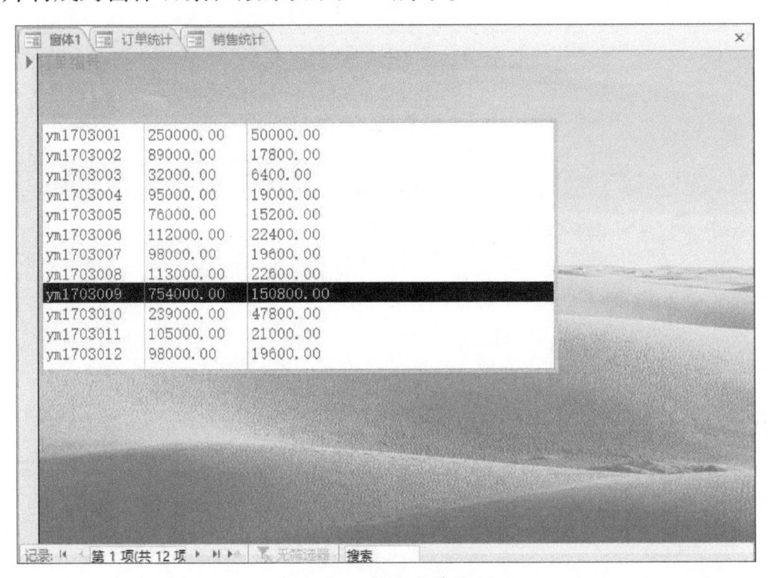

图 6-49 窗体背景效果

6.3 实用的窗体设计

虽然使用“自动创建窗体”或“创建窗体向导”设计窗体极为容易，但不一定能保证完全符合用户需求。本节将介绍两种实用的窗体设计。

6.3.1 输入式窗体

输入记录是窗体的主要任务，用来输入记录的窗体必须进行精密的设计。因为绝大部分窗体设计都需要使用宏及VBA，本节仅介绍简易的输入式窗体的基本设计。

1. 光标的切换

光标所在的位置是输入数据的位置。在数据表中，输入数据的位置是字段；在窗体中，输入数据的位置是文本框或其他控件，且窗体会呈现比数据表更为复杂的外观。光标的切换将会影响数据输入的效率。

2. 数据锁定及编辑

在窗体中，可以根据使用权限或需要来锁定记录，可以设置是否允许编辑、删除、添加记录等，也可以只锁定部分控件。

3. OLE对象

OLE对象是一类特殊的字段类型，既可在窗体又可在数据表中增加数据或编辑数据，但在窗体中操作比在数据表中容易，这也是窗体作为交互界面的优势。OLE对象字段在窗体中会显示为“绑定对象框”控件，此类字段通常用于放置图形，也就是非文字数据。

输入式窗体设计的操作步骤如下：

步骤 01 打开一个窗体，在“开始”选项卡中单击“视图”按钮，在展开的下拉列表中选择“设计视图”选项，如图6-50所示。

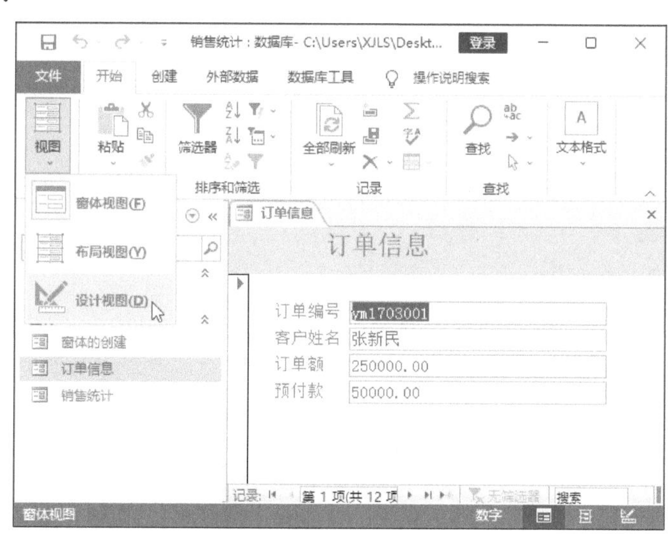

图 6-50　选择“设计视图”选项

步骤 02 选中其中的一个标签控件，光标放在该控件的边框上方，光标变成 形状时，如图6-51所示，使用鼠标右键单击控件边框。

图 6-51　选中标签控件并放置光标

步骤 03 在弹出的菜单中选择“Tab键顺序”选项，如图6-52所示。

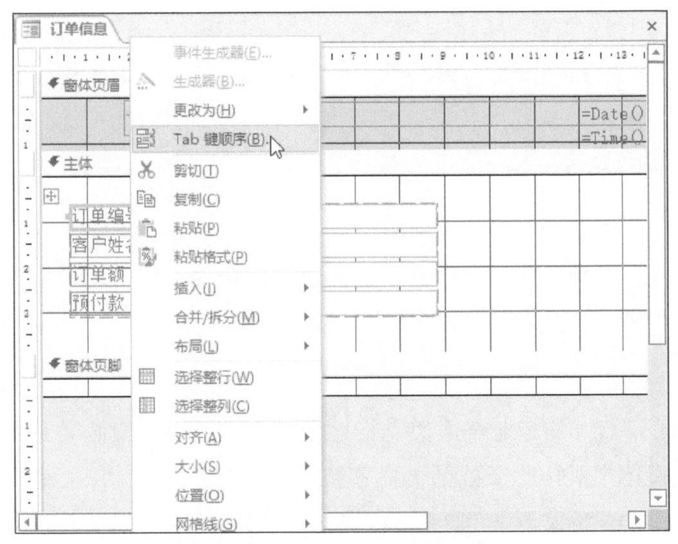

图 6-52　选择“Tab 键顺序”选项

步骤 04 弹出“Tab键次序”对话框，将光标指向“订单编号”字段左侧的灰色区域，单击鼠标左键选中该字段，然后按住鼠标左键，将该字段向“客户姓名”下方拖动，如图6-53所示。

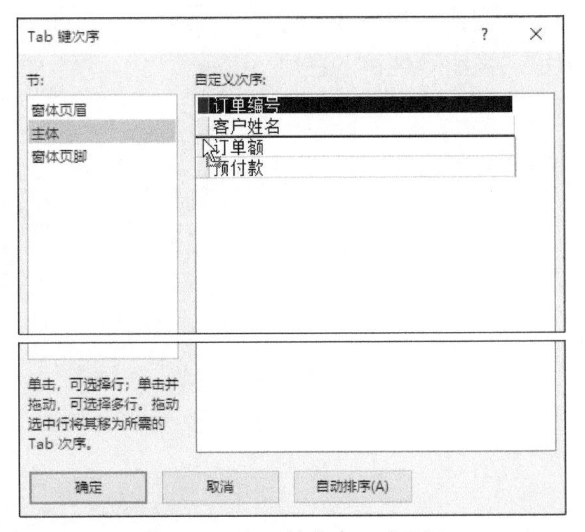

图 6-53　“Tab 键次序”对话框

步骤 05 调整好字段顺序后单击“确定”按钮，如图6-54所示。

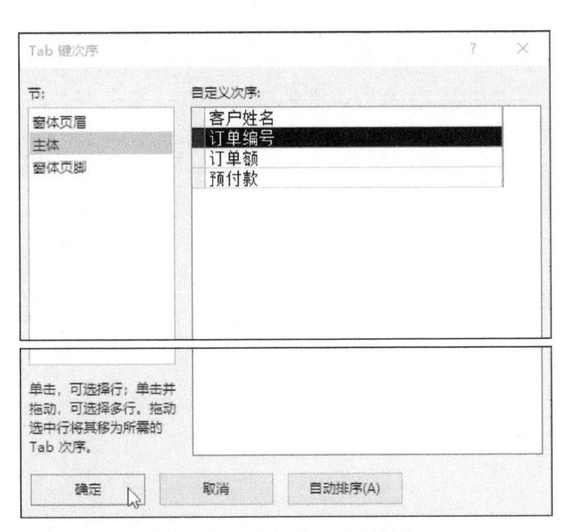

图 6-54　单击“确定”按钮

步骤06 在窗体中选择控件，打开“窗体设计工具-表单设计”选项卡，在“工具”组中单击“属性表”按钮，如图6-55所示。

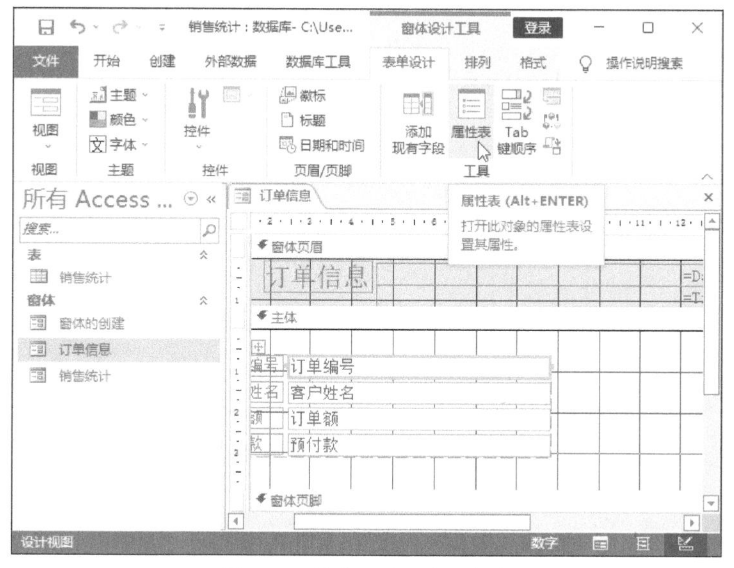

图 6-55 单击“属性表”按钮

步骤07 在打开的“属性表”窗格中切换至“数据”选项卡，将“控件来源”下的“可用”设置为“否”，再把“是否锁定”设置为“是”，此控件即被锁定，如图6-56所示。

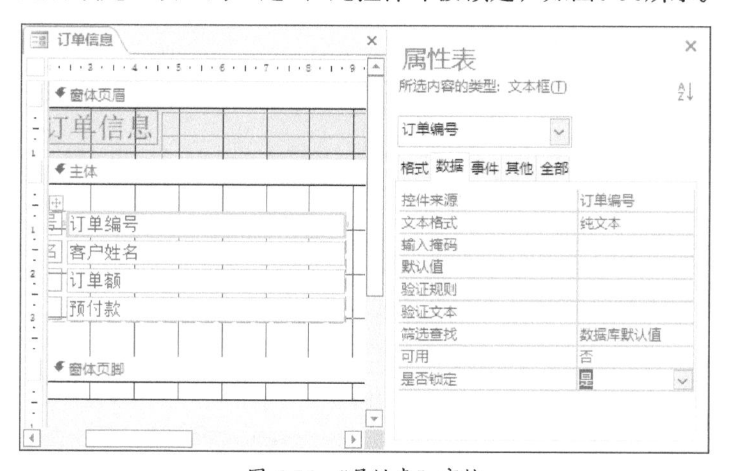

图 6-56 “属性表”窗格

6.3.2 切换面板窗体

为了使创建的窗体更具实用性，可以通过设计一个主界面，把前面创建的一些窗体组合在这个界面中。当打开相关数据库时，系统可自动启动该界面。下面介绍创建切换面板窗体的具体操作方法。

步骤01 打开“文具销售统计”数据表，切换到“创建”选项卡，在“窗体”组中单击“窗体设计”按钮。

步骤02 系统随即新建一个空白窗体。打开“窗体设计工具-表单设计”选项卡，在“工具”组中单击“属性表”按钮。

步骤03 打开“窗体设计工具-表单设计”选项卡，单击“控件”组中的“切换按钮”按钮，如图6-57所示。

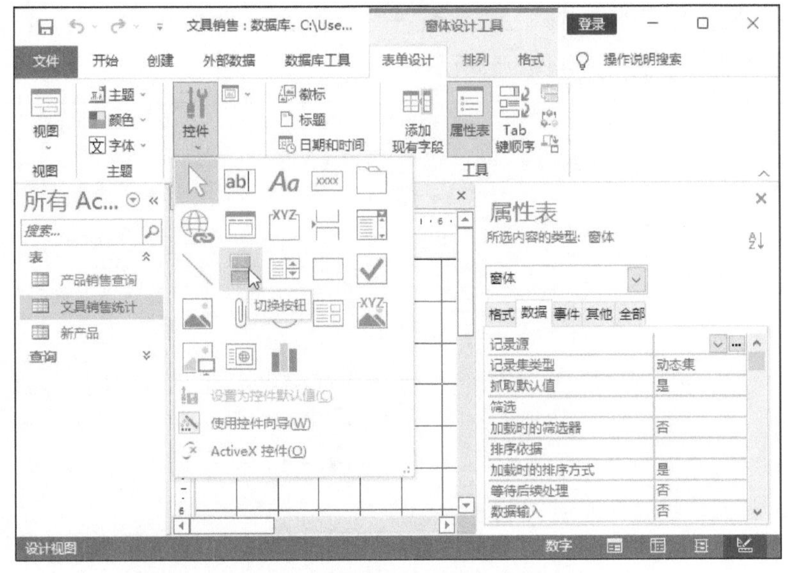

图 6-57　单击“切换按钮”按钮

步骤04 按住鼠标左键拖动绘制控件，如图6-58所示。

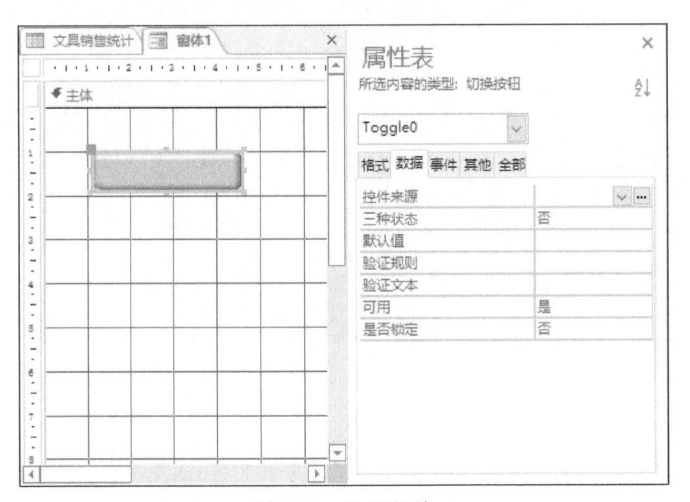

图 6-58　绘制控件

步骤05 在控件中输入“窗体1”，随后在“属性表”窗格的“数据”选项卡（如图6-59所示）中可通过“控件来源”参数来确定其窗体位置。

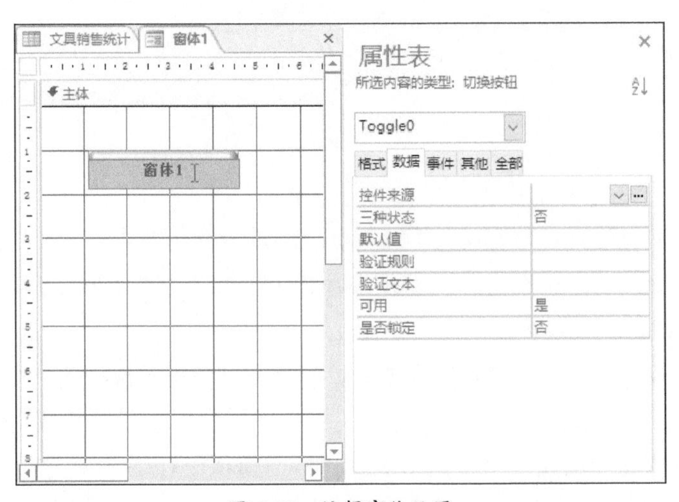

图 6-59　编辑窗体位置

步骤06 继续添加其他“切换按钮”控件，再对窗体进行相应的编辑和美化，一个切换面板窗体就创建好了，如图6-60所示。

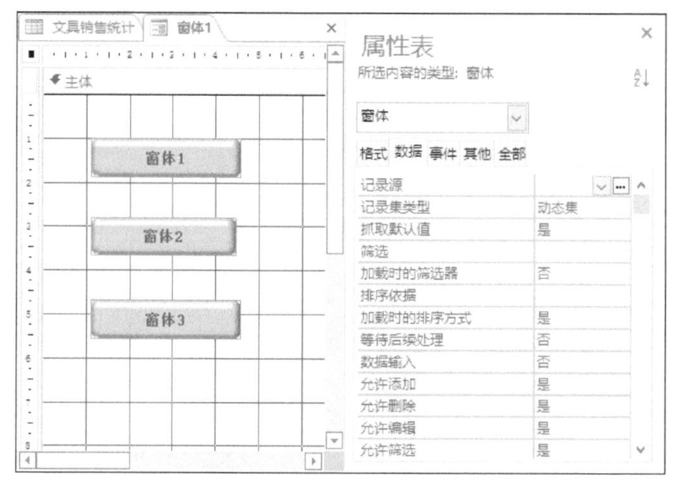

图 6-60 切换面板窗体

实战演练 创建系统主界面窗体

无论是服装店、水果店还是餐饮店，都需要对销售信息进行管理，销售信息主要包括日期、商品名称、商品编号、单价等。它们通过数据库都可以进行很好的管理。在本例中将以制作文具店的销售统计表的窗体为例进行练习。

1. 创建窗体

如果需要查询已有数据库中的信息，首先需要创建窗体。具体操作步骤如下：

步骤01 打开“文具销售统计”数据表，切换到“创建”选项卡，在“窗体”组中单击“窗体”按钮。

步骤02 系统将自动创建窗体，如图6-61所示。接下来对窗体中的文本格式进行设置。

步骤03 选择“日期”字段中的文本，切换到“开始”选项卡，在“文本格式”组中的“字体”下拉列表中选择“微软雅黑”选项，在“字号”下拉列表中选择“16”，在“字体颜色”下拉列表中选择“深蓝”；选择所有文本，单击“居中”按钮，使文本居中显示，如图6-62所示。

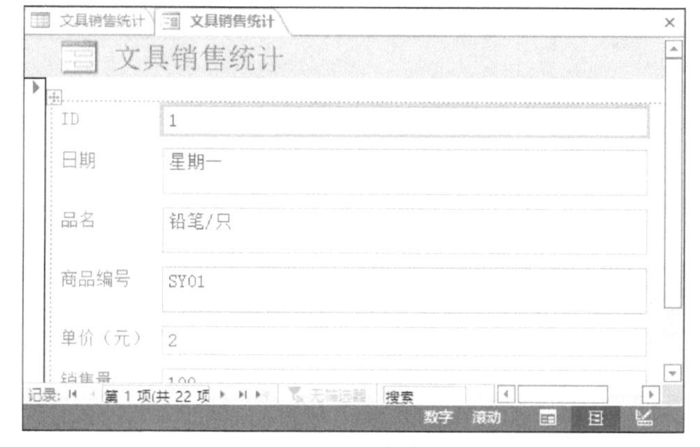

图 6-61 创建窗体

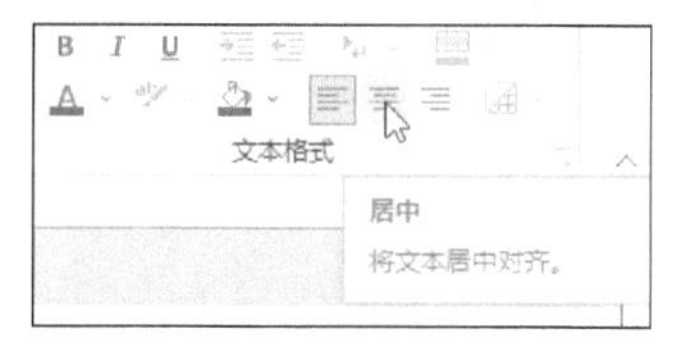

图 6-62 单击“居中”按钮

步骤 04 打开“窗体布局工具-格式”选项卡，在“控件格式”组中单击“条件格式”按钮，如图6-63所示。

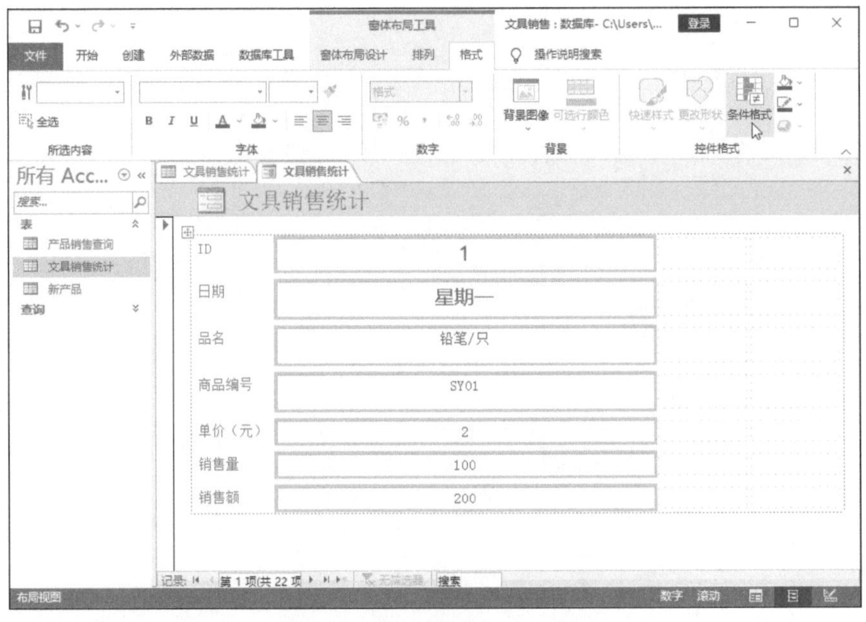

图 6-63　单击“条件格式”按钮

步骤 05 弹出“条件格式规则管理器”对话框，单击“新建规则”按钮，如图6-64所示。

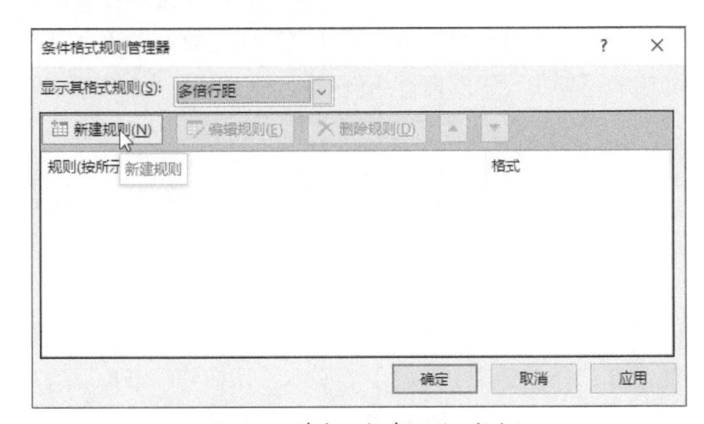

图 6-64　单击“新建规则”按钮

步骤 06 弹出“新建格式规则”对话框，按需设置规则后，单击“确定”按钮，如图6-65所示。

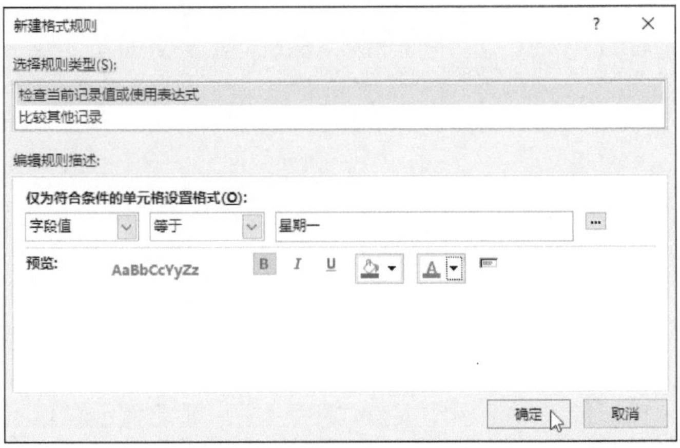

图 6-65　“新建格式规则”对话框

步骤07 返回“条件格式规则管理器”对话框，将“显示其格式规则”设置为“日期”，单击“应用”按钮，如图6-66所示。

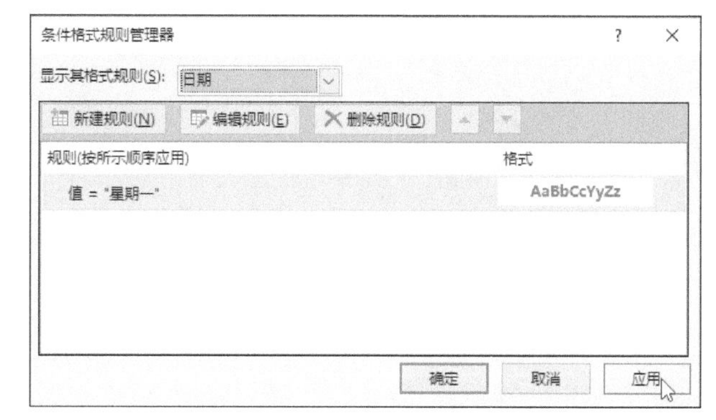

图 6-66 单击“应用”按钮

步骤08 符合条件的文本的格式将发生变化，如图6-67所示。

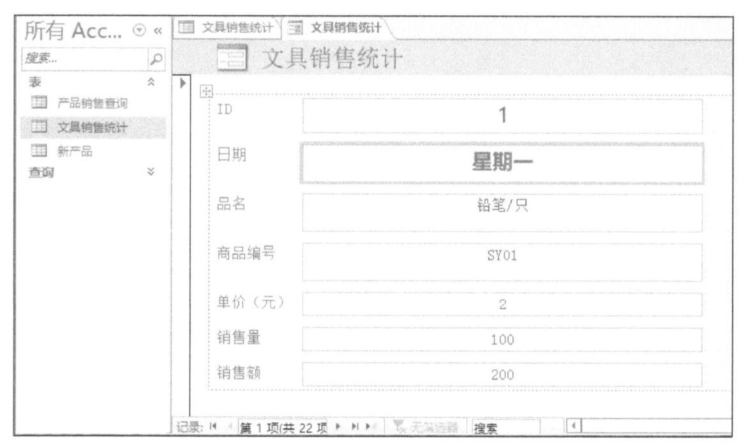

图 6-67 格式发生变化

2. 设置数据格式

在窗体中，还可以对字段的数据格式进行更改，具体操作步骤如下：

步骤01 打开“窗体布局工具-格式”选项卡，在“所选内容”组中单击“对象”下拉按钮，在下拉列表中选择“销售量”选项，如图6-68所示。

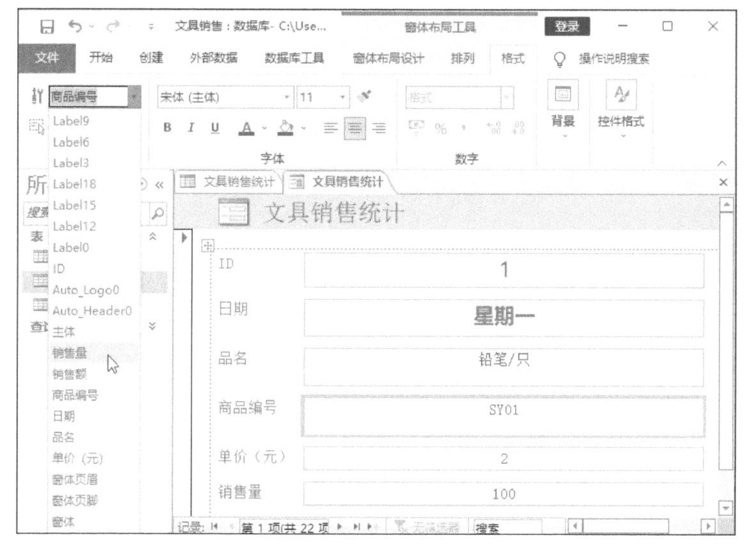

图 6-68 选择“销售量”选项

步骤 02 单击“格式”按钮，从下拉列表中选择合适的数据格式即可，如图6-69所示。

图 6-69　选择数据格式

步骤 03 也可以在任意控件上单击鼠标右键，从弹出的菜单中选择“属性”选项，如图6-70所示。

步骤 04 在窗体右侧弹出“属性表”窗格，按需在“格式”选项卡的“格式”选项中设置相应字段的数据格式即可，如图6-71所示。

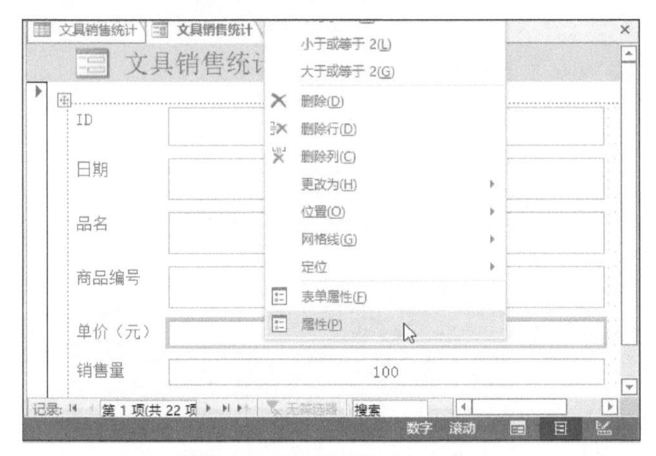

图 6-70　选择“属性”选项

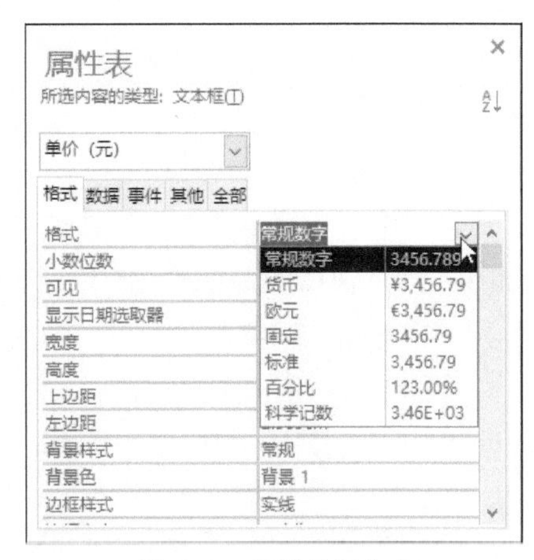

图 6-71　设置数据格式

3. 美化窗体网格线

默认情况下，系统使用默认的网格线样式，如果用户想要美化网格线，可以按照下面的操作步骤设置。

步骤01 打开“窗体布局工具-排列”选项卡，单击“行和列”组中的“选择布局”按钮，如图6-72所示。

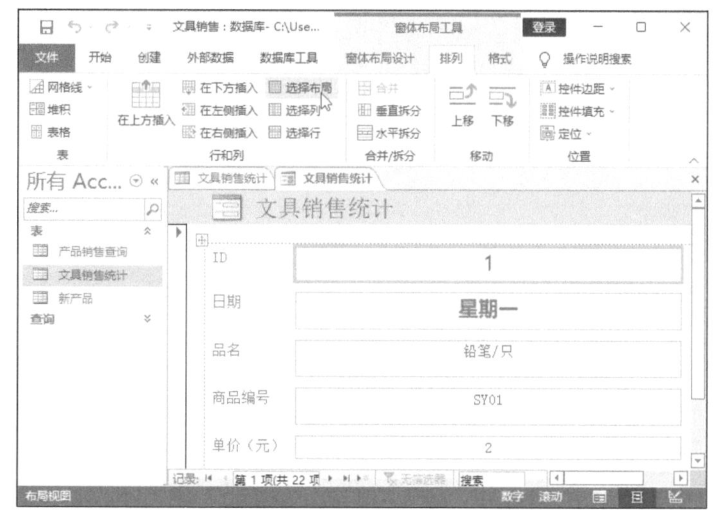

图 6-72 单击“选择布局”按钮

步骤02 在“表”组中单击“网格线”下拉按钮，在下拉列表中选择“水平”选项，如图6-73所示。

图 6-73 选择“水平”选项

步骤03 单击“网格线”下拉按钮，在下拉列表中选择“颜色”→“深红”，如图6-74所示。

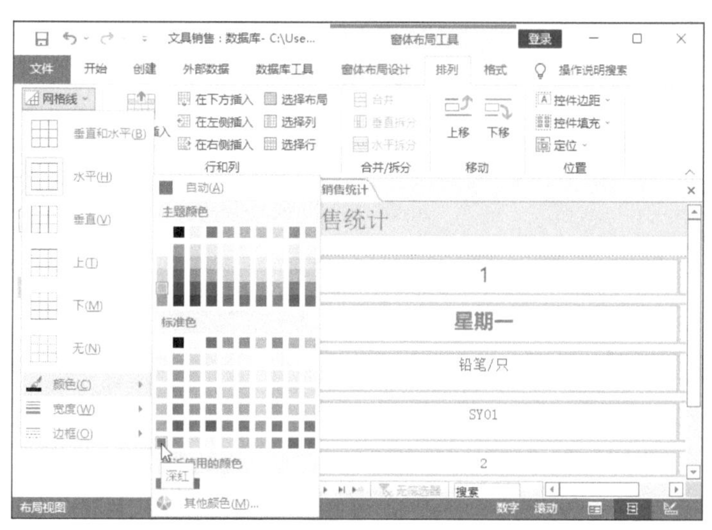

图 6-74 设置网格线颜色

步骤04 单击“网格线”下拉按钮，在下拉列表中选择“宽度”→“3pt”选项，如图6-75所示。

图 6-75　设置网格线宽度

步骤05 单击“网格线”下拉按钮，在下拉列表中选择“边框”→“点划线”选项，如图6-76所示。

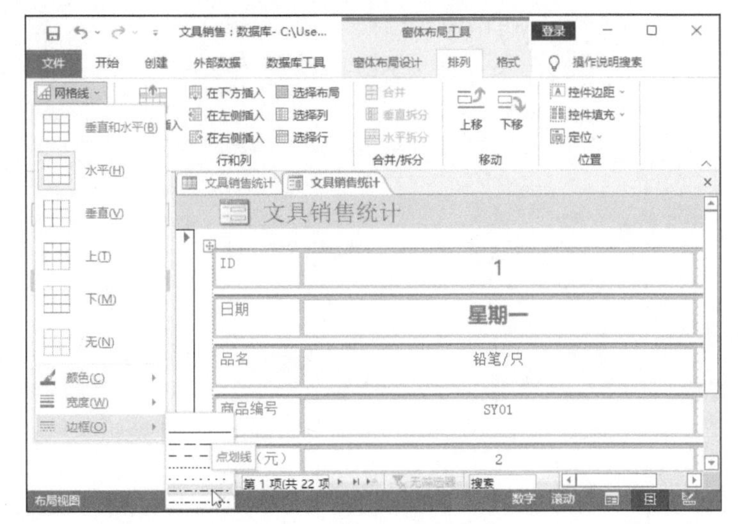

图 6-76　选择“点划线”选项

步骤06 设置完成后的窗体网格线显示效果如图6-77所示。

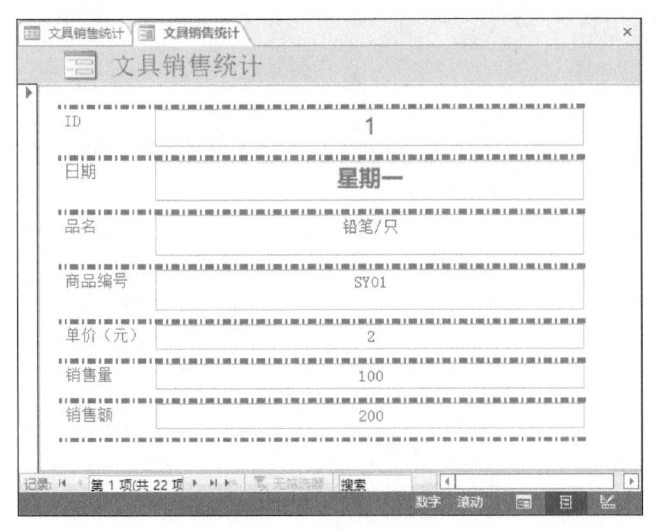

图 6-77　网格线效果

课后作业

在本作业中将练习为数据库中的人事资料表创建“个人资料”窗体，具体操作要求如下：

（1）使用“窗体向导”功能创建窗体。

（2）向窗体中添加姓名、性别、民族、籍贯、出生日期、岗位职务6个字段。

（3）窗体布局使用纵栏式窗体。

（4）设置窗体标题为“个人资料”。

（5）切换到布局视图，调整字段的位置及文本格式。

（6）在“窗体布局工具-格式”选项卡中使用“形状填充”命令为窗体设置填充颜色。完成效果如图6-78所示。

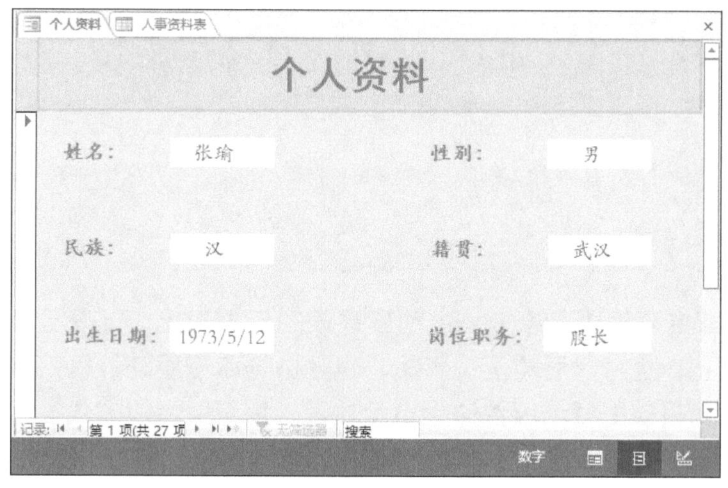

图 6-78　完成效果

学习体会

第7章 报表的设计

内容概要

本章主要讲述在Access中创建报表的相关知识。报表是Access的对象之一，是打印后的呈现形式，也是数据库应用的最终目的。用户可以控制报表上每个控件的大小和外观，按照所需的方式显示信息，以便查看结果。

数字资源

【本章素材】：“素材文件\第7章”目录下

7.1 报表的概念

数据库是大量数据的集合，它会衍生出许多与数据相关的操作，如新建、修改、删除、查询、打印等，Access的每种对象都能够完成一种或几种针对数据的操作。例如，报表就扮演着专门的数据打印的角色。

报表是打印数据的工具，打印前可事先排序与分组数据，但在报表窗口模式中无法更改数据；而上节介绍的窗体除了可以美化输入界面外，其主要作用则是维护数据记录。

7.1.1 报表的类型

Access提供了丰富多样的报表样式，主要有纵栏式报表、表格式报表、图表式报表和标签报表4种类型。

1. 纵栏式报表

纵栏式报表也称为窗体报表。它是将数据表中的字段名纵向排列的一种数据显示方式，其格式是在报表的一页上以垂直方式显示，在报表的“主体”显示数据表的字段名与字段内容。

2. 表格式报表

表格式报表是字段名横向排列的数据显示方式。它类似于数据表的格式，以行、列的形式输出数据，因而它可以在一页上输出报表的多条记录内容。此类报表格式适宜输出记录较多的数据表，以便于保存与阅览。

3. 图表式报表

图表式报表是用图形来显示数据表中的数据或统计结果，它类似于Excel中的图表，可直观地展示数据之间的关系。

4. 标签报表

标签报表是一种特殊的报表格式，它将每条记录中的数据按照标签的形式输出，例如，可制作学生表的标签，用来邮寄给学生的通知、信件等。

7.1.2 报表的组成

报表设计窗口中包含7个节，数据可置于任意一节。每一节任务不同，适合放置不同的数据。

1. 主体

主体是输出数据的主要区域，一般用来设计每行输出数据表字段的内容，所以此节在设计窗口中的高度等于打印后的一条记录高度。高度越高，表示打印后各条记录之间的距离越大，反之则越小。

2. 页面页眉、页面页脚

页面页眉会在每页上方显示，页面页脚则在每页下方显示。页面页眉通常放置字段名称，如公司抬头、报表名称等信息；页面页脚则放置页码等信息。

3. 报表页眉、报表页脚

报表页眉在报表的顶部，只显示在报表第1页的最上方，用于放置报表标题等信息。报表页脚则显示在最后一条记录的下方，用于放置一些统计数据。

4. 组页眉、组页脚

组页眉的作用是输出分组的有关信息，一般用于设计分组的标题或提示信息。组页脚的作用也是输出分组的有关信息，一般用于放置分组的小计、平均值等。

7.1.3 报表和窗体的区别

报表和窗体是Access数据库的两个不同对象，都是Access数据库的主要操作界面，两者显示数据的形式很类似，但输出的目的不同。

窗体是交互式界面，可用于屏幕显示。用户通过窗体可以对数据进行筛选、分析，也可以对数据进行输入和编辑。而报表是数据的打印结果，不具有交互性。

用户可通过控件操作窗体，窗体控件中包含一部分功能控件，如命令按钮、单选按钮、复选框等，这些是报表所不具备的。报表中包含较多的控件是文本框和标签，用以实现报表的分类、汇总等功能。

7.2 创建报表

创建报表和创建窗体类似，有很多种方法。首先可以利用自动报表功能或报表向导快速创建报表，然后在设计视图中对所创建的报表进行修改。

7.2.1 自动创建报表

如果用户无特殊需求，可以直接使用系统自动创建报表功能创建报表，具体操作步骤如下：

步骤 01 打开“工资表”数据表，切换到“创建”选项卡，在“报表”组中单击“报表”按钮，如图7-1所示。

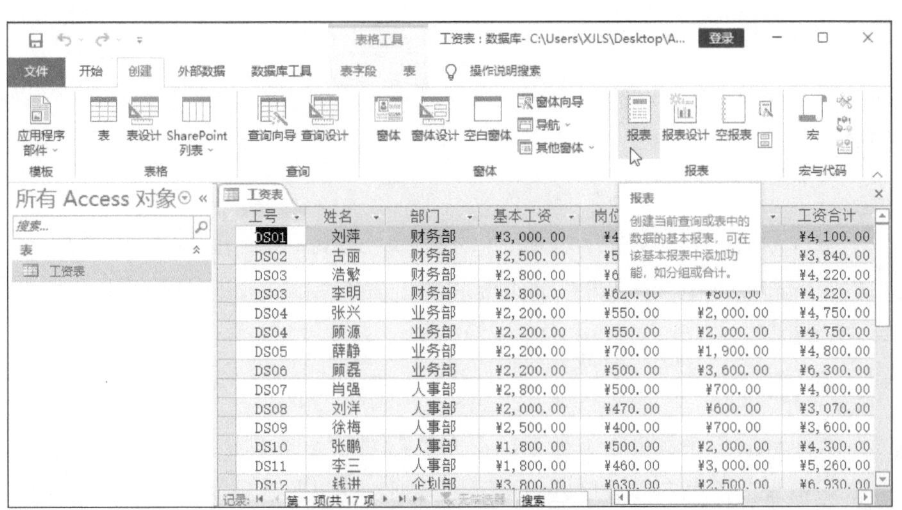

图 7-1 单击“报表”按钮

步骤 02 Access会根据表中的内容自动创建报表，如图7-2所示。

工资表　2022年4月29日 10:23:04

工号	姓名	部门	基本工资	岗位津贴	奖金金额	工资合计
DS01	刘萍	财务部	¥3,000.00	¥450.00	¥650.00	¥4,100.00
DS02	古丽	财务部	¥2,500.00	¥540.00	¥800.00	¥3,840.00
DS03	浩繁	财务部	¥2,800.00	¥620.00	¥800.00	¥4,220.00
DS03	李明	财务部	¥2,800.00	¥620.00	¥800.00	¥4,220.00
DS04	张兴	业务部	¥2,200.00	¥550.00	¥2,000.00	¥4,750.00
DS04	顾源	业务部	¥2,200.00	¥550.00	¥2,000.00	¥4,750.00
DS05	薛静	业务部	¥2,200.00	¥700.00	¥1,900.00	¥4,800.00
DS06	顾磊	业务部	¥2,200.00	¥500.00	¥3,600.00	¥6,300.00
DS07	肖强	人事部	¥2,800.00	¥500.00	¥700.00	¥4,000.00
DS08	刘洋	人事部	¥2,000.00	¥470.00	¥600.00	¥3,070.00
DS09	徐梅	人事部	¥2,500.00	¥400.00	¥700.00	¥3,600.00
DS10	张鹏	人事部	¥1,800.00	¥500.00	¥2,000.00	¥4,300.00
DS11	李三	人事部	¥1,800.00	¥460.00	¥3,000.00	¥5,260.00
DS12	钱进	企划部	¥3,800.00	¥630.00	¥2,500.00	¥6,930.00
DS13	夏雨	企划部	¥2,800.00	¥530.00	¥3,500.00	¥6,830.00
DS14	郭超	企划部	¥1,800.00	¥520.00	¥2,800.00	¥5,120.00
DS15	金纯	企划部	¥3,000.00	¥600.00	¥900.00	¥4,500.00
						¥ 80,590.00

共 1 页，第 1 页

图 7-2　创建的报表

7.2.2　使用向导创建报表

使用报表工具自动创建的报表，其格式是固定的，无法进行设定，而且表或查询中所有字段的内容都会出现在报表中，这样可能不便于阅读。

用户可以通过报表向导选择报表上显示的字段，还可以指定数据的分组和排序方式。如果事先指定了表与查询之间的关系，则还可以使用来自多个表或查询的字段。

多数报表为表格式报表，在设计窗口中从无到有建立表格式报表会相当麻烦，所以使用报表向导可节省在报表上花费的排版时间。“创建”选项卡的“报表”组中的几个选项的功能如下所述。

1. 报表

创建当前查询或表中数据的基本报表，可以在该基本报表中添加功能，如分组或合计。

2. 标签

启动标签向导，创建标准标签或自定义标签。

3. 空报表

新建空报表，可以在其中插入字段和控件，并可设计该报表。

4. 报表向导

启动报表向导，可快速创建简单的自定义报表。

5. 报表设计

在设计视图中新建一个空报表。在设计视图中可以对报表进行高级设计，如添加自定义控件类型及编写代码。

使用报表向导创建报表的具体操作如下：

步骤01 打开“工资表”数据库，切换到“创建”选项卡，在“报表”组中单击“报表向导”按钮，如图7-3所示。

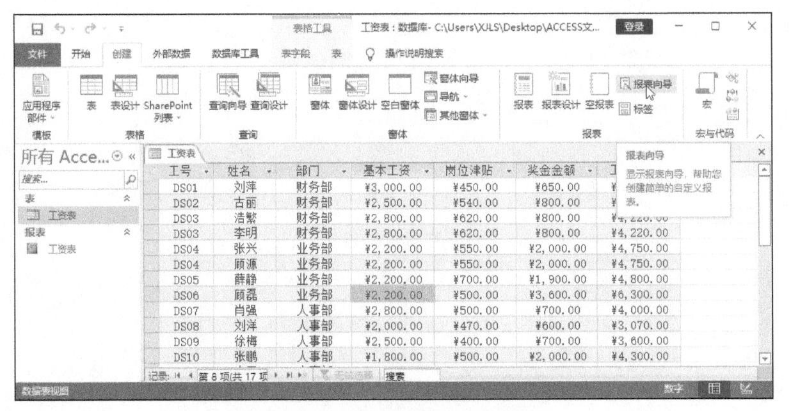

图 7-3　单击“报表向导”按钮

步骤02 弹出“报表向导”对话框，单击 >> 按钮，如图7-4所示。

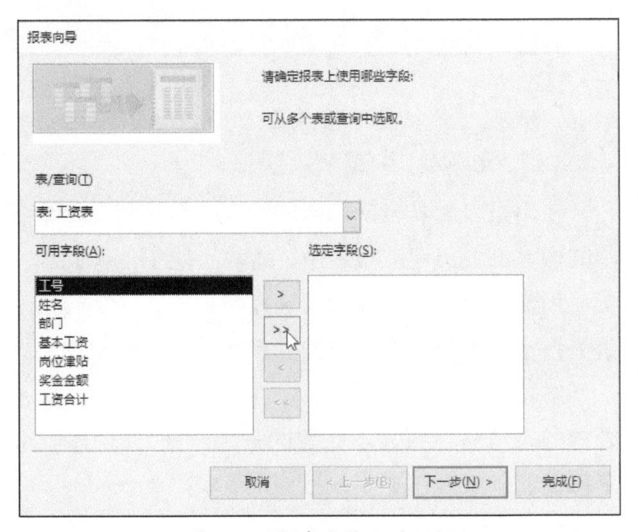

图 7-4　“报表向导”对话框

步骤03 将所有可用字段添加到“选定字段”列表中，单击“下一步”按钮，如图7-5所示。

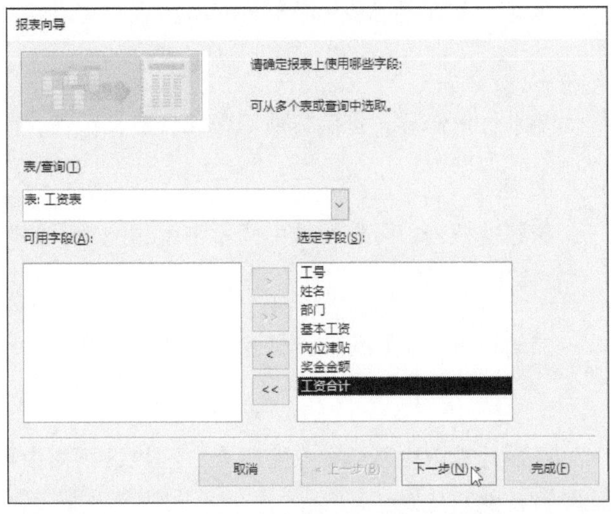

图 7-5　添加选定字段

步骤04 选择“部门”字段，单击 > 按钮，如图7-6所示，将所选字段添加到右侧列表中。

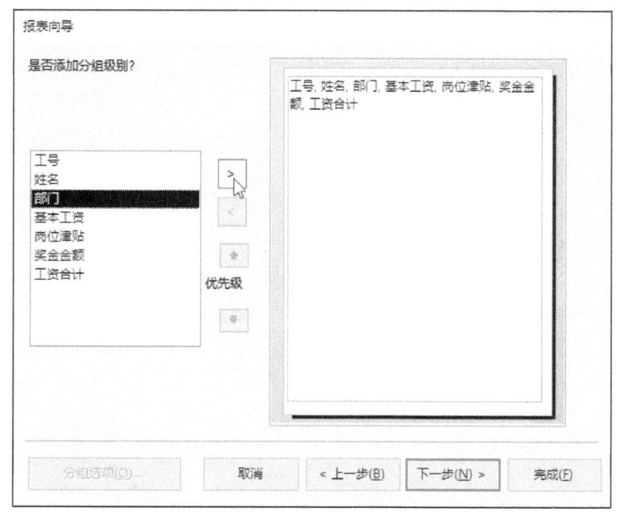

图 7-6 添加“部门”字段到右侧列表

步骤05 继续向右侧列表中添加“工号”和“姓名”字段，单击“下一步”按钮，如图7-7所示。

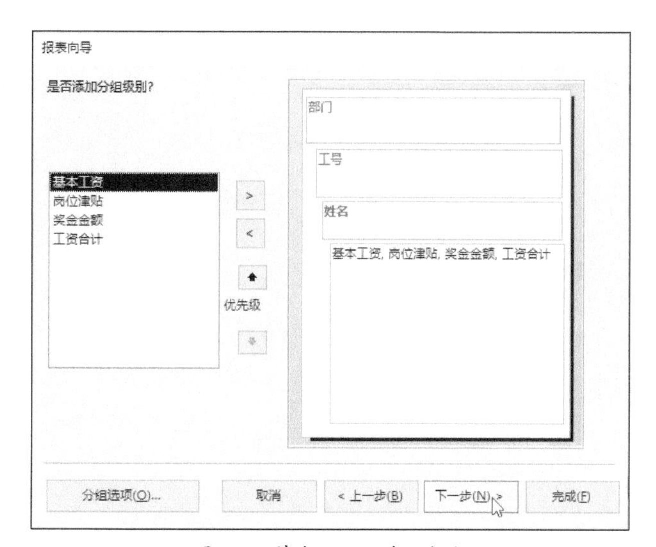

图 7-7 单击“下一步”按钮

步骤06 单击第1个文本框右侧的下拉按钮，从下拉列表中选择“工资合计”选项，如图7-8所示。

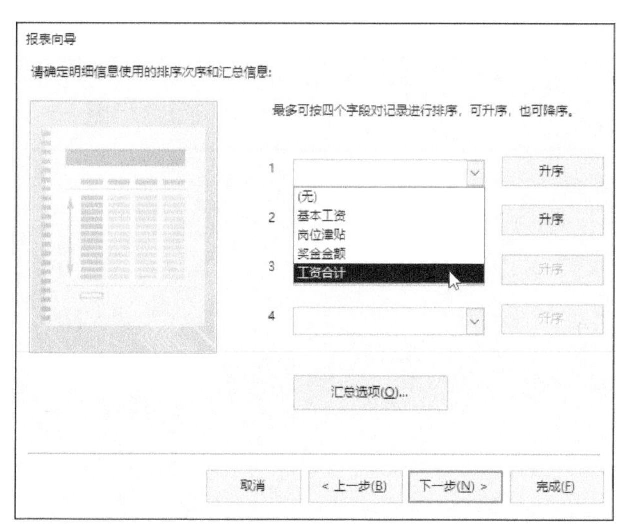

图 7-8 选择“工资合计”选项

步骤 07 默认“工资合计”为“升序”，单击“下一步”按钮，如图7-9所示。

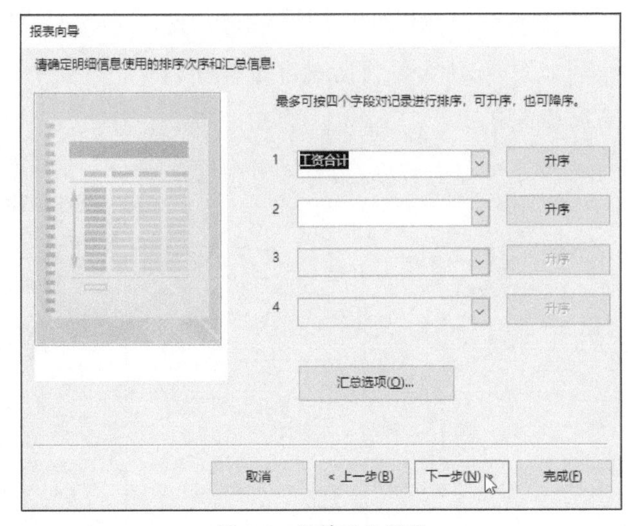

图 7-9　保持默认设置

步骤 08 在“布局”选项组中选择“块”，在“方向”选项组中选择“纵向”，单击“下一步”按钮，如图7-10所示。

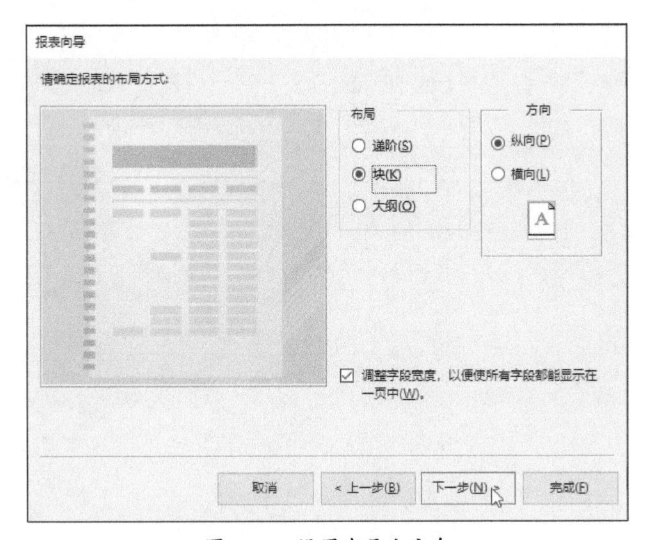

图 7-10　设置布局和方向

步骤 09 设置报表标题为“各部门员工工资”，单击“完成”按钮，如图7-11所示。

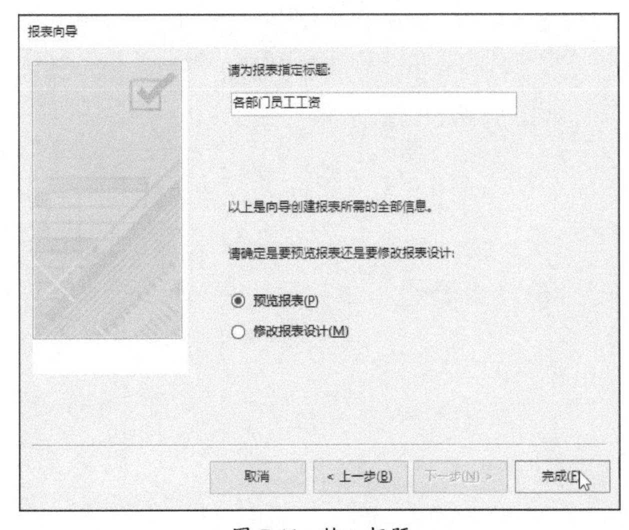

图 7-11　输入标题

步骤10 使用向导创建的报表效果如图7-12所示。

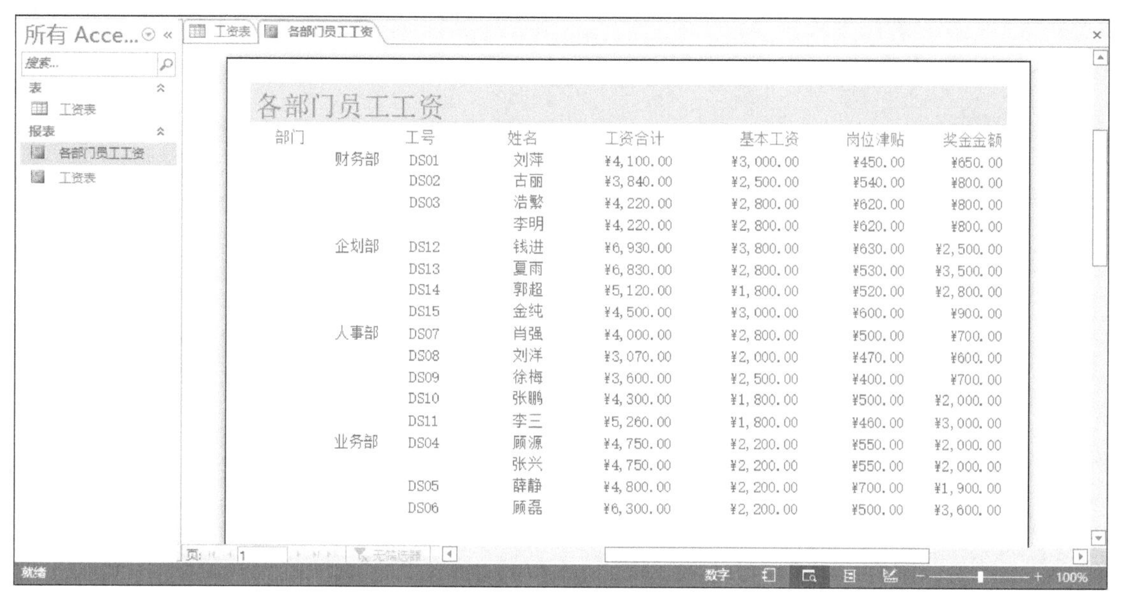

图 7-12 报表效果

7.2.3 创建标准标签

用户可以使用标签向导轻松地创建各种标准的标签，下面介绍具体操作步骤。

步骤01 在Access中打开“工资表”数据库，切换到“创建”选项卡，单击“报表”组中的“标签”按钮，如图7-13所示。

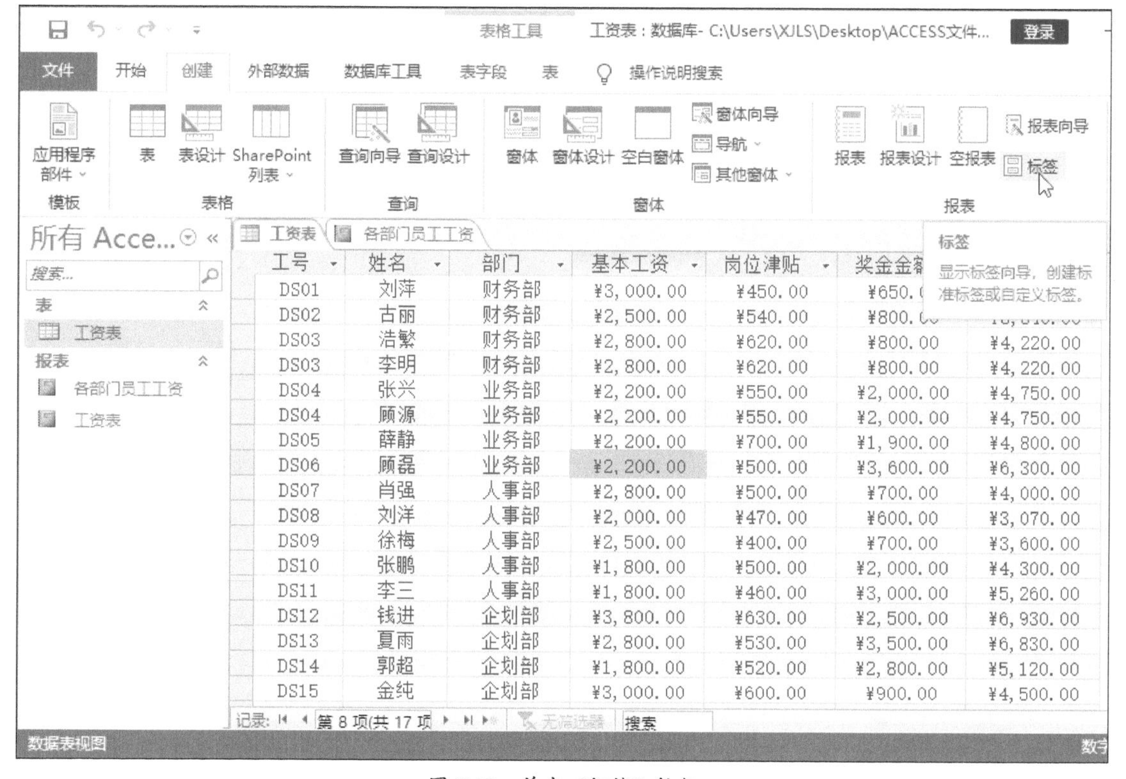

图 7-13 单击“标签”按钮

步骤 02 弹出“标签向导”对话框，选取所需标签样式，单击“下一步”按钮，如图7-14所示。

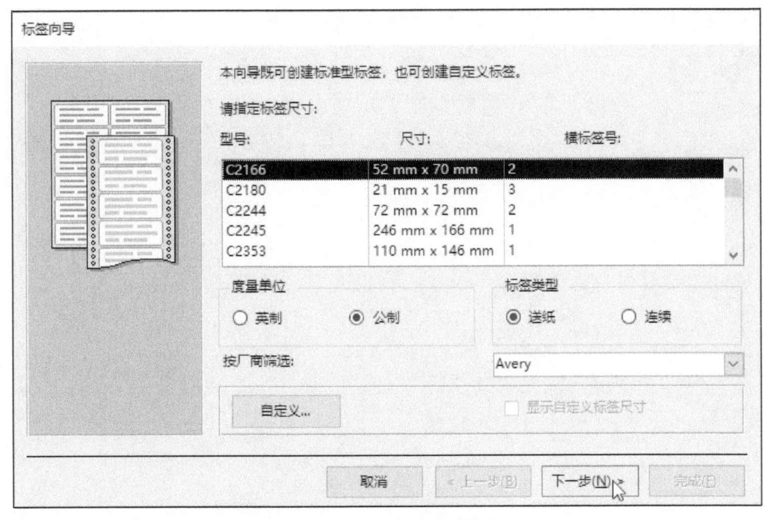

图 7-14　选取标签样式

步骤 03 设置“字体”“字号”“字体粗细”“文本颜色”等参数，单击“下一步”按钮，如图7-15所示。

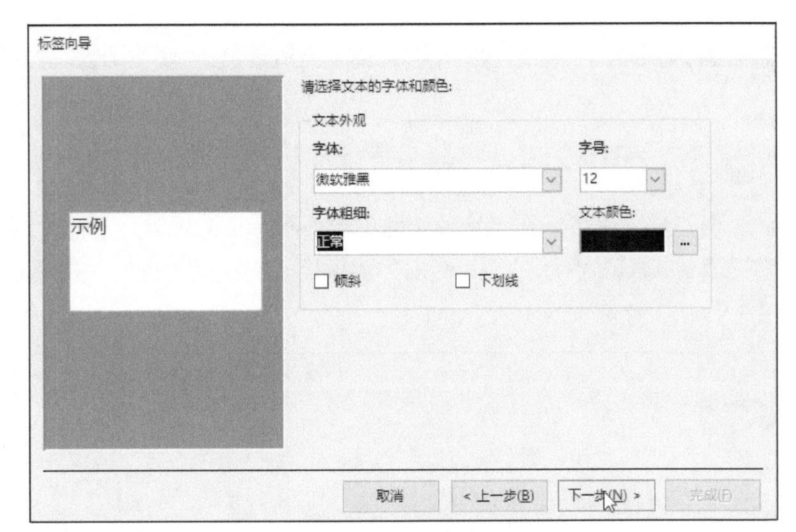

图 7-15　设置参数

步骤 04 在“原型标签”列表中单击，选择放置可用字段的位置。在“可用字段”列表中选择“部门”字段，单击 > 按钮，如图7-16所示。

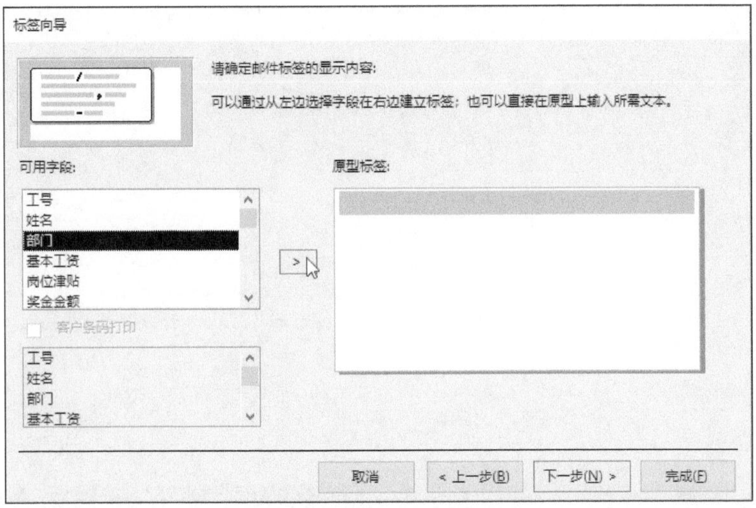

图 7-16　添加“部门”字段

步骤 05 继续向“原型标签”列表中添加“工号”“姓名”和“工资合计”字段，单击“下一步”按钮，如图7-17所示。

图 7-17 添加字段

步骤 06 将“可用字段”列表中的“基本工资”和“工资合计”字段添加到“排序依据”列表中，单击“下一步”按钮，如图7-18所示。

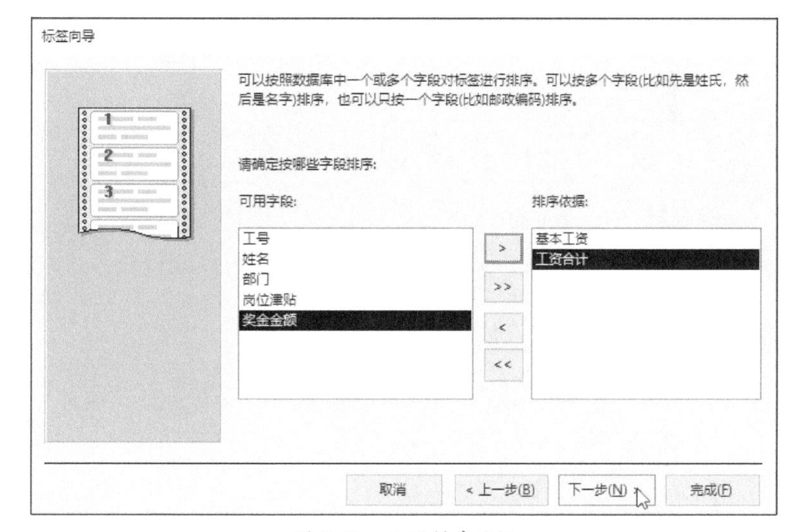

图 7-18 设置排序依据

步骤 07 保持默认设置，单击“完成”按钮，如图7-19所示。

图 7-19 单击“完成”按钮

步骤08 自动生成“标签 工资表”报表，效果如图7-20所示。

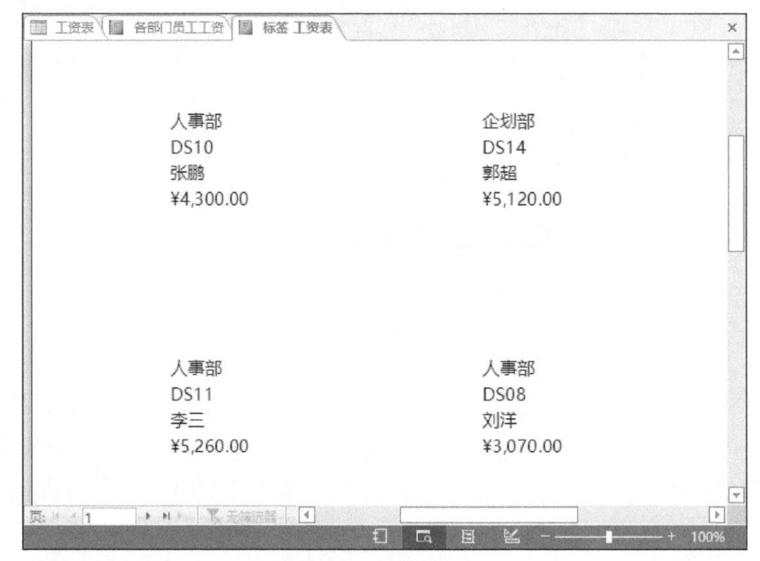

图 7-20 生成的报表

7.3 使用设计视图创建和修改报表

如果用户对Access比较熟悉，可以通过设计视图创建报表。通过设计视图创建报表的优点是可以根据用户喜好自主设计报表版式，使图表更加符合用户习惯。

7.3.1 丰富报表内容

控件是用于显示数据和执行操作的对象，通过它可以查看和处理界面的信息，如标签和图像。Access支持以下3种控件：绑定控件、未绑定控件和计算控件。

1. 绑定控件

绑定控件是数据源为表或查询中的字段的控件。使用绑定控件可以显示数据库中字段的值，这些值可以是文本、日期、数字、是/否值、图片或图形。文本框是最常见的一类绑定控件。

2. 未绑定控件

未绑定控件是无数据源（字段或表达式）的控件。使用未绑定控件可以显示信息、线条、矩形和图片。例如，显示报表标题的标签就是未绑定控件。

3. 计算控件

数据源是表达式而不是字段的控件称为计算控件。通过将表达式定义为控件的数据源可以指定所需的控件值。表达式是运算符（如“=”和“+”）、控件名称、字段名称、返回单个值的函数或常量值的组合。表达式所使用的数据可以来自报表的基础表或查询中的字段，也可以来自报表上的控件。

使用报表向导创建的报表会自动在页面页脚加入页码和日期，如图7-21所示。用户也可以添加其他内容。

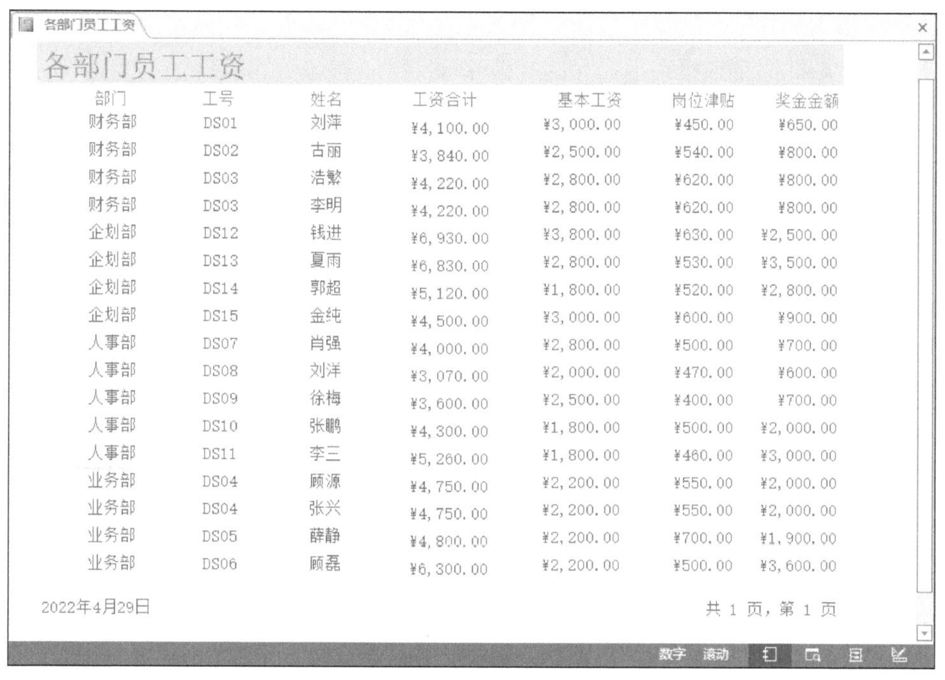

各部门员工工资

部门	工号	姓名	工资合计	基本工资	岗位津贴	奖金金额
财务部	DS01	刘萍	¥4,100.00	¥3,000.00	¥450.00	¥650.00
财务部	DS02	古丽	¥3,840.00	¥2,500.00	¥540.00	¥800.00
财务部	DS03	浩繁	¥4,220.00	¥2,800.00	¥620.00	¥800.00
财务部	DS03	李明	¥4,220.00	¥2,800.00	¥620.00	¥800.00
企划部	DS12	钱进	¥6,930.00	¥3,800.00	¥630.00	¥2,500.00
企划部	DS13	夏雨	¥6,830.00	¥2,800.00	¥530.00	¥3,500.00
企划部	DS14	郭超	¥5,120.00	¥1,800.00	¥520.00	¥2,800.00
企划部	DS15	金纯	¥4,500.00	¥3,000.00	¥600.00	¥900.00
人事部	DS07	肖强	¥4,000.00	¥2,800.00	¥500.00	¥700.00
人事部	DS08	刘洋	¥3,070.00	¥2,000.00	¥470.00	¥600.00
人事部	DS09	徐梅	¥3,600.00	¥2,500.00	¥400.00	¥700.00
人事部	DS10	张鹏	¥4,300.00	¥1,800.00	¥500.00	¥2,000.00
人事部	DS11	李三	¥5,260.00	¥1,800.00	¥460.00	¥3,000.00
业务部	DS04	顾源	¥4,750.00	¥2,200.00	¥550.00	¥2,000.00
业务部	DS04	张兴	¥4,750.00	¥2,200.00	¥550.00	¥2,000.00
业务部	DS05	薛静	¥4,800.00	¥2,200.00	¥700.00	¥1,900.00
业务部	DS06	顾磊	¥6,300.00	¥2,200.00	¥500.00	¥3,600.00

2022年4月29日　　共 1 页，第 1 页

图 7-21　加入页码和日期

下面以向报表中插入图片为例，具体的操作步骤如下：

步骤01 打开“各部门员工工资”数据表，在“开始”选项卡中单击“视图”下拉按钮，在展开的列表中选择“设计视图”选项。

步骤02 切换至“报表设计工具-报表设计”选项卡，单击“页眉/页脚”组中的“徽标”按钮，如图7-22所示。

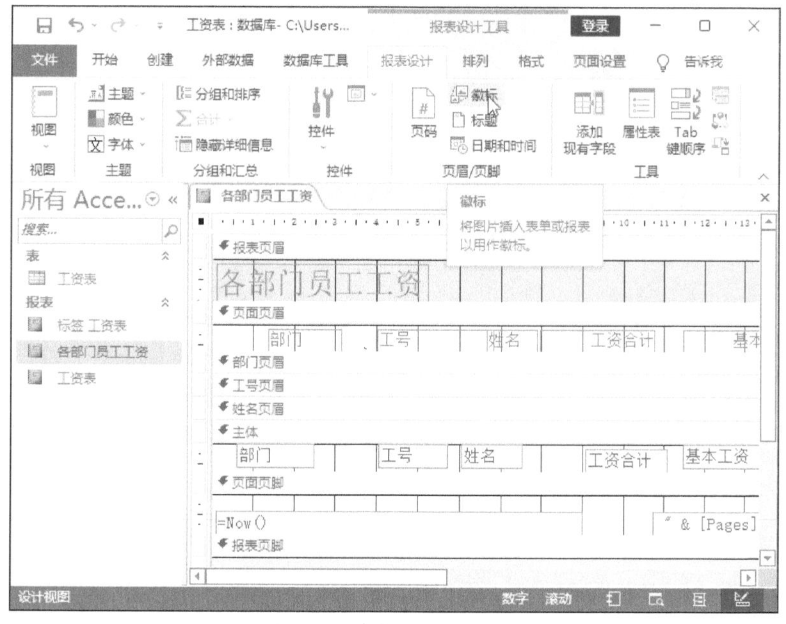

图 7-22　单击“徽标”按钮

步骤03 弹出“插入图片”对话框，选择需要使用的图片“Logo.jpg”，单击“确定”按钮。

步骤04 所选图片随即添加到报表中，如图7-23所示。

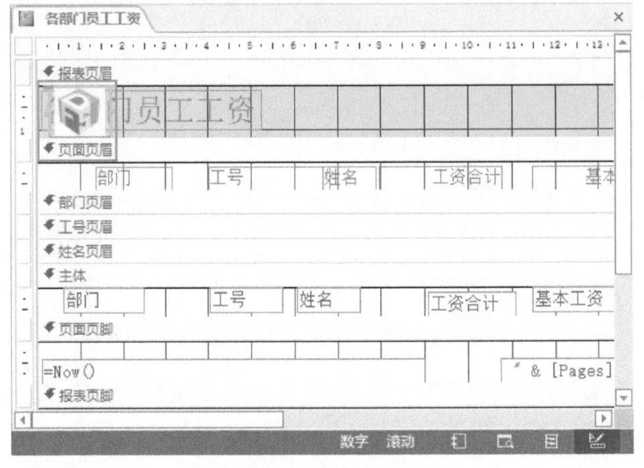

图 7-23　添加图片

步骤05 调整好图片的大小及位置，在报表名称标签上单击鼠标右键，在弹出的菜单中选择“报表视图”选项，如图7-24所示，返回报表视图即可。

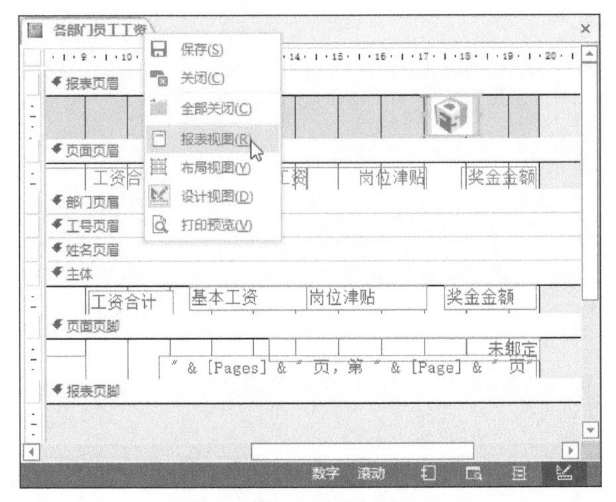

图 7-24　选择“报表视图”选项

7.3.2　创建分组报表

分组和计算是报表的两个重要功能。分组是以某指定字段为依据，将与此字段有关的记录打印在一起。计算功能则可使用在任意报表中，不一定非与分组功能共同设置，但是经常会在分组报表中加入更多的计算功能，这样的计算结果才有分析意义。下面介绍在设计视图中创建分组报表的具体操作方法。

步骤01 打开“工资表”数据表，切换至“创建”选项卡，单击“报表”组中的“报表”按钮。

步骤02 切换至“报表布局工具-报表布局设计”选项卡，单击“视图”按钮，在下拉列表中选择“设计视图”选项，如图7-25所示。

步骤03 单击“分组和汇总”组中的“分组和排序”按钮，如图7-26所示。

图 7-25 选择“设计视图”选项

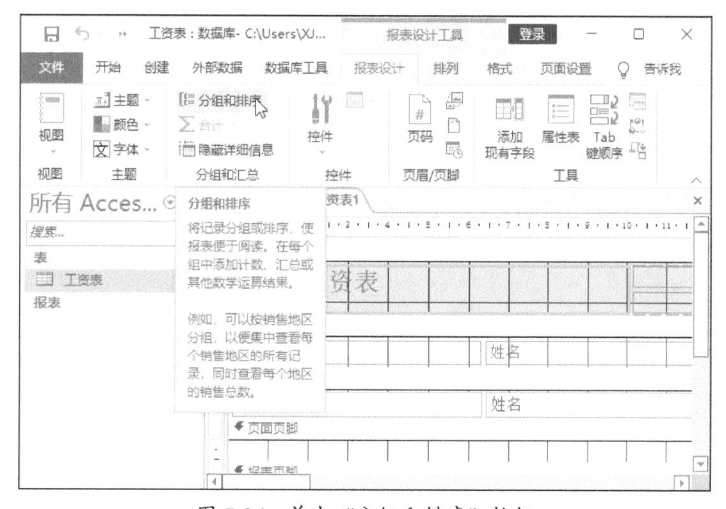

图 7-26 单击“分组和排序”按钮

步骤04 窗口下方随即打开“分组、排序和汇总”窗格，该窗格中包含“添加组”和“添加排序”两个按钮，如图7-27所示。

步骤05 单击“添加组”按钮，在展开的列表中选择“部门”字段，如图7-28所示。

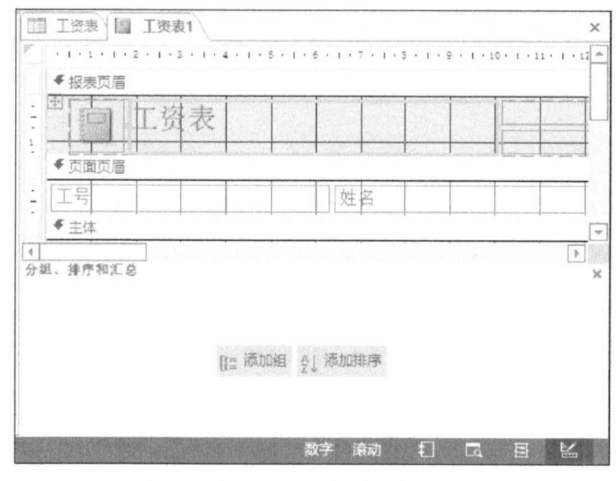

图 7-27 “分组、排序和汇总”窗格

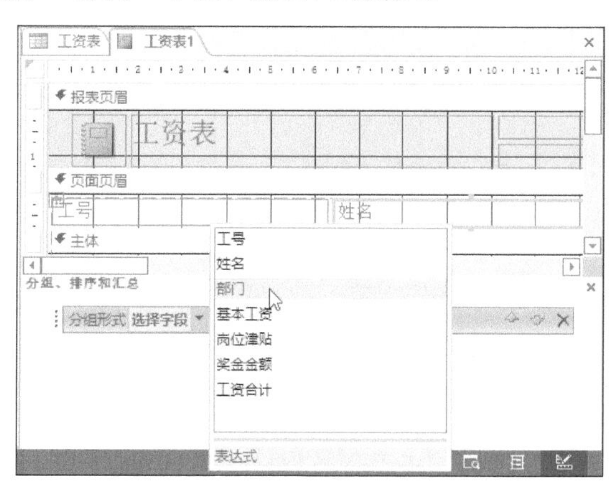

图 7-28 选择“部门”字段

步骤06 单击“添加排序”按钮，在展开的列表中选择“工资合计”字段，如图7-29所示。

步骤07 在报表名称标签上单击鼠标右键，在弹出的快捷菜单中选择“保存”选项。

步骤08 弹出“另存为”对话框，输入“报表名称”为“工资表-按部分分组/工资合计升序”，单击“确定”按钮，如图7-30所示。

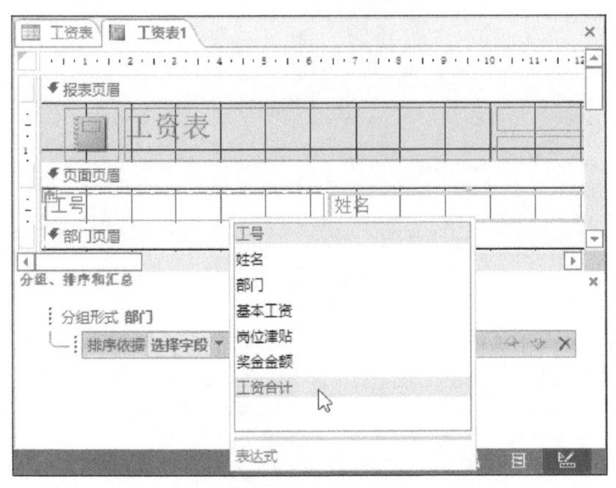

图 7-29　选择“工资合计”字段

图 7-30　保存报表

步骤09 保存报表后再次在报表名称标签上单击鼠标右键，在弹出的快捷菜单中选择“报表视图”选项。

步骤10 在报表视图模式中可以查看按“部门”字段分组，并按照“工资合计”字段升序排序的效果，如图7-31所示。

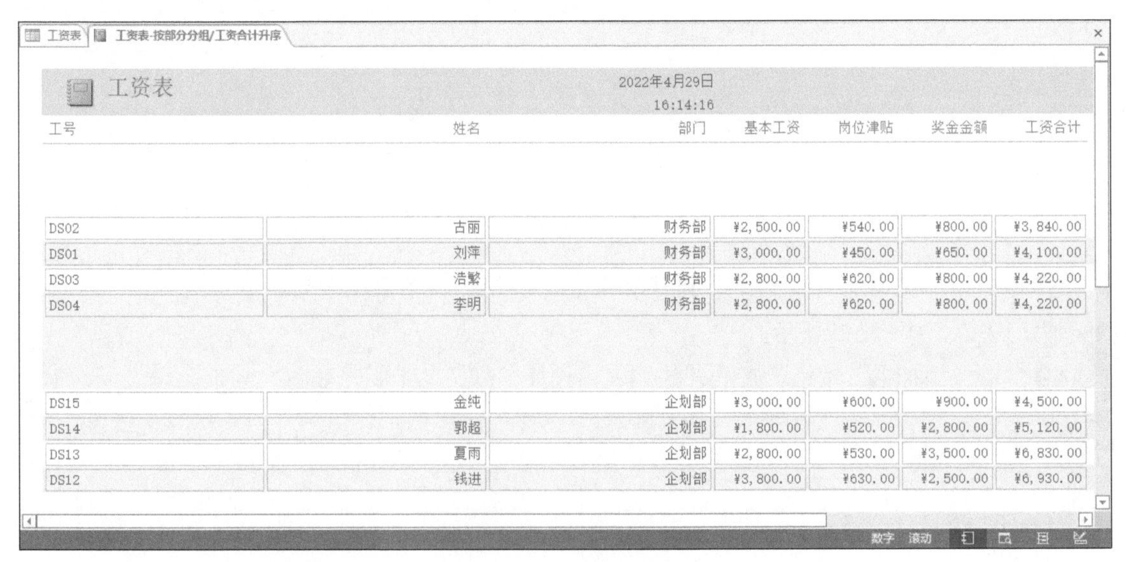

工号	姓名	部门	基本工资	岗位津贴	奖金金额	工资合计
DS02	古丽	财务部	¥2,500.00	¥540.00	¥800.00	¥3,840.00
DS01	刘萍	财务部	¥3,000.00	¥450.00	¥650.00	¥4,100.00
DS03	浩繁	财务部	¥2,800.00	¥620.00	¥800.00	¥4,220.00
DS04	李明	财务部	¥2,800.00	¥620.00	¥800.00	¥4,220.00
DS15	金纯	企划部	¥3,000.00	¥600.00	¥900.00	¥4,500.00
DS14	郭超	企划部	¥1,800.00	¥520.00	¥2,800.00	¥5,120.00
DS13	夏雨	企划部	¥2,800.00	¥530.00	¥3,500.00	¥6,830.00
DS12	钱进	企划部	¥3,800.00	¥630.00	¥2,500.00	¥6,930.00

图 7-31　分组报表效果

7.3.3　自定义报表设计

在设计视图中新建一个空报表，通过添加自定义控件及编写代码可对报表进行高级设计，具体操作步骤如下：

步骤01 打开“文具销售统计”数据库中的“文具销售统计”表，切换至“创建”选项卡，单击“报表”组中的“报表设计”按钮，如图7-32所示。

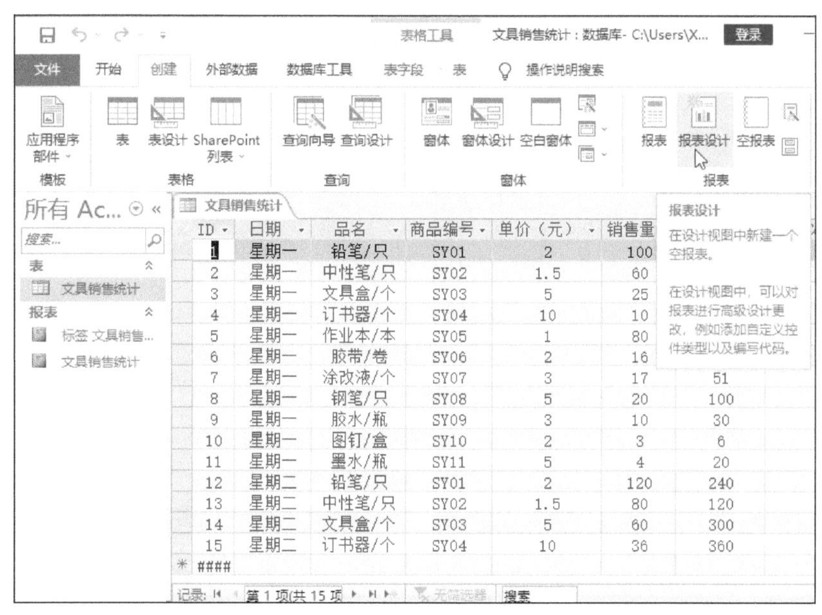

图 7-32 单击“报表设计”按钮

步骤 02 系统自动创建“报表1”空白报表，如图7-33所示，并自动切换至“报表设计工具-报表设计”选项卡。

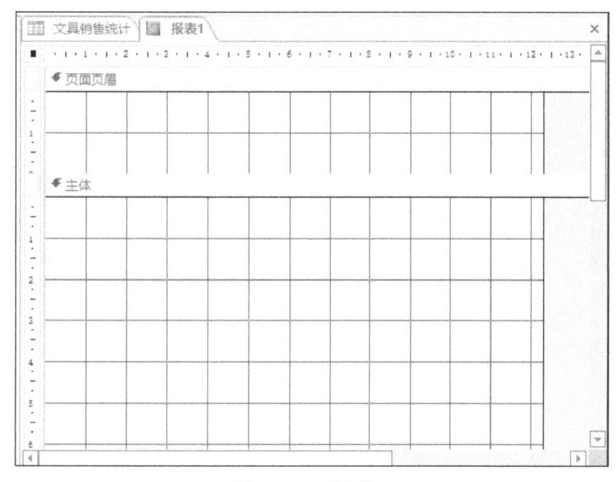

图 7-33 报表 1

步骤 03 单击“控件”按钮，从下拉列表中选择“标签”控件，如图7-34所示。

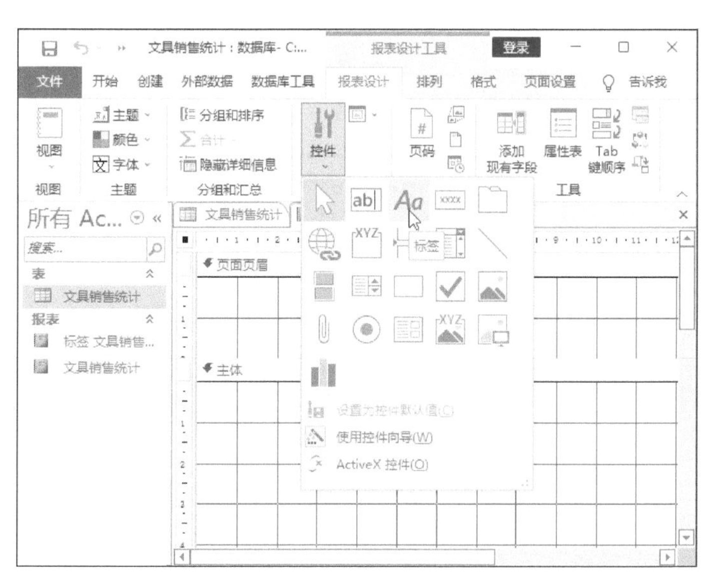

图 7-34 选择“标签”控件

步骤 04 拖动鼠标左键，绘制控件，如图7-35所示。

步骤 05 在绘制的标签控件内输入“销售统计信息”，如图7-36所示。

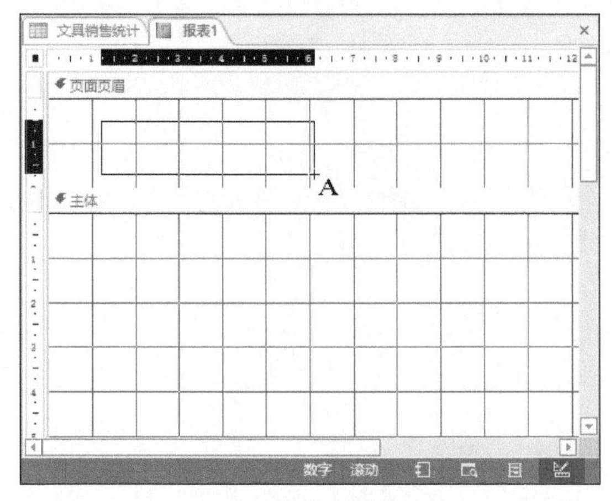

图 7-35　绘制控件

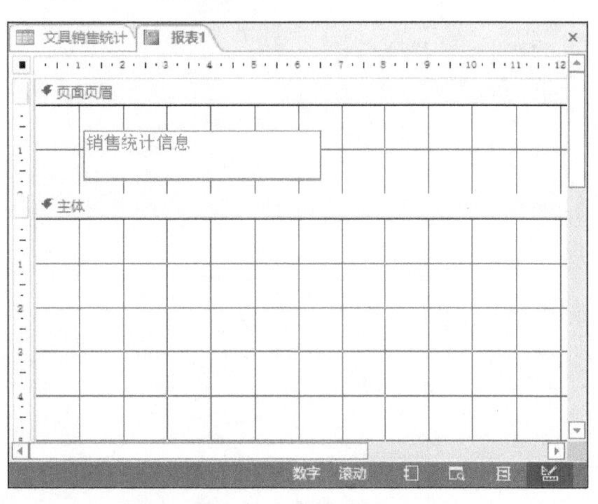

图 7-36　输入文本

步骤 06 选中控件，切换至“报表设计工具-格式”选项卡，如图7-37所示。

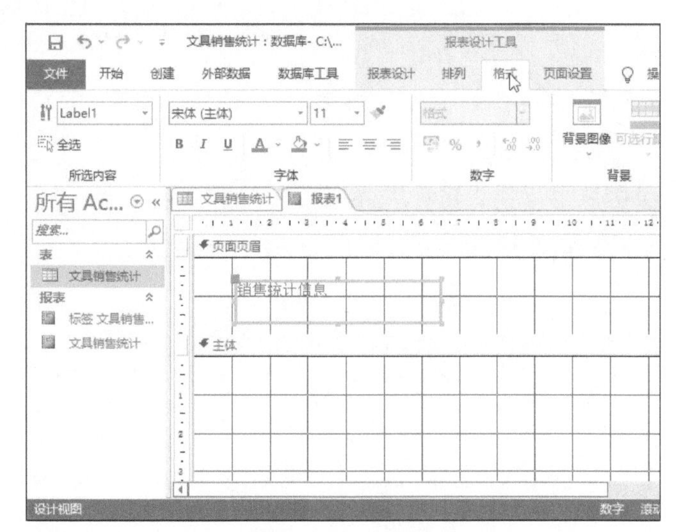

图 7-37　选择控件

步骤 07 通过“字体”组中的命令设置标签的字体格式，如图7-38所示。

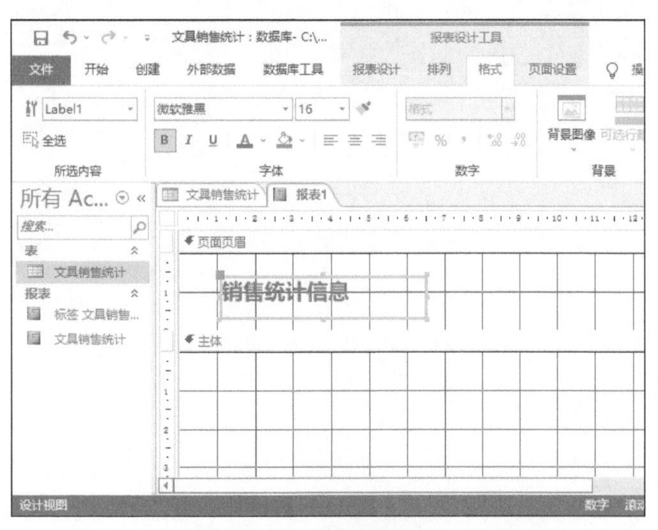

图 7-38　设置字体格式

步骤08 切换至“报表设计工具-报表设计”选项卡，单击“控件”组中的“文本框”按钮，如图7-39所示。

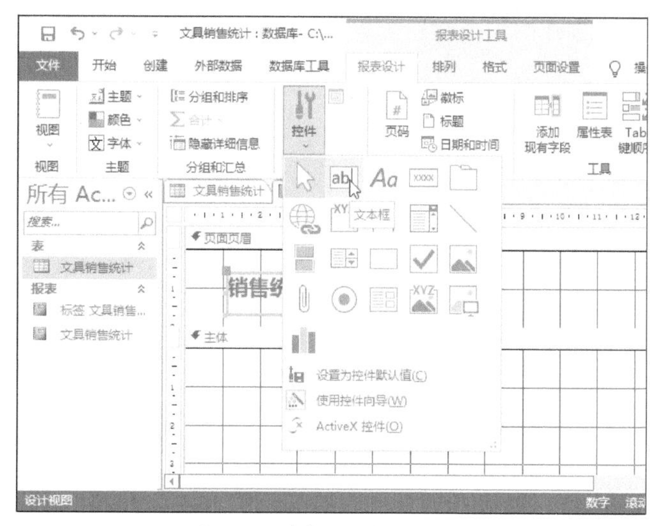

图 7-39 单击“文本框”按钮

步骤09 拖动鼠标，在报表中绘制文本框，如图7-40所示。

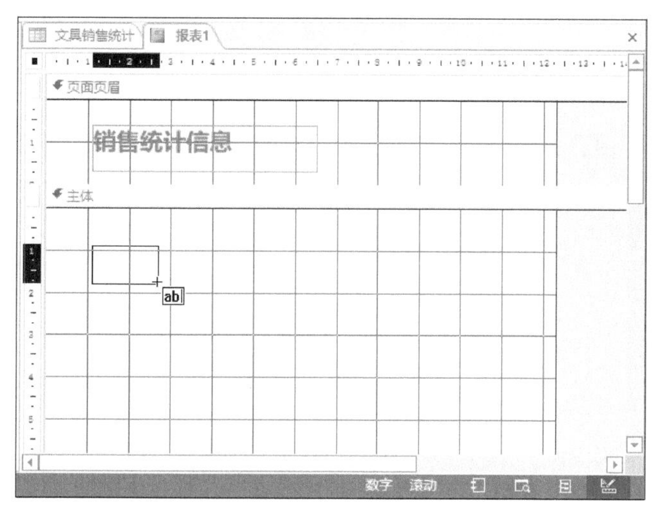

图 7-40 绘制文本框

步骤10 在文本框中输入“日期”，然后双击右侧控件，如图7-41所示。

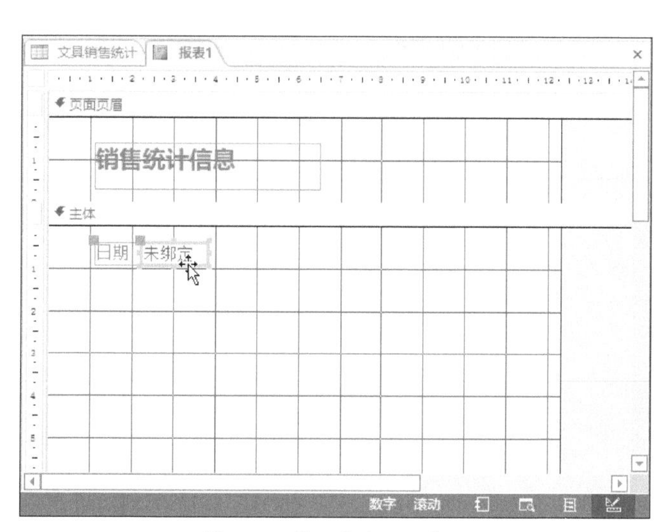

图 7-41 输入文本“日期”

步骤 11 弹出“属性表”窗格，单击“全部”选项卡中“控件来源”右侧的…按钮，如图7-42所示。

图 7-42 “属性表”窗格

步骤 12 弹出“表达式生成器”对话框，按需设置，然后单击“确定”按钮，如图7-43所示。

图 7-43 “表达式生成器”对话框

步骤13 使用同样的方法，添加其他文本框，效果如图7-44所示。

图 7-44 添加其他文本框

7.4 报表的打印

报表不同于窗体，它主要是依据设置好的排序与分组进行打印，强调的是输出与格式。报表每页打印的记录数与每条记录的高度有关，高度越高，打印的记录数越少。每条记录的高度等于主体的高度。

7.4.1 报表页面设置

页面设置包括纸张大小、页边距、打印方向等。报表必须通过打印机输出，所以在打印报表前要先设置好打印机。下面介绍设置报表页面的具体操作方法。

步骤01 打开“文具销售统计1”报表，在“开始”选项卡中单击“视图”下拉按钮，在下拉列表中选择“打印预览”选项，如图7-45所示。

图 7-45 选择“打印预览”选项

步骤02 切换至“打印预览”选项卡，单击“页面布局”组中的“页面设置”按钮，如图7-46所示。

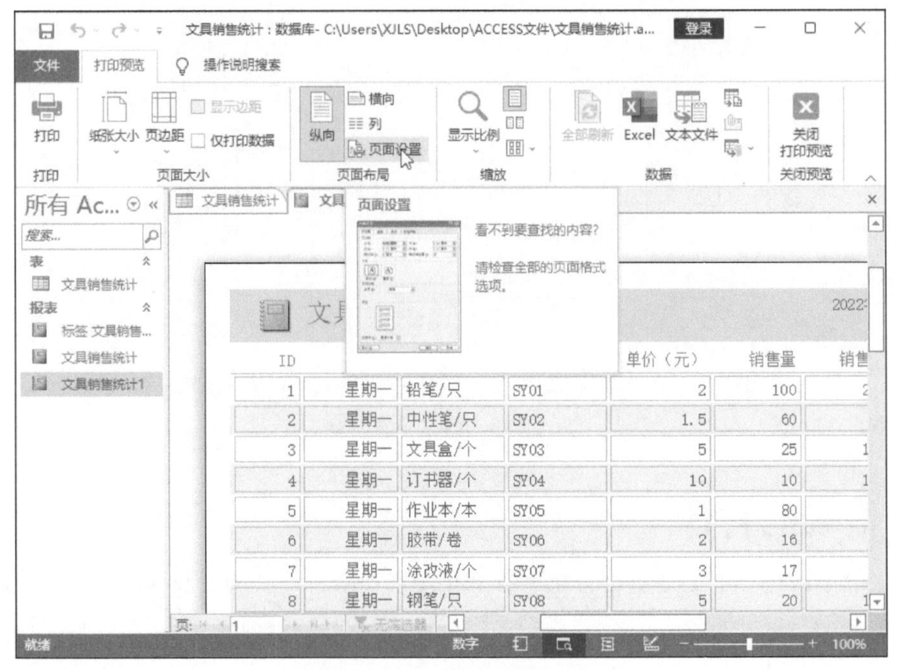

图 7-46 单击“页面设置”按钮

步骤03 弹出“页面设置”对话框，在“打印选项”选项卡中设置“页边距”的“上”“下”“左”“右”值均为“20”，单击“确定”按钮，如图7-47所示。

页面设置

打印选项 页 列

页边距(毫米)

上(T): 20

下(B): 20

左(F): 20

右(G): 20

示例

只打印数据(Y)

分割窗体

仅打印窗体(O)

仅打印数据表(D)

确定 取消

图 7-47 “页面设置”对话框

步骤04 在当前报表的名称标签上单击鼠标右键，在弹出的快捷菜单中选择“设计视图”选项，如图7-48所示。

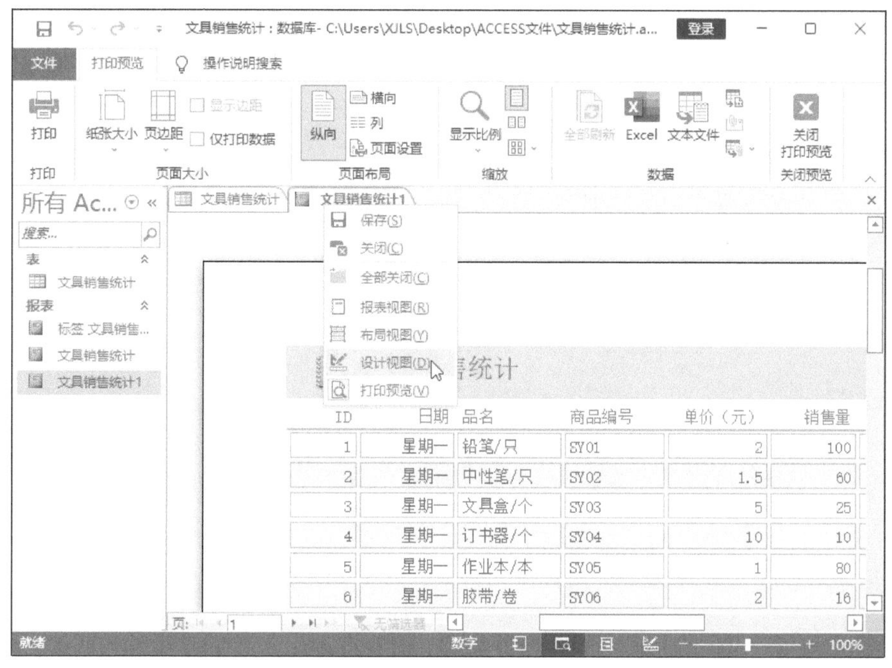

图 7-48 选择“设计视图”选项

步骤05 切换至“报表设计工具-报表设计”选项卡，单击“工具”组中的“属性表”按钮，如图7-49所示。

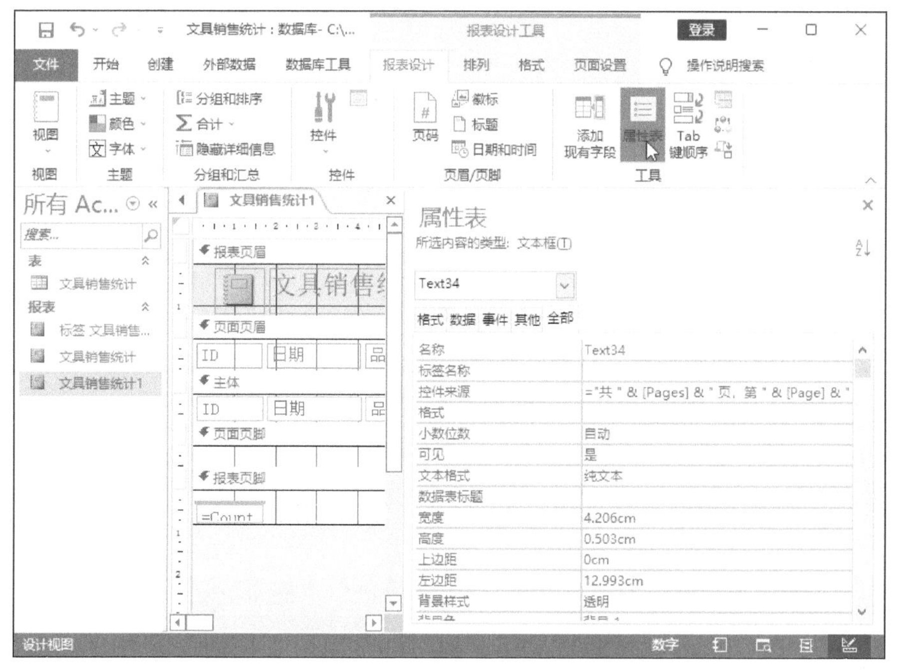

图 7-49 单击“属性表”按钮

步骤 06 打开“属性表”窗格，选中标题控件，在“属性表”的“格式”选项卡中设置其“宽度”和“高度”分别为8 cm和1.501 cm，如图7-50所示。

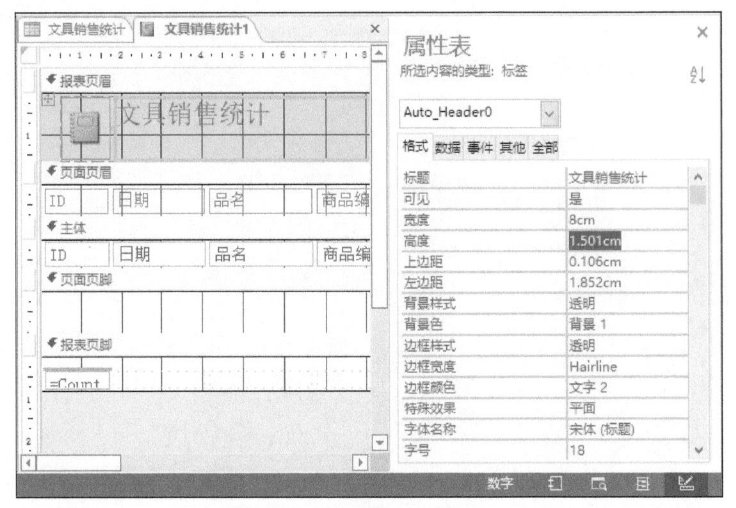

图 7-50　设置宽度和高度

步骤 07 切换至“报表设计工具-页面设置”选项卡，单击“页面布局”组中的“页面设置”按钮，如图7-51所示。

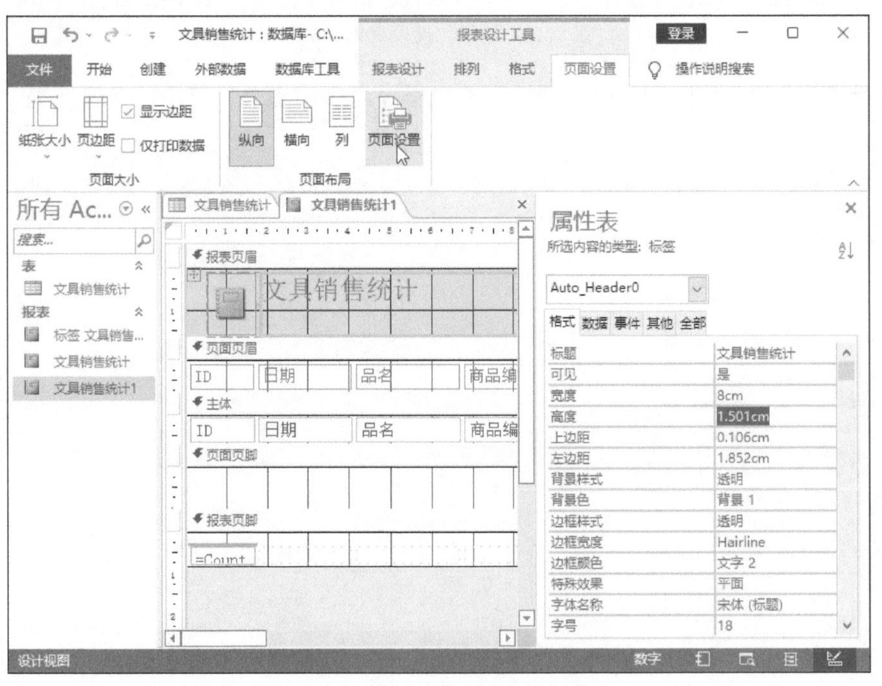

图 7-51　单击“页面设置”按钮

步骤 08 弹出“页面设置”对话框，在“页”选项卡中选中“横向”单选按钮，单击“确定”按钮，如图7-52所示。

步骤 09 再次在报表标签名称上单击鼠标右键，在弹出的快捷菜单中选择“打印预览”选项，如图7-53所示。

图 7-52 选中“横向”单选按钮

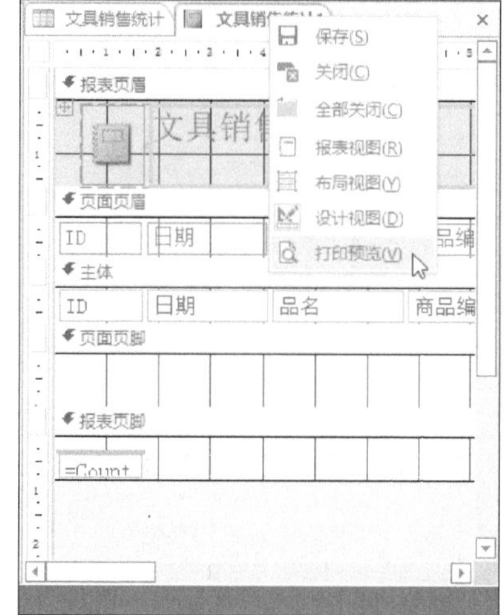

图 7-53 选择“打印预览”选项

步骤10 在打印预览界面可以预览最终的打印效果，如图7-54所示。

图 7-54 打印效果

7.4.2 分页打印报表

在默认情况下，报表会依纸张大小及各节高度自动分页，若本页打印不下将会移至下页。另外，也可为报表指定固定分页的位置或方式。

1. 强制分页

“强制分页”是每一节都有的属性，常在页眉中使用。下面介绍具体的操作方法。

步骤01 打开“文具销售统计1”报表，在报表名称标签上单击鼠标右键，在弹出的快捷菜单中选择“设计视图”选项。

步骤02 在“报表设计工具-报表设计”选项卡中单击“属性表”按钮，打开“属性表”窗格，如图7-55所示。

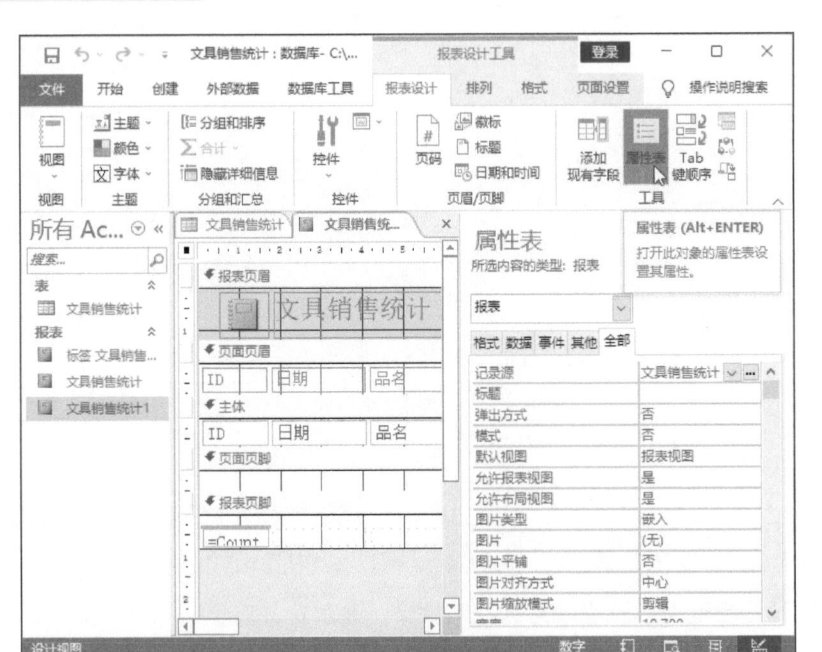

图 7-55 “属性表”窗格

步骤 03 在“属性表”下的“报表”下拉列表中选择“报表页眉”选项，如图7-56所示。

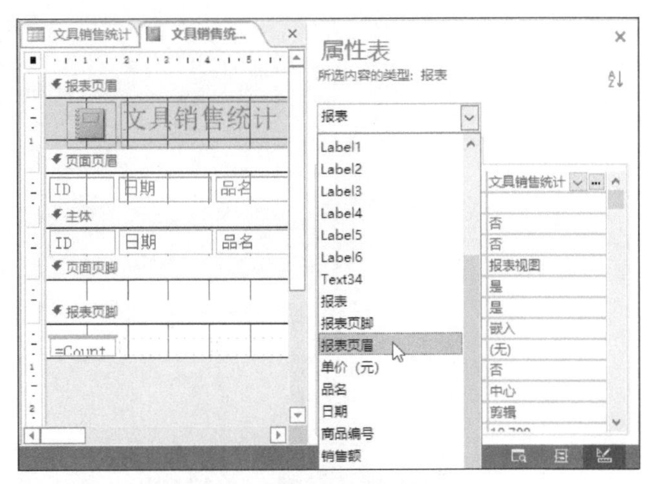

图 7-56 选择“报表页眉”选项

步骤 04 在“全部”选项卡中设置“强制分页”的方式为“节前”，如图7-57所示。

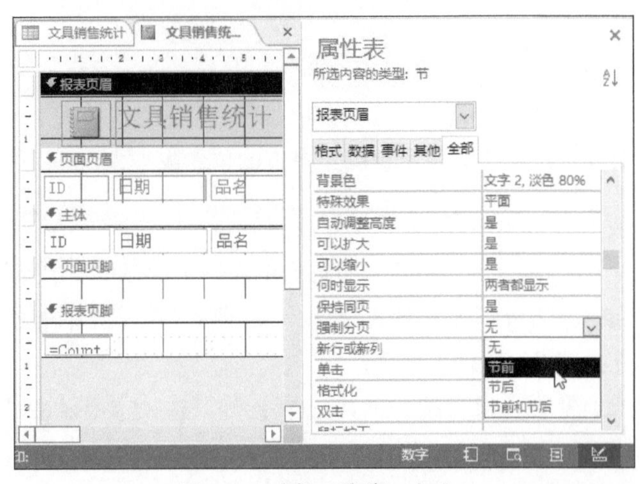

图 7-57 选择“节前”选项

2. 保持同页

在“分组、排序和汇总”窗格中，可以设置“保持同页”属性。它有3个选项可供选择，分别是“不将组放在同一页上”“将整个组放在同一页上”“将页眉和第一条记录放在同一页上”。前两个选项代表分组而无法打印在同一页时的处理。具体操作步骤如下：

步骤01 在报表的设计视图中切换至“报表设计工具-报表设计”选项卡，单击“分组和汇总”组中的“分组和排序”按钮，如图7-58所示。

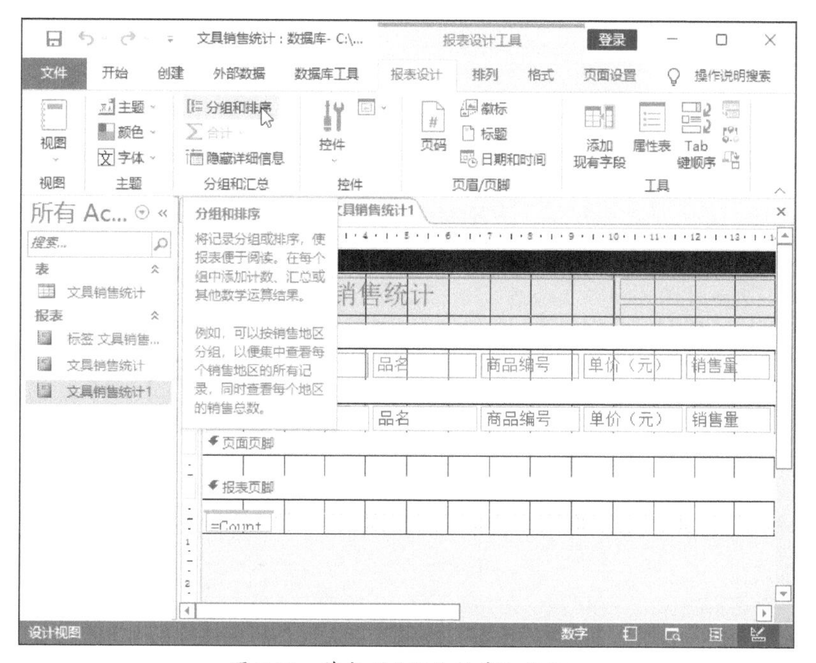

图 7-58　单击“分组和排序”按钮

步骤02 打开“分组、排序和汇总”窗格，单击“添加组”按钮，如图7-59所示。

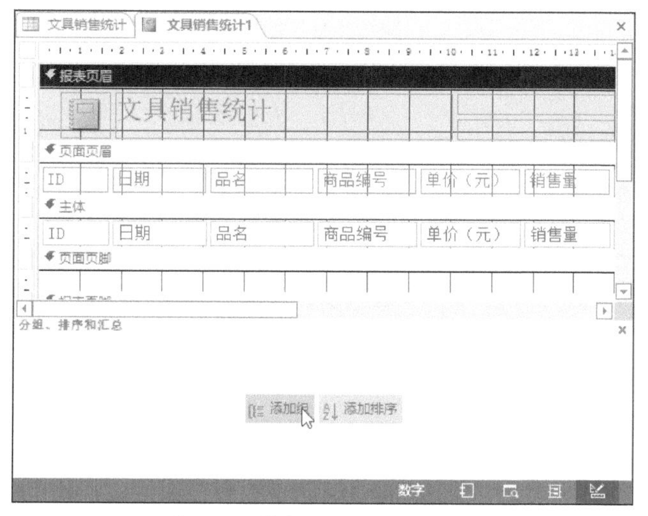

图 7-59　单击“添加组”按钮

步骤 03 在展开的列表中选择需要分组的字段，如图7-60所示。

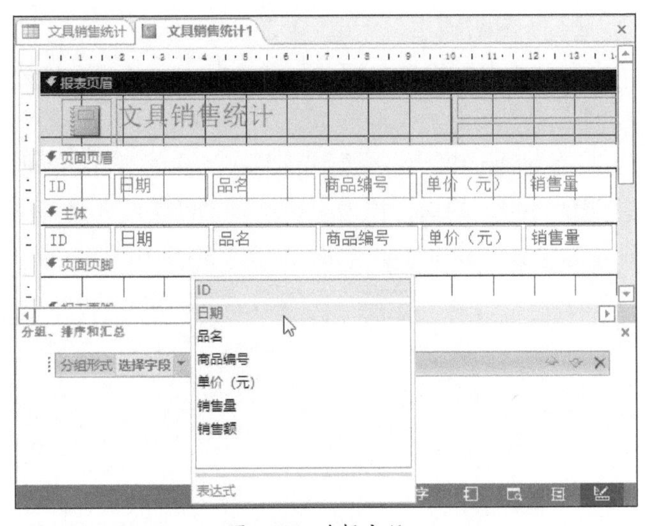

图 7-60　选择字段

步骤 04 单击“更多”按钮，如图7-61所示。

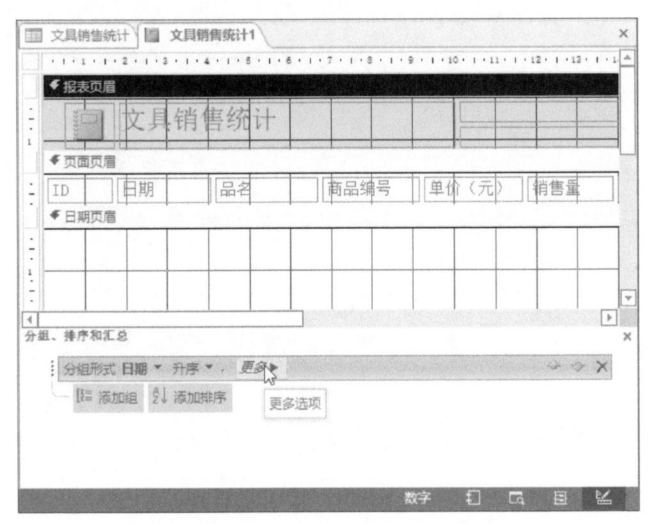

图 7-61　单击“更多”按钮

步骤 05 单击“不将组放在同一页上”右侧的下拉按钮，可以看到列表中包含的所有选项，如图7-62所示。

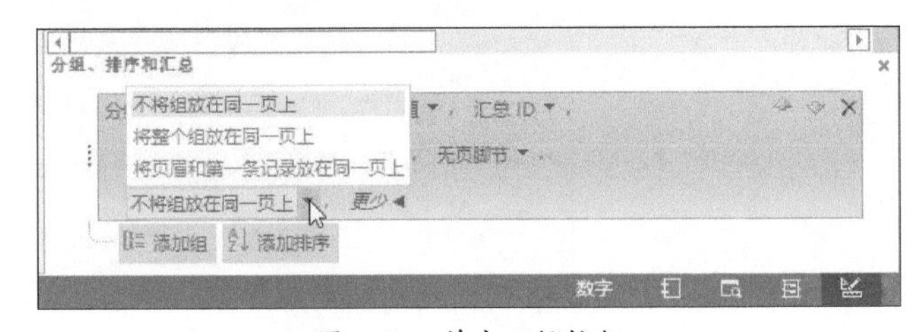

图 7-62　单击下拉按钮

3. 分页符控件

Access报表是查看或打印数据库中汇总数据的一种好方法，因为可以按所需详细程度和多种格式显示信息。报表分为多个节，插入分页符可在该节内另起新页。

7.4.3　分列打印报表

在报表中，分列打印主要用于字段较少的报表，目的是为了节省纸张。如果要打印多列，需要先将页眉中的字段标签复制、粘贴，再将粘贴的标签移动到适当的位置（页眉的右半部分），然后调整好布局。下面介绍分列打印报表的具体操作方法。

步骤01 打开“文具销售统计”报表，在报表名称标签上单击鼠标右键，在弹出的快捷菜单中选择“打印预览”选项。

步骤02 在打印预览界面中单击鼠标右键，在弹出的菜单中选择“页面设置”选项，如图7-63所示。

步骤03 弹出“页面设置”对话框，切换到“列”选项卡，在“列数”文本框中设置“列数”为2即可，如图7-64所示。

图 7-63 选择“页面设置”选项

图 7-64 “页面设置”对话框

7.4.4 打印报表

打印的报表多是表格式报表，此时报表会将记录由上而下逐条打印，直到打印完成，这是Access打印报表的基本原理。打印中常遇到以下两个问题。

1. 无法固定每页打印记录数

用户无法设置一页打印的固定记录数，Access没有这个功能。每页可以打印多少条记录的关键是每条记录的高度和纸张的长度，每条记录的高度等于设计窗口中主体的高度。

2. 没有空白表格线

报表最后一页的空白部分，通常会要求打印空白表格线，但Access没有这项功能。通过打印预览可以发现，表格线只打印到最后一条记录，此记录以下皆为空白，这是因为表格线是主体当中的控件，它同主体中的其他数据一样，只会打印到最后一条记录。

下面介绍打印报表的具体操作方法。

步骤01 打开“文具销售统计”报表，在“开始”选项卡中单击“视图”下拉按钮，在展开的列表中选择“打印预览”选项。

步骤02 在“打印预览”选项卡中单击“打印”按钮，如图7-65所示。

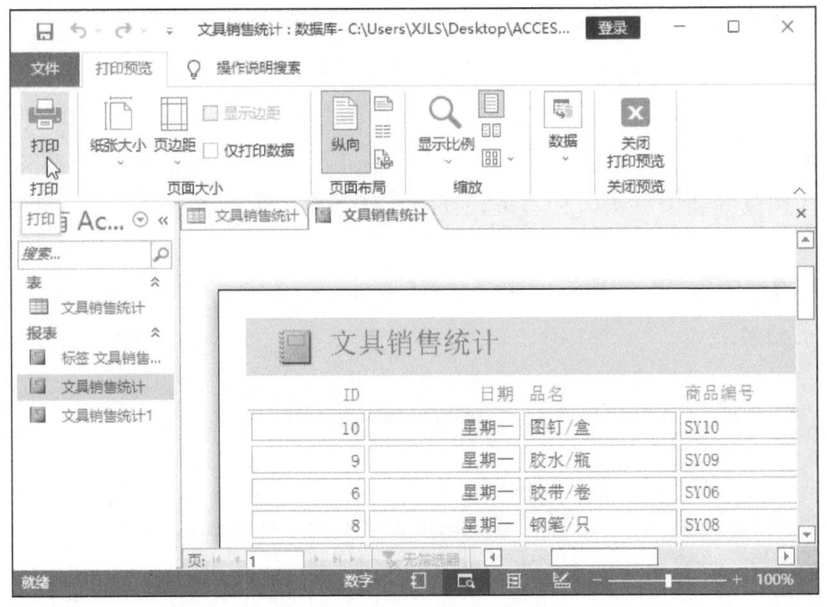

图 7-65 单击“打印”按钮

步骤03 弹出“打印”对话框，在“名称”下拉列表中选择“发送到WPS高级打印”选项，如图7-66所示，单击“确定”按钮即可打印。

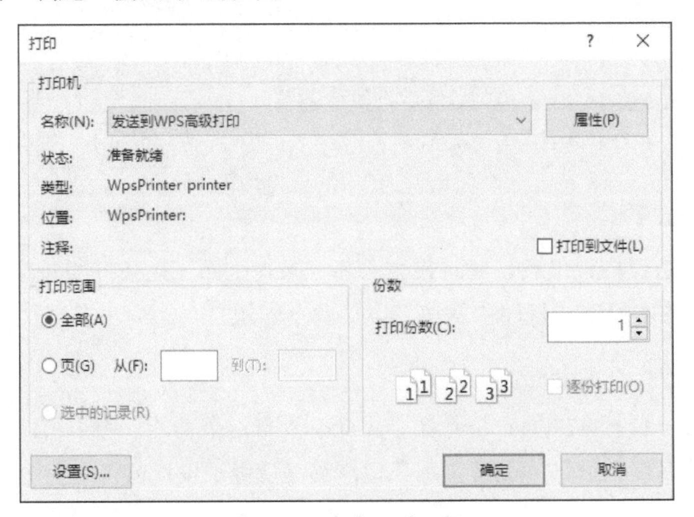

图 7-66 “打印”对话框

实战演练 创建公司采购统计报表

每个公司都需要采购物品，因此，科学地管理采购数据可以帮助公司做好预算，控制成本。在本例中将练习如何创建公司采购统计报表，具体的操作步骤如下：

步骤01 打开“采购统计”数据库中的“采购统计表”，切换至“创建”选项卡，单击“报表”组中的“报表”按钮。

步骤02 系统将自动创建报表，效果如图7-67所示。创建报表后，根据需要继续对报表进行美化。

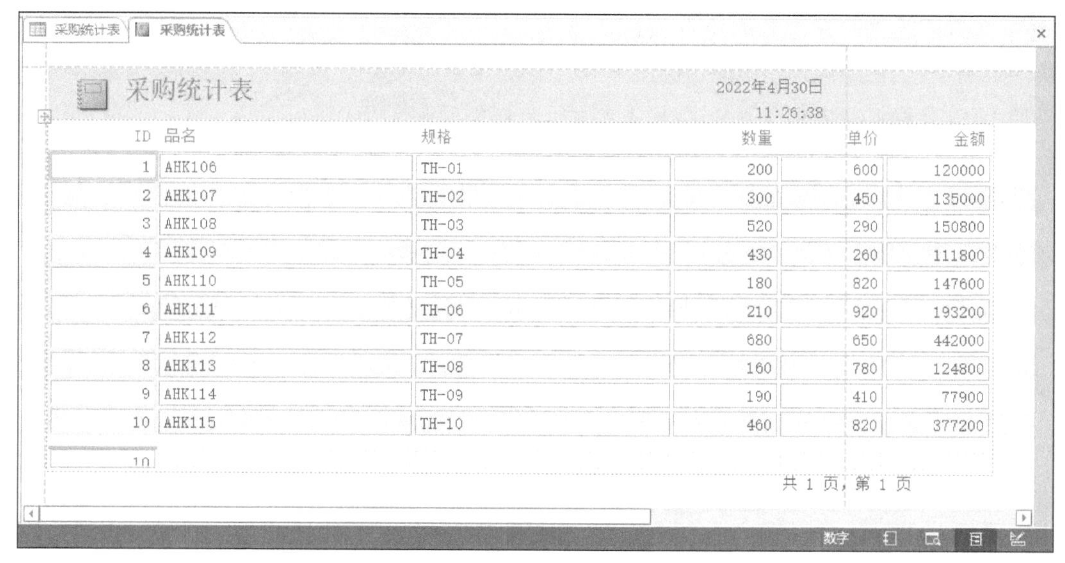

图 7-67 自动创建的报表

步骤03 打开“报表布局工具-格式”选项卡，单击“背景图像”按钮，在下拉列表中选择“浏览”选项，如图7-68所示。

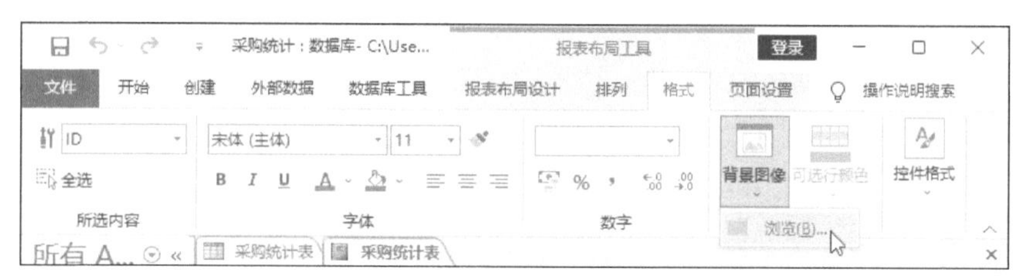

图 7-68 选择“浏览”选项

步骤04 弹出“插入图片”对话框，选择素材文件“背景.jpg”，单击“确定”按钮，如图7-69所示。

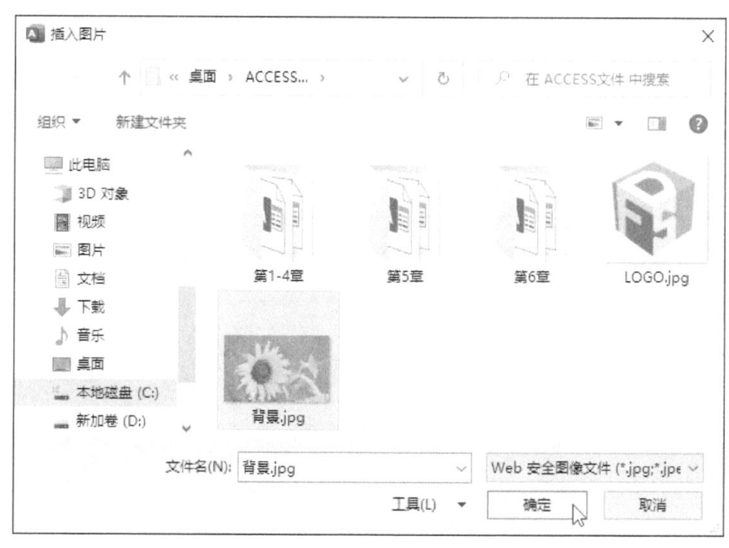

图 7-69 “插入图片”对话框

步骤05 单击标题控件左上角的全选按钮，将页眉中所有控件选中，如图7-70所示。

步骤06 保持页眉中所有控件为选中状态，切换至“报表布局工具-格式”选项卡，在“字体”组中单击“字体颜色”下拉按钮，在颜色菜单中选择“白色，背景1”选项；通过“字体”组中的命令，设置字体为“微软雅黑”、字号为18，设置“加粗”效果。

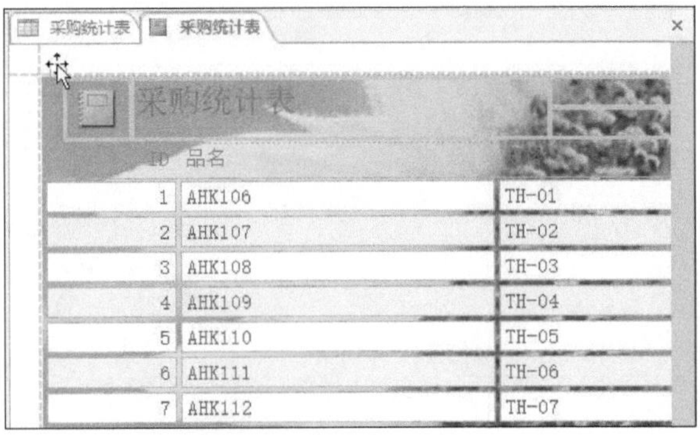

图 7-70　选中所有控件

步骤07 选择其他控件，按需设置文本格式和背景色，如图7-71所示。

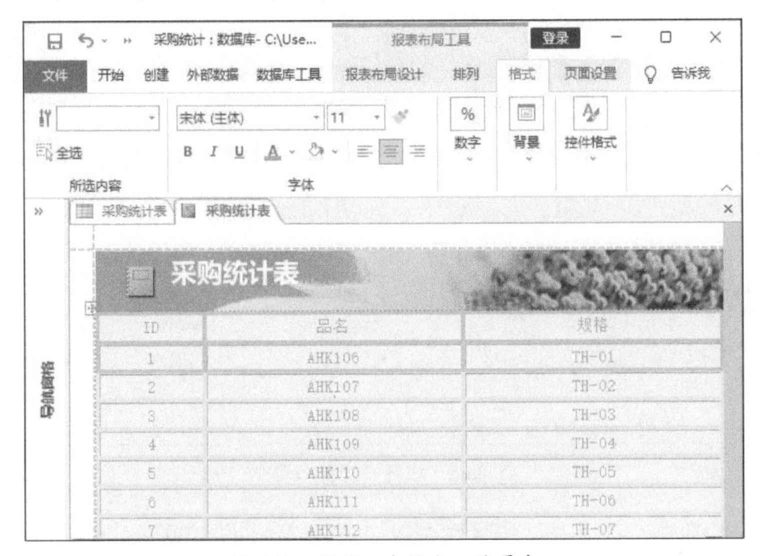

图 7-71　设置文本格式和背景色

步骤08 切换至“报表布局工具-排列”选项卡，单击“网格线”下拉按钮，在展开的列表中选择“垂直和水平”选项，如图7-72所示。

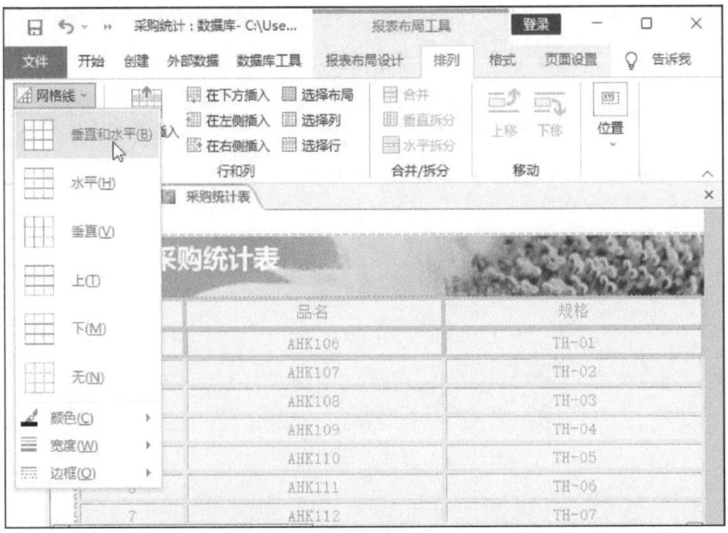

图 7-72　选择“垂直和水平”选项

步骤09 通过“网格线”列表中“颜色”“宽度”和“边框”级联菜单中的选项，设置网格线样式，效果如图7-73所示。

步骤10 在当前选项卡中单击“控件填充”下拉按钮，在展开的列表中选择“中”选项，如图7-74所示。

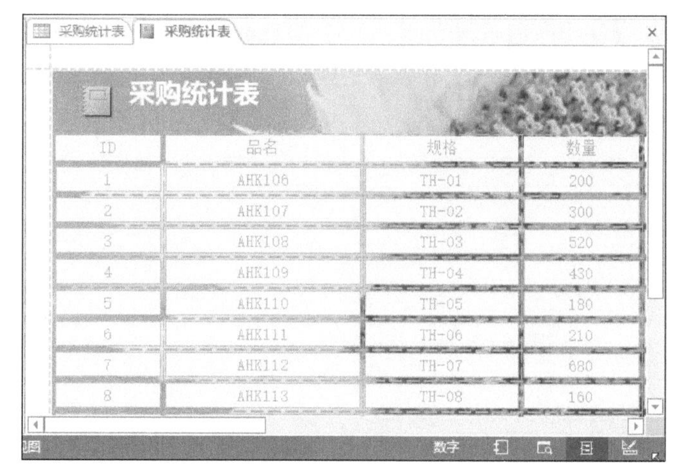

图 7-73 网格线效果

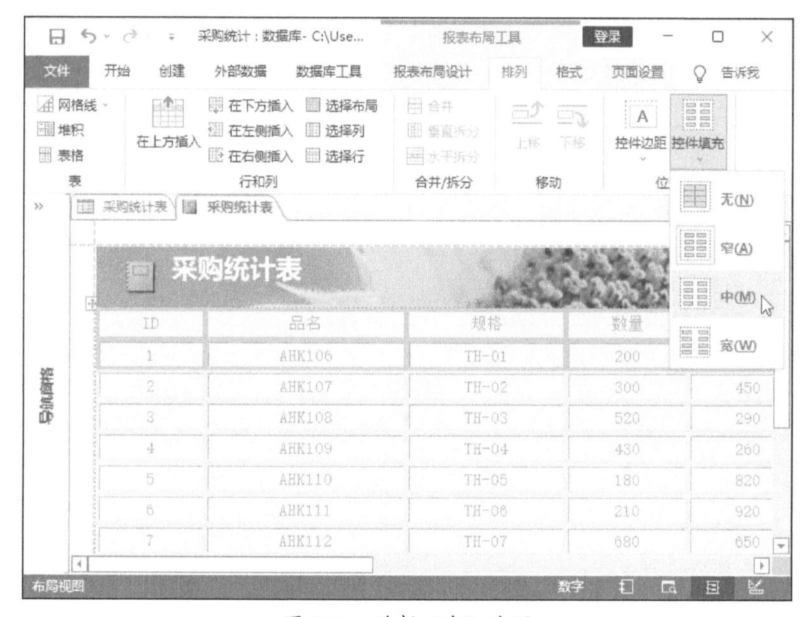

图 7-74 选择“中”选项

步骤11 切换至“开始”选项卡，单击“视图”下拉按钮，在下拉列表中选择“设计视图”选项。

步骤12 打开“报表布局工具-报表布局设计”选项卡，在“工具”组中单击“属性表”按钮。

步骤13 打开“属性表”窗格，按需对各控件属性进行设置，如图7-75所示。

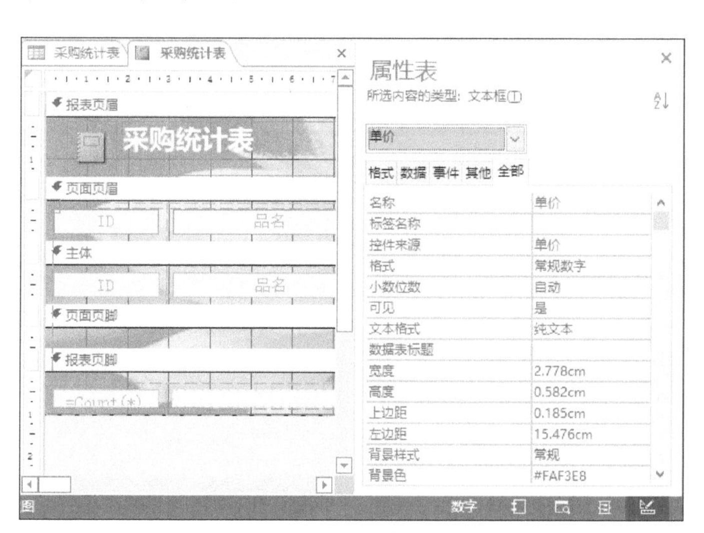

图 7-75 “属性表”窗格

步骤14 切换至“报表布局工具-报表布局设计”选项卡，单击“工具”组中的“Tab键顺序”按钮，弹出“Tab键次序”对话框，按需设置字段次序，如图7-76所示。

步骤15 在报表名称标签上单击鼠标右键，在弹出的快捷菜单中选择“保存”选项，弹出“另存为”对话框，输入“报表名称”为“采购统计表”，单击“确定”按钮，如图7-77所示。

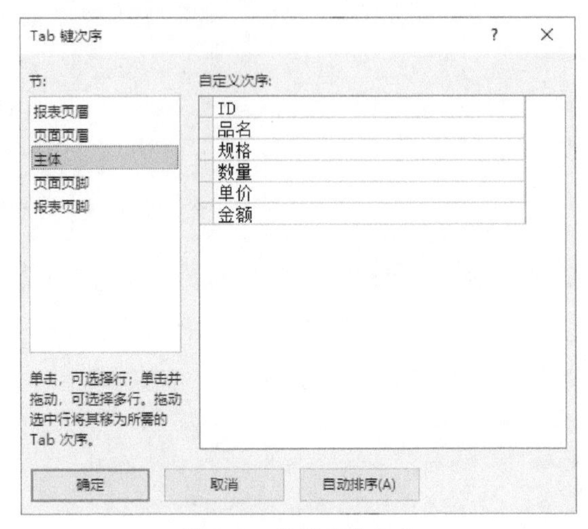

图 7-76 设置字段次序

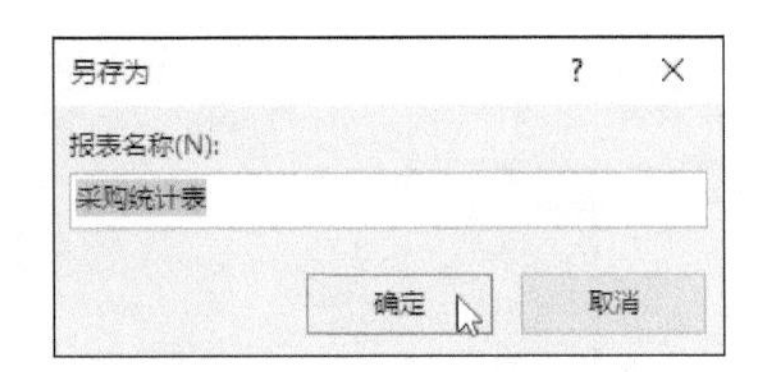

图 7-77 “另存为”对话框

步骤16 在导航窗格中双击报表名称，自动切换至报表视图查看修改后的报表效果，如图7-78所示。

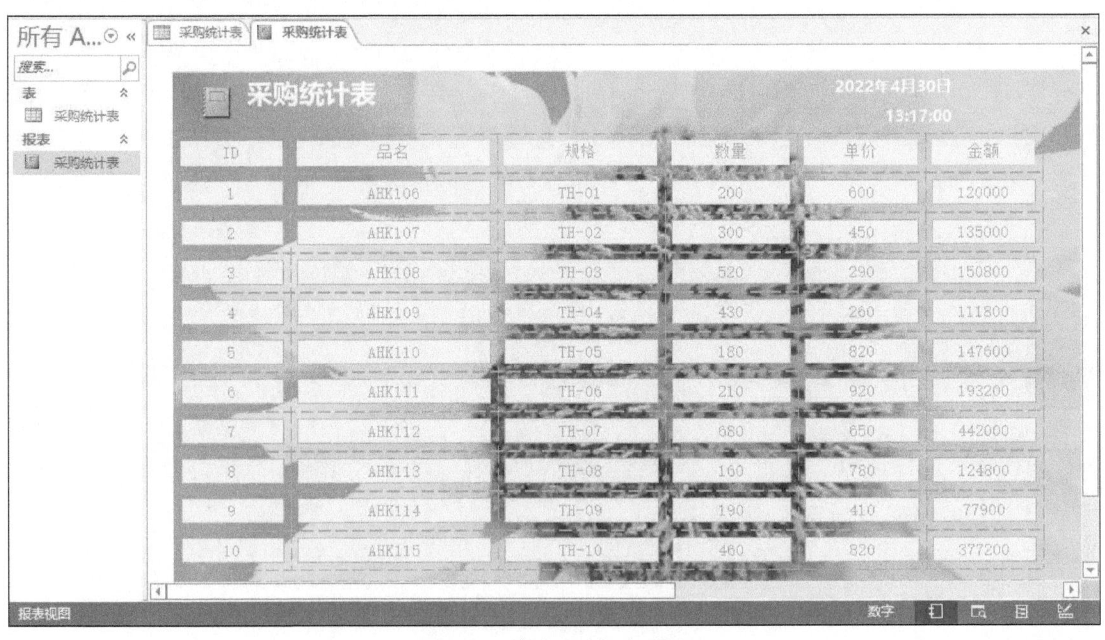

图 7-78 修改后的报表效果

拓展阅读

腾讯云数据库TDSQL性能成功打破世界纪录，每分钟交易量达到了8.14亿次。这标志着我国国产数据库技术取得新的突破。据介绍，TPC-C是全球数据库厂商公认的性能评价标准，被誉为数据库领域的“奥林匹克”。它模拟超大型高并发的极值场景，同时有一套严格的审计流程和标准，对数据库系统的软硬件协同能力要求极高。

——操秀英：《国产数据库性能打破世界纪录》，《科技日报》2023年3月31日第1版。

课后作业

在本作业中将练习创建“文具销售统计”报表，并设置报表的打印参数，具体操作要求如下：

（1）使用“报表”功能为“文具销售统计”表创建报表。

（2）保存报表，设置报表名称为“文具销售统计”。

（3）在布局视图中根据每个字段中包含的文本长度设置字段的宽度。

（4）在“报表布局工具-格式”选项卡中的“字体”组内设置所有内容为居中显示。

（5）在设计视图中调整页面的尺寸，适当调整字段位置，删除多余字段。

（6）预览报表的打印效果，如图7-79所示。

文具销售统计　　2022年6月22日 17:41:40

ID	日期	品名	商品编号	单价（元）	销售量	销售额
1	星期一	铅笔/只	SY01	2	100	200
2	星期一	中性笔/只	SY02	1.5	60	90
3	星期一	文具盒/个	SY03	5	25	125
4	星期一	订书器/个	SY04	10	10	100
5	星期一	作业本/本	SY05	1	80	80
6	星期一	胶带/卷	SY06	2	16	32
7	星期一	涂改液/个	SY07	3	17	51
8	星期一	钢笔/只	SY08	5	20	100
9	星期一	胶水/瓶	SY09	3	10	30
10	星期一	图钉/盒	SY10	2	3	6
11	星期一	墨水/瓶	SY11	5	4	20
12	星期二	铅笔/只	SY01	2	120	240
13	星期二	中性笔/只	SY02	1.5	80	120
14	星期二	文具盒/个	SY03	5	60	300
15	星期二	订书器/个	SY04	10	36	360
16	星期三	笔芯/支	SY01	1	200	200
17	星期三	鸡毛键/只	SY02	2	150	300
18	星期三	羽毛球拍/副	SY03	50	60	3000
19	星期四	笔芯/支	SY01	1	180	180
20	星期四	鸡毛键/只	SY02	2	140	280
21	星期四	羽毛球拍/副	SY03	50	15	750
22	星期五	跳绳/条	SY04	5	100	500

图 7-79　预览打印效果

第8章 宏的基本应用

内容概要

操作数据库一般是用鼠标或键盘选择特定的数据库对象，再从菜单中选择需要的操作，根据操作一步步达到最终效果。随着操作次数增多，用户会形成一些操作习惯和套路，把它们记录下来就是宏程序（简称“宏”）的任务。宏主要是用于记录和模仿用户利用鼠标和键盘进行的操作。

数字资源

【本章素材】：“素材文件\第8章”目录下

8.1 认识宏

宏是一种可用于自动执行任务及向表单、报表和控件添加功能的工具。例如，如果向窗体添加命令按钮，会将该按钮的OnClick事件与宏关联，该宏包含用户希望每次单击按钮时执行的命令。

计算机的优势之一就是它适合做大量重复性的工作，而宏就是一种执行这些自动任务的方法。Access的宏指令可以使数据库应用更有创造力。应用简单的宏指令可以将一些通用步骤或重复性的步骤自动化，如在用户单击某个命令按钮时运行宏来打印某个报表。

需要说明的是，宏是一种特殊的代码，它没有控制转移功能，也不能直接操纵变量。它是一种操纵操作的代码组合，以操作为单位，将一连串的操作有机地组合起来。在运行宏时，这些操作会一个一个地依次执行。宏中的每个操作都可以携带自己的参数，但每个操作执行后没有返回值。

8.1.1 宏的功能

Access中定义了很多宏操作，使用这些操作可以实现以下功能。

- 打开或关闭窗体和报表，打印报表，执行查询。
- 筛选、查找记录（将一个筛选条件加到记录集中）。
- 模拟键盘动作，为对话框或其他等待输入的任务提供字符输入。
- 显示信息框，响铃警告。
- 移动窗口，改变窗口大小。
- 实现数据的导入、导出。
- 定制菜单（在报表、窗体中使用）。
- 执行任意的应用程序模块，甚至包括MS-DOS程序。
- 为控件的属性赋值。

从以上列举的内容来看，宏操作几乎涉及了数据库管理的全部环节。一般情况下，用宏能够实现Access的数据库界面管理。之所以说Access是一种不编程的数据库，其原因便是它拥有一套功能完善的宏操作。

Access早期的版本中，在不编写VBA代码的情况下，无法执行更多常用的功能。在Access 2016中添加了新的功能和宏操作，不再需要编写代码，这样可以更容易地向数据库中添加功能，有助于提高安全性，具体介绍如下：

1. 嵌入的宏

Access能够在窗体、报表或控件提供的任意事件中嵌入宏。嵌入的宏在导航窗格中不可见，它成为了其所嵌入的窗体、报表或控件的一部分。如果要为包含嵌入式宏的窗体、报表或控件创建副本，则这些宏也将存在于副本中。

2. 安全性提高

当“显示所有操作”按钮未在宏生成器中突出显示时，唯一可供使用的宏操作和RunCommand参数是那些不需要信任状态即可运行的操作和参数。即使数据库处于禁用模式(当禁止VBA运行时)，使用这些操作生成的宏也可以运行。如果数据库包含未出现在信任列表中的宏操作或具有VBA代码，则需要授予其信任状态。

3. 处理和调试错误

Access 2016提供了新的宏操作，其中包括OnError（类似于VBA中的“On Error”语句）和ClearMacroError，这些新的宏操作可使宏在运行过程中出错时执行特定操作。此外，新的SingleStep宏操作允许宏在执行过程中的任意时刻进入单步执行模式，从而可以通过每次执行一个操作来了解宏的工作方式。

4. 临时变量

使用3个新的宏操作（SetTempVar、RemoveTempVar和RemoveAllTempVars）可以在宏中创建和使用临时变量。该变量可以用作后续操作中的条件或参数，也可以在另一个宏、事件过程、窗体或报表上使用该变量。

8.1.2 宏的分类

宏作为Access数据库的对象之一，分为宏、宏组和条件操作宏，其中，宏是操作序列的集合，宏组是宏的集合，条件操作宏是带有条件的操作序列。宏可以是包含操作序列的一个宏，也可以是某个宏组，还可以使用条件表达式来决定在什么情况下运行宏，以及在运行宏时某个操作是否能进行。

1. 操作序列

每次运行宏时，Access都将执行宏中所包含的操作。

2. 宏组

宏组是指一个宏文件中包含一个或多个子宏，每个子宏都是独立的，互不相关。将功能相近或操作相关的宏组织在一起构成宏组，可以为设计数据库应用程序带来便利。

3. 条件操作宏

如果指定的条件成立，Access将继续执行一个或多个操作。如果指定的条件不成立，Access将跳过该条件所指定的操作。

宏是一种特殊的代码，从另一角度来看，它是以动作为单位，由一连串的动作组成，每个动作在运行宏时会从前往后依次执行。Access提供了几十种宏操作，根据宏操作的对象的不同用途，可以将它们分为以下5类。

1. 操作数据类

操作数据类宏是Access中用于操作窗体和报表数据的宏。此类宏操作分为两种：一种是过滤操作，即筛选数据记录，有ApplyFilter；另一种是记录定位操作，有FindNext、FindRecord和GoToPage等。

2. 执行命令类

执行命令类宏的操作主要是运行命令、宏、查询和其他应用程序。执行动作方面的宏有运行命令RunCommand和退出Access命令Quit，运行宏模块方面的宏有OpenQuery、RunCode、RunMacro、RunSQL、RunApp、GoToControl和GoToRecord，停止执行方面的宏有CancelEvent、StopAllMacros和StopMacro等。

3. 导入导出类

导入导出类宏的操作可以实现Access与其他应用程序之间的数据共享，此共享是静态的数据共享，因为它只是将Access数据转换成其他应用程序所要求的文件格式，或者将其他应用程序数据文件格式转换为Access的文件格式。在导入之前和导出之后，Acccss与其他应用程序毫无关系。导入导出方面的宏有OutputTo、SendObject、TransferDatabase和TransferText等。

4. 数据库对象处理类

数据库对象处理类宏的操作可以实现数据库对象操作的自动化。重命名对象的宏有Rename，复制对象的宏有CopyObject，保存对象的宏有Save，删除对象的宏有DeleteObject，在移动和调整窗口大小方面的宏有Maximize、Minimize和MoveSize等，打开和关闭对象方面的宏主要有Close、OpenForm、OpenTable、OpenQuery、OpenModule和OpenReport，选择对象方面的宏有SelectObject，设置字段或控件属性方面的宏主要有SetValue、RepaintObject、Requery和ShowAllRecords。

5. 其他分类

此类宏操作主要用于维护Access的界面，包括菜单栏、工具栏、快捷菜单和快捷键的添加、修改和删除，错误信息的提示方式及响铃警告等。创建自定义菜单栏方面的宏有AddMenu，能发出嘟嘟声的宏有Beep，显示屏幕上消息的宏有Echo、SetWarnings，能产生击键的宏有SendKeys，显示自定义命令栏方面的宏有ShowToolbar等。

8.2 创建宏

在Access中，可将宏视为一种简化的编程语言，可以通过构建要执行的操作列表来编写宏。构建宏时，可以从下拉列表选择每个操作，然后填写每个操作所需的信息。借助宏，可将功能添加到窗体、报表和控件中，而无需在VBA模块中编写代码。宏可提供VBA中可用的部分命令，大多数用户认为构建宏比编写VBA代码更容易。

8.2.1 了解宏生成器

用户可以使用宏生成器来创建和修改宏。下面介绍打开宏生成器的具体操作方法。

步骤01 打开一个数据表，切换至“创建”选项卡，单击“宏与代码”组中的“宏”按钮，如图8-1所示。

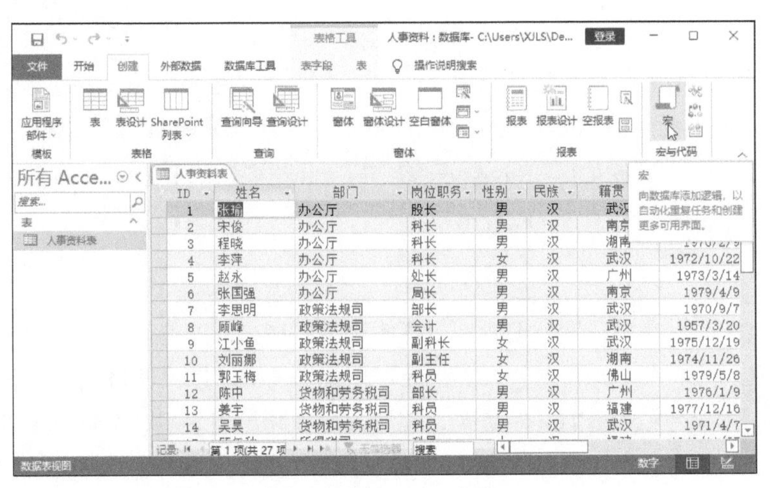

图 8-1 单击“宏”按钮

步骤02 系统随即打开“宏1”窗口，并自动显示“宏工具-宏设计”选项卡，利用其中的命令按钮可以执行创建宏、测试宏及运行宏等操作，如图8-2所示。如果是第一次打开宏生成器，在窗体中间会有“添加新操作”按钮，单击其右侧的下拉按钮后可在下拉列表中看到系统内置的丰富的操作命令。

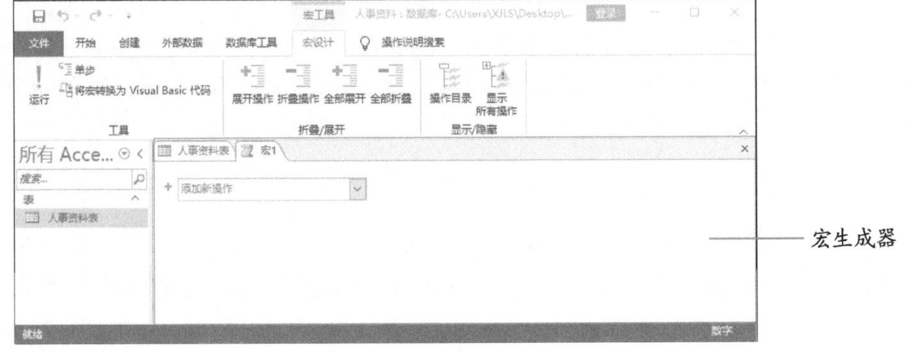

图 8-2 宏生成器

8.2.2 创建独立的宏

创建独立的宏的操作步骤如下：

步骤01 打开“创建”选项卡，单击“宏与代码”组中的“宏”按钮。

步骤02 在打开的“宏1”窗口中单击“添加新操作”右侧的下拉按钮，从展开的下拉列表中选择“OpenTable”命令，如图8-3所示。

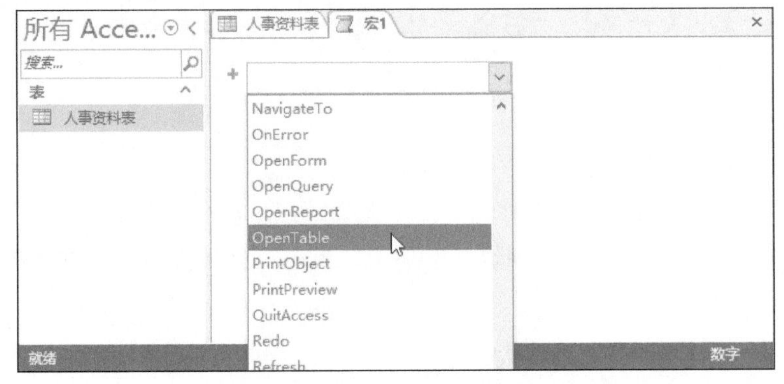

图 8-3 选择“OpenTable”命令

步骤03 设置其他宏选项，单击“保存”按钮，如图8-4所示。

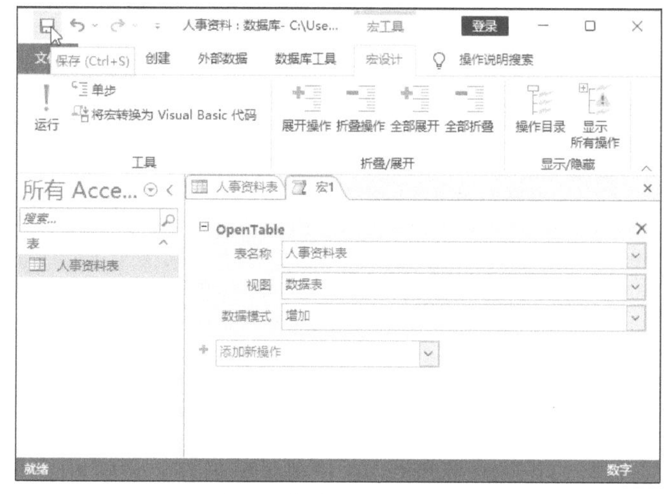

图 8-4 单击“保存”按钮

步骤04 弹出“另存为”对话框，输入“宏名称”为“增加”，单击“确定”按钮，如图8-5所示。

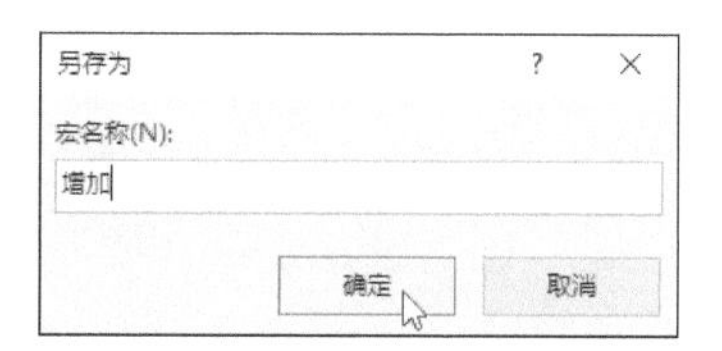

图 8-5 “另存为”对话框

步骤05 保存宏后，导航窗格中出现了新创建的宏，如图8-6所示。

图 8-6 保存的宏

8.2.3 创建宏组

在一个复杂的数据库系统中，经常需要响应多种事件，可能需要数百个宏。Access提供了一种方便的组织宏的方法，即将宏分组。将几个相关的宏组成一个宏对象，即创建了一个宏组。下面介绍创建宏组的具体操作方法。

步骤01 打开数据表，切换至“创建”选项卡，单击“宏与代码”组中的“宏”按钮。

步骤02 创建“宏1”，切换至“宏工具-宏设计”选项卡，单击“显示/隐藏”组中的“操作目录”按钮，如图8-7所示。

步骤03 打开“操作目录”窗格，选择“Submacro”选项，如图8-8所示。

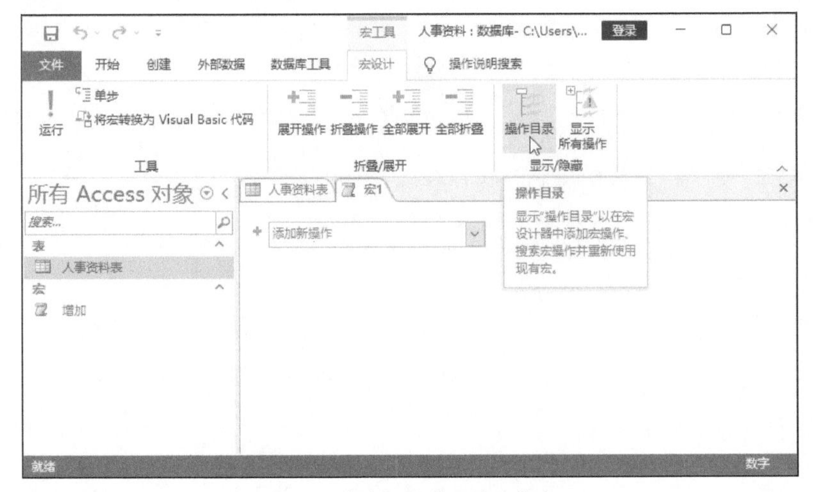

图 8-7　单击“操作目录”按钮

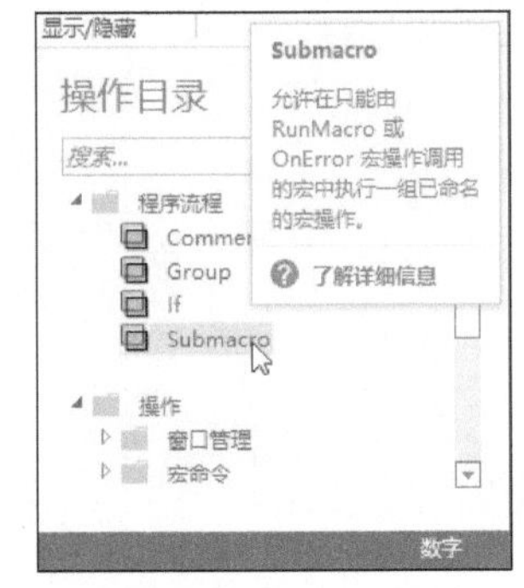

图 8-8　选择“Submacro”选项

步骤 04 在宏窗口中单击“添加新操作”右侧的下拉按钮，在下拉列表中选择“OpenReport”命令，如图8-9所示。

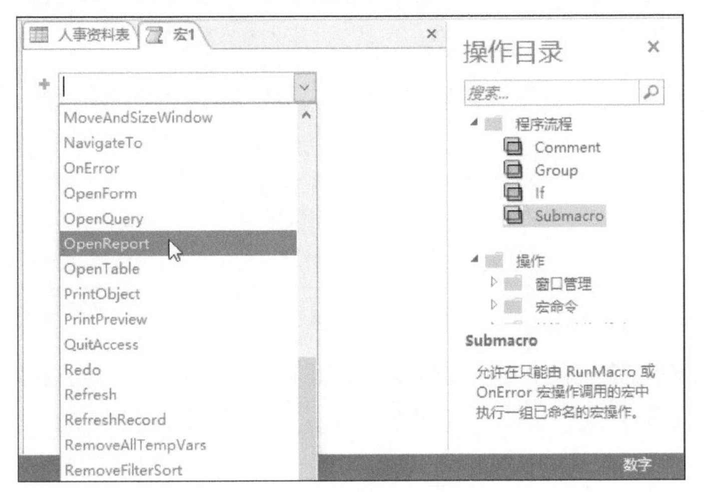

图 8-9　选择“OpenReport”命令

步骤 05 设置相关参数，再单击“添加新操作”右侧的下拉按钮，继续添加宏，即可成为宏组，如图8-10所示。

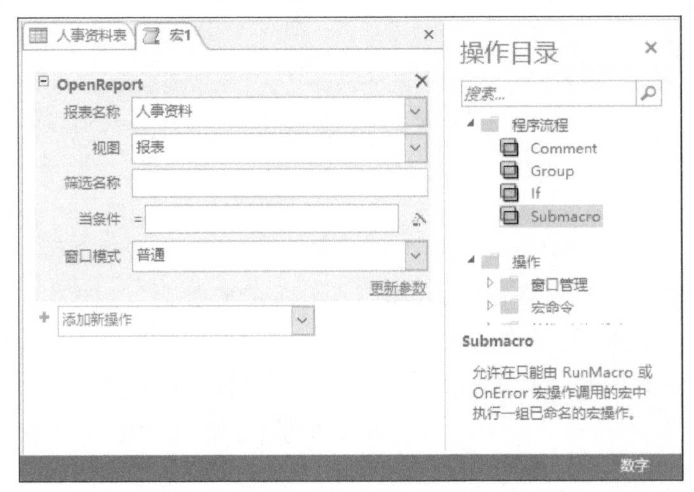

图 8-10　宏组

8.2.4 创建按钮式宏

在Access中可创建窗体控制按钮，通过按钮式宏来控制窗体。下面介绍具体的操作方法。

步骤01 在导航窗格中双击窗体名称，打开窗体，如图8-11所示。

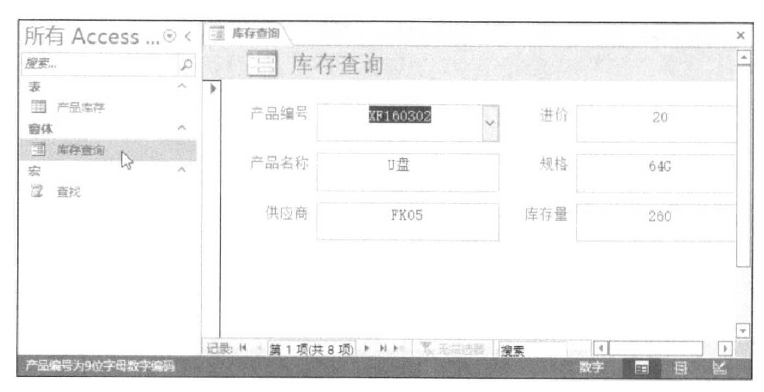

图 8-11　打开窗体

步骤02 打开“开始”选项卡，单击“视图”下拉按钮，在下拉列表中选择“设计视图”选项。

步骤03 切换至“窗体设计工具-表单设计”选项卡，在“控件”组中单击“按钮”控件，如图8-12所示。

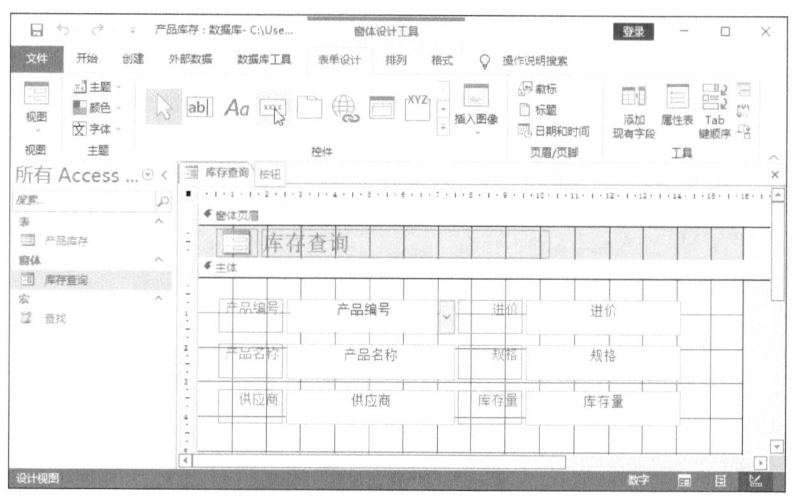

图 8-12　单击“按钮”控件

步骤04 将光标移动到窗体设计区域，在合适的位置按住鼠标左键并拖动，绘制“按钮”控件，如图8-13所示。

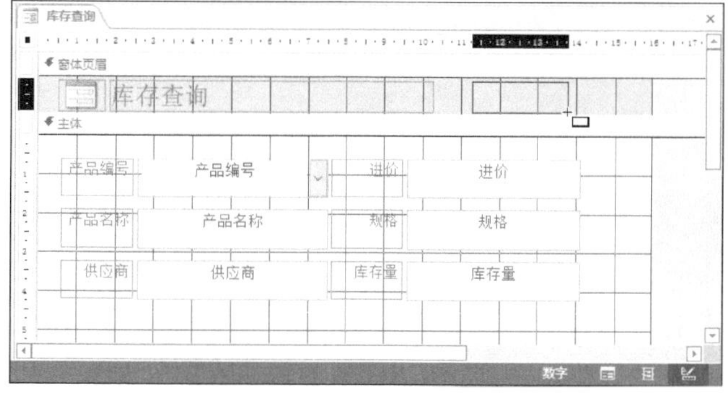

图 8-13　绘制“按钮”控件

步骤05 弹出“命令按钮向导”对话框，设置“类别”为“杂项”，设置“操作”为“运行宏”，单击“下一步”按钮，如图8-14所示。

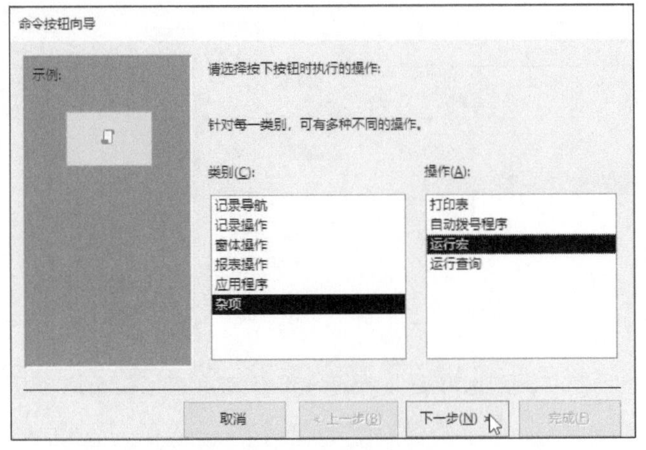

图 8-14 设置“类别”和“操作”

步骤06 选择需要使用的宏，单击“下一步”按钮，如图8-15所示。

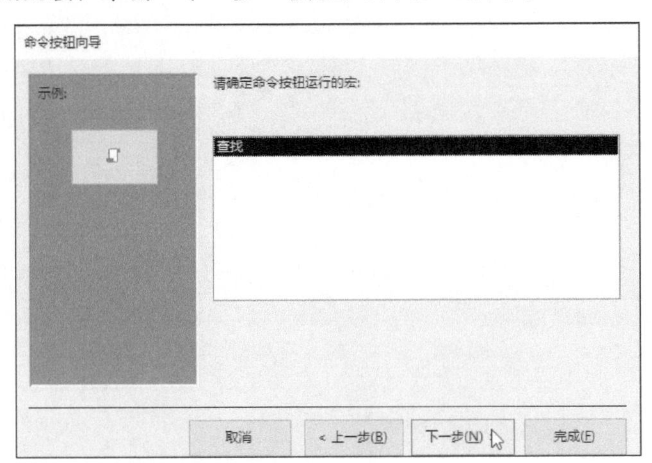

图 8-15 选择宏

步骤07 选择按钮的样式，此处选中“文本”单选按钮，单击“下一步”按钮，如图8-16所示。

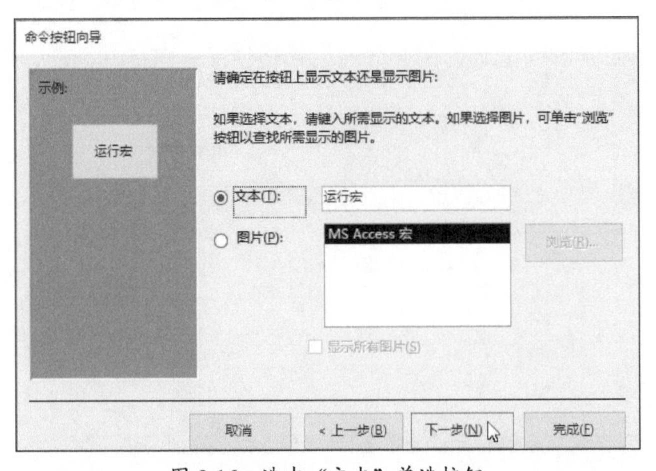

图 8-16 选中“文本”单选按钮

步骤08 设置按钮名称为“查找按钮”，单击“完成”按钮，如图8-17所示。

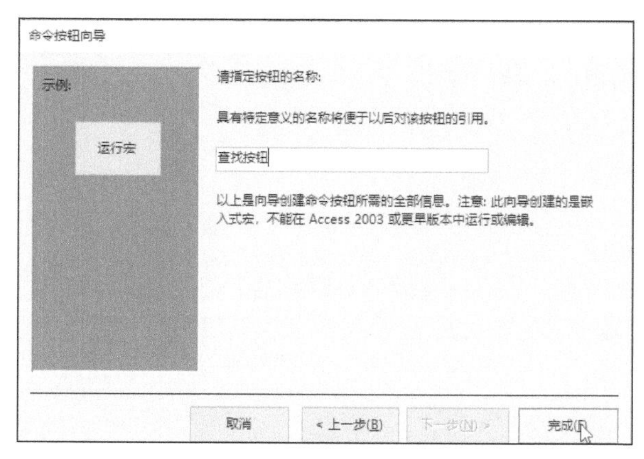

图 8-17 设置按钮名称

步骤09 为按钮链接相应的宏后，单击窗口右下角的“窗体视图”按钮，返回窗体视图，按钮式宏的效果如图8-18所示。

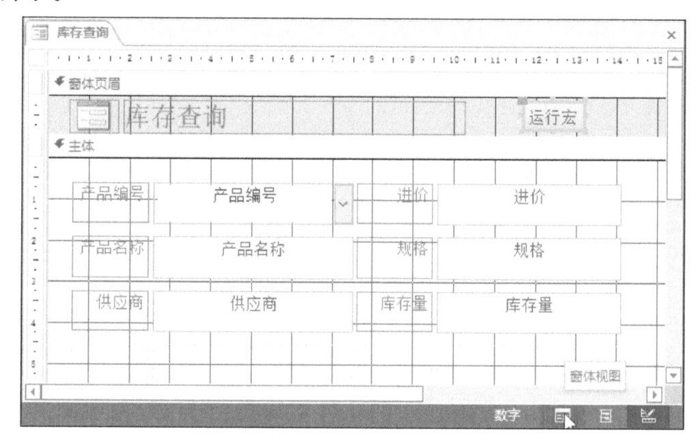

图 8-18 按钮式宏的效果

8.2.5 创建嵌入宏

嵌入宏不同于独立宏，它们存储在窗体、报表或控件的事件属性中。与前面两节介绍的宏不同的是，它们不作为对象显示在导航窗格中的“宏”下面。这将使数据库更易于管理，因为不需要跟踪包含宏的窗体或报表的各个宏对象，而且每次在复制、导入或导出窗体或报表时，嵌入宏仍随附于窗体或报表。下面介绍创建嵌入宏的具体操作方法。

步骤01 在导航窗格中用鼠标右键单击窗体名称，在弹出的快捷菜单中选择“设计视图”选项，如图8-19所示。

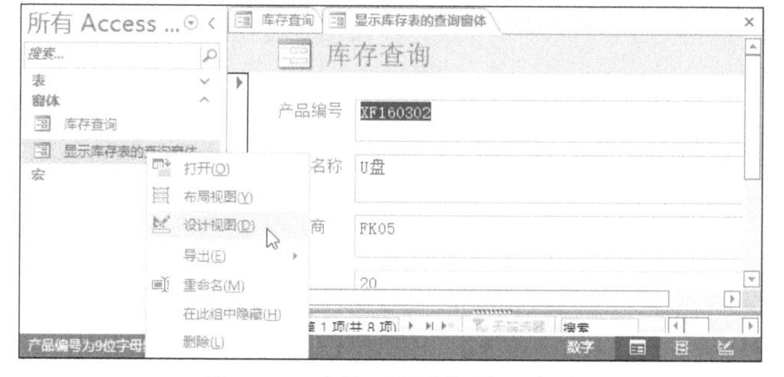

图 8-19 选择“设计视图”选项

步骤02 打开“窗体设计工具-表单设计”选项卡，在“工具”组中单击“属性表”按钮，如图8-20所示。

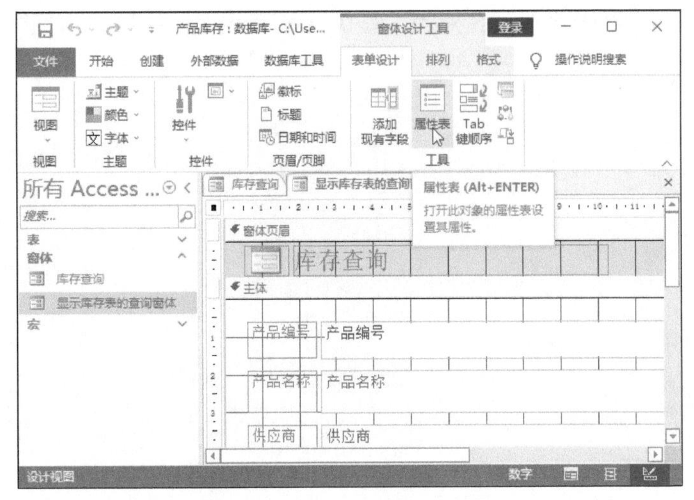

图 8-20　单击“属性表”按钮

步骤03 打开“属性表”窗格，设置所选内容的类型为“窗体”，如图8-21所示。

步骤04 切换至“事件”选项卡，单击要在窗体中嵌入宏的事件属性（如“成为当前”属性），然后单击其右侧的…按钮，如图8-22所示。

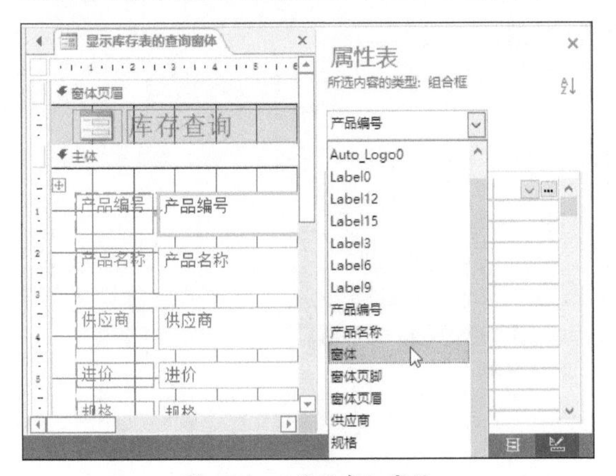

图 8-21　“属性表”窗格

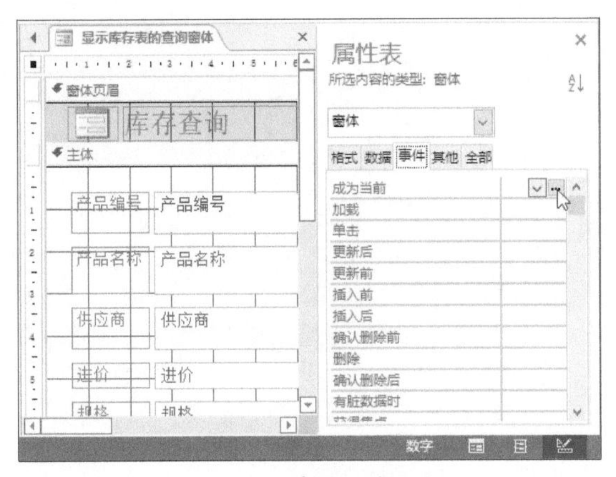

图 8-22　“事件”选项卡

步骤05 弹出“选择生成器”对话框，选中“宏生成器”选项，单击“确定”按钮，如图8-23所示。

步骤06 打开相应的宏窗口，如图8-24所示。

图 8-23　“选择生成器”对话框

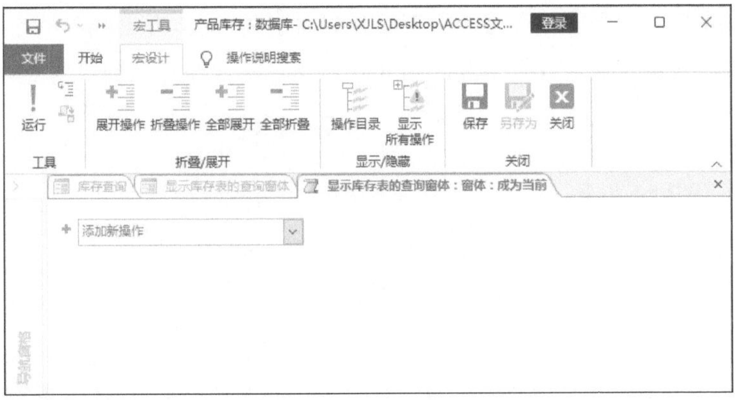

图 8-24　宏窗口

步骤 07 单击“添加新操作”右侧的下拉按钮，从下拉列表中选择“BrowseTo”命令，如图8-25所示。

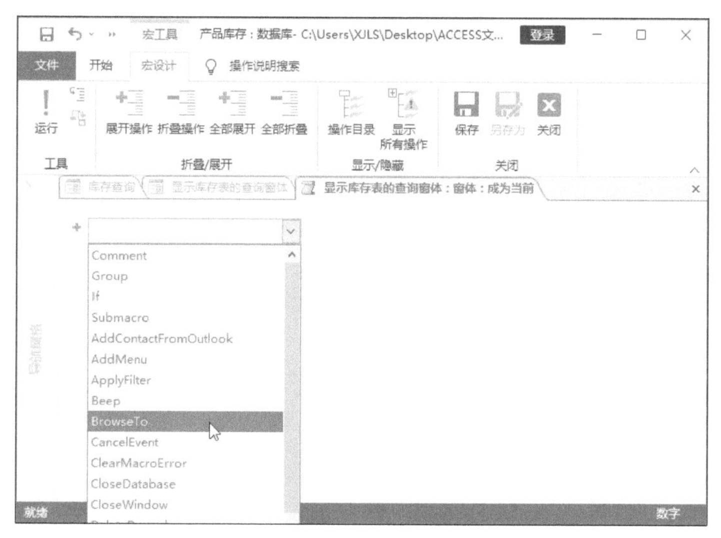

图 8-25 选择“BrowseTo”命令

步骤 08 设置好各选项，保存宏即可，如图8-26所示。

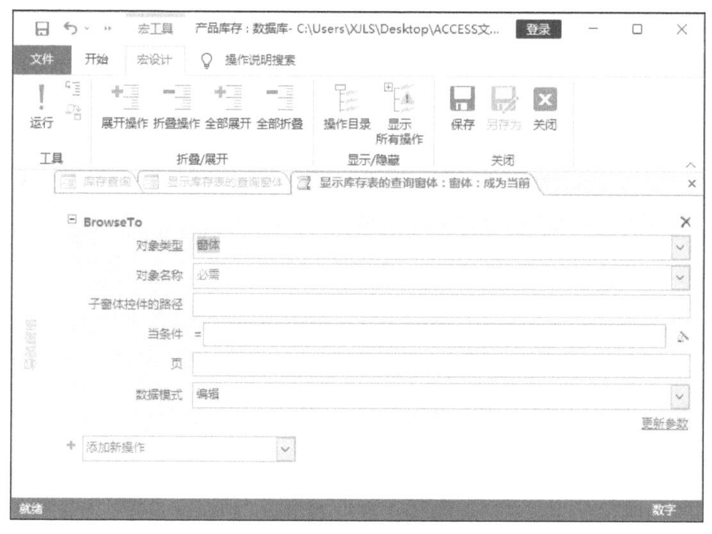

图 8-26 保存宏

8.2.6 在宏中设置条件

有些情况下，可能希望仅当特定条件为真时才在宏中执行一个或多个操作。例如，如果在某个窗体中使用宏来校验数据，可能要显示相应的信息来响应记录的某些输入值。在这种情况下可以使用条件来控制宏的执行。

条件用于指定在执行操作之前必须满足某些标准，计算结果可以是True/False或“是/否”的任何表达式。如果条件求值结果为True或“是”，则执行宏操作。

常用表达式及其含义如表8-1所示。

表 8-1　常用表达式及其含义

表达式	含义
[城市]=" 巴黎 "	“巴黎”是运行该宏的窗体上“城市”字段的值
DCount("[订单 ID]", " 订单 ")>35	“订单”表的“订单 ID”字段中存在 35 个以上的条目
DCount("*", " 订单明细 ", "[订单 ID]=Forms![订单]![订单 ID]")>3	“订单明细”表中存在 3 个以上满足以下条件的条目，且表中的“订单 ID”字段与“订单”窗体上的“订单 ID”字段匹配
[发货日期] Between #2022-02-02# And #2022-03-02#	运行该宏的窗体上的“发货日期”字段的值在 2022-02-02 和 2022-03-02 之间
Forms![产品]![库存量]<5	“产品”窗体上的“库存量”字段的值小于 5
IsNull([名字])	运行该宏的窗体上的“名字”值为 Null，此表达式等效于“[名字] Is Null”。Null：可以在字段中输入或用于表达式和查询，以表明丢失或未知的数据。在 Visual Basic 中，Null 关键字表示 Null 值。有些字段（如主键字段）不可以包含 Null 值
[国家 / 地区]=" 英国 " And Forms![总销售额]![总订单数]>100	运行该宏的窗体上的“国家 / 地区”字段中的值为“英国”，且“总销售额”窗体上的“总订单数”字段的值大于 100
[国家 / 地区] In (" 法国 ", " 意大利 ", " 西班牙 ") And Len([邮政编码])<>5	运行该宏的窗体上的“国家/地区”字段中的值为“法国”“意大利”或“西班牙”，且邮政编码非 5 字符长
MsgBox(" 确认更改 ?",1)=1	在 MsgBox 函数显示“确认更改？”的对话框中，单击“确定”按钮执行该操作。如果在该对话框中单击“取消”按钮，Access 将忽略该操作
[TempVars]![MyVar]=43	临时变量 MyVar（使用 SetTempVar 宏操作创建）的值等于 43
[MacroError]<>0	MacroError 对象的 Number 属性值不等于 0，这意味着宏中发生了错误。此条件可与 ClearMacroError 和 OnError 宏操作结合使用，以控制在出现错误时执行的操作
[TempVars]![MsgBoxResult]=2	用于存储消息框结果的临时变量与 2 进行比较 (vbCancel=2)

下面介绍在宏中设置条件的具体操作方法。

步骤 01 打开“创建”选项卡，在“宏与代码”组中单击“宏”按钮。

步骤 02 在“宏1”窗口中单击“添加新操作”右侧的下拉按钮，从下拉列表中选择“if”命令，如图8-27所示。

步骤 03 添加if命令后的效果如图8-28所示。

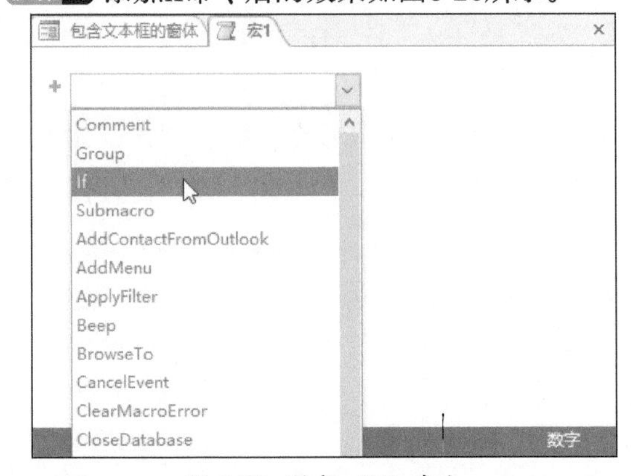

图 8-27　选择“if”命令

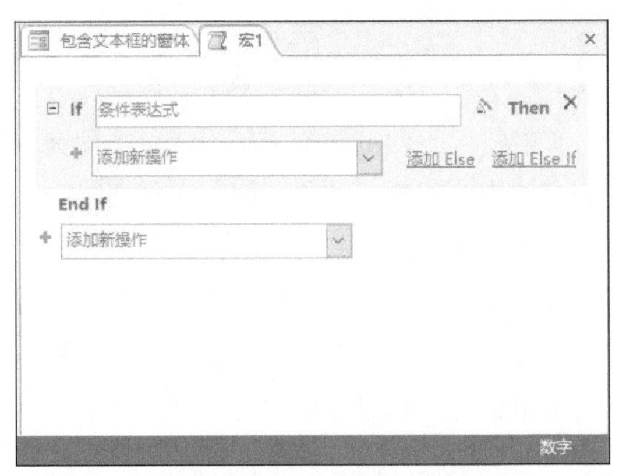

图 8-28　设置命令后的效果

步骤04 在“if”右侧的文本框中输入代码“[Forms]![包含文本框的窗体]![Text0]= "1"”，如图8-29所示。

步骤05 继续选择“OpenTable”命令，如图8-30所示。

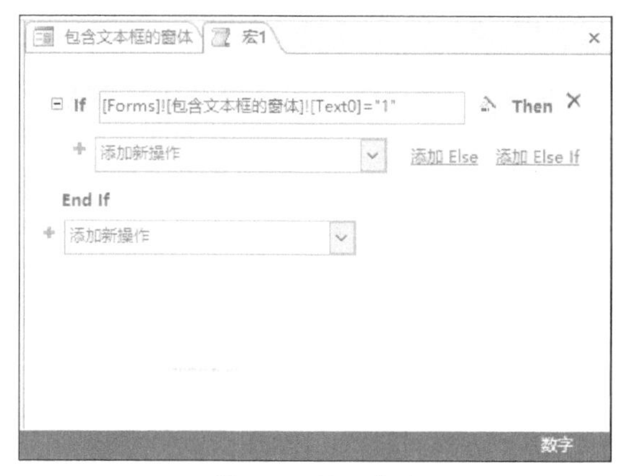

图 8-29 输入代码

图 8-30 选择“OpenTable”命令

步骤06 设置“表名称”为“表1”，表示在窗体“包含文本框的窗体”的文本框“Text0”中输入“1”时，就打开“表1”。在“宏1”名称标签上单击鼠标右键，在弹出的快捷菜单中选择“保存”选项，如图8-31所示。

步骤07 打开“包含文本框的窗体”，在文本框中输入“1”，打开“数据库工具”选项卡，单击“宏”组中的“运行宏”按钮，如图8-32所示。

步骤08 弹出“执行宏”对话框，单击“确定”按钮，如图8-33所示。

图 8-31 选择“保存”选项

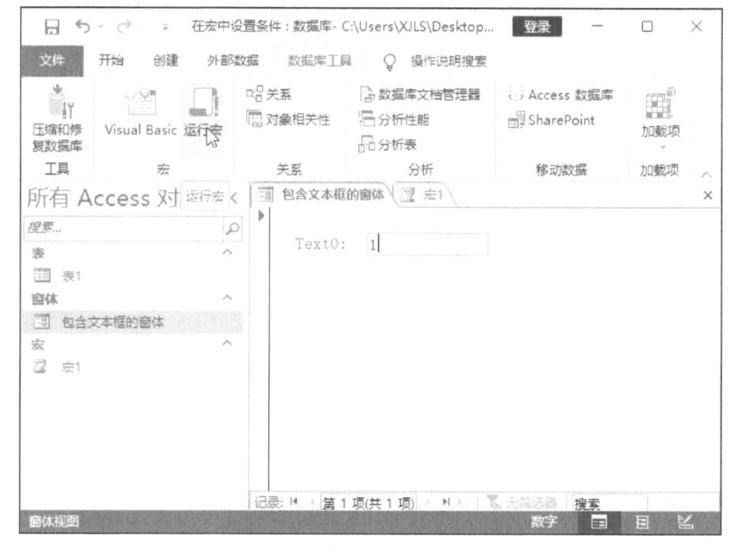

图 8-32 单击“运行宏”按钮

图 8-33 “执行宏”对话框

步骤09 数据库随即打开“表1”，如图8-34所示。

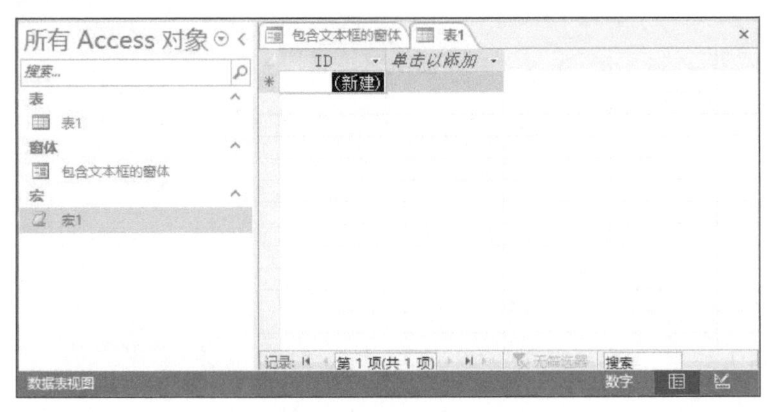

图 8-34　打开“表 1”

8.3　宏的调试和运行

使用宏的方法有很多，可以直接调用宏，可以通过窗体、报表上的控件运行宏，也可以通过菜单或工具栏运行宏，还可以使用某个宏调用另一个宏。在使用宏之前首先需要调试宏，然后再运行，以保证运行的正确性。

8.3.1　调试宏

宏的调试是创建宏后必须进行的一项工作，尤其是对于由多个操作组成的复杂宏，更需要反复地调试，以观察宏的流程和每一个操作的结果。下面介绍调试宏的具体操作方法。

步骤01 打开链接宏的窗体，然后在导航窗格中使用鼠标右键单击要调试的宏，在弹出的快捷菜单中选择“设计视图”选项。

步骤02 切换至“宏工具-宏设计”选项卡，单击“工具”组中的“单步”按钮，如图8-35所示。

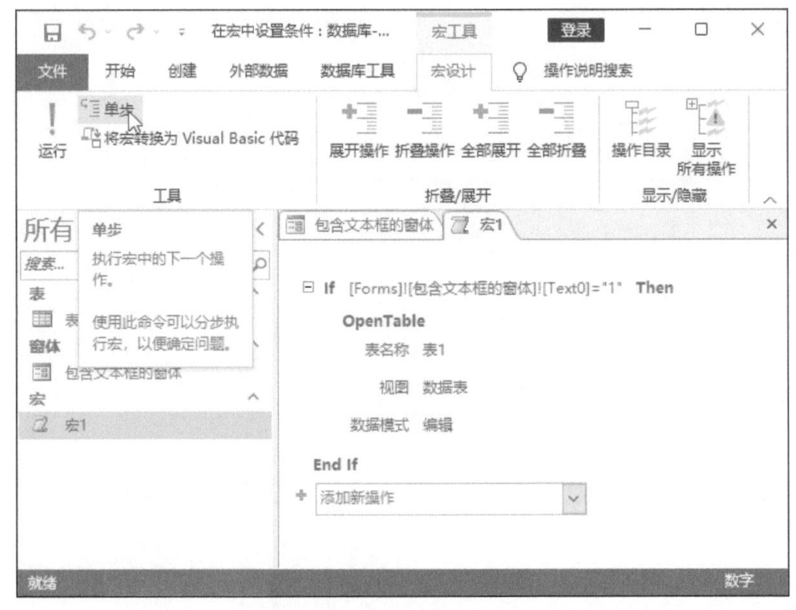

图 8-35　单击“单步”按钮

步骤03 单击“工具”组中的“运行”按钮，如图8-36所示。

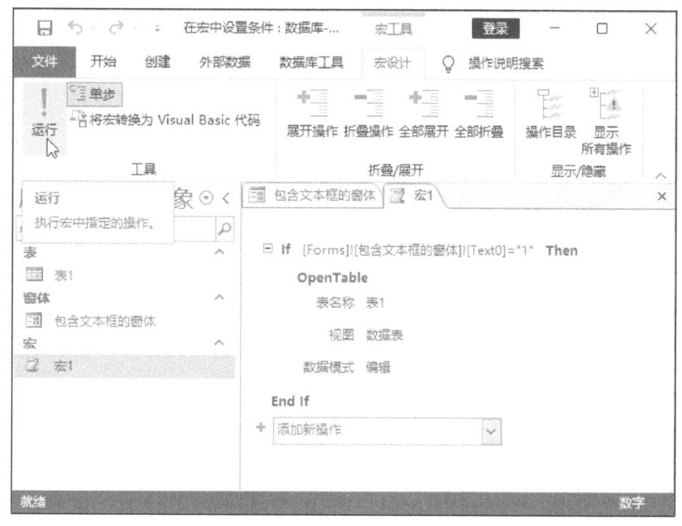

图 8-36 单击“运行”按钮

步骤04 弹出“单步执行宏”对话框，单击“单步执行”按钮即可单步执行宏，如图8-37所示。在这个过程中可以发现有问题的环节并针对问题及时调整。

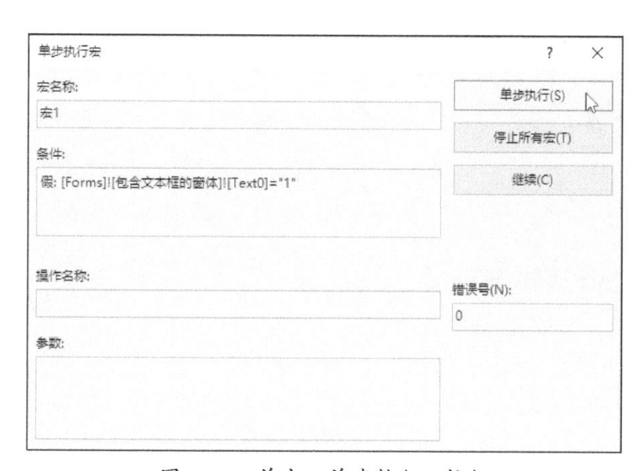

图 8-37 单击“单步执行”按钮

8.3.2 运行宏

独立宏可以多种方式运行：一是直接运行（从导航窗格中运行），如图8-38所示；二是在宏组中、从另一个宏中或从VBA模块中运行，或者以响应窗体、报表或控件中发生的事件的形式运行。对于嵌入在窗体、报表或控件中的宏而言，当它处于设计视图中时，可以通过单击“宏工具-宏设计”选项卡上的“运行”来运行该宏。在其他情况下，只有当与宏关联的事件触发时，该宏才会运行。

图 8-38 直接运行

实战演练 创建简单的宏组

学习了本章相关知识后，在本例中将练习创建和运行一个简单的宏组。

步骤01 在Access中打开“工资表”数据库，如图8-39所示。

步骤02 切换到“创建”选项卡，单击“宏与代码”组中的“宏”按钮。

步骤03 Access中自动打开“宏1”窗口。单击“添加新操作”右侧的下拉按钮，在下拉列表中选择“OpenForm”命令，如图8-40所示。

步骤04 设置“窗体名称”为“工资合计”，如图8-41所示。

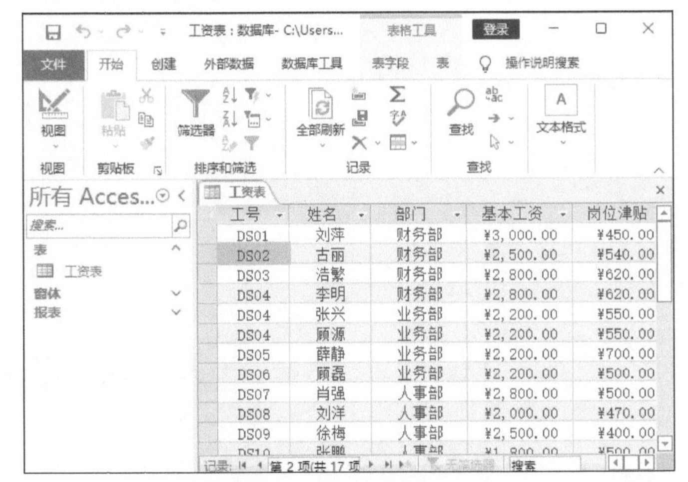

图 8-39 “工资表”数据库

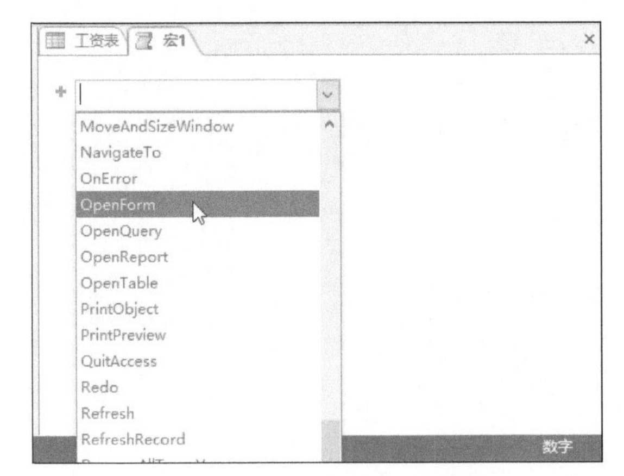

图 8-40 选择“OpenForm”命令

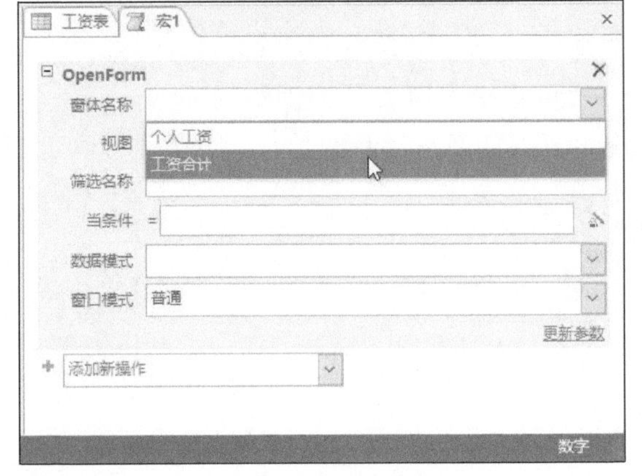

图 8-41 设置窗体名称

步骤05 设置“窗口模式”为“对话框”，完成第1个宏命令的设置，如图8-42所示。

步骤06 单击“添加新操作”右侧的下拉按钮，如图8-43所示。

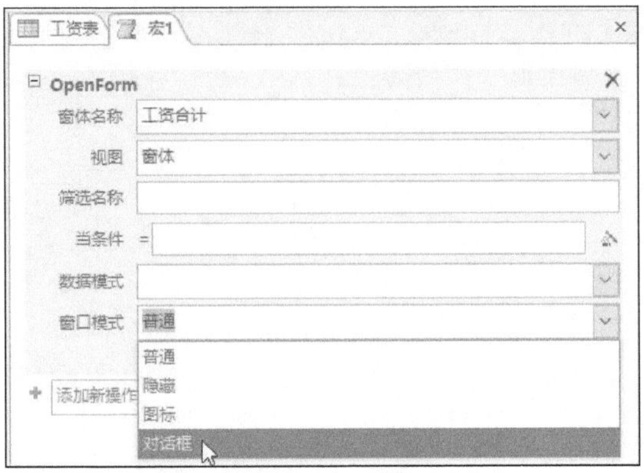

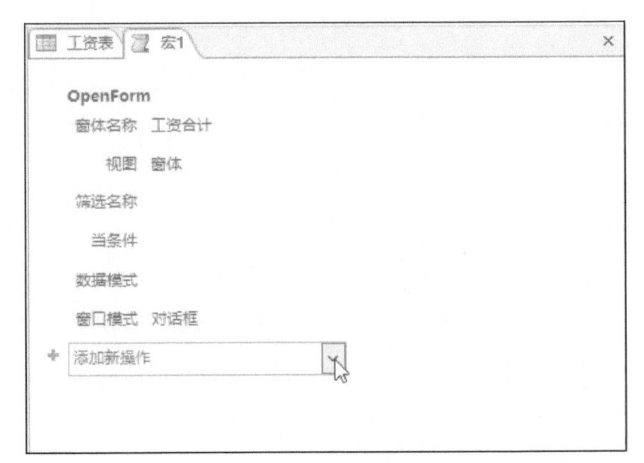

图 8-42 设置宏命令 1

图 8-43 单击“添加新操作”右侧的下拉按钮

步骤07 选择“OpenForm”命令，如图8-44所示。

步骤08 设置“数据模式”为“只读”，如图8-45所示。

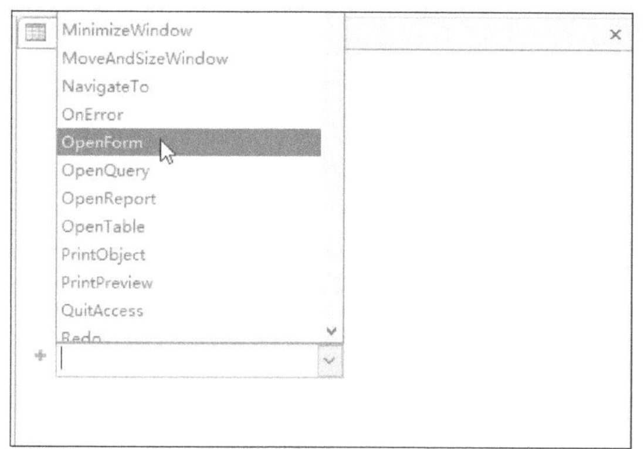

图 8-44 选择“OpenForm”命令

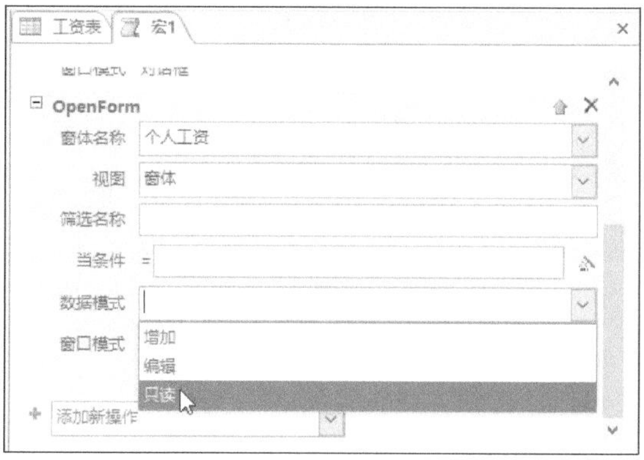

图 8-45 设置数据模式

步骤09 设置“窗口模式”为“对话框”，完成第2个宏命令的设置，如图8-46所示。

步骤10 在“宏1”名称标签上单击鼠标右键，在弹出的快捷菜单中选择“保存”选项，如图8-47所示。

图 8-46 设置宏命令 2

图 8-47 选择“保存”选项

步骤11 弹出“另存为”对话框，设置“宏名称”为“宏组1”，单击“确定”按钮，如图8-48所示。

步骤12 打开“宏工具-宏设计”选项卡，单击“工具”组中的“单步”按钮，如图8-49所示。

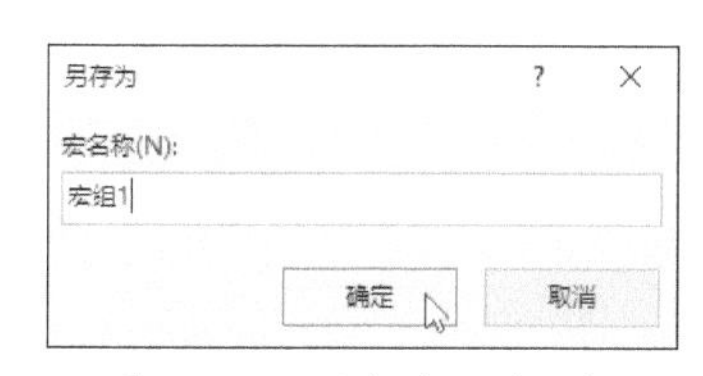

图 8-48 “另存为”对话框

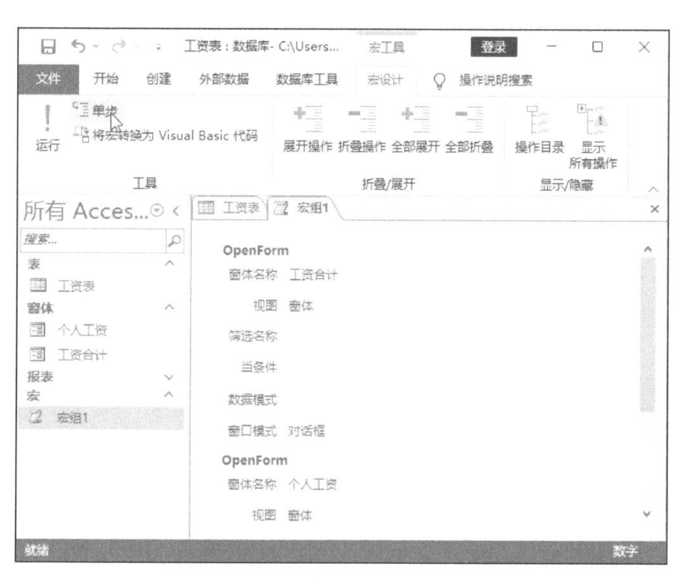

图 8-49 单击“单步”按钮

步骤 13 单击“工具”组中的“运行”按钮，如图8-50所示。

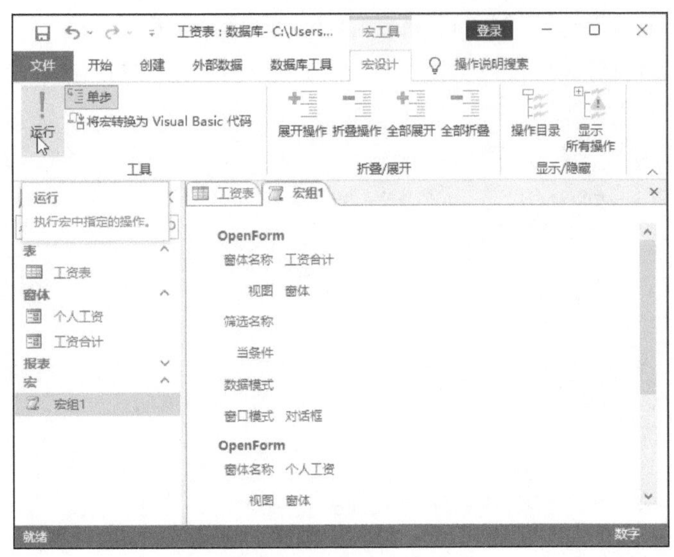

图 8-50 单击“运行”按钮

步骤 14 弹出“单步执行宏”对话框，单击“单步执行”按钮，如图8-51所示。

步骤 15 “工资合计”窗体随即以对话框的形式打开，如图8-52所示。单击对话框右上角的“关闭”按钮，可将其关闭。

步骤 16 返回“单步执行宏”对话框，单击“继续”按钮，弹出“个人工资”窗体，如图8-53所示。

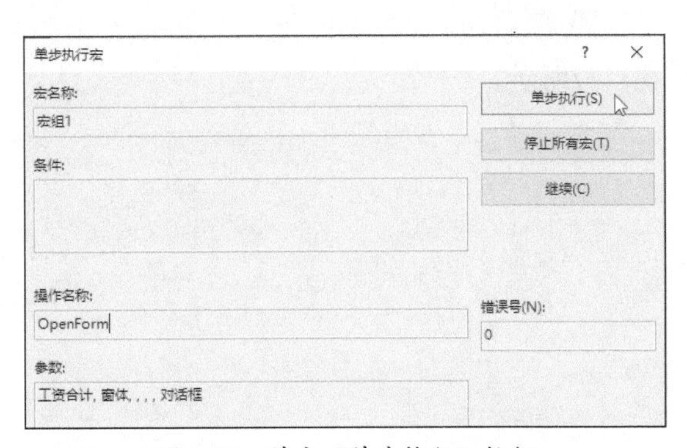

图 8-51 单击“单步执行”按钮

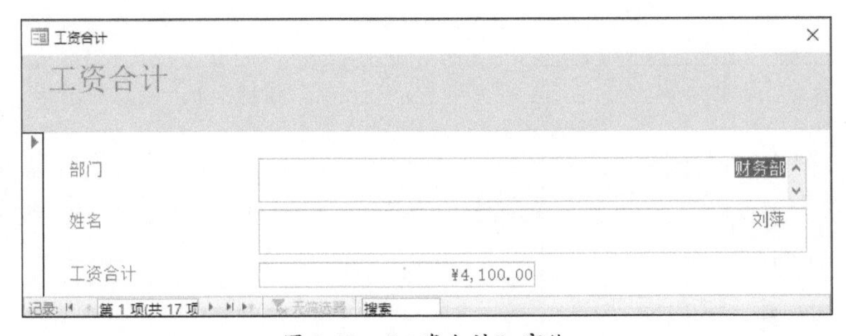

图 8-52 “工资合计”窗体

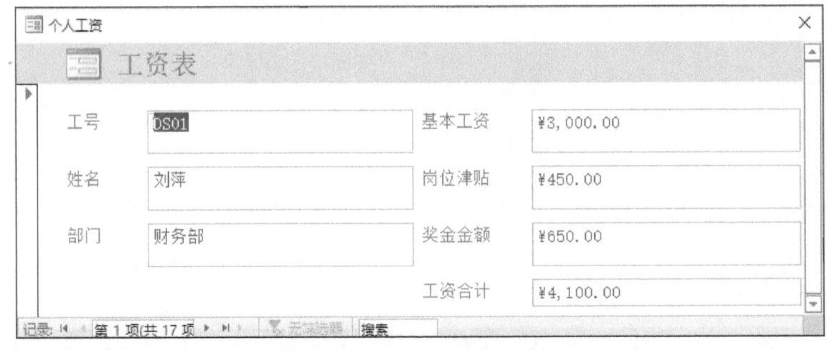

图 8-53 “个人工资”窗体

拓展阅读

坚持把发展经济着力点放在实体经济上，推动互联网、大数据、人工智能等同各产业深度融合，大力推进产业数字化和绿色化协同转型，发展现代供应链，提高全要素生产率，促进节能减排，有力提升经济质量效益和核心竞争力。

——《“十四五”国家信息化规划》

课后作业

在本作业中将综合本章知识点，使用内置的宏命令打开“产品库存”窗体，具体操作要求如下：

（1）通过“宏”命令打开“宏1”窗口。

（2）添加“OpenForm”命令。

（3）设置视图为“窗体”、窗体名称为“产品库存”、窗口模式为“对话框”。

（4）保存宏，设置宏名称为“产品库存”。

（5）运行宏，运行效果如图8-54所示。

图 8-54　运行效果

第9章 用宏实现操作自动化

内容概要

为了使用户在工作时避免一再重复相同的动作，微软设计了宏这一功能。它利用简单的语法，把常用的动作写成宏。工作时用户即可直接自动运行事先编好的宏，以完成某项特定的任务，从而提高工作效率。本章将主要介绍使用宏操作数据库对象和使用宏执行操作。

数字资源

【本章素材】：“素材文件\第9章”目录下

9.1 使用宏操作数据库对象

Access中有多种多样的宏操作，使用宏操作能完成许多常规的工作。为了方便读者学习和使用宏，本节将按照功能分类，简单介绍各种操作。

9.1.1 打开和关闭Access对象

打开和关闭Access对象的宏操作及其功能如表9-1所示。

表 9-1 打开和关闭 Access 对象的宏操作及其功能

宏操作	功能
OpenDataAccessPage	使用该操作在页面视图或设计视图中可打开数据访问页
OpenDiagram	在 Access 中，使用该操作在设计视图中可打开数据库图表
OpenForm	使用该操作在窗体视图、设计视图、打印预览或数据表视图中可打开窗体
OpenFunction	在 Access 中，使用该操作在数据表视图、内嵌函数设计视图、SQL 文本编辑器视图或打印预览中可打开用户定义的函数
OpenModule	使用该操作在指定过程可打开指定的 VBA 模块
OpenQuery	使用该操作在数据表视图、设计视图或打印预览中可打开选择查询或交叉表查询
OpenReport	使用该操作在设计视图或打印预览中可打开报表，或将报表直接发送到打印机
OpenStoredProcedure	在 Access 中，使用该操作可在数据表视图、设计视图或打印预览中打开存储过程
OpenTable	使用该操作可在数据表视图、设计视图或打印预览中打开表
OpenView	在 Access 中，使用该操作可在数据表视图 、设计视图或打印预览中打开视图
CloseWindow	使用该操作可关闭指定的窗口或数据库对象

下面介绍使用宏关闭Access对象的具体操作方法。

步骤 01 打开数据库中的所有表，切换到“创建”选项卡，单击“宏与代码”组中的“宏”按钮，如图9-1所示。

图 9-1 单击“宏”按钮

步骤02 Access自动打开“宏1”窗口，如图9-2所示。

步骤03 单击“添加新操作”右侧的下拉按钮，在下拉列表中选择“CloseWindow”命令，如图9-3所示。

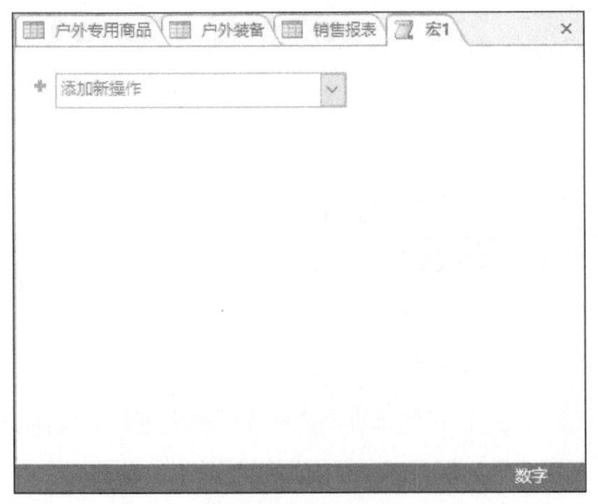

图 9-2 “宏 1”窗口

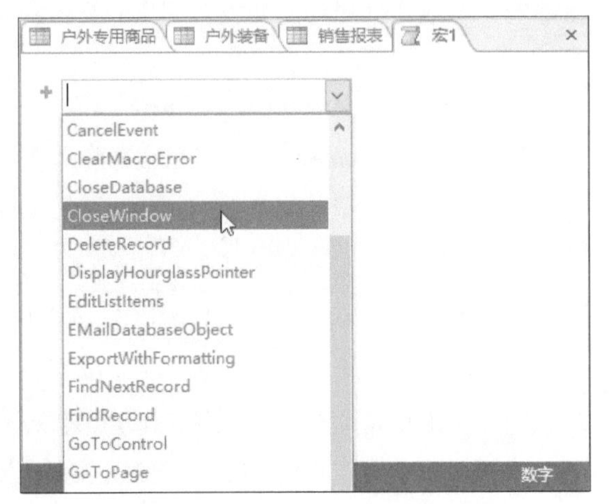

图 9-3 选择“CloseWindow”命令

步骤04 窗口中随即显示出该命令的所有操作项，如图9-4所示。

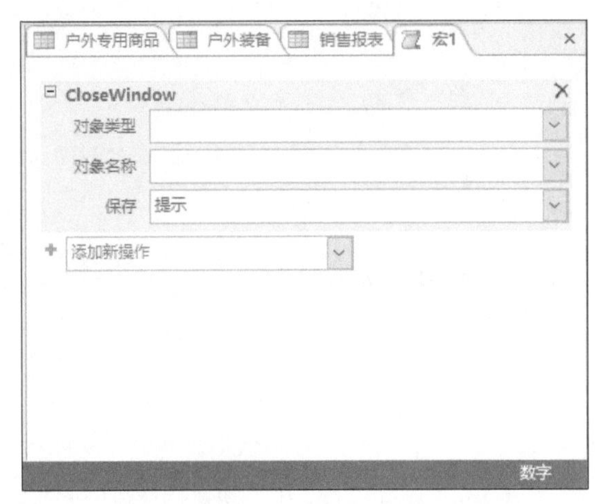

图 9-4 显示操作选项

步骤05 设置“对象类型”为“表”，设置“对象名称”为“户外专用商品”，设置“保存”为“提示”，如图9-5所示。

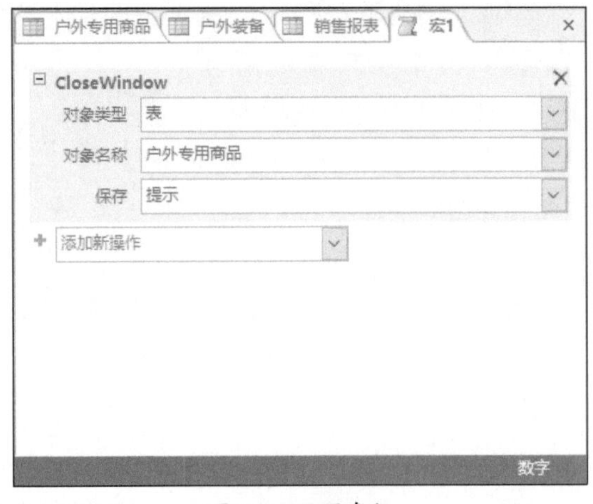

图 9-5 设置参数

步骤06 在“宏1”名称标签上单击鼠标右键，在弹出的菜单中选择“保存”选项，如图9-6所示。

步骤07 弹出“另存为”对话框，设置“宏名称”为“关闭 户外专用商品 表”，单击“确定”按钮，如图9-7所示。

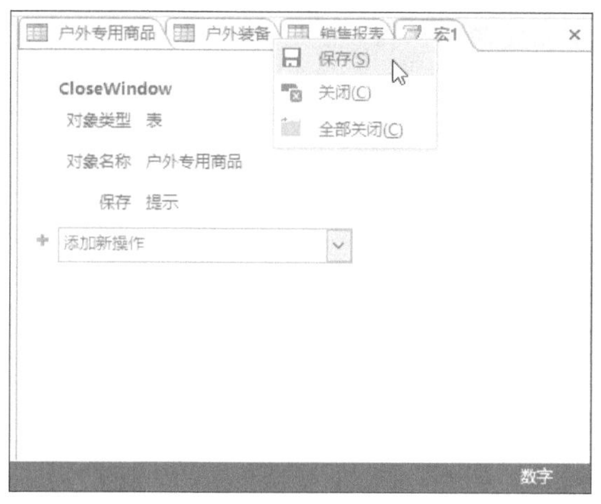

图 9-6 选择“保存”选项

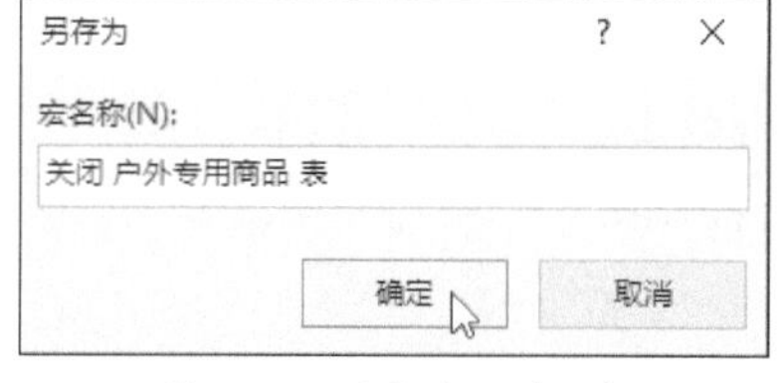

图 9-7 “另存为”对话框

步骤08 切换至“宏工具-设计”选项卡，单击“工具”组中的“运行”按钮，如图9-8所示。

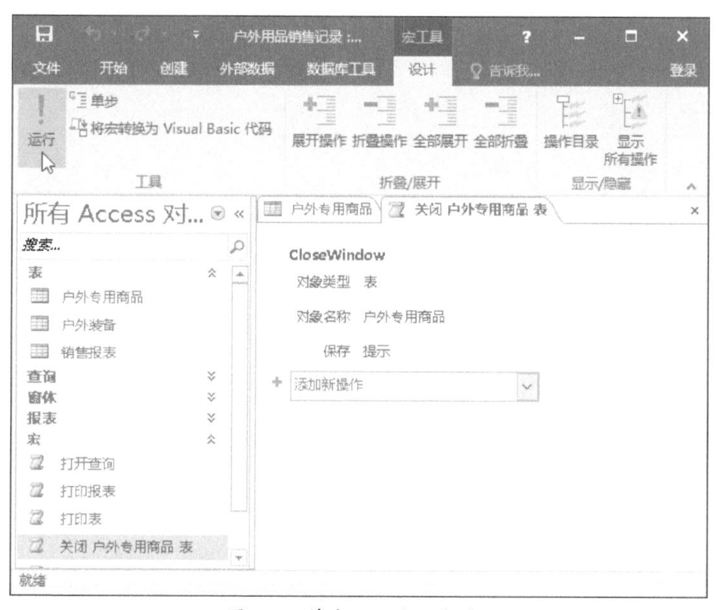

图 9-8 单击“运行”按钮

步骤09 在宏参数中指定的表“户外专用商品”随即被关闭，如图9-9所示。

图 9-9 关闭指定的表

9.1.2 报表的打印预览

打印产品数据的宏操作及其功能如表9-2所示。

表 9-2 打印产品数据的宏操作及其功能

宏操作	功能
OpenReport	使用该操作可在设计视图或打印预览中打开报表，或者将报表直接发送到打印机，还可以限制报表打印的记录

下面介绍创建功能为打开“户外专用商品”报表并显示打印预览界面的宏的具体操作方法。

步骤01 打开“创建”选项卡，单击“宏与代码”组中的“宏”按钮。

步骤02 Access随即打开“宏1”窗口，单击“添加新操作”右侧的下拉按钮，在下拉列表中选择“OpenReport”命令，如图9-10所示。

步骤03 窗口中随即显示“OpenReport”的所有选项，如图9-11所示。

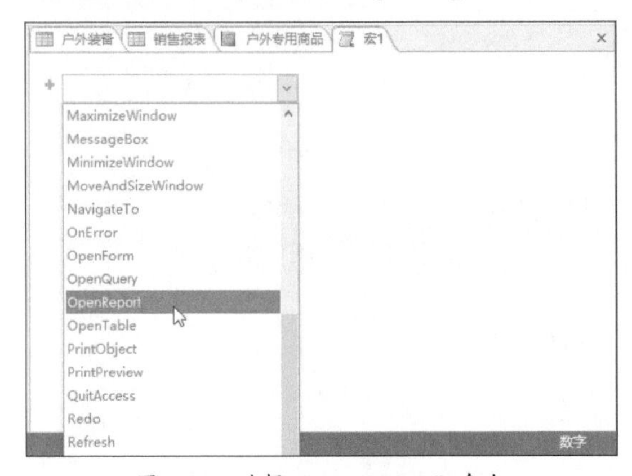

图 9-10 选择“OpenReport”命令

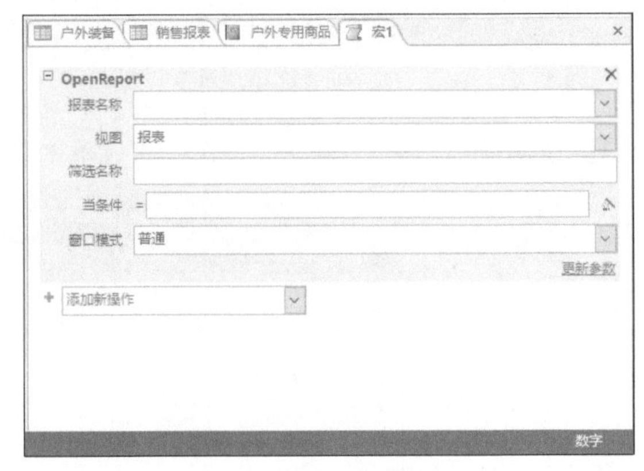

图 9-11 显示所有选项

步骤04 选择需要打开的报表名称，单击“视图”下拉按钮，在展开的列表中选择“打印预览”选项，如图9-12所示。

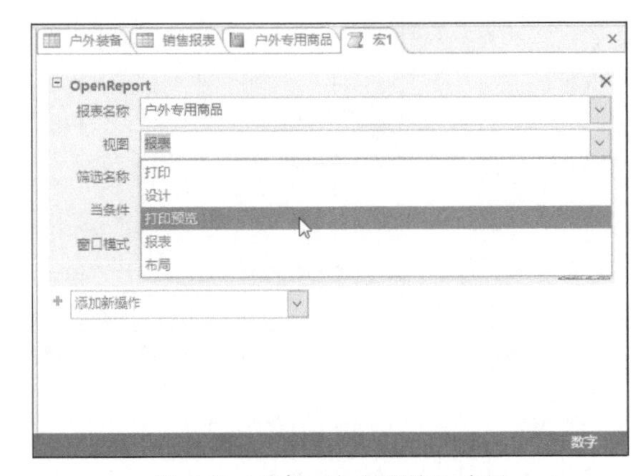

图 9-12 选择“打印预览”选项

步骤05 设置完成后在“宏1”名称标签上单击鼠标右键，在弹出的菜单中选择“保存”选项。

步骤06 弹出“另存为”对话框，设置“宏名称”为“打印报表”，单击“确定”按钮。

步骤07 打开“宏工具-宏设计”选项卡，单击“工具”组中的“运行”按钮。

步骤08 Access随即打开指定报表的打印预览界面，效果如图9-13所示。

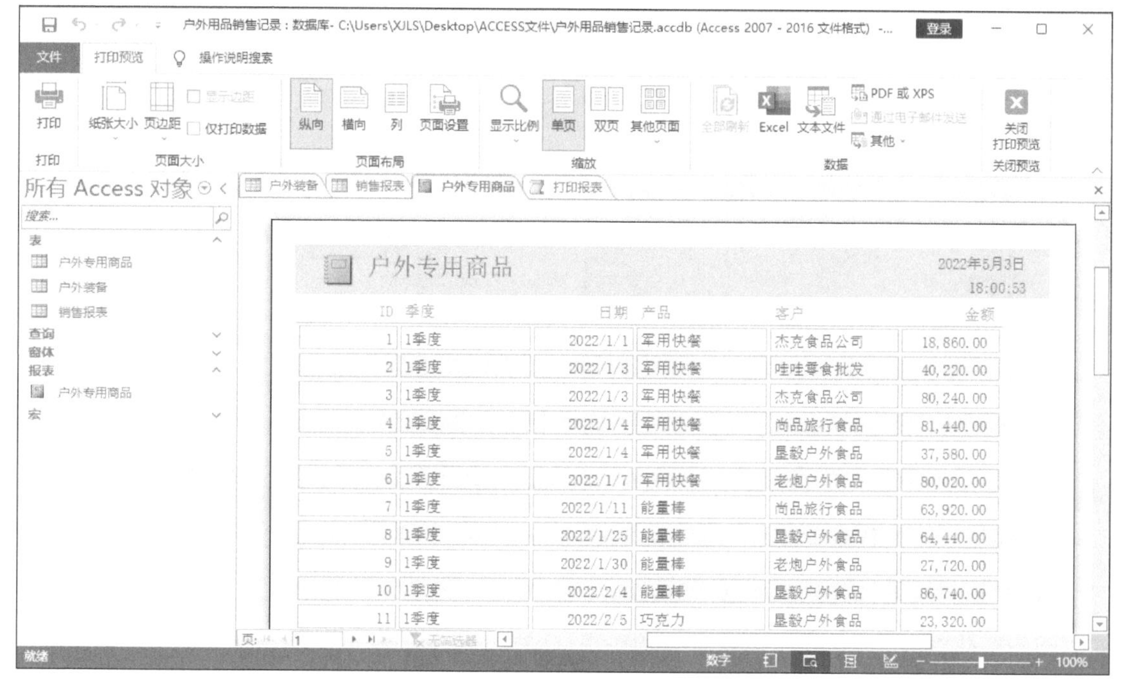

图 9-13 打印预览

9.1.3 将数据库数据输出为多种格式文件

数据库中的数据可以利用宏操作输出为多种格式文件，从而方便在更多场合使用，如表9-3所示。下面以输出为Excel文件为例介绍具体的操作方法。

表 9-3 输出为多种格式文件的宏操作及其功能

宏操作	功能
ExportWithFormatting	使用该操作可将指定的 Access 数据库对象（数据表、窗体、报表或模块）中的数据输出为多种输出格式

步骤 01 打开数据库，切换至“创建”选项卡，单击“宏与代码”组中的“宏”按钮。

步骤 02 Access随即打开“宏1”窗口，单击“添加新操作”右侧的下拉按钮，在下拉列表中选择“ExportWithFormatting”命令，如图9-14所示。

步骤 03 设置“对象类型”为“表”，设置“对象名称”为“户外专用商品”，如图9-15所示。

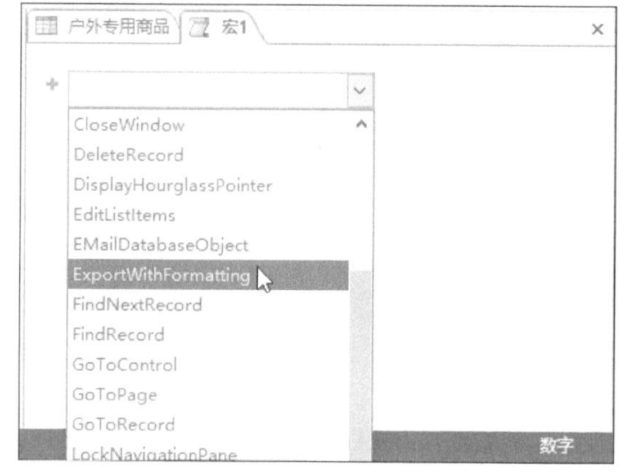

图 9-14 选择“ExportWithFormatting”命令

图 9-15 设置参数

步骤04 设置“输出文件”类型为“Excel 97- Excel 2003工作簿(*.xls)”，如图9-16所示。

步骤05 设置“自动启动”类型为“是”，如图9-17所示。

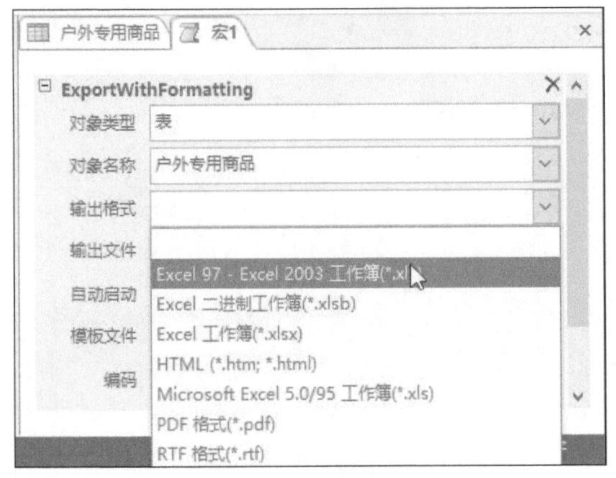

图 9-16 设置“输出文件”类型

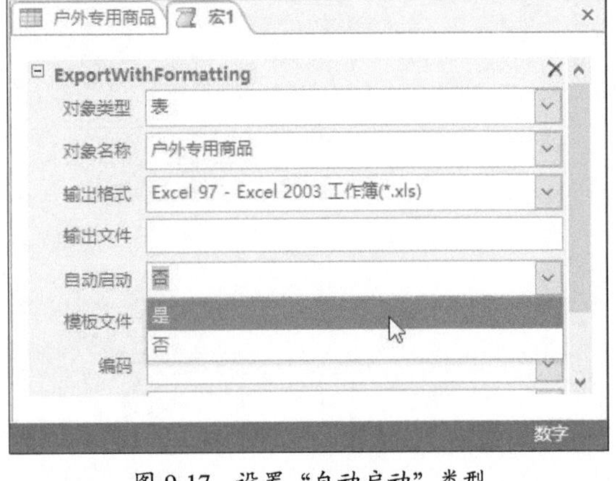

图 9-17 设置“自动启动”类型

步骤06 在“宏1”名称标签上单击鼠标右键，在弹出的菜单中选择“保存”选项。

步骤07 弹出“另存为”对话框，设置“宏名称”为“将数据库导出成Excel”，单击“确定”按钮。

步骤08 切换至“宏工具-宏设计”选项卡，单击“工具”组中的“运行”按钮。

步骤09 弹出“输出到”对话框，选择文件的保存路径，单击“确定”按钮，如图9-18所示。

步骤10 由数据库导出的Excel文件随即打开，效果如图9-19所示。

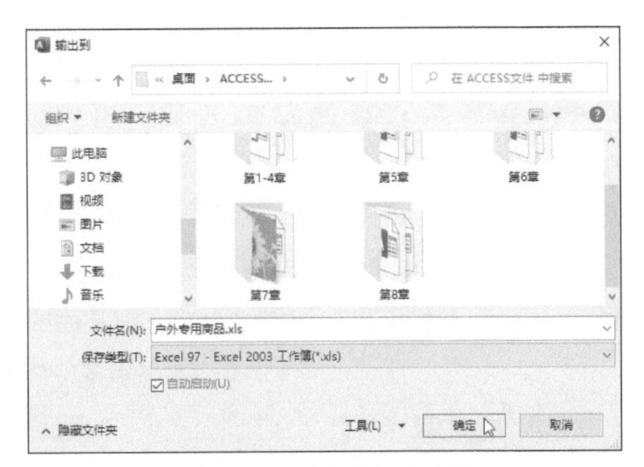

图 9-18 “输出到”对话框

ID	季度	日期	产品	客户	金额
1	1季度	2022/1/1	军用快餐	杰克食品公司	18,860.00
2	1季度	2022/1/3	军用快餐	哇哇零食批发	40,220.00
3	1季度	2022/1/3	军用快餐	杰克食品公司	80,240.00
4	1季度	2022/1/4	军用快餐	尚品旅行食品	81,440.00
5	1季度	2022/1/4	军用快餐	昱毅户外食品	37,580.00
6	1季度	2022/1/7	军用快餐	老炮户外食品	80,020.00
7	1季度	2022/1/11	能量棒	尚品旅行食品	63,920.00
8	1季度	2022/1/25	能量棒	昱毅户外食品	64,440.00
9	1季度	2022/1/30	能量棒	老炮户外食品	27,720.00
10	1季度	2022/2/4	能量棒	昱毅户外食品	86,740.00
11	1季度	2022/2/5	巧克力	昱毅户外食品	23,320.00
12	1季度	2022/2/8	巧克力	哇哇零食批发	53,700.00
13	1季度	2022/2/10	巧克力	昱毅户外食品	17,680.00
14	1季度	2022/2/17	巧克力	尚品旅行食品	54,740.00

图 9-19 文件打开效果

9.1.4 打印数据库指定对象

使用PrintOut命令可以打印数据库中的指定对象，下面介绍具体的操作方法。

步骤01 打开“户外用品销售记录”数据库，切换到“创建”选项卡，单击“宏与代码”组中的“宏”按钮。

步骤02 Access自动打开“宏1”窗口，切换至“宏工具-宏设计”选项卡，单击“显示/隐藏”组中的“显示所有操作”按钮，如图9-20所示。该操作可切换“添加新操作”下拉列表中的内容，显示所有宏命令或尚未受信任的数据库中允许的命令。

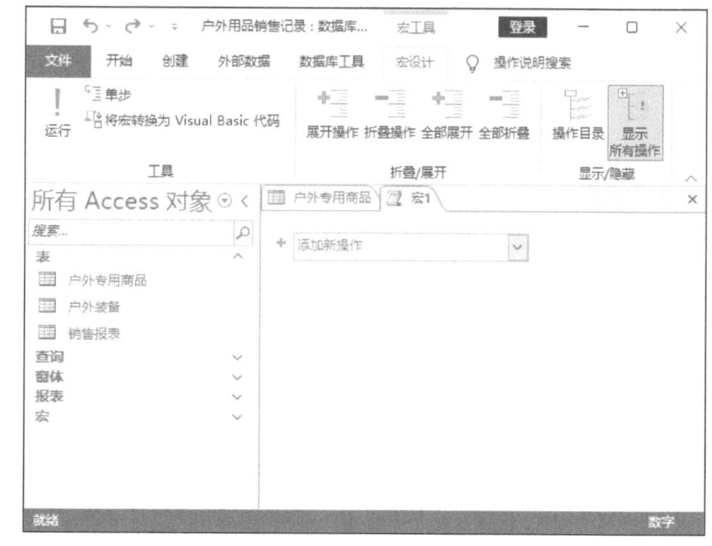

图 9-20 单击“显示所有操作”按钮

步骤03 单击“添加新操作”右侧的下拉按钮，在下拉列表中选择“PrintOut”命令，如图9-21所示。

步骤04 设置“打印范围”为“全部”，设置“打印质量”为“高品质”，设置“份数”为“5”，设置“逐份打印”为“是”，如图9-22所示。

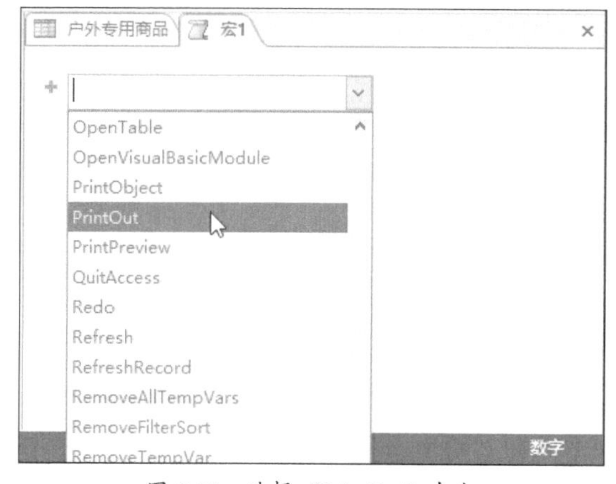

图 9-21 选择“PrintOut”命令

图 9-22 设置参数

步骤05 按Ctrl+S组合键执行“保存”命令，弹出“另存为”对话框，输入“宏名称”为“打印表”，单击“确定”按钮。

步骤06 切换至“宏工具-宏设计”选项卡，单击“工具”组内的“运行”按钮。

步骤07 弹出“打印宏定义”对话框，保持默认设置，单击“确定”按钮即可执行打印操作，如图9-23所示。

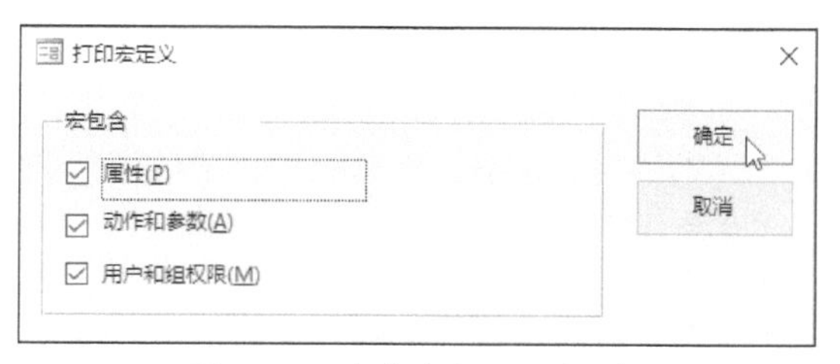

图 9-23 “打印宏定义”对话框

9.2 使用宏执行操作

Access提供宏对象的目的是能够自动执行某些操作，例如，使用宏打开表、查询或窗体，使用宏删除指定字段等。

9.2.1 执行查询

下面使用OpenQuery命令打开数据库中指定的查询，具体操作步骤如下：

步骤01 打开数据库，切换到“创建”选项卡，单击“宏与代码”组中的“宏”按钮。

步骤02 Access随即打开“宏1”窗口，单击“添加新操作”右侧的下拉按钮，在下拉列表中选择“OpenQuery”命令，如图9-24所示。

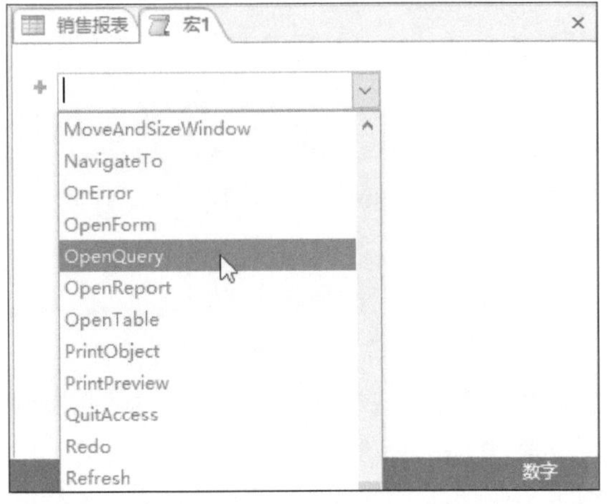

图 9-24 选择“OpenQuery”命令

步骤03 设置“查询名称”为“按季度查看销售金额”，如图9-25所示。

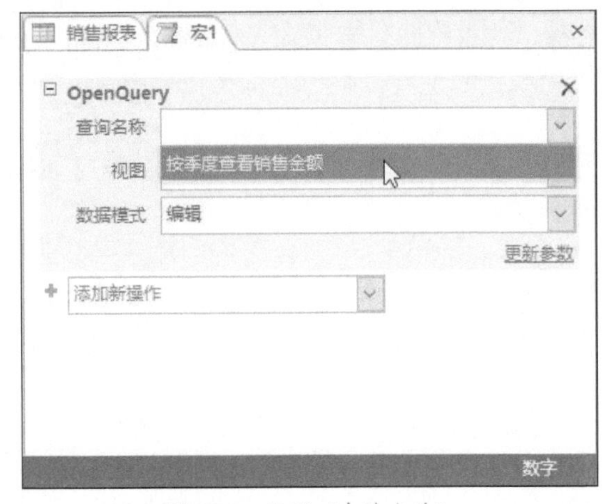

图 9-25 设置“查询名称”

步骤04 按Ctrl+S组合键执行“保存”命令，弹出“另存为”对话框，设置“宏名称”为“打开查询”，单击“确定”按钮。

步骤05 切换至“宏工具-宏设计”选项卡，单击“工具”组中的“运行”按钮。

拓展阅读

促进文化产业与新一代信息技术相互融合，发展基于5G、超高清、增强现实、虚拟现实、人工智能等技术的新一代沉浸式体验文化产品服务。推动数字创意、高新视频技术和装备研发，加快发展新型文化企业、文化业态、文化消费模式。

——《“十四五”国家信息化规划》

步骤06 数据库中被宏命令指定的查询随即打开，效果如图9-26所示。

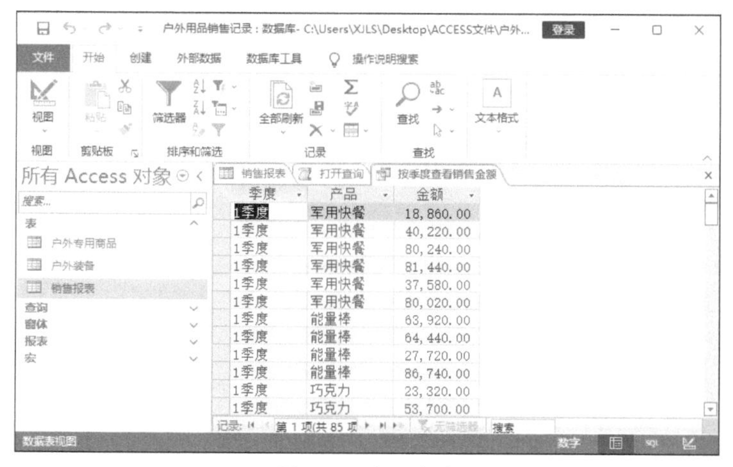

图 9-26 打开查询

9.2.2 删除指定字段

RunSQL宏操作及其功能如表9-4所示。

表 9-4 RunSQL 宏操作及其功能

宏操作	功能
RunSQL	使用该操作可运行 Access 执行查询，可使用相应的 SQL 语句，也可运行数据定义查询

下面使用RunSQL命令删除“销售报表”中的“客户代码”字段，具体操作步骤如下：

步骤01 打开数据库，切换到“创建”选项卡，单击“宏与代码”组中的“宏”按钮。

步骤02 Access随即打开“宏1”窗口，切换至“宏工具-宏设计”选项卡，单击“显示/隐藏”组中的“显示所有操作”按钮。

步骤03 在“宏1”窗口中单击“添加新操作”右侧的下拉按钮，在下拉列表中选择“RunSQL”命令，如图9-27所示。

步骤04 在“SQL语句”文本框中输入代码“ALTER TABLE[销售报表]DROP COLUMN[客户代码]”，如图9-28所示。

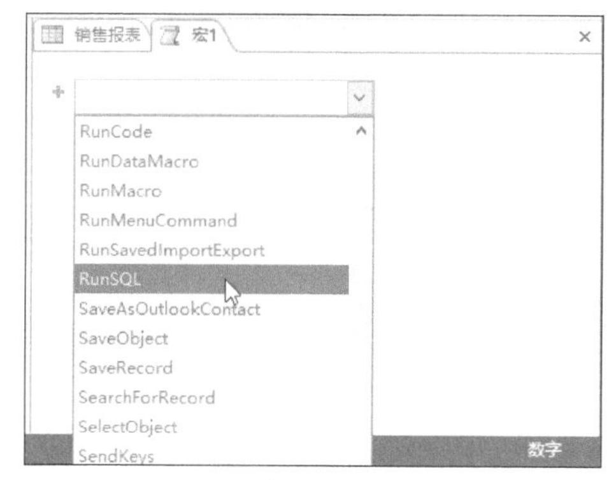

图 9-27 选择“RunSQL”命令

图 9-28 输入代码

步骤 05 关闭“销售报表”，切换至“宏工具-宏设计”选项卡，单击“工具”组中的“运行”按钮。

步骤 06 弹出警示对话框，单击“是”按钮，如图9-29所示，然后在“另存为”对话框中设置宏名称。

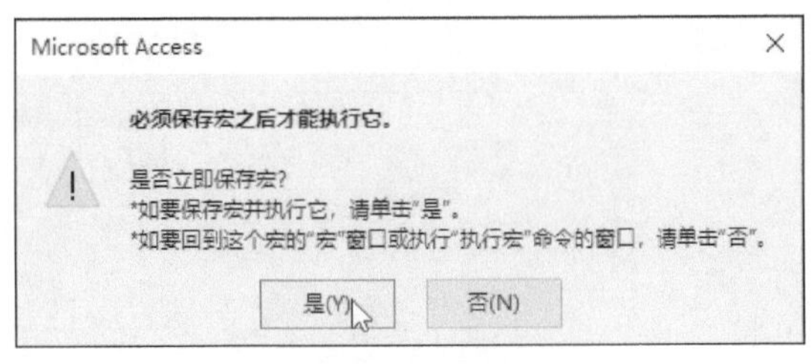

图 9-29　警示对话框

步骤 07 “销售报表”中的“客户代码”字段随即被删除，效果如图9-30所示。

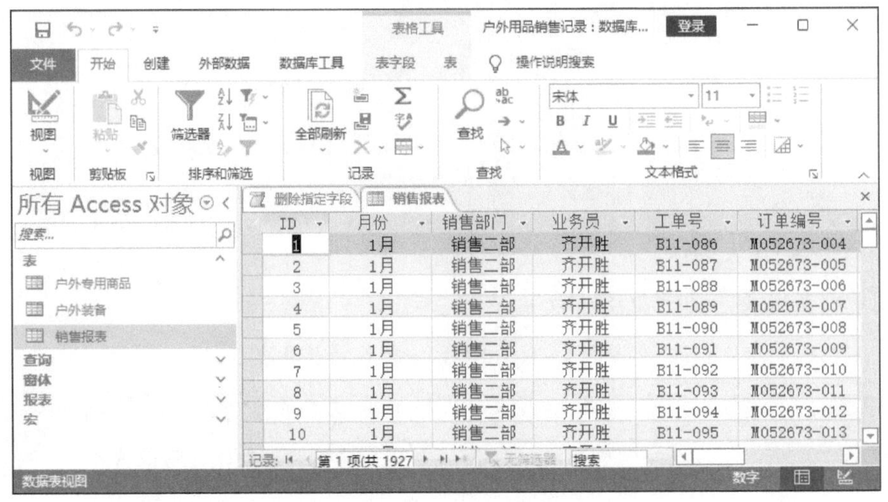

图 9-30　字段已删除

9.2.3　常用的查询类宏操作

常用的查询类宏操作及其功能如表9-5所示。

表 9-5　常用的查询类宏操作及其功能

宏操作	功能
Requery	使用该操作可对活动对象上指定控件的源进行重新查询，以实现对该控件中数据的更新
ApplyFilter	使用该操作可将筛选、查询或 SQL WHERE 子句应用到表、窗体或报表，以便对表或基础表中的记录、窗体或报表的查询进行限制或排序
GoToRecord	使用该操作可使打开的表、窗体或查询结果集成为当前记录
FindRecord	使用该操作可查找符合 FindRecord 操作所指定条件的第 1 个数据实例
FindNext	使用该操作可查找符合前一 FindRecord 操作所指定条件或者“查找和替换”对话框中值的下一条记录
SetValue	使用该操作可设置 Access 中在窗体、窗体数据表或报表上字段、控件或属性的值
SendKeys	使用该操作可将键击直接发送到 Access 或基于 Windows 的活动应用程序

9.2.4 窗口的控制

有关窗口控制的宏操作及其功能如表9-6所示。

表 9-6 有关控制窗口的宏操作及其功能

宏操作	功能
GoToControl	使用该操作可在打开的窗体、窗体数据表、表数据表或查询数据表的当前记录中，将焦点移至指定的字段或控件
GoToPage	使用该操作可将活动窗体中的焦点移至指定页中的第 1 个控件
Hourglass	在宏运行时，使用该操作可将鼠标指针变为沙漏形状的图标（或用户选中的其他图标）。此操作可直观地表示宏正在运行。当宏操作或宏本身运行时间较长时，这一操作非常有用
Maximize	如果将 Access 配置为使用重叠窗口而非选项卡式文档，则使用该操作可放大活动窗口，使其充满 Access 窗口
Minimize	如果将 Access 配置为使用重叠窗口而非选项卡式文档，则使用该操作可将活动窗口缩小为 Access 窗口底部的一个小标题栏
MoveSize	如果已将文档窗口选项设置为使用重叠窗口而非选项卡式文档，则使用该操作可移动活动窗口或调整其大小
ShowToolbar	使用该操作可显示或隐藏“加载项”选项卡上的命令组
ShowAllRecords	使用该操作可从活动表、查询结果集或窗体中删除任何已应用的筛选，并显示表或结果集中的所有记录、窗体的基础表或查询中的所有记录
SendObject	使用该操作可将指定的 Access 数据表、窗体、报表、模块或数据访问页包含在电子邮件中，以便在其中查看和转发
RepaintObject	使用该操作可完成指定的数据库对象（若未指定数据库对象，则是活动数据库对象）的任何未完成的屏幕更新
Restore	使用该操作可将最大化或最小化的窗口还原为先前的大小
Echo	使用该操作可指定是否打开回显（回显是指运行宏时 Access 更新或重画屏幕的过程）

9.2.5 运行另一个应用程序

实现运行另一个应用程序所使用的宏操作为RunApplication。用户可以通过该宏操作在Access中启动一个基于Windows或MS-DOS的应用程序。下面介绍如何利用Access宏启动Excel程序。

步骤01 打开Access软件，打开“创建”选项卡，单击“宏与代码”组中的“宏”按钮。

步骤02 Access自动打开“宏1”窗口，切换至“宏工具-宏设计”选项卡，单击“显示/隐藏”组中的“显示所有操作”按钮。

步骤03 单击“添加新操作”右侧的下拉下拉按钮，在下拉列表中选择“RunApplication”命令，如图9-31所示。

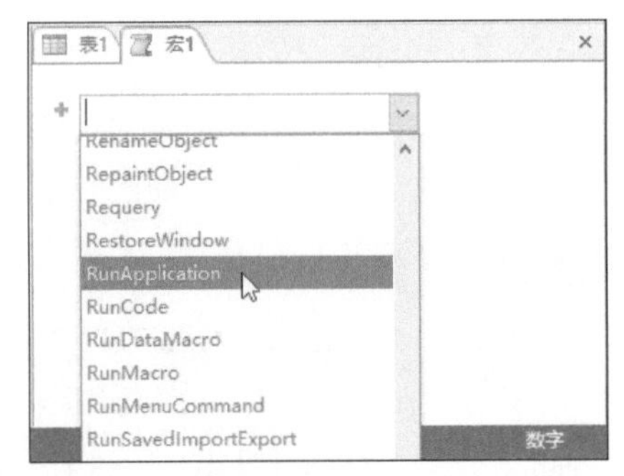

图 9-31　选择“RunApplication”命令

步骤04 在桌面的Excel图标上单击鼠标右键，在弹出的菜单中选择“属性”选项，如图9-32所示。

步骤05 弹出“Excel 属性”对话框，在“目标”文本框中复制文件路径，如图9-33所示。

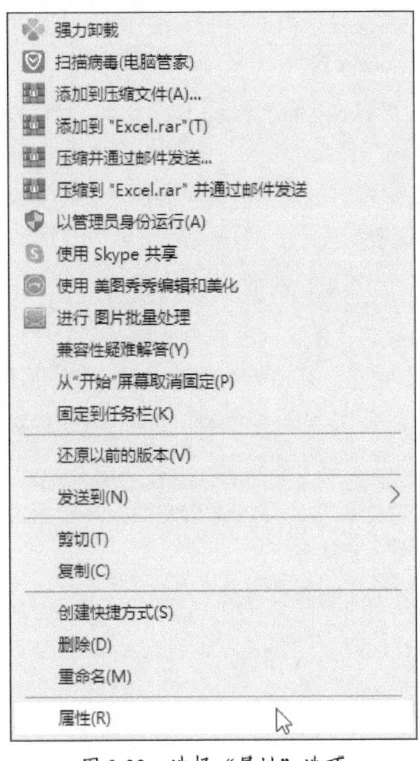

图 9-32　选择“属性”选项

图 9-33　“Excel 属性”对话框

步骤06 将复制的文件路径粘贴到Access“宏1”窗口中的“命令行”文本框中，如图9-34所示。

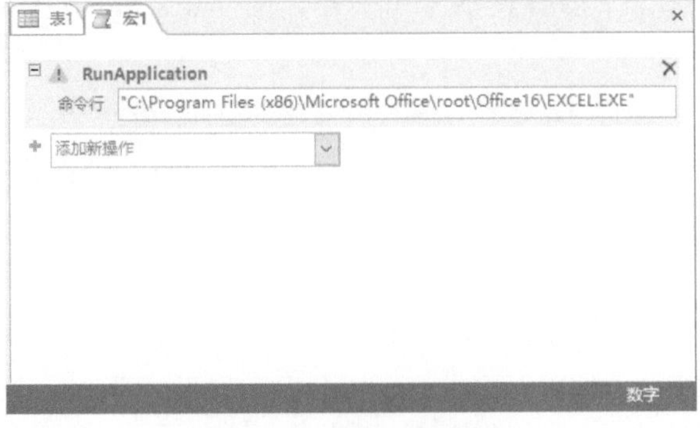

图 9-34　粘贴文件路径

步骤07 在“宏1”名称标签上单击鼠标右键，在弹出的菜单中选择“保存”选项。

步骤08 弹出“另存为”对话框，输入“宏名称”为“启动Excel程序”，单击“确定”按钮。

步骤09 切换至“宏工具-宏设计”选项卡，单击“工具”组中的“运行”按钮。

步骤10 Excel程序随即通过Access宏命令被启动，效果如图9-35所示。

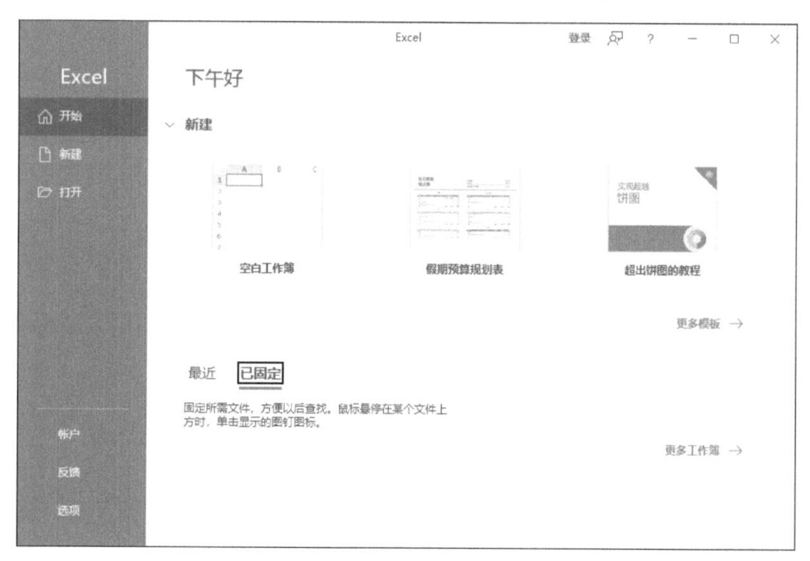

图 9-35　Excel 已启动

9.2.6　在窗体中加载宏

在Access中，宏的一个重要作用便是将宏加载到窗体中，由窗体或窗体上的控件来触发并运行。下面介绍在窗体中加载宏的具体操作方法。

步骤01 打开窗体，在窗体名称标签上单击鼠标右键，在弹出的菜单中选择“设计视图”选项，如图9-36所示。

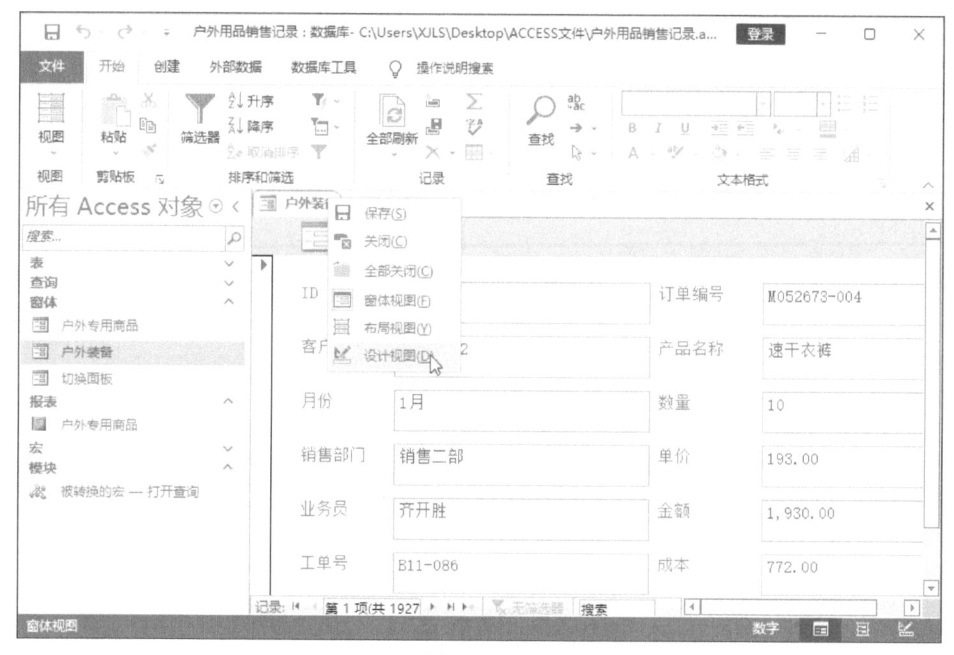

图 9-36　选择“设计视图”选项

步骤02 切换至“窗体设计工具-表单设计”选项卡，单击“工具”组中的“属性表”按钮，打开“属性表”窗格，如图9-37所示。

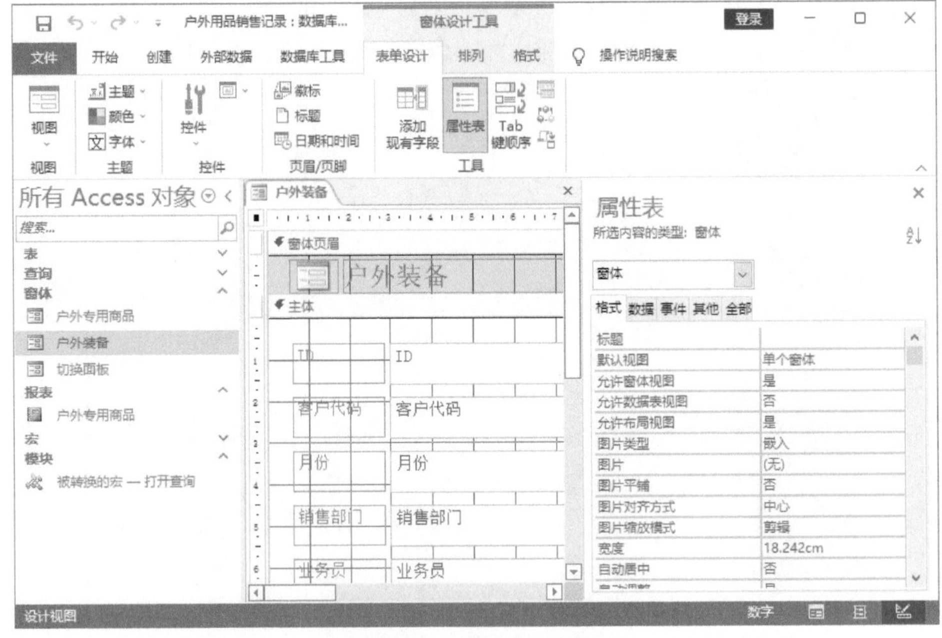

图 9-37 “属性表”窗格

步骤03 在“属性表”窗格中设置所选内容的类型为“窗体”，切换至“事件”选项卡，单击“单击”右侧的下拉按钮，在展开的列表中可以看到当前数据库中的所有宏，选择“打开查询”选项，如图9-38所示。

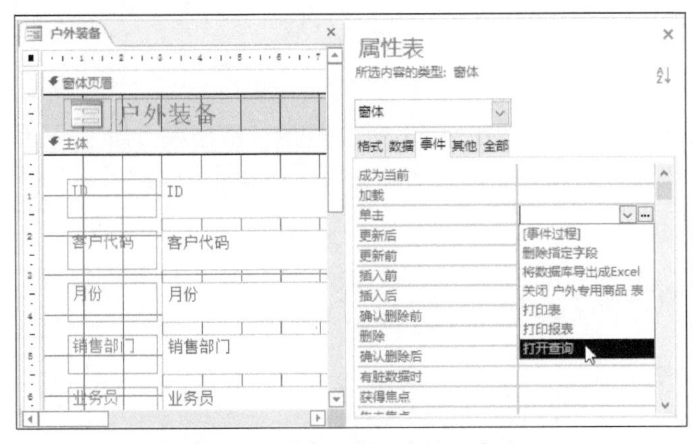

图 9-38 选择“打开查询”选项

步骤04 单击“单击”项右侧的…按钮，如图9-39所示。

步骤05 加载的宏随即被打开，切换至“宏工具-宏设计”选项卡，单击“工具”组中的“运行”按钮，即可运行宏。

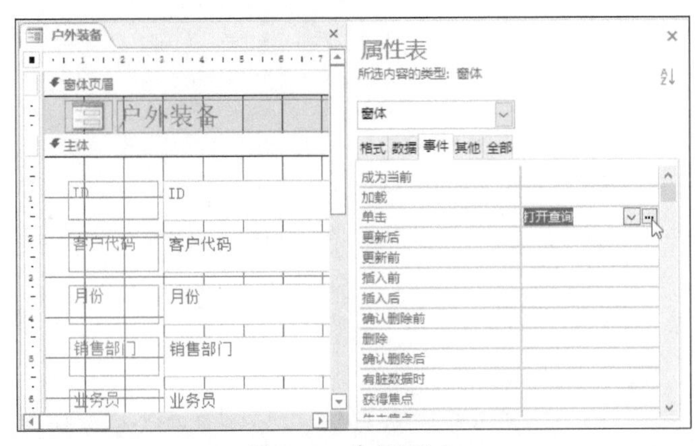

图 9-39 单击…按钮

实战演练 使用按钮删除数据库中的记录

通过对本章内容的学习，应对宏的创建和应用已经有了基本的了解，在本例中将练习在窗体中创建按钮，并通过按钮删除指定的记录。

1. 创建窗体

步骤01 打开“人事资料”数据库中的“人事资料表”，打开“创建”选项卡，单击“窗体”组中的“窗体”按钮，如图9-40所示。

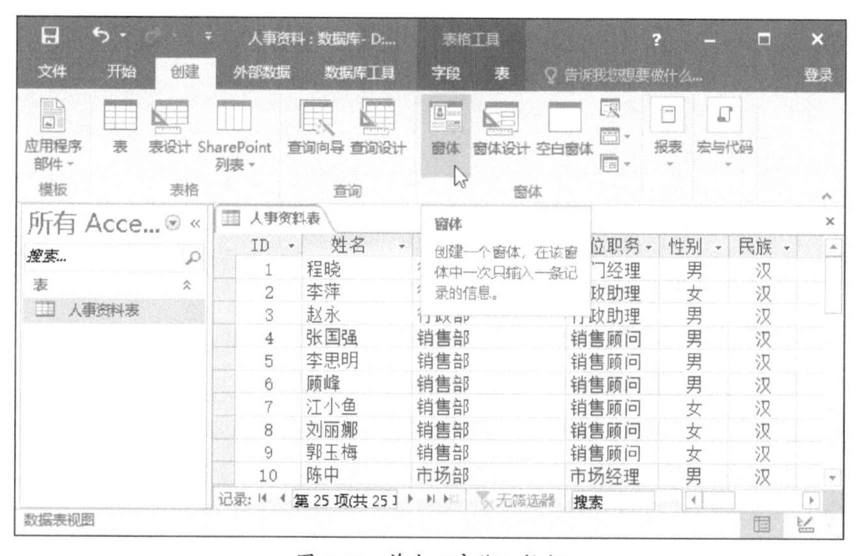

图 9-40 单击“窗体”按钮

步骤02 数据库随即创建窗体。在窗体名称标签上单击鼠标右键，在弹出的菜单中选择“保存”选项。

步骤03 弹出“另存为”对话框，设置“窗体名称”为“个人信息”，单击“确定”按钮。

2. 生成宏命令

步骤01 打开“创建”选项卡，单击“宏与代码”组中的“宏”按钮，如图9-41所示。

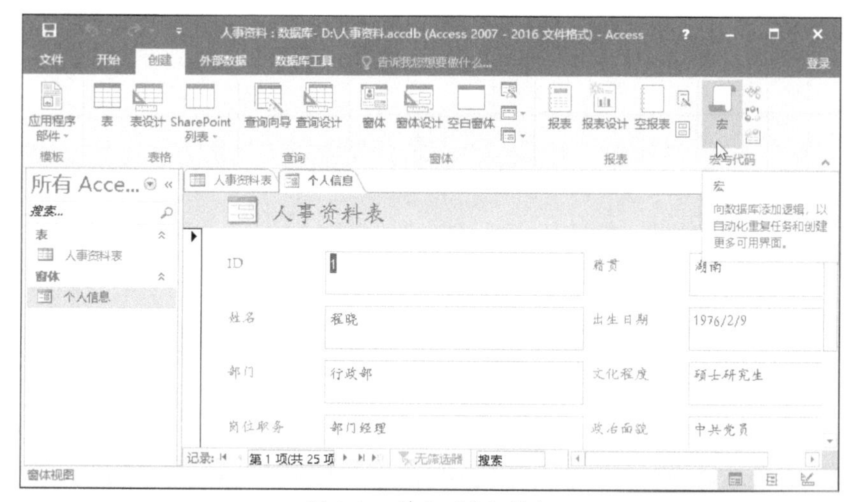

图 9-41 单击“宏”按钮

步骤 02 Access随即打开“宏1”窗口，窗口右侧显示“操作目录”窗格，如图9-42所示。

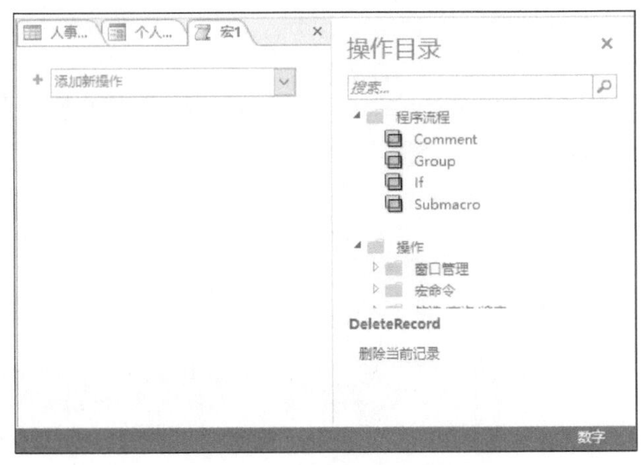

图 9-42 “操作目录”窗格

步骤 03 在“操作目录”窗格中的“数据输入操作”选项组中双击“DeleteRecord”选项，添加该命令，如图9-43所示。

步骤 04 在“宏1”名称标签上单击鼠标右键，在弹出的菜单中选择“保存”选项。

步骤 05 弹击“另存为”对话框，设置“宏名称”为“删除当前记录”，单击“确定”按钮。

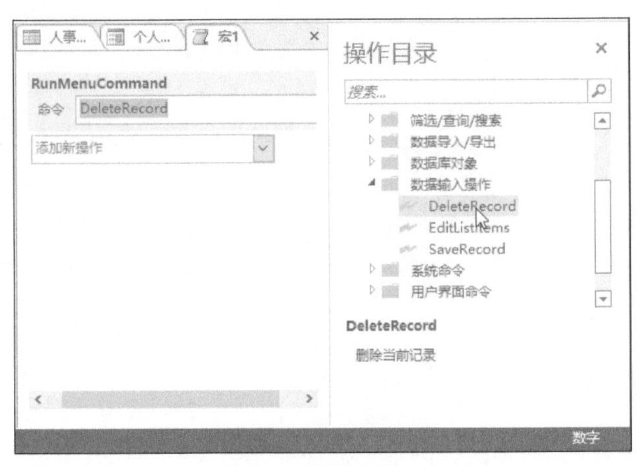

图 9-43 添加命令

3. 制作窗体按钮并链接宏

步骤 01 打开“个人信息”窗体，打开“开始”选项卡，单击“视图”下拉按钮，在下拉列表中选择“设计视图”选项，如图9-44所示。

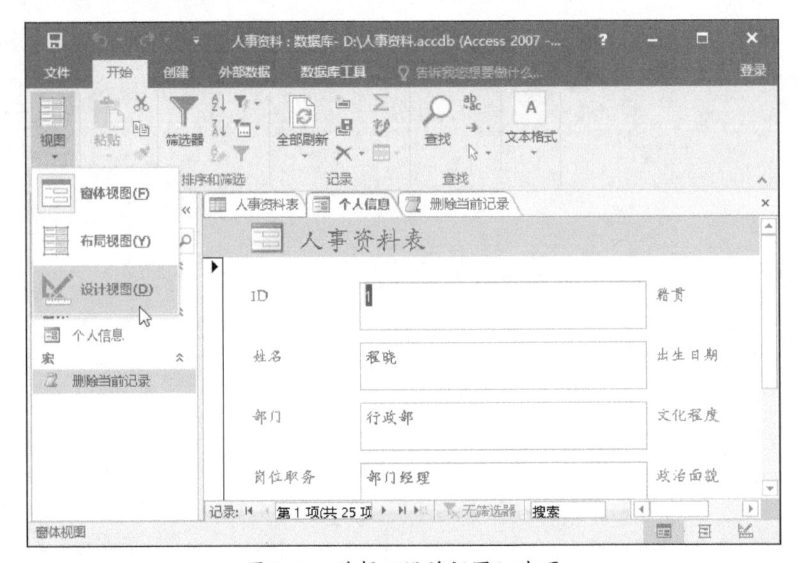

图 9-44 选择“设计视图”选项

步骤02 切换至“窗体设计工具-表单设计”选项卡，单击“控件”组中的“按钮”控件，如图9-45所示。

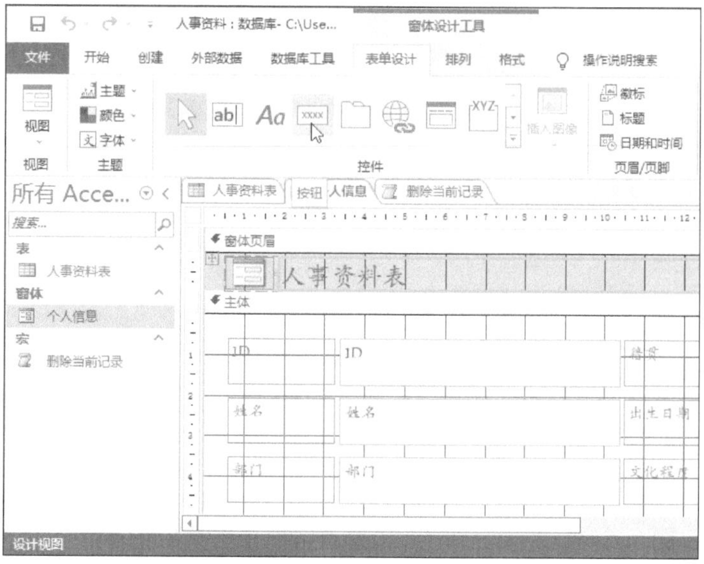

图 9-45　单击“按钮”控件

步骤03 按住鼠标左键的同时拖动鼠标，在合适位置绘制按钮，如图9-46所示。

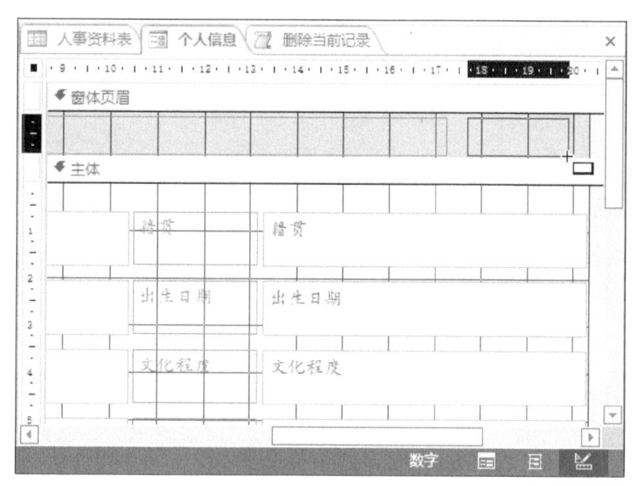

图 9-46　绘制按钮

步骤04 松开鼠标后将自动弹出“命令按钮向导”对话框，在“类别”列表中选择“杂项”选项，在“操作”列表中选择“运行宏”选项，单击“下一步”按钮，如图9-47所示。

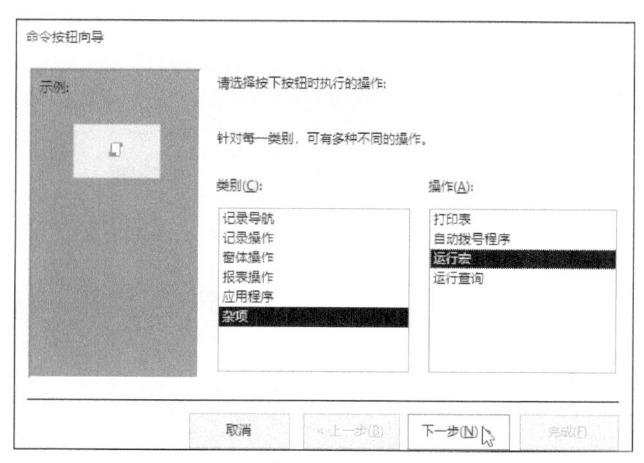

图 9-47　“命令按钮向导”对话框

步骤 05 选择“删除当前记录”宏选项，单击“下一步”按钮，如图9-48所示。

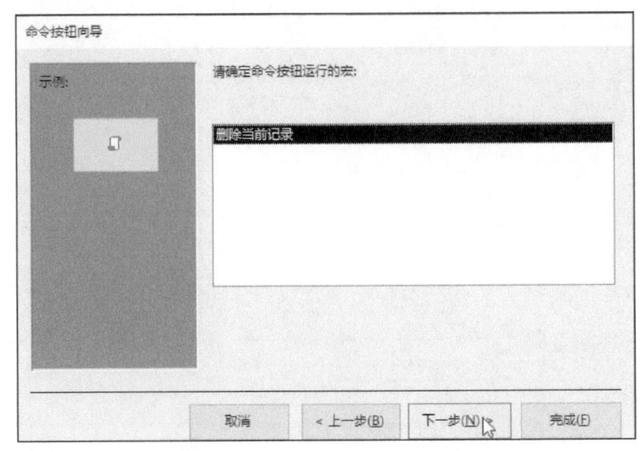

图 9-48　选择“删除当前记录”宏选项

步骤 06 选中“文本”单选按钮，在该按钮右侧的文本框中输入“删除信息”，单击“下一步”按钮，如图9-49所示。

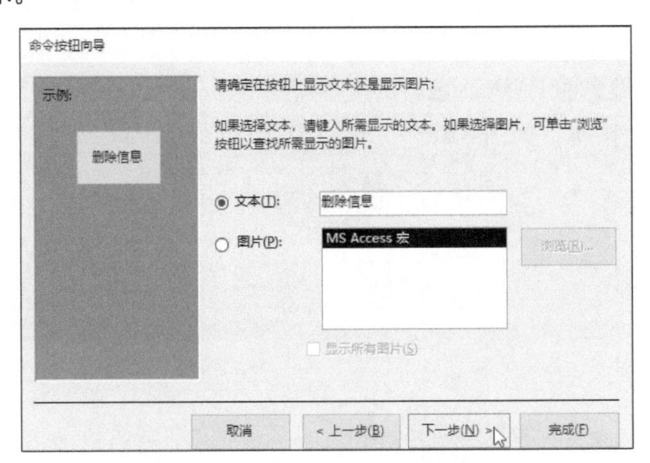

图 9-49　选中“文本”单选按钮

步骤 07 单击“完成”按钮，完成按钮的制作，此时的按钮已经链接了“删除当前记录”的宏命令，如图9-50所示。

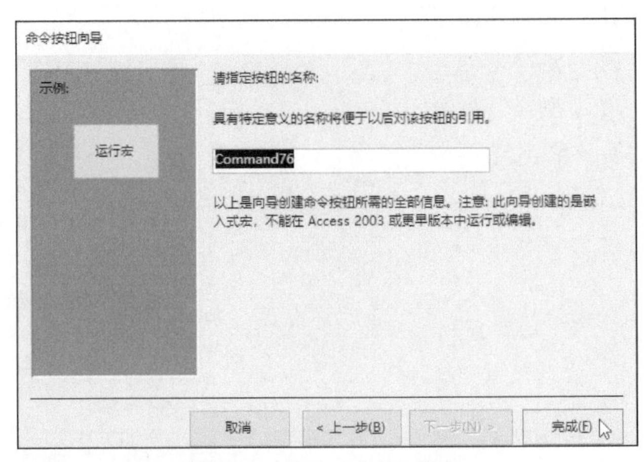

图 9-50　单击“完成”按钮

步骤08 在“个人信息”窗体的名称标签上单击鼠标右键，在弹出的菜单中选择“窗体视图”选项，如图9-51所示。

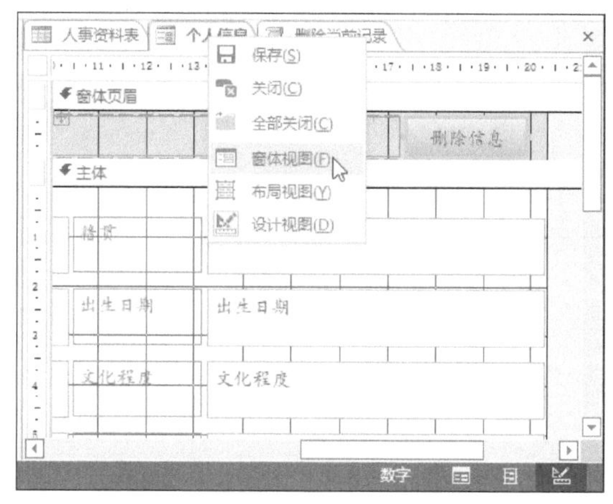

图 9-51　选择“窗体视图”选项

步骤09 在窗体中单击“删除信息”按钮，如图9-52所示。

步骤10 系统随即弹出警示对话框，单击“是”按钮，即可删除窗体中所显示的信息，如图9-53所示。

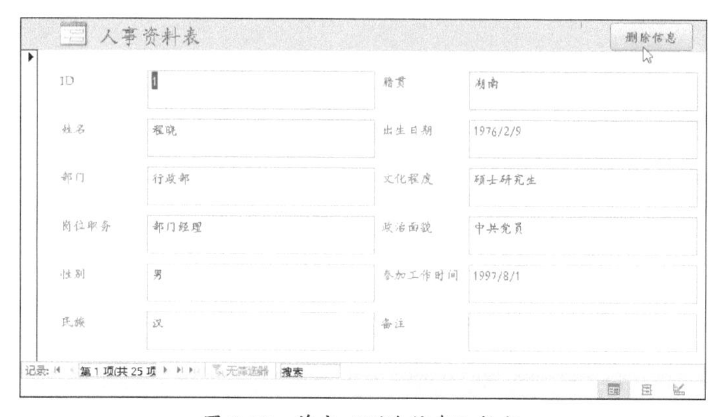

图 9-52　单击“删除信息”按钮

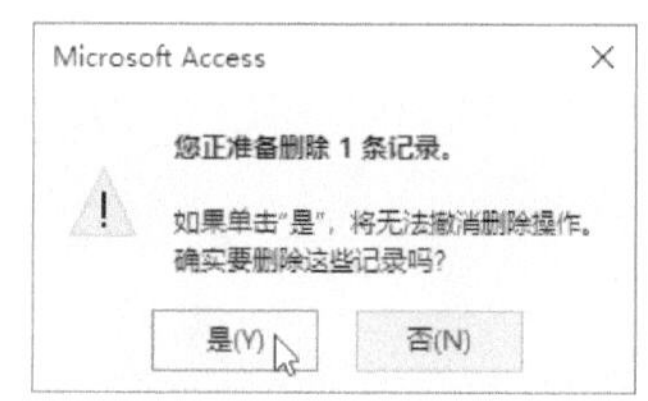

图 9-53　警示对话框

步骤11 打开“人事资料表”，可以查看到相应的内容已被删除，如图9-54所示。

ID	姓名	部门	岗位职务	性别	民族	籍贯	出生日期	文化程度
#已	#已删除的	#已删除的	#已删除的	已删除的	已删除的	#已删除的	#已删除的	#已删除的
2	李萍	行政部	行政助理	女	汉	武汉	1972/10/22	本
3	赵永	行政部	行政助理	男	汉	广州	1973/3/14	大
4	张国强	销售部	销售顾问	男	汉	南京	1979/4/9	本
5	李思明	销售部	销售顾问	男	汉	武汉	1970/9/7	中
6	顾峰	销售部	销售顾问	男	汉	武汉	1957/3/20	大
7	江小鱼	销售部	销售顾问	女	汉	武汉	1975/12/19	博士研究
8	刘丽娜	销售部	销售顾问	女	汉	湖南	1974/11/26	大
9	郭玉梅	销售部	销售顾问	女	汉	佛山	1979/5/8	本
10	陈中	市场部	市场经理	男	汉	广州	1976/1/9	本
11	姜宇	市场部	市场经理	男	汉	福建	1977/12/16	本
12	吴昊	市场部	市场经理	男	汉	武汉	1971/4/7	高
13	顾年秋	市场部	市场经理	女	汉	福建	1949/11/25	大
14	马萧萧	市场部	市场专员	女	汉	厦门	1971/7/8	大
15	刘亮	市场部	市场专员	男	汉	佛山	1970/1/3	本
16	孙步伟	市场部	市场专员	男	汉	南京	1979/4/16	大

记录: 第 1 项(共 25 项　无筛选器　搜索

图 9-54　相应的内容已被删除

课后作业

在本作业中将综合本章所学知识点练习创建宏，并将报表导出为PDF文件。具体操作要求如下：

（1）使用“宏”命令打开“宏1”窗口。

（2）添加“ExportWithFormatting”命令。

（3）设置“对象类型”为“报表”，设置“对象名称”为“工资报表”，设置“输出格式”为“PDF格式（*.pdf）”，设置“自动启动”为“是”。

（4）保存宏，设置“宏名称”为“导出成pdf文件”。

（5）运行宏，效果如图9-55所示。

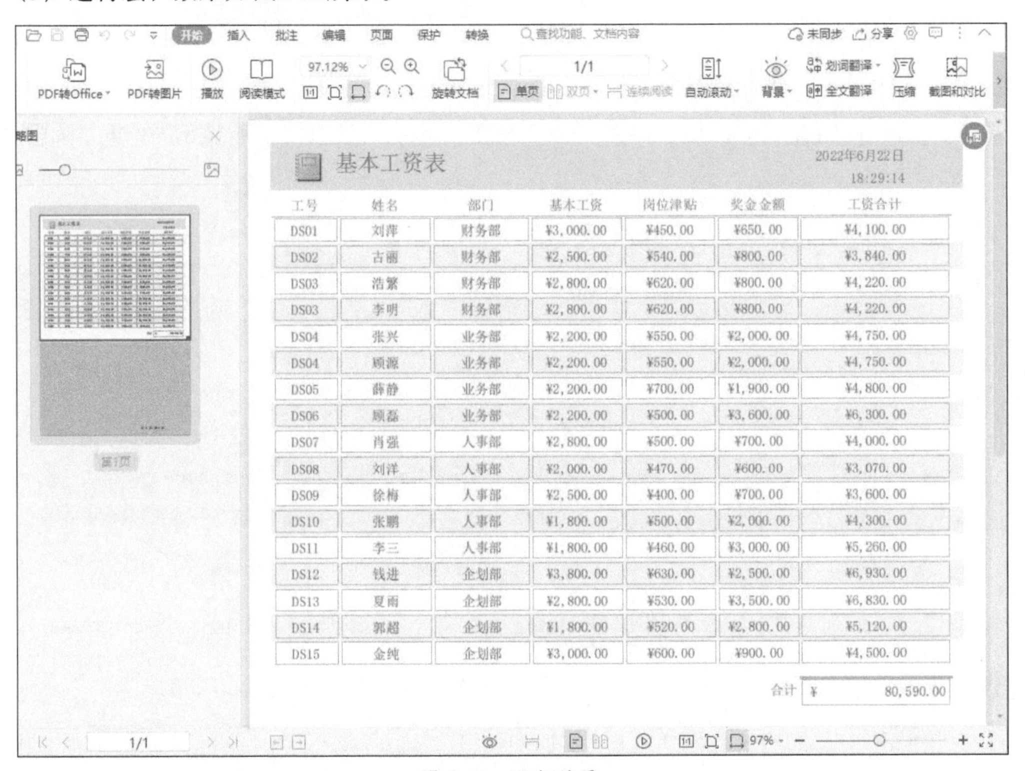

基本工资表

2022年6月22日
18:29:14

工号	姓名	部门	基本工资	岗位津贴	奖金金额	工资合计
DS01	刘萍	财务部	¥3,000.00	¥450.00	¥650.00	¥4,100.00
DS02	古丽	财务部	¥2,500.00	¥540.00	¥800.00	¥3,840.00
DS03	浩繁	财务部	¥2,800.00	¥620.00	¥800.00	¥4,220.00
DS03	李明	财务部	¥2,800.00	¥620.00	¥800.00	¥4,220.00
DS04	张兴	业务部	¥2,200.00	¥550.00	¥2,000.00	¥4,750.00
DS04	顾源	业务部	¥2,200.00	¥550.00	¥2,000.00	¥4,750.00
DS05	薛静	业务部	¥2,200.00	¥700.00	¥1,900.00	¥4,800.00
DS06	顾磊	业务部	¥2,200.00	¥500.00	¥3,600.00	¥6,300.00
DS07	肖强	人事部	¥2,800.00	¥500.00	¥700.00	¥4,000.00
DS08	刘洋	人事部	¥2,000.00	¥470.00	¥600.00	¥3,070.00
DS09	徐梅	人事部	¥2,500.00	¥400.00	¥700.00	¥3,600.00
DS10	张鹏	人事部	¥1,800.00	¥500.00	¥2,000.00	¥4,300.00
DS11	李三	人事部	¥1,800.00	¥460.00	¥3,000.00	¥5,260.00
DS12	钱进	企划部	¥3,800.00	¥630.00	¥2,500.00	¥6,930.00
DS13	夏雨	企划部	¥2,800.00	¥530.00	¥3,500.00	¥6,830.00
DS14	郭超	企划部	¥1,800.00	¥520.00	¥2,800.00	¥5,120.00
DS15	金纯	企划部	¥3,000.00	¥600.00	¥900.00	¥4,500.00

合计 ¥ 80,590.00

图 9-55　运行效果

学习体会

第10章 数据库的管理

内容概要

数据库的安全性和可靠性是衡量数据库系统好坏的重要标准。如果一个数据库系统的数据安全得不到可靠保证，就谈不上实用价值了。数据的安全性一般指两个方面，即数据保存的可靠性和使用的合法性。

在完成了数据库的创建后，用户必须要注意如何对数据库文件进行管理和安全保护。Access提供了对数据库进行管理和完全保护的有效方法。

数字资源

【本章素材】：“素材文件\第10章”目录下

10.1 数据库的备份及转换

用户在使用数据库文件的过程中，需要保证数据库系统的数据不会因意外情况而遭到损坏。保障数据库安全最有效的方法就是对数据库进行备份。如果要确保数据库中的表单、报表和VBA代码不被修改或损坏，还可以将数据库转换为ACCDE格式。

10.1.1 备份数据库

在Access中，使用动作查询删除记录或更改数据时，将无法使用“撤消”命令撤销更改。例如，如果运行更新查询，将无法使用“撤消”命令还原被该查询更新的所有旧值。因此，用户最好在运行任何动作查询之前进行备份，尤其是在利用查询更改或删除大量数据时。

备份数据库时，可以根据数据库的更改频率来决定备份的频率。

（1）如果数据库是存档数据库，或者只用于参考而很少更改，则应在每次数据发生更改时执行备份。

（2）如果数据库是活动数据库，且数据经常变动，则应定期备份数据库。

（3）如果数据库不包含数据，而是使用链接表，则应在每次更改数据库设计时备份数据库。链接表是指存储在已打开数据库之外的文件中的表，Access可以访问它的记录，可以对链接表中的记录进行添加、删除和编辑等操作，但不能更改其结构。

下面介绍备份数据库的具体操作方法。

步骤 01 打开“文件”菜单，进入“另存为”界面，在“数据库另存为”列表中双击“备份数据库”选项，如图10-1所示。

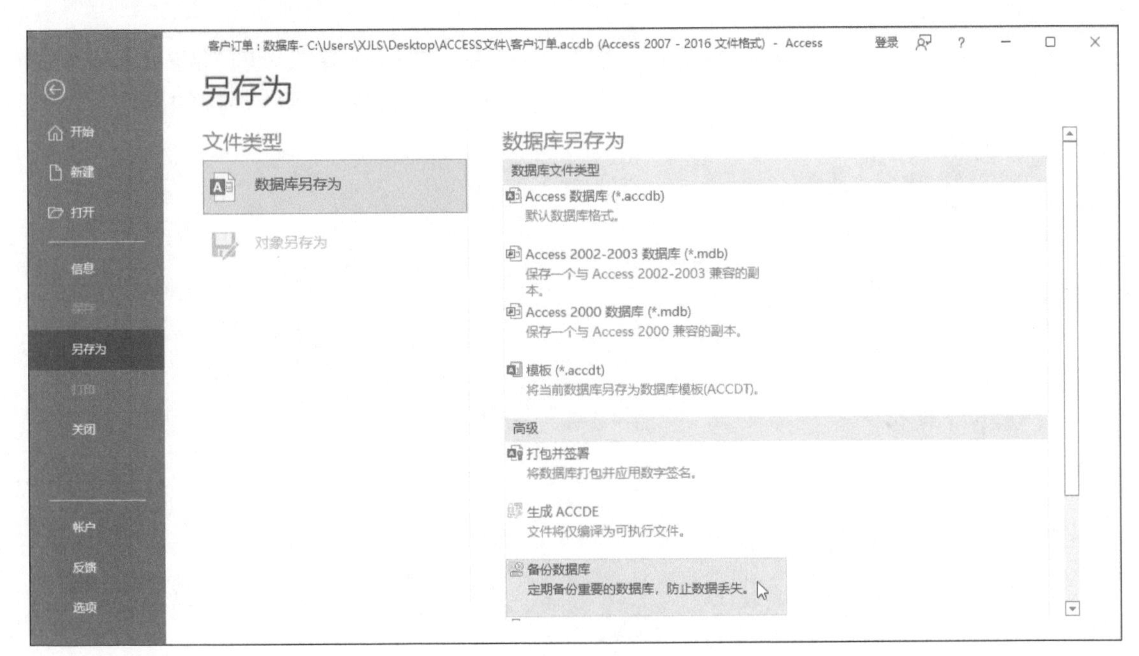

图 10-1　双击“备份数据库”选项

步骤02 弹出“另存为”对话框，选择文件保存路径，单击“保存”按钮，即可完成数据库的备份，如图10-2所示。

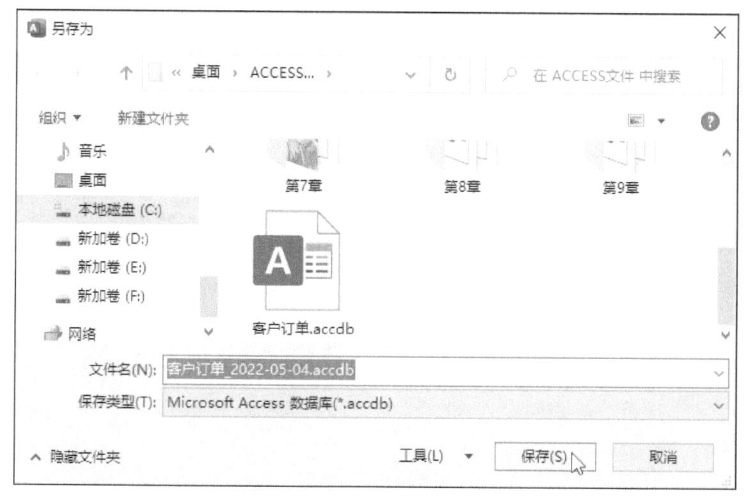

图 10-2　备份数据库

10.1.2　转换数据库文件

为了保护Access数据库系统中创建的各类对象的隐藏VBA代码，或是防止删除数据库中的对象，可以把设计好并经过测试的数据库转换成ACCDE格式。下面介绍转换数据库文件的具体操作方法。

步骤01 打开“文件”菜单，进入“另存为”界面，双击“生成ACCDE”选项，如图10-3所示。

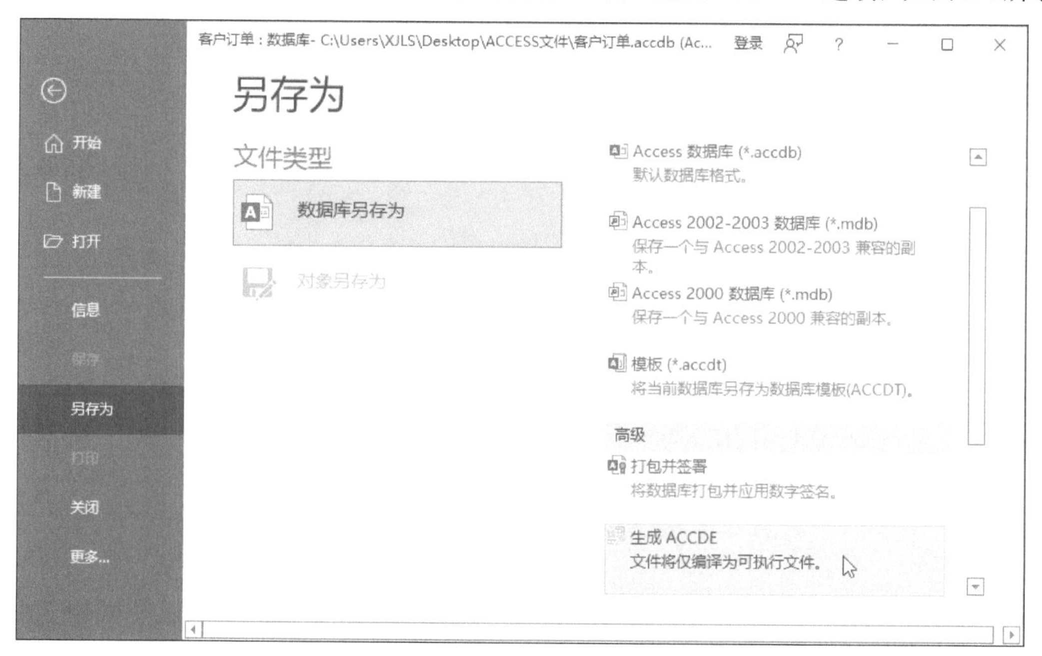

图 10-3　双击“生成 ACCDE”选项

步骤02 弹出“另存为”对话框，选择文件保存路径，单击“保存”按钮，即可完成转换。

10.2 压缩和修复数据库

随着不断添加和更新数据以及更改数据库设计，数据库文件会变得越来越大，这样有时会影响性能，有时甚至会损坏数据库。在Access中，用户可以使用“压缩和修复数据库”命令来防止或修复这些问题。

导致上述问题的因素不仅是新数据，还包括以下情况。

（1）Access会创建临时的隐藏对象来完成各种任务。在Access不再需要这些临时对象后，它们仍保留在数据库中。

（2）删除数据库对象时，系统不会自动回收该对象所占用的磁盘空间。也就是说，尽管该对象已被删除，但数据库对象仍然占用磁盘空间。

（3）随着数据库文件不断被遗留的临时对象和已删除的对象所填充，其性能也会逐渐变差，对象可能打开得更慢，查询可能比正常情况下运行的时间更长，各种典型操作似乎也需要使用更长的时间。

（4）在某些特定的情况下，数据库文件可能会损坏。如果数据库文件通过网络共享，且多个用户同时直接处理该文件，则该文件发生损坏的风险较小。如果这些用户频繁编辑“备注”字段中的数据，则在一定程度上会增大损坏的风险，并且该风险还会随着时间的推移而增加。此时，使用“压缩和修复数据库”命令可以降低风险。

（5）模块是指存储在一起作为一个命名单元的声明、语句和过程的集合，它有两种类型：标准模块和类模块。模块问题导致的损坏并不存在丢失数据的风险，但是这种损坏会导致数据库设计受损，如丢失VBA代码或无法使用窗体。

（6）有时，数据库文件损坏也会导致数据丢失，但这种情况并不常见。在这种情况下，丢失的数据一般仅限于某位用户的最后一次操作，即对数据的单次更改。当用户在更改过程中被中断时（如由于网络服务中断），Access便会将该数据库文件标记为已损坏。此时可以修复该文件，但有些数据可能会在修复完成后丢失。

10.2.1 压缩Access文件

压缩Access文件可以重新组织文件在硬盘上的存储，消除Access文件的碎片化状态，释放那些由于删除记录所造成的空置硬盘空间。因此，压缩Access文件可以优化Access数据库的性能。

压缩Access文件的具体操作方法为：打开“文件”菜单，切换到“信息”界面，单击“压缩和修复数据库”按钮即可，如图10-4所示。

拓展阅读

提升教育信息化基础设施建设水平，构建高质量教育支撑体系。完善国家数字教育资源公共服务体系，扩大优质资源覆盖面。推进信息技术、智能技术与教育教学融合的教育教学变革。

——《“十四五”国家信息化规划》

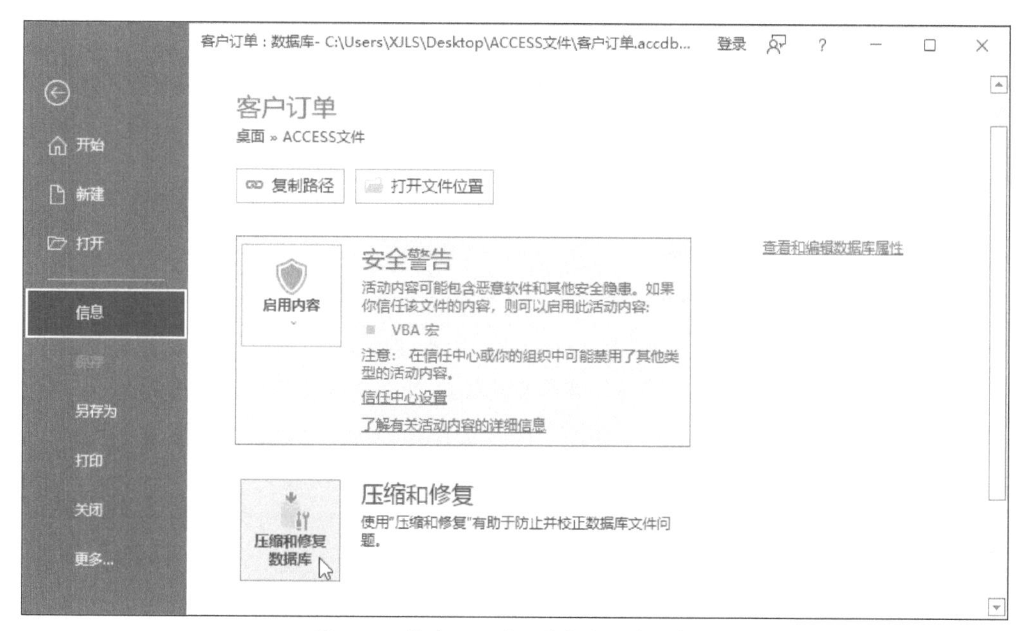

图 10-4 单击“压缩和修复数据库”按钮

10.2.2 设置关闭时自动压缩数据库

Access数据库系统创建完成后即使不人为干预，也可以自动完成压缩数据库的工作。自动压缩可以提高管理数据库的效率。为了实现自动压缩数据库，需要进行的具体操作为：打开“文件”菜单，单击“选项”选项，在弹出的“Access选项”对话框中切换到“当前数据库”界面，勾选“关闭时压缩”复选框，如图10-5所示，单击“确定”按钮即可。

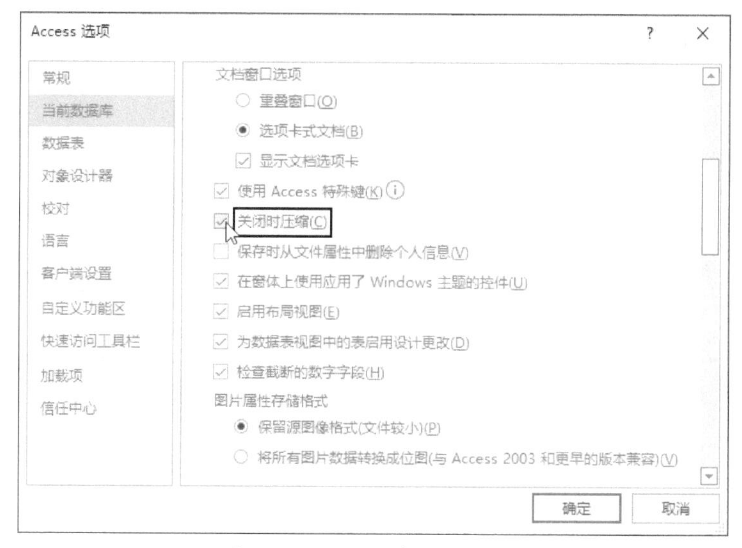

图 10-5 “Access 选项”对话框

10.3 设置数据库密码

如果用户希望隐藏数据并防止不请自来的用户打开数据库，可以对Access数据库进行加密。

10.3.1 加密的相关规则

执行操作时，请记住下列规则。

（1）新的加密功能只适用于“.accdb”文件格式的数据库。

（2）Access 2016加密工具使用的算法比早期版本的加密工具使用的算法更强。

（3）如果想对旧版数据库（.mdb 文件）进行编码或加密，Access 2016将使用Microsoft Office Access 2003中的编码和密码功能。

10.3.2 使用密码加密数据库

下面介绍使用密码加密数据库的具体操作方法。

步骤01 启动Access软件，在启动界面单击“打开”选项，如图10-6所示。

步骤02 进入“打开”界面，单击“浏览”选项，如图10-7所示。

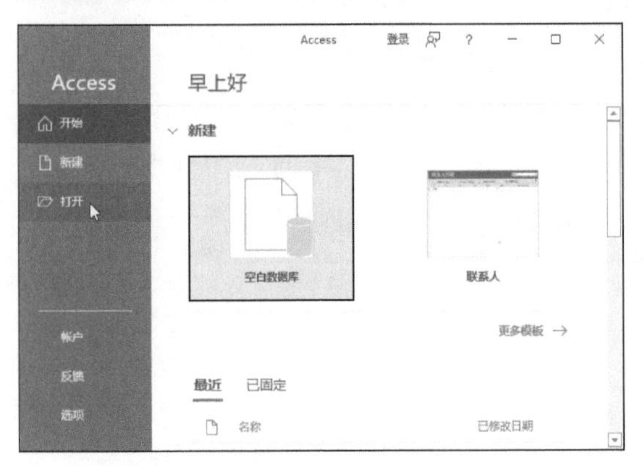

图 10-6 单击“打开”选项

图 10-7 单击“浏览”选项

步骤03 弹出“打开”对话框，选择要设置密码的文件，单击“打开”右侧的下拉按钮，如图10-8所示。

图 10-8 “打开”对话框

步骤04 在展开的列表中选择“以独占方式打开”选项，如图10-9所示。

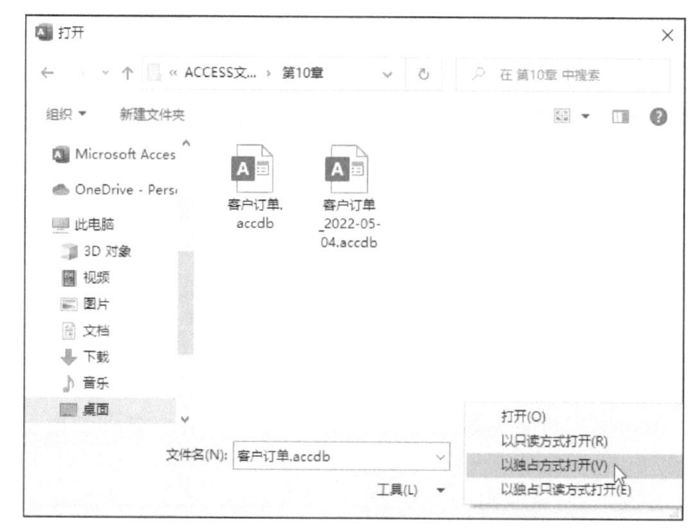

图 10-9 选择“以独占方式打开”选项

步骤05 所选文件随即被打开，单击“文件”按钮，如图10-10所示。

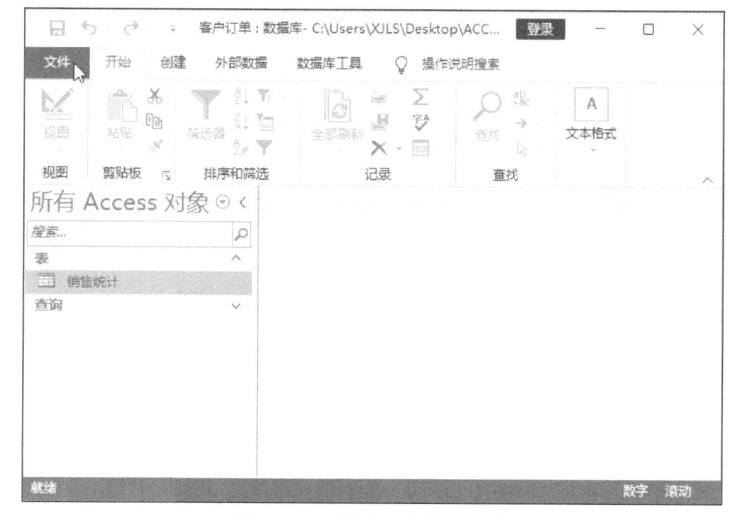

图 10-10 单击“文件”按钮

步骤06 在“文件”菜单中打开“信息”界面，单击“用密码进行加密”按钮，如图10-11所示。

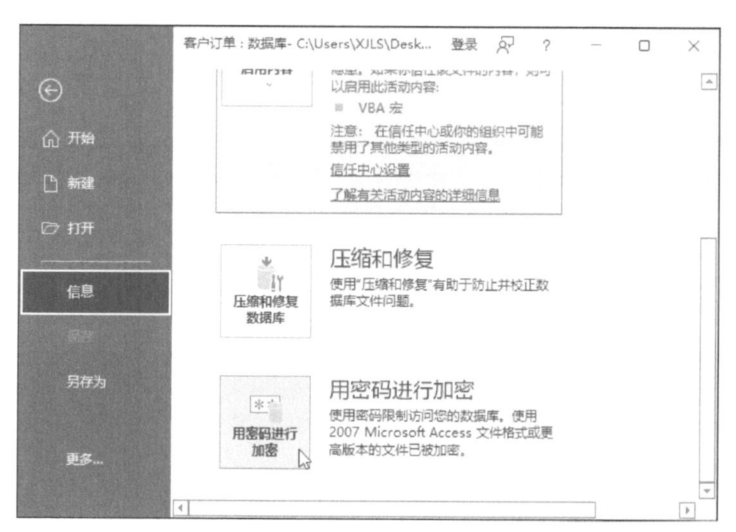

图 10-11 单击“用密码进行加密”按钮

步骤07 弹出“设置数据库密码”对话框，设置好密码，单击“确定”按钮，即可完成对指定数据库的加密操作，如图10-12所示。

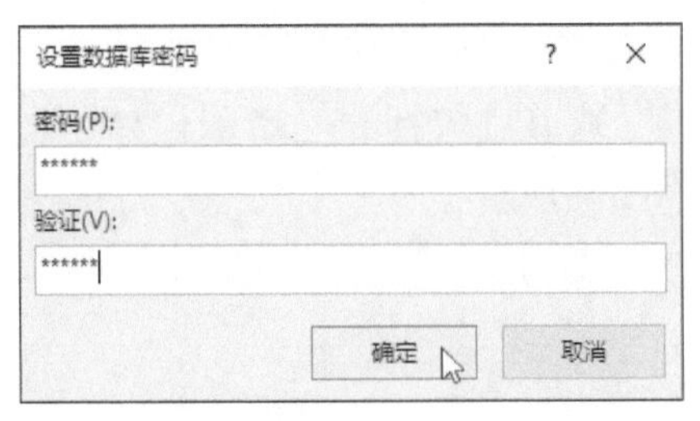

图 10-12 “设置数据库密码”对话框

10.3.3 打开加密数据库

为数据库设置密码后必须输入正确的密码才能打开数据库，下面介绍打开加密数据库的方法。

步骤01 双击需要打开的加密数据库，弹出“要求输入密码”对话框，输入密码，单击“确定”按钮，如图10-13所示。

步骤02 加密数据库随即被打开，效果如图10-14所示。

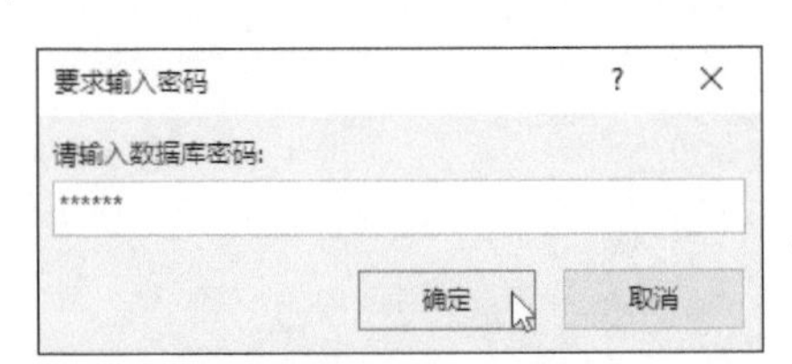

图 10-13 “要求输入密码”对话框

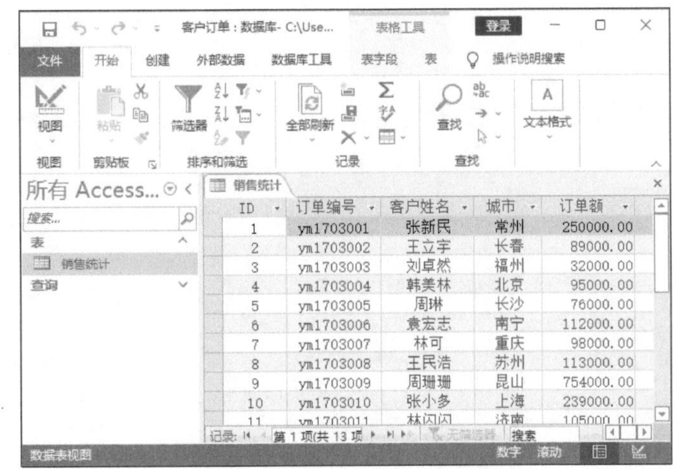

图 10-14 加密数据库打开效果

10.3.4 删除数据库密码

若要删除加密数据库的密码，可以执行“解密数据库”操作。下面介绍具体的操作方法。

步骤01 在任意数据库中打开“文件”菜单，在“打开”界面中单击“浏览”按钮。

步骤02 弹出“打开”对话框，选择加密的文件，单击“打开”右侧的下拉按钮，在展开的列表中选择“以独占方式打开”选项，如图10-15所示。

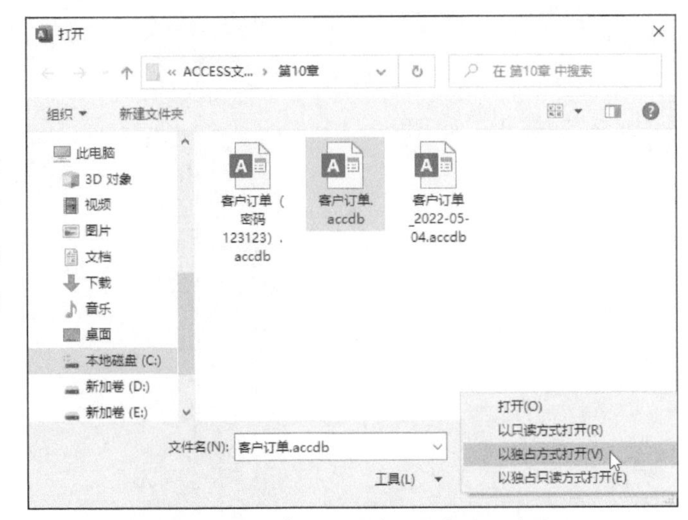

图 10-15 选择“以独占方式打开”选项

步骤03 弹出“要求输入密码”对话框，输入该文件的密码，单击“确定”按钮，如图10-16所示。

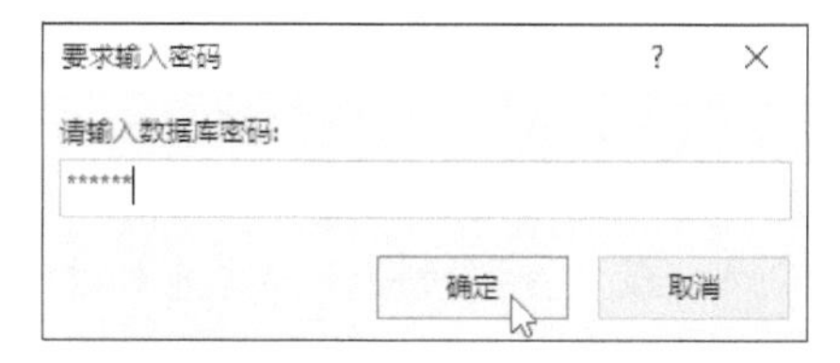

图 10-16 “要求输入密码”对话框

步骤04 打开“文件”菜单，单击“信息”选项，如图10-17所示。

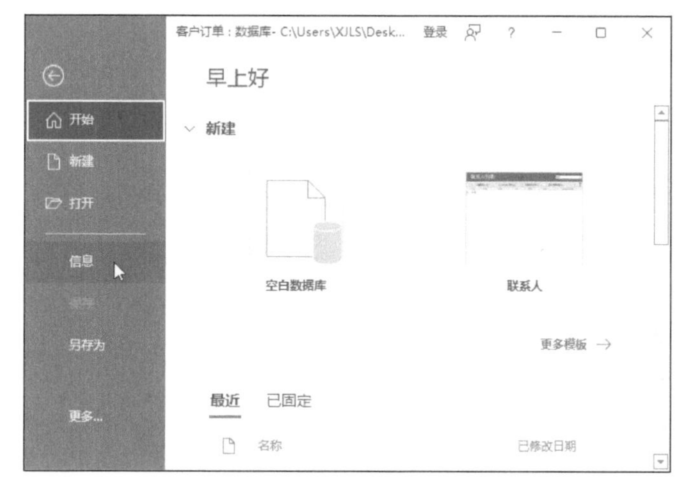

图 10-17 单击“信息”选项

步骤05 在“信息”界面中单击“解密数据库”按钮，如图10-18所示。

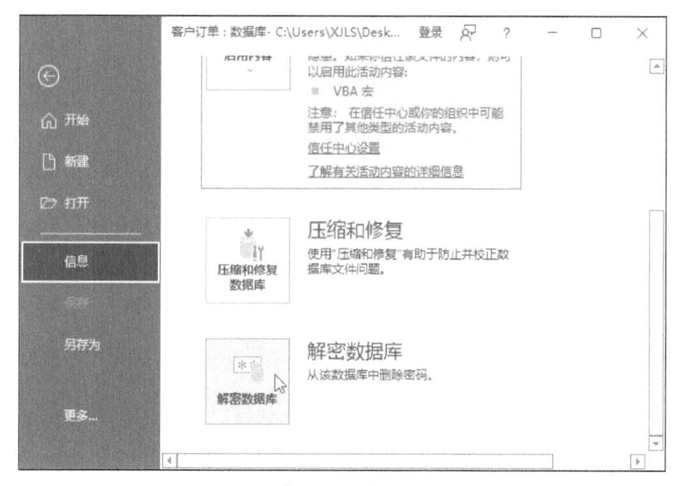

图 10-18 单击“解密数据库”按钮

步骤06 弹出“撤消数据库密码”对话框，输入密码，单击“确定”按钮，即可去除数据库的密码，如图10-19所示。

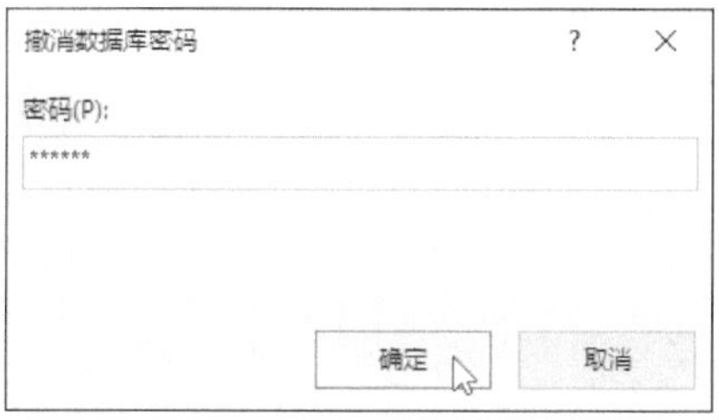

图 10-19 “撤消数据库密码”对话框

实战演练 数据库的备份、拆分与加密

本例将综合本章所学知识练习数据库的备份、拆分与加密。其中，数据库中表的拆分为拓展知识点。数据库中的表可以从查询或窗体等其他对象中拆分出来单独显示，还可通过对窗口的重新布局来调整表的显示以及排列方式。

1. 备份数据库

打开"户外用品销售记录_2023-08-11"数据库。单击"文件"按钮，打开"文件"菜单，切换到"另存为"界面，双击"备份数据库"选项，弹出"另存为"对话框，选择文件的保存位置，单击"保存"按钮，即可完成文件的备份，如图10-20所示。

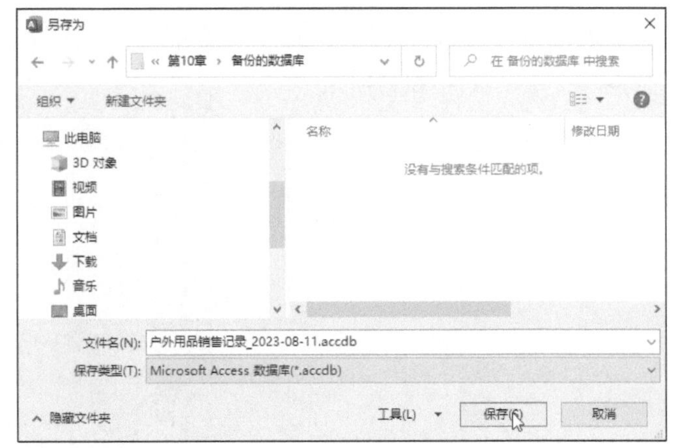

图 10-20 备份数据库

2. 拆分表

步骤01 切换至"数据库工具"选项卡，单击"移动数据"组中的"Access数据库"按钮，如图10-21所示。

步骤02 弹出"数据库拆分器"对话框，单击"拆分数据库"按钮，如图10-22所示。

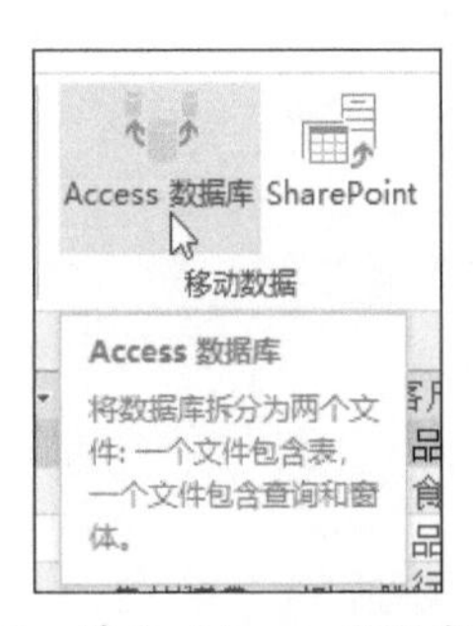

图 10-21 单击"Access 数据库"按钮

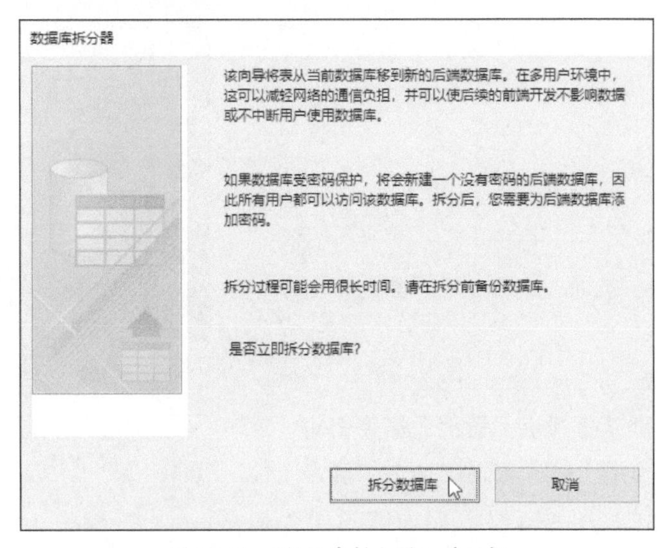

图 10-22 "数据库拆分器"对话框

步骤03 弹出"创建后端数据库"对话框，选择文件保存路径，单击"拆分"按钮，如图10-23所示。

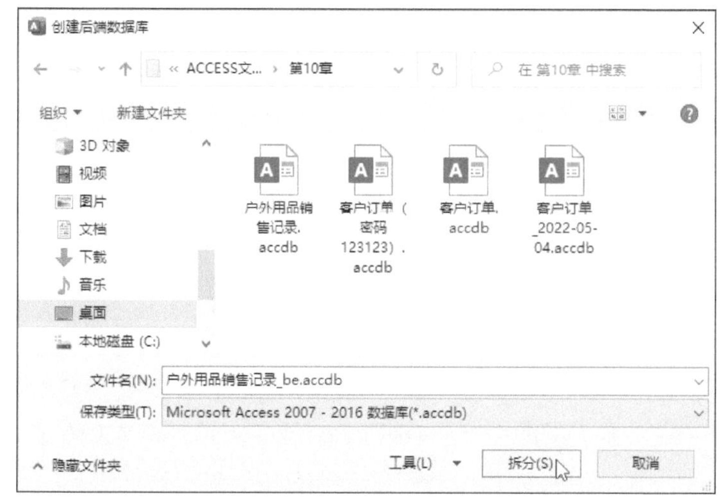

图 10-23 单击“拆分”按钮

步骤04 若数据库中有未关闭的表，将弹出警示对话框，单击“是”按钮，Access将自动关闭相应的表，如图10-24所示。

步骤05 随后弹出信息对话框，提示“数据库拆分成功”，单击“确定”按钮，如图10-25所示。

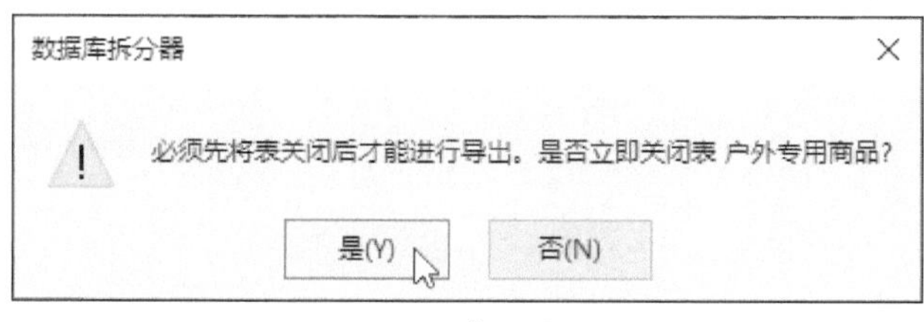

图 10-24 警示对话框

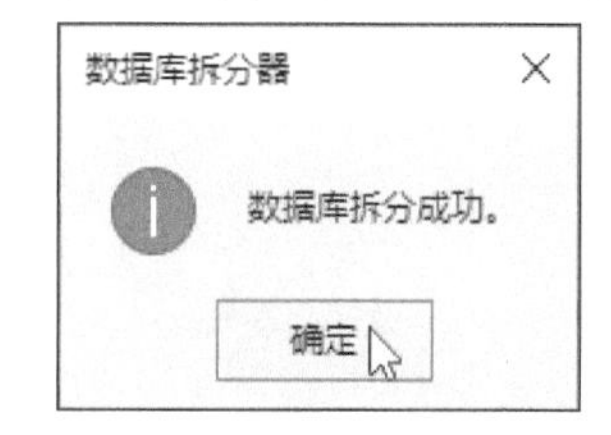

图 10-25 “数据库拆分器”对话框

3. 调整表的布局

步骤01 将数据库中的表成功拆分之后，打开包含被拆分表的数据库。

步骤02 此时数据库中的表可以在独立的窗口中打开，窗口的大小和叠放次序可单独调整，如图10-26所示。

图 10-26 在独立窗口中打开表

步骤03 切换至“开始”选项卡，单击“窗口”组中的“切换窗口”按钮，在展开的列表中选择“水平平铺”选项，如图10-27所示。

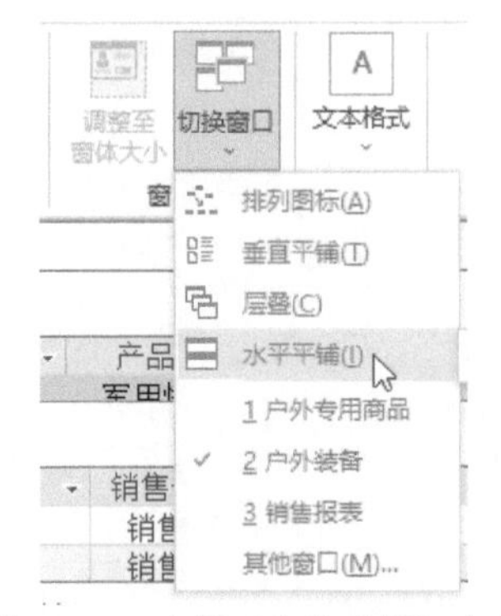

图 10-27　选择“水平平铺”选项

步骤04 数据库中所有打开的表随即被水平平铺排列，便于同时查看多表数据，如图10-28所示。

销售报表

ID	月份	销售部门	业务员	工单号	订单编号	产品名称	数量
1	1月	销售二部	齐开胜	B11-086	M052673-004	速干衣裤	10
2	1月	销售二部	齐开胜	B11-087	M052673-005	速干衣裤	34
3	1月	销售二部	齐开胜	B11-088	M052673-006	速干衣裤	14

记录：第 2 项(共 1927　无筛选器　搜索

户外装备

ID	客户代码	月份	销售部门	业务员	工单号	订单编号
1	DS000002	1月	销售二部	齐开胜	B11-086	M052673-004
2	DS000002	1月	销售二部	齐开胜	B11-087	M052673-005
3	DS000002	1月	销售二部	齐开胜	B11-088	M052673-006

记录：第 1 项(共 1927　无筛选器　搜索

户外专用商品

ID	季度	日期	产品	客户	金额	单击以添加
1	1季度	2022/1/1	军用快餐	杰克食品公司	18,860.00	
2	1季度	2022/1/3	军用快餐	哇哇零食批发	40,220.00	
3	1季度	2022/1/3	军用快餐	杰克食品公司	80,240.00	

记录：第 1 项(共 85 项　无筛选器　搜索

数字　滚动

图 10-28　水平平铺排列

4. 为数据库设置密码

步骤01 在任意数据库中打开“文件”菜单，切换到“打开”界面，单击“浏览”选项，弹出“打开”对话框，选择“户外用品销售记录-be.accdb”文件，随后单击“打开”下拉按钮，在下拉列表中选择“以独占方式打开”选项，如图10-29所示。

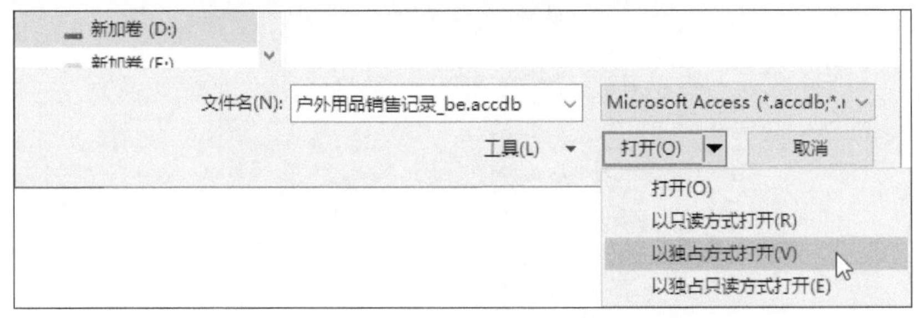

图 10-29　以独占方式打开

步骤 02 所选数据库文件随即以独占方式打开，进入“文件”菜单，并切换到“信息”界面，单击“用密码进行加密”按钮，弹出“设置数据库密码”对话框，在“密码”文本框中输入密码，并在“验证”文本框中重复录入密码，单击“确定”按钮，即可完成密码的设置，如图10-30所示。

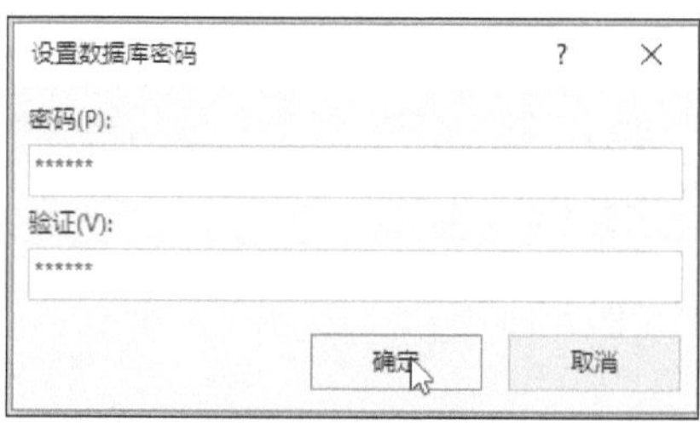

图 10-30 “设置数据库密码”对话框

课后作业

在本作业中将练习为“采购统计表”数据库设置密码保护，具体操作要求如下：

（1）以独占方式打开“采购统计表”数据库。

（2）在“文件”菜单中的“信息”界面单击“用密码进行加密”按钮。

（3）在“设置数据库密码”对话框中设置密码为“123456”。

（4）保存数据库后将数据库关闭，随后使用密码打开数据库，如图10-31所示。

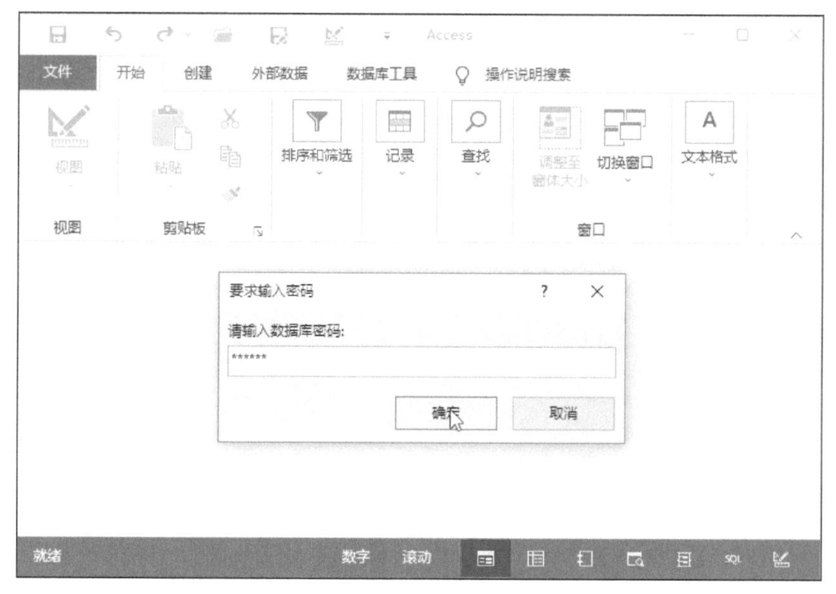

图 10-31 输入数据库密码

第11章 综合案例：工资管理系统数据库的设计

内容概要

工资管理系统是一种用于管理企业员工薪资和奖金的工具。它可以计算员工的工资和奖金，记录员工的考勤和休假情况，管理员工的基本信息、薪资信息、奖金信息等，并生成各种报表和统计数据，方便管理层进行决策和分析。在本章中，将综合前面学到的各种知识，使用Access软件来设计一套功能实用、使用方便、通用性强的工资管理系统。

数字资源

【本章素材】：“素材文件\第11章”目录下

11.1 工资管理系统数据库和表的创建

Access数据库是由多个对象组成的，而数据表则是Access数据库的重要组成部分。用户不仅可以使用数据表存储数据，还可以通过为数据表定义关系，使不同数据表中的记录互相关联，从而更好地管理和查询数据。

11.1.1 创建工资管理系统数据库

下面开始创建工资管理系统数据库，具体操作步骤如下：

步骤01 启动Access，单击“空白数据库”按钮，如图11-1所示。

扫码观看视频

图 11-1 单击“空白数据库”按钮

步骤02 在打开界面中单击“创建”按钮，如图11-2所示。

图 11-2 单击“创建”按钮

步骤03 系统随即新建一个空白数据库。单击“文件”按钮，如图11-3所示。

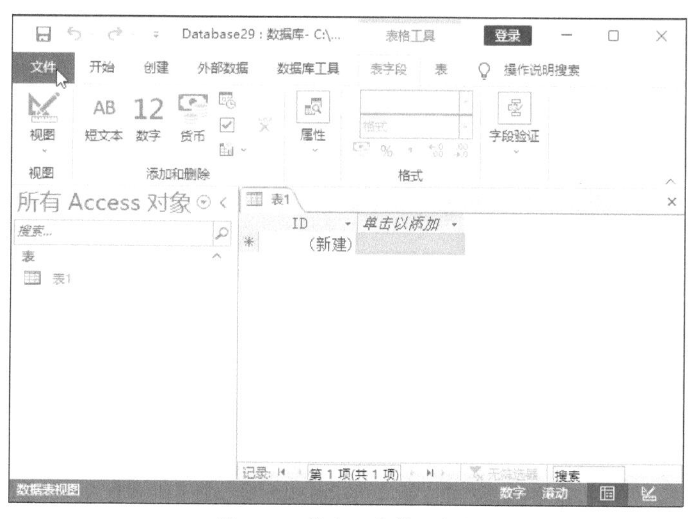

图 11-3 单击“文件”按钮

步骤 04 进入“文件”菜单，单击“另存为”选项，如图11-4所示。

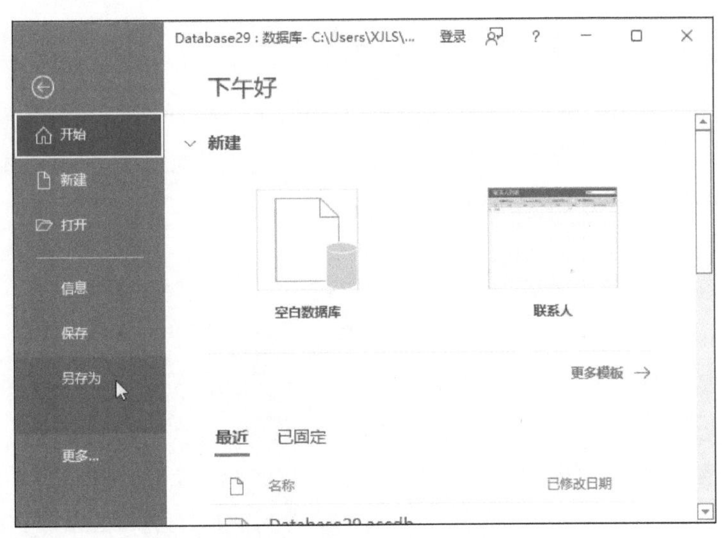

图 11-4　单击“另存为”选项

步骤 05 在“另存为”界面的“文件类型”中选择“数据库另存为”选项，在“数据库另存为”列表中选择“Access数据库（*.accdb）”选项，单击界面底部的“另存为”按钮，如图11-5所示。

图 11-5　“另存为”界面

步骤06 系统随即弹出警示对话框，单击“是”按钮，如图11-6所示。

步骤07 打开“另存为”对话框，选择文件的保存路径，输入文件名为“工资管理系统”，单击“保存”按钮，如图11-7所示。

图 11-6 警示对话框

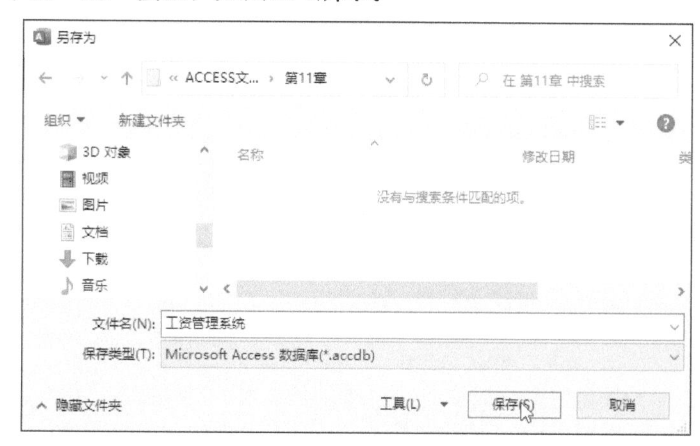

图 11-7 “另存为”对话框

11.1.2 创建薪资表

创建工资管理数据库以后，便可以创建和设计相应的数据表了。下面介绍创建基本工资表的具体操作步骤。

步骤01 打开“创建”选项卡，单击“表格”组中的“表设计”按钮，如图11-8所示。

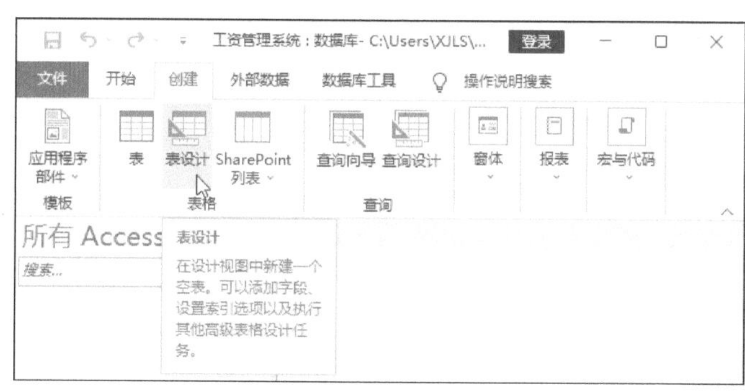

扫码观看视频

图 11-8 单击“表设计”按钮

步骤02 “表1”随即进入设计视图模式，如图11-9所示。

步骤03 在“字段名称”列的第1行中输入“ID”，并将其数据类型设置为“自动编号”，如图11-10所示。

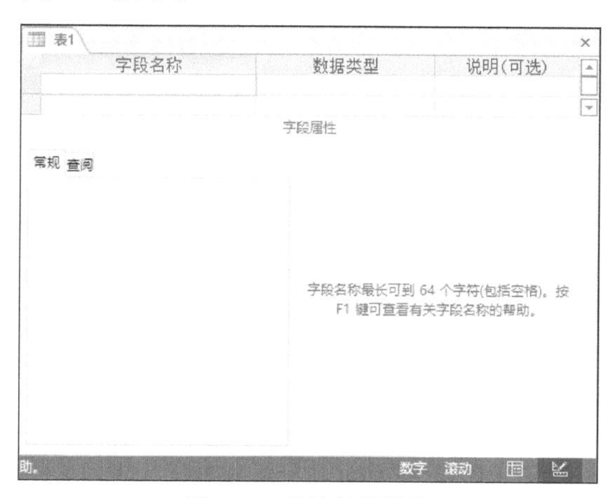

图 11-9 设计视图模式

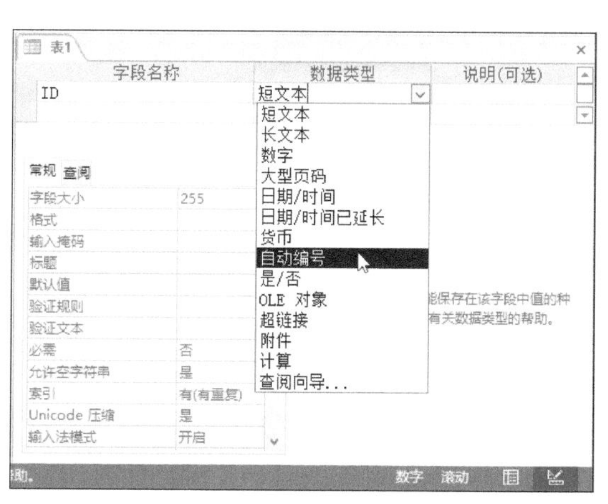

图 11-10 选择数据类型

步骤 04 依次输入各字段的名称并设置数据类型，在“说明（可选）”列中可输入当前字段的说明性文字，如图11-11所示。

步骤 05 在“ID”字段上单击鼠标右键，从弹出的菜单中选择“主键”选项，将该字段设置为主键，如图11-12所示。

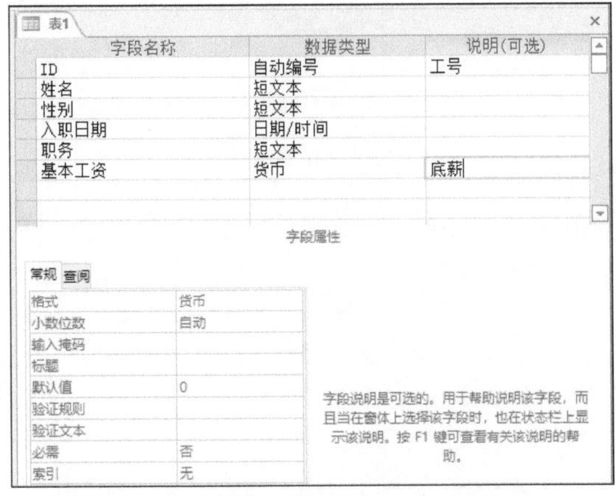

图 11-11　输入数据

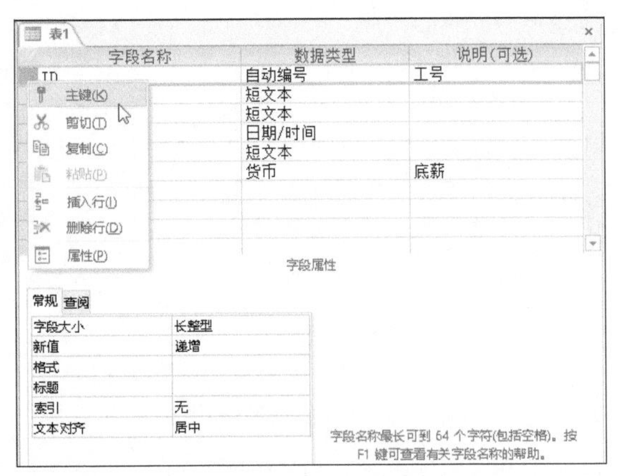

图 11-12　设置主键

步骤 06 在“表1”名称标签上单击鼠标右键，在弹出的菜单中选择“保存”选项，如图11-13所示。

步骤 07 弹出“另存为”对话框，输入表名称为“基本工资”，单击“确定”按钮，如图11-14所示。

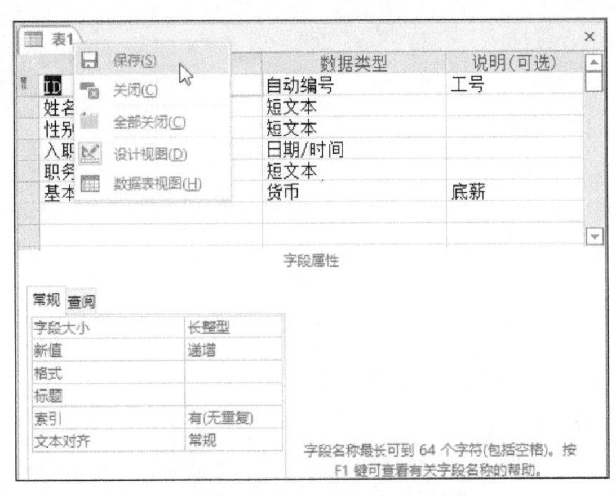

图 11-13　选择“保存”选项

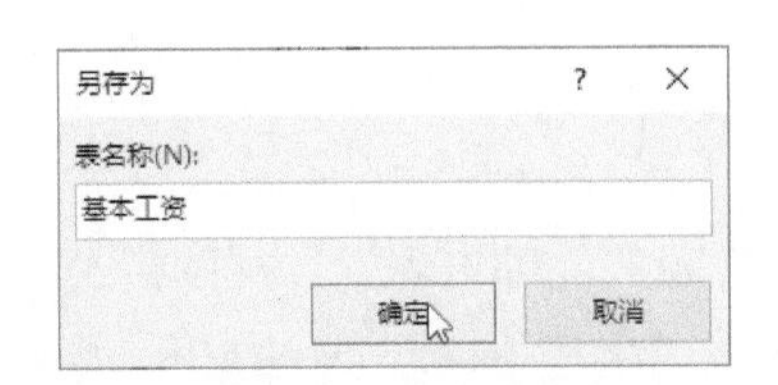

图 11-14　输入表名称

步骤 08 此时“基本工资”表的字段已设置完成，在打开的表中可以看到添加的各个字段，如图11-15所示。

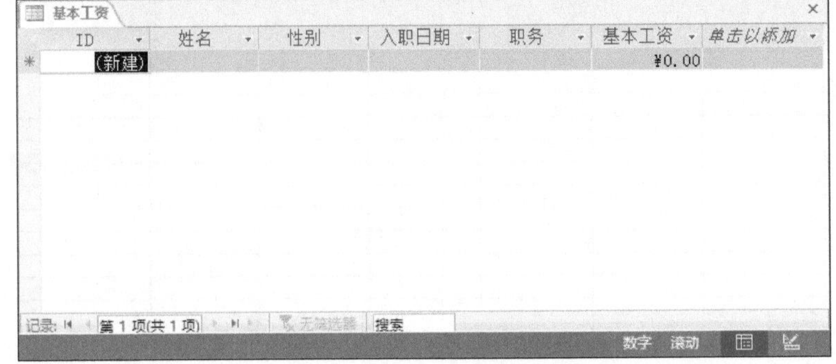

图 11-15　添加字段的效果

步骤 09 根据字段依次在基本工资表中输入信息，随后参照上述步骤继续在数据库中创建其他表，效果如图11-16所示。

ID	姓名	性别	入职日期	职务	基本工资	单击以添加
1	周玉玲	女	2019/6/1	财务会计	￥5,300.00	
2	顾明	男	2019/5/27	销售经理	￥4,500.00	
3	刘俊贤	男	2020/1/19	销售代表	￥2,000.00	
4	吴丹丹	女	2020/5/10	销售代表	￥2,000.00	
5	刘乐	女	2017/3/21	销售代表	￥2,000.00	
6	赵强	男	2018/2/1	销售代表	￥2,000.00	
7	周菁	女	2019/9/10	采购	￥6,800.00	
8	蒋天海	男	2019/12/21	二车间主任	￥6,800.00	
9	吴倩莲	女	2015/6/23	三车间主任	￥6,800.00	
10	李青云	男	2020/12/5	四车间主任	￥6,800.00	
11	赵子新	男	2017/9/25	企划部长	￥8,000.00	
12	张洁	女	2018/4/11	企划员	￥3,000.00	
13	吴亭	女	2020/4/5	广告部长	￥7,000.00	

图 11-16　输入信息

11.1.3　优化数据库

创建完数据库后可根据需要在各个表中添加数据项，有时新建的数据库在使用时速度非常慢，这是由于数据库在建立初期，没有对其进行优化分析。下面对工资管理系统数据库进行优化分析。

步骤 01 打开“数据库工具”选项卡，单击“分析”组中的“分析表”按钮，如图11-17所示。

扫码观看视频

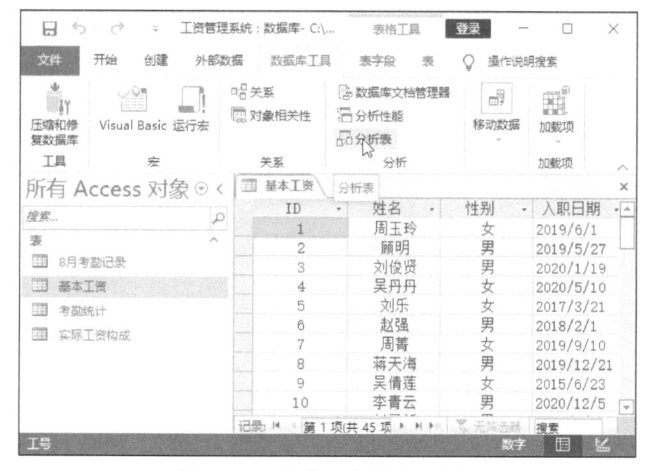

图 11-17　单击“分析表”按钮

步骤 02 弹出“表分析器向导”对话框，单击“下一步”按钮，如图11-18所示。

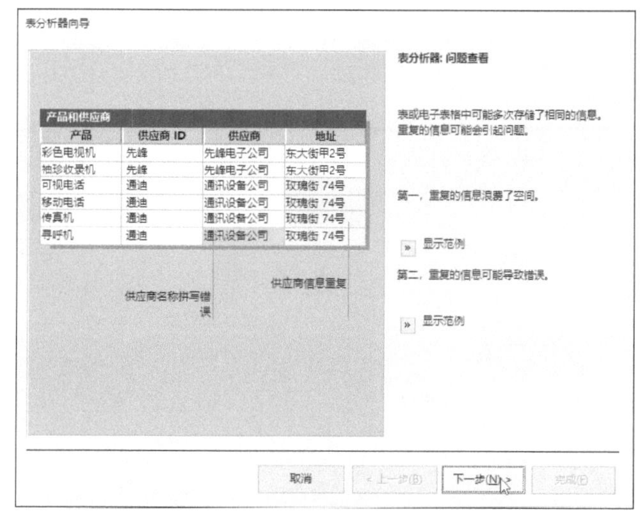

图 11-18　“表分析器向导”对话框

步骤03 保持默认设置，单击“下一步”按钮，如图11-19所示。

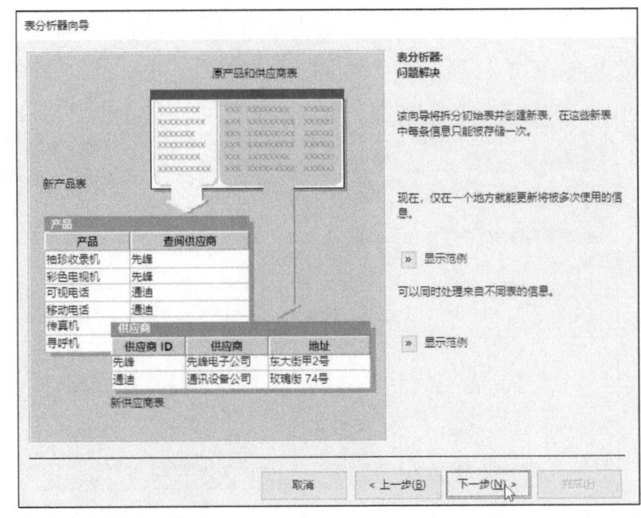

图 11-19　单击“下一步”按钮

步骤04 在“表”列表中选择“实际工资构成”表，单击“下一步”按钮，如图11-20所示。

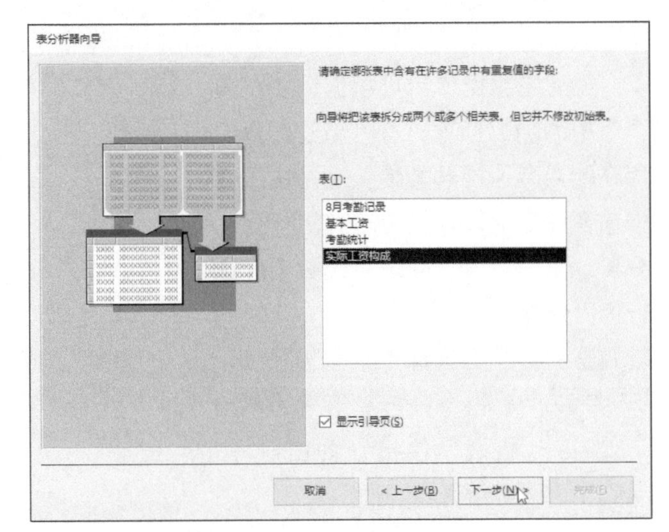

图 11-20　选择“实际工资构成”表

步骤05 选中“是，由向导决定”单选按钮，单击“下一步”按钮，如图11-21所示。

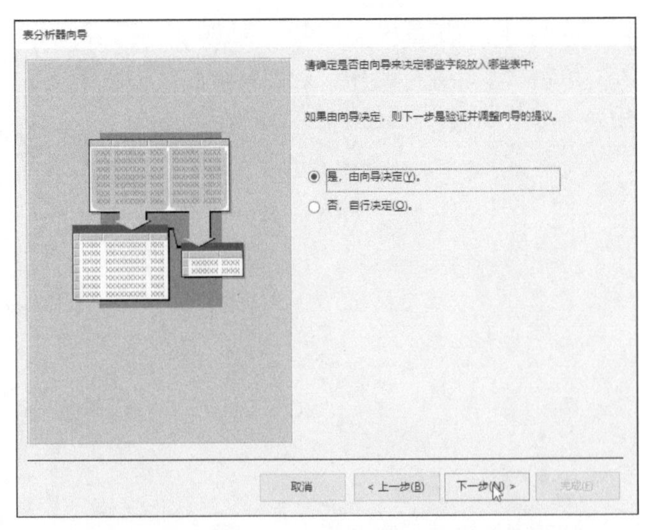

图 11-21　选中“是，由向导决定”单选按钮

步骤06 选择“表1”，单击“重命名表”按钮，如图11-22所示。

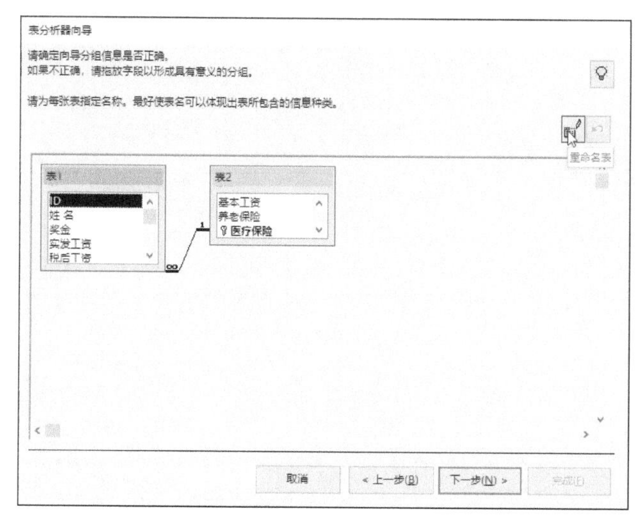

图 11-22 单击“重命名表”按钮

步骤07 弹出“表分析器向导”对话框，输入“表名称”为“收入”，单击“确定”按钮，如图11-23所示。

步骤08 选择“表2”，再次单击“重命名表”按钮，在弹出的对话框中输入“表名称”为“扣除”,如图11-24所示。

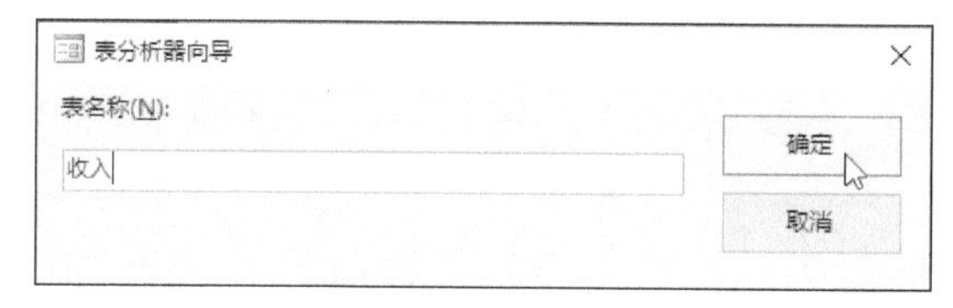

图 11-23 输入“表1”名称

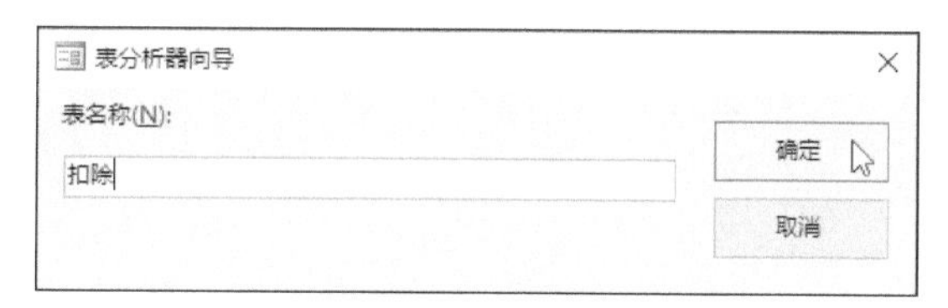

图 11-24 输入“表2”名称

步骤09 修改完表名后单击“下一步”按钮，如图11-25所示。

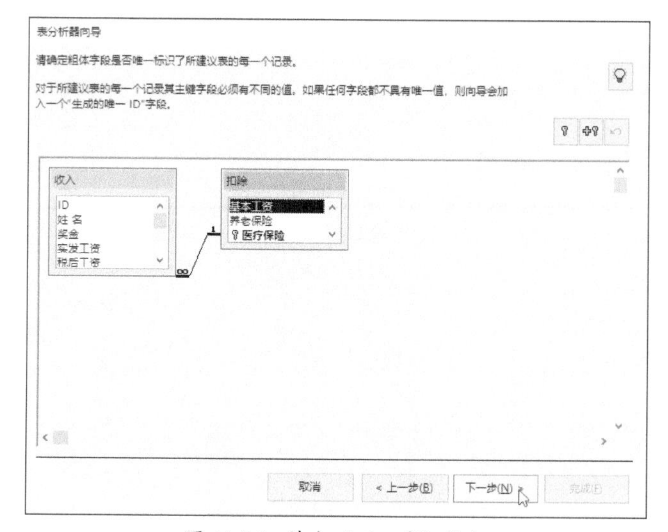

图 11-25 单击“下一步”按钮

步骤 10 选择“扣除”表，单击“加入生成关键字”按钮，如图11-26所示。

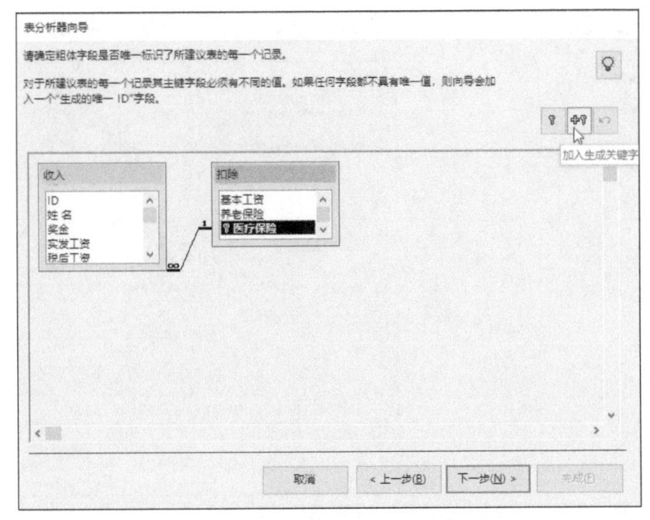

图 11-26 单击“加入生成关键字”按钮

步骤 11 修改“扣除”表的主键后单击“下一步”按钮，如图11-27所示。

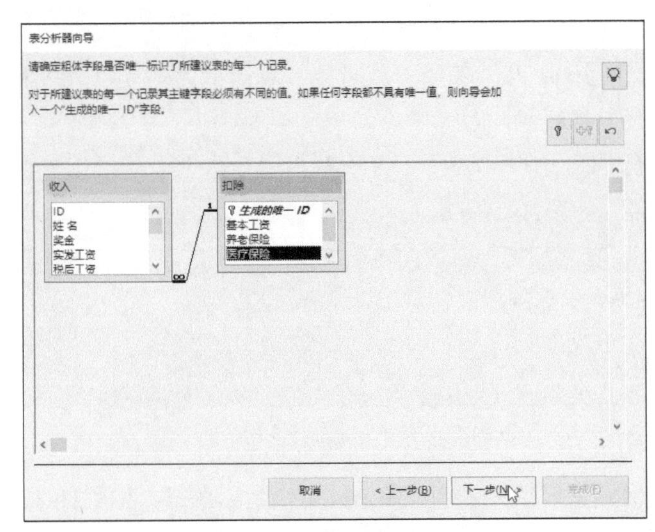

图 11-27 单击“下一步”按钮

步骤 12 保持默认设置，单击“完成”按钮，如图11-28所示。

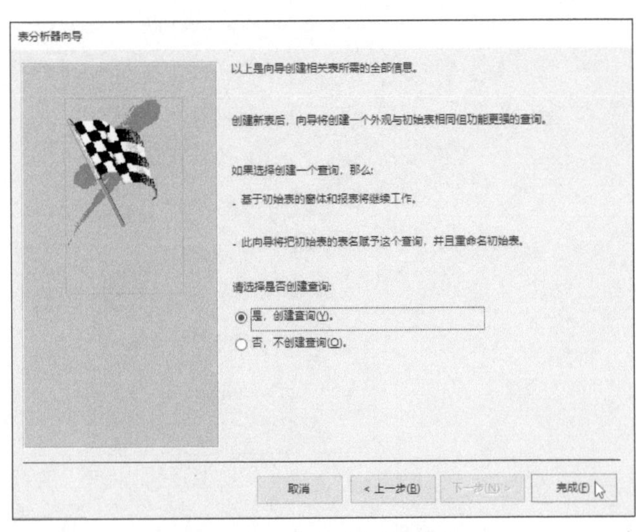

图 11-28 单击“完成”按钮

步骤13 数据库中指定的表随即被拆分成两个表，并自动生成查询表，优化效果如图11-29所示。

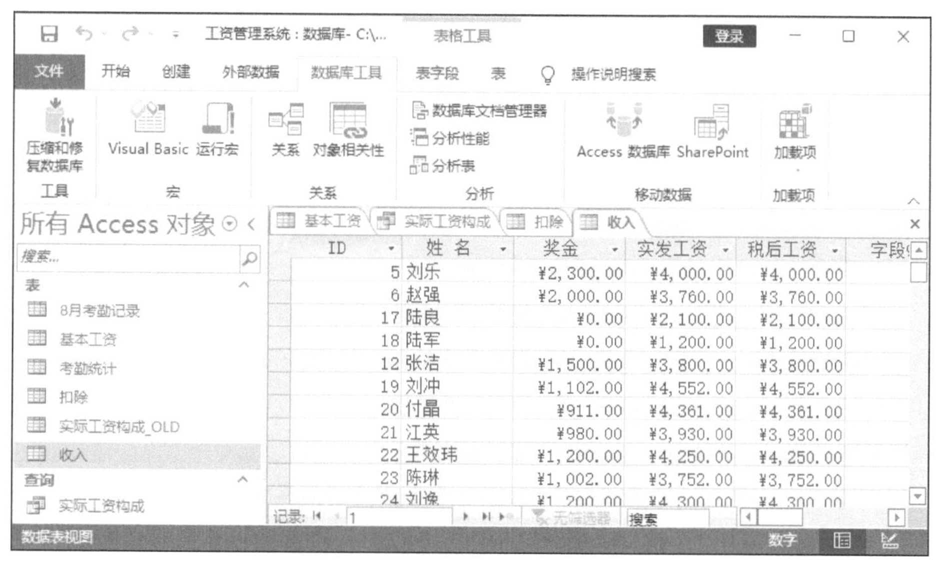

图 11-29 优化效果

11.2 工资管理系统查询的设计

对于普通用户来说，数据库是不可见的。用户查看数据库当中的数据都要通过查询实现，所以查询是数据库应用程序中非常重要的一个部分。用户不仅可以对一个表进行简单的查询操作，还可以把多个表的数据链接到一起，做一个整体的查询。

11.2.1 使用查询向导创建实发工资查询

扫码观看视频

创建基于“实际工资构成”表的查询，具体的操作步骤如下：

步骤01 打开“创建”选项卡，单击“查询”组中的“查询向导”按钮，如图11-30所示。

步骤02 弹出“新建查询”对话框，选择“简单查询向导”选项，单击“确定”按钮，如图11-31所示。

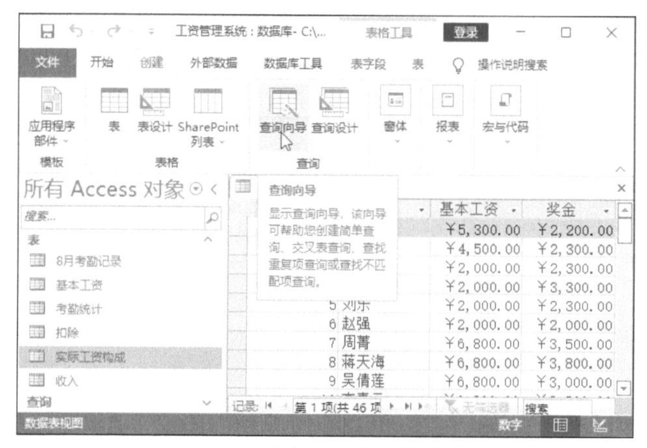

图 11-30 单击“查询向导”按钮

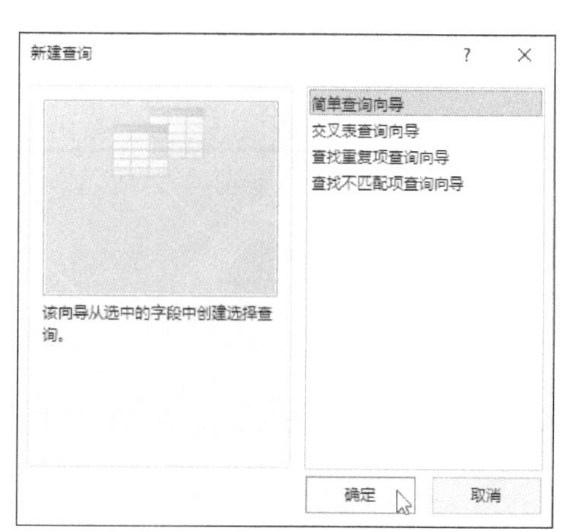

图 11-31 “新建查询”对话框

步骤 03 弹出“简单查询向导”对话框，在“表/查询”下拉列表中选择“表：实际工资构成_OLD”，然后从“可用字段”列表向“选定字段”列表中添加需要的字段，单击“下一步”按钮，如图11-32所示。

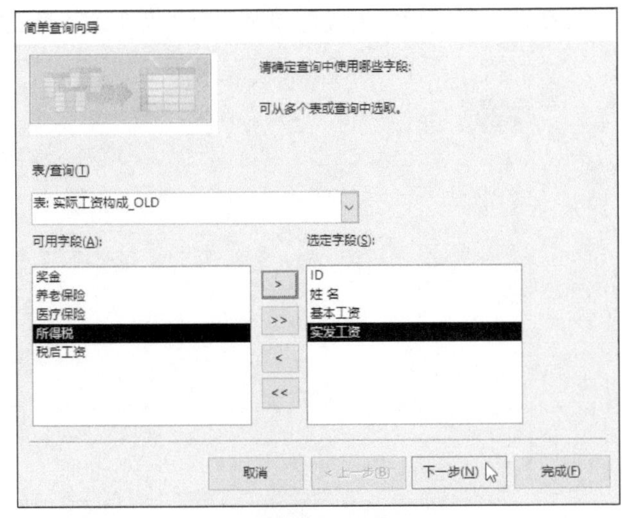

图 11-32 “简单查询向导”对话框

步骤 04 选中“明细（显示每个记录的每个字段）”单选按钮，单击“下一步”按钮，如图11-33所示。

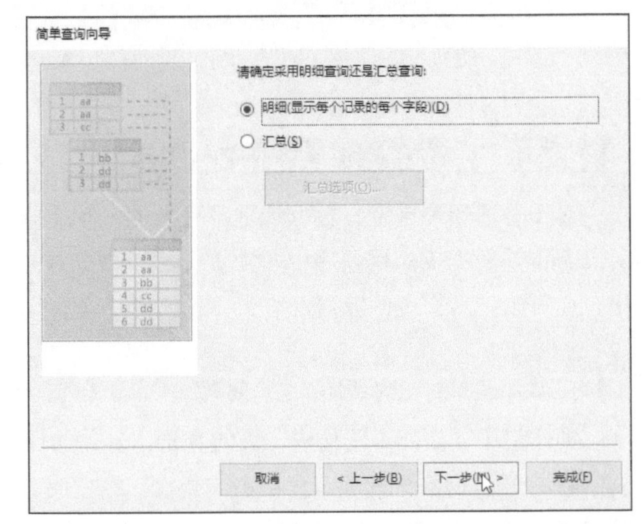

图 11-33 选中“明细（显示每个记录的每个字段）”单选按钮

步骤 05 在“请为查询指定标题”文本框中输入查询的名称“员工实发工资”，选中“打开查询查看信息”单选按钮，单击“完成”按钮，如图11-34所示。

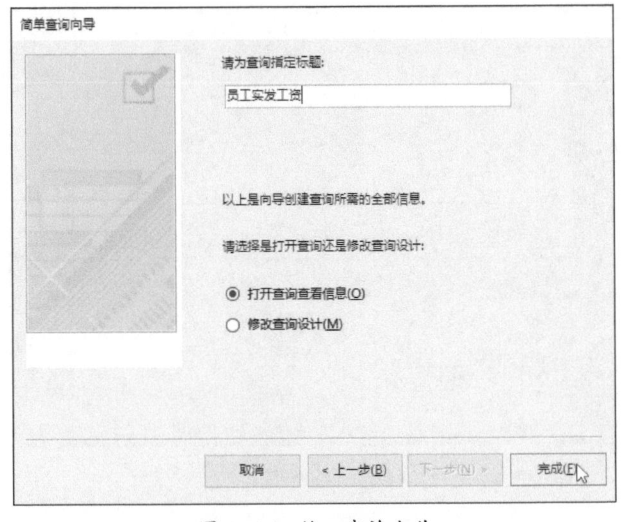

图 11-34 输入查询名称

步骤 06 数据库中随即创建名称为“员工实发工资”的查询，并自动打开该查询，效果如图11-35所示。

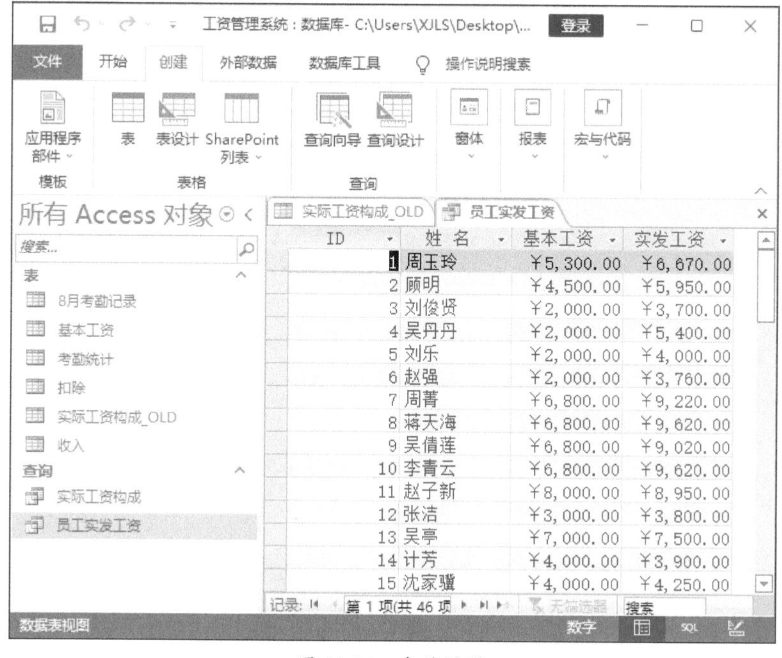

图 11-35　查询效果

11.2.2　查询的外观设置

查询中有时会出现很多的数据项，用户可以通过对其外观进行修饰，使查询中的各个数据项看起来一目了然。下面介绍设置查询外观的具体操作方法。

扫码观看视频

步骤 01 打开“员工实发工资”查询，在“文本格式”组中单击“网格线”下拉按钮，从展开的列表中选择“网格线：横向”选项，设置网格线样式，如图11-36所示。

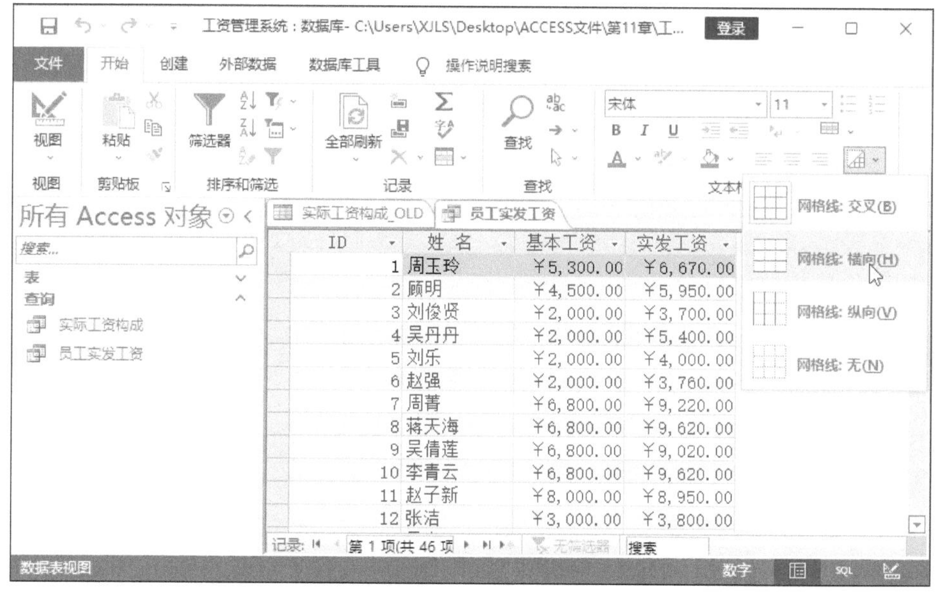

图 11-36　设置网格线样式

步骤02 单击“文本格式”组中的“背景色” 下拉按钮，在展开的颜色列表中选择蓝色，为查询设置填充色，如图11-37所示。

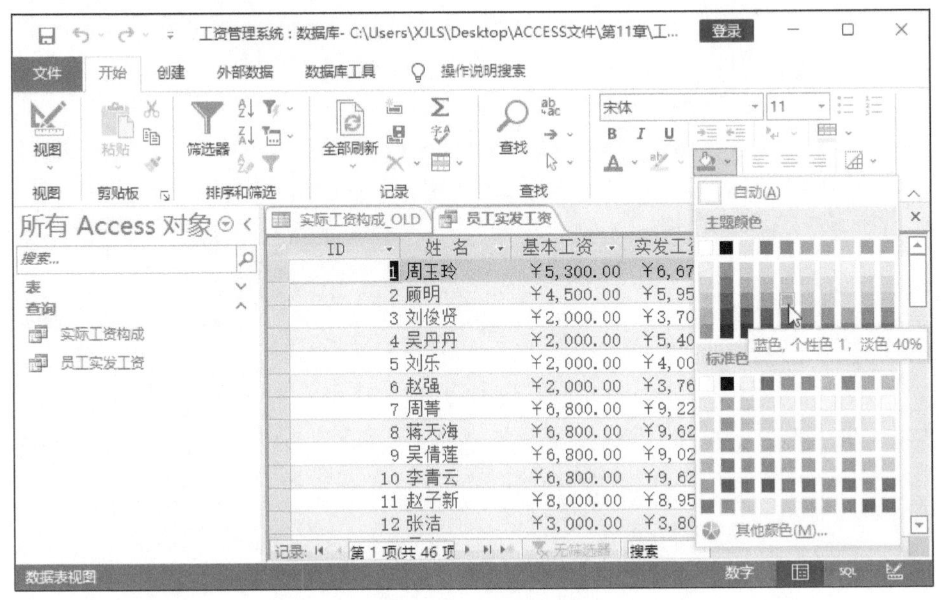

图 11-37 设置填充色

步骤03 单击“文本格式”组中的“字号”下拉按钮，在下拉列表中选择合适的字号，设置查询中文本的字号，如图11-38所示。

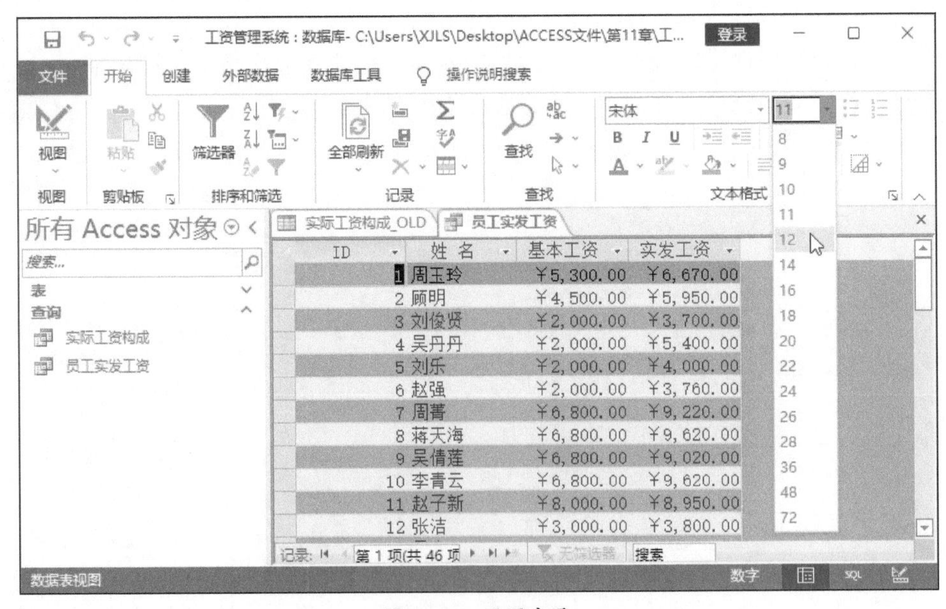

图 11-38 设置字号

拓展阅读

优化人才培养机制，着力培育信息化领域高水平研究型人才和具有工匠精神的高技能人才。通过搭建国际合作交流平台、开展世界级大科学项目研究，推动科研人才广泛交流。深化新工科建设，建设一批未来技术学院和现代产业学院，打造信息化领域多层次复合型人才队伍。

——《“十四五”国家信息化规划》

11.3 工资管理系统窗体的设计

以主菜单窗体为例，介绍工资管理系统窗体主菜单的设计及其创建的具体步骤。

11.3.1 创建窗体

建立工资管理系统的前提是创建窗体，创建窗体的方法非常简单，下面介绍具体的操作步骤。

扫码观看视频

步骤01 打开“创建”选项卡，单击“窗体”组中的“窗体设计”按钮，如图11-39所示。

步骤02 Access随即创建“窗体1”空白窗体，如图11-40所示。

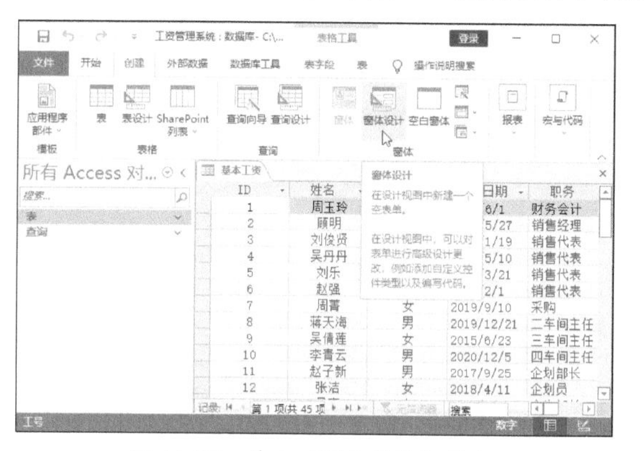

图 11-39 单击“窗体设计”按钮

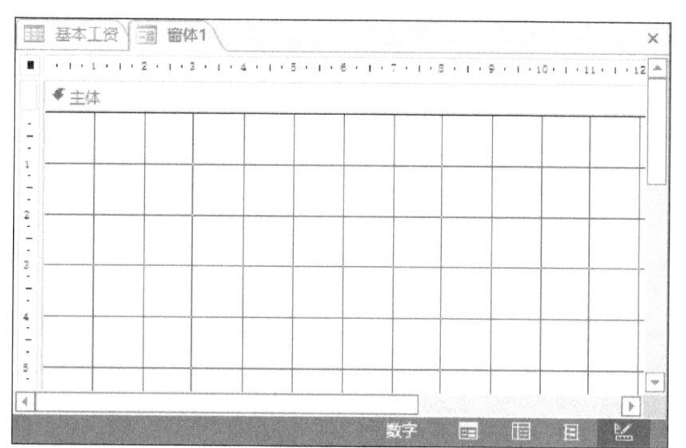

图 11-40 窗体 1

11.3.2 添加控件

在窗体中可以创建各种控件，如按钮、复选框、文本框等，可通过这些控件对数据进行操作，下面介绍具体的操作方法。

扫码观看视频

步骤01 打开“窗体设计工具-表单设计”选项卡，单击“控件”组中的“标签”Aa按钮，如图11-41所示。

步骤02 将光标移动到窗体中的合适位置，按住鼠标左键的同时拖动鼠标绘制标签，如图11-42所示。

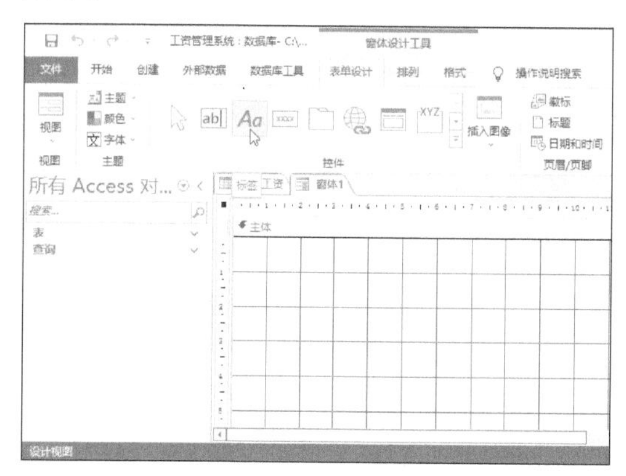

图 11-41 单击“标签”按钮

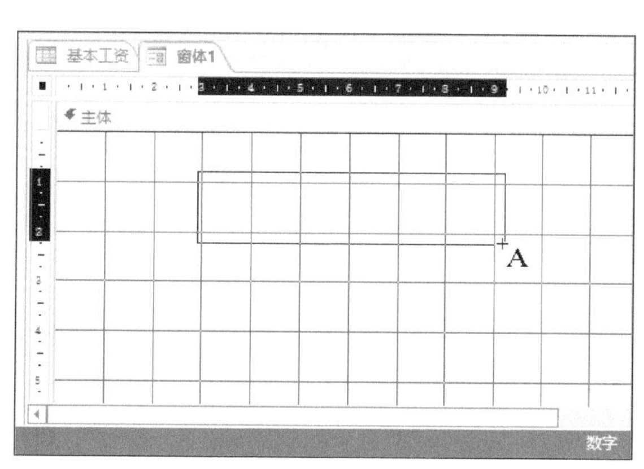

图 11-42 绘制标签

步骤03 在标签中输入“工资管理系统主菜单”，如图11-43所示。

步骤04 切换至“窗体设计工具-格式”选项卡，通过“字体”组内的命令按钮设置标签控件中文本的格式，效果如图11-44所示。

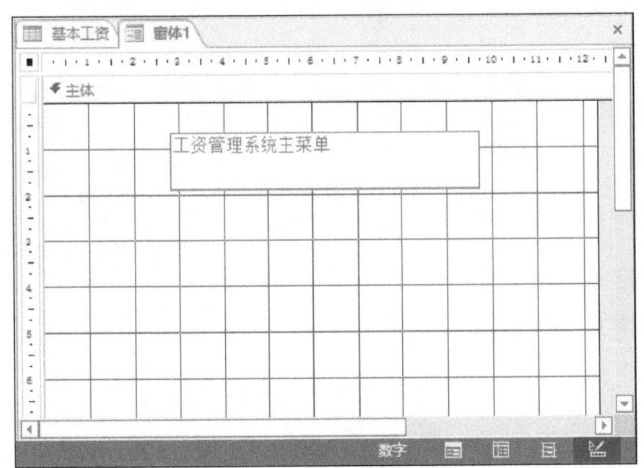

图 11-43　输入标签文本

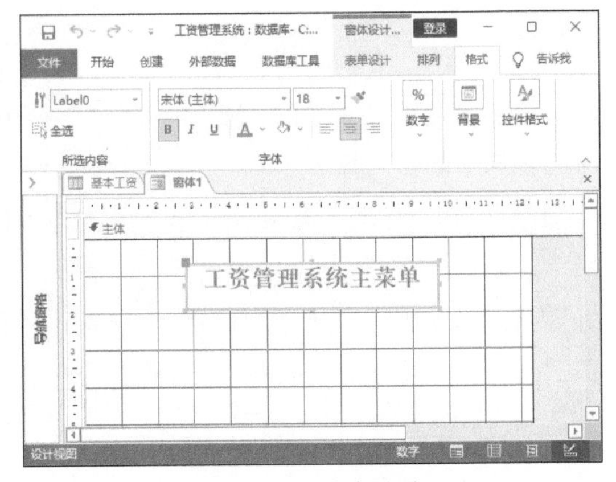

图 11-44　文本效果

步骤05 切换至“窗体设计工具-表单设计”选项卡，单击“控件”组中的“按钮”控件，如图11-45所示。

步骤06 在窗体中的合适位置绘制按钮，如图11-46所示。

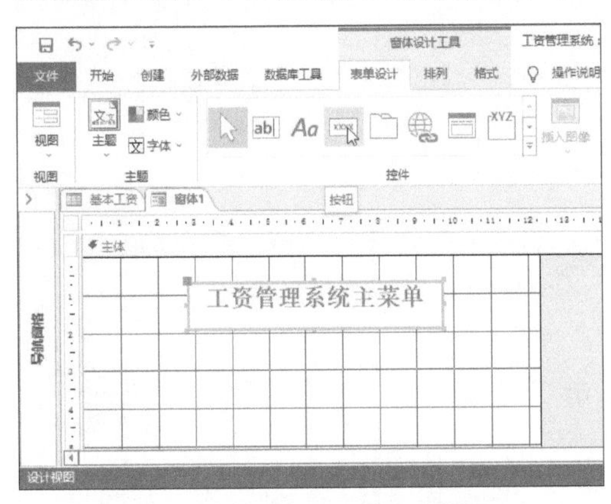

图 11-45　单击“按钮”控件

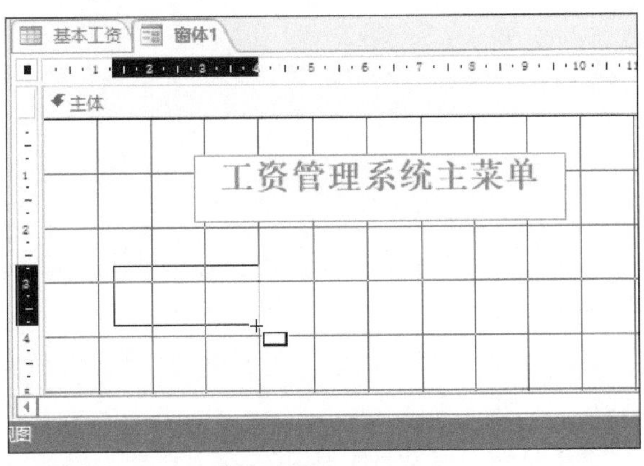

图 11-46　绘制按钮

步骤07 弹出“命令按钮向导”对话框，在“类别”列表中选择“杂项”选项，在“操作”列表中选择“运行查询”选项，单击“下一步”按钮，如图11-47所示。

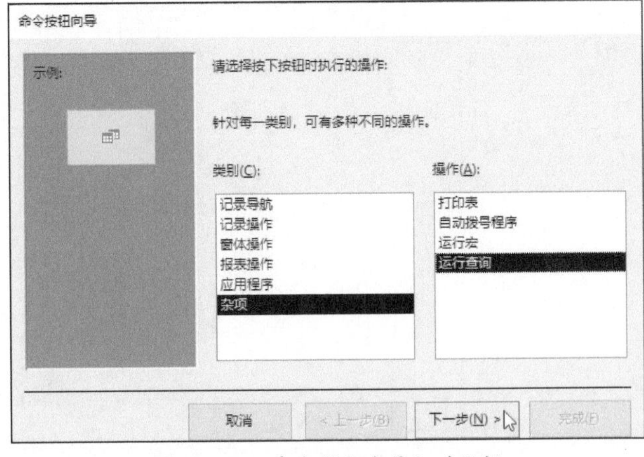

图 11-47　“命令按钮向导”对话框

步骤08 选择“员工实发工资”选项，单击“下一步”按钮，如图11-48所示。

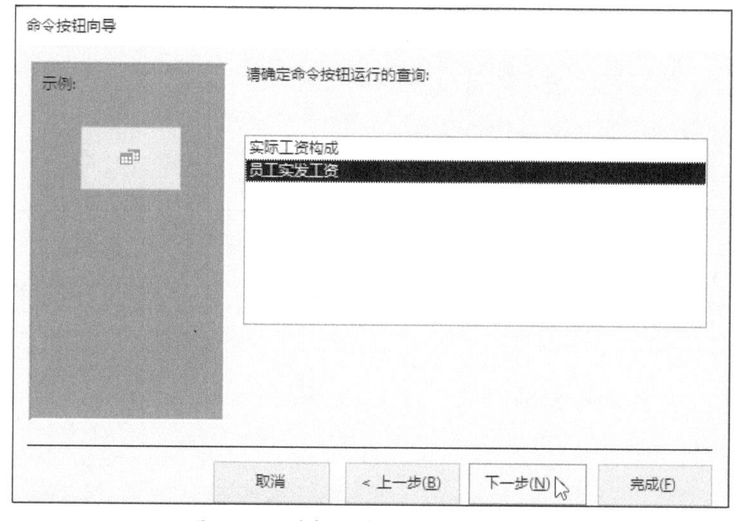

图 11-48 选择“员工实发工资”选项

步骤09 选中“文本”单选按钮，在文本框中输入“实发工资”，单击“下一步”按钮，如图11-49所示。

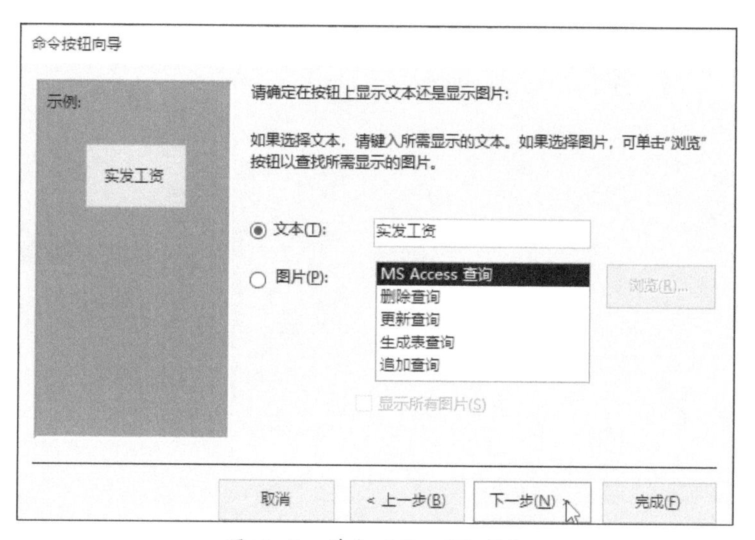

图 11-49 单击“下一步”按钮

步骤10 单击“完成”按钮，完成“实发工资”按钮的制作，如图11-50所示。

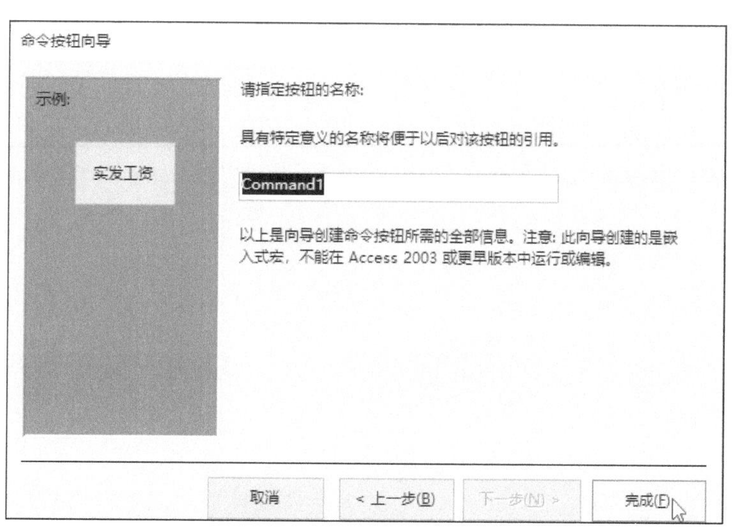

图 11-50 单击“完成”按钮

11.3.3 链接宏

使用链接宏功能可以实现数据库的自动操作。下面介绍为窗体中的控件链接宏的具体操作方法。

步骤 01 打开“窗体设计工具-表单设计”选项卡，单击“控件”组中的“按钮”控件，在窗体中绘制按钮，如图11-51所示。

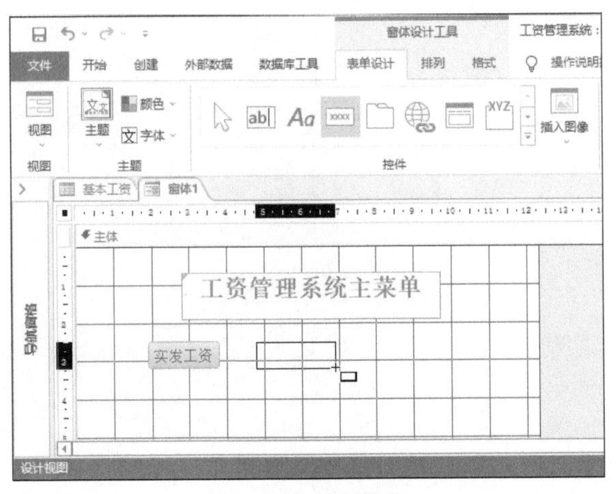

图 11-51 绘制按钮

步骤 02 弹出“命令按钮向导”对话框，单击“取消”按钮，关闭该对话框，如图11-52所示。

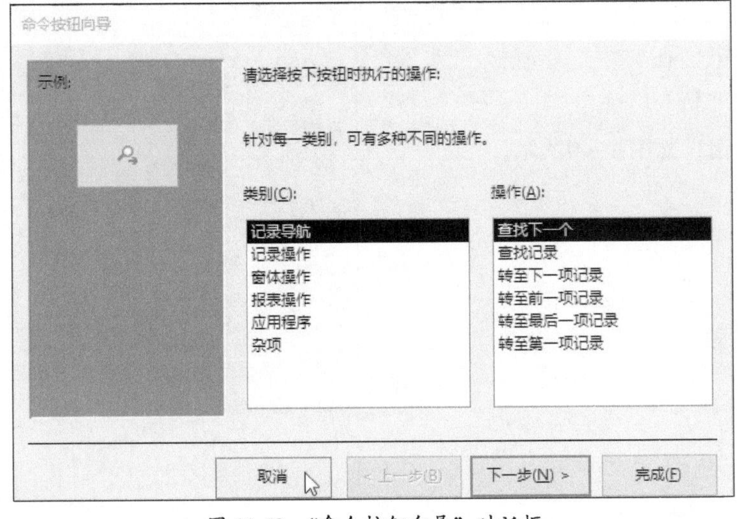

图 11-52 “命令按钮向导”对话框

步骤 03 在新建按钮的边框上单击鼠标右键，在弹出的菜单中选择“事件生成器”选项，如图11-53所示。

图 11-53 选择“事件生成器”选项

步骤 04 弹出“选择生成器”对话框，选择“宏生成器”选项，单击“确定”按钮，如图11-54所示。

步骤 05 Access随即打开新窗口，单击“添加新操作”下拉按钮，从下拉列表中选择“OpenTable”命令，如图11-55所示。

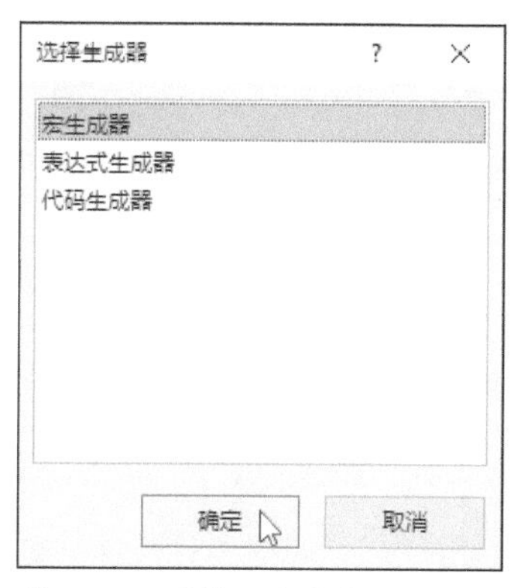

图 11-54 选择“宏生成器”选项

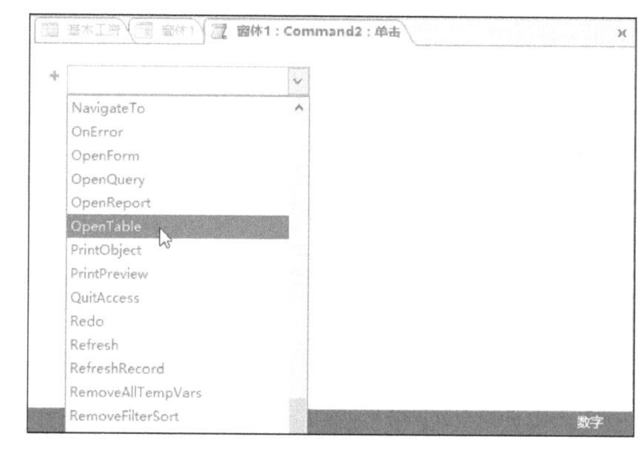

图 11-55 选择“OpenTable”命令

步骤 06 设置“表名称”为“8月考勤记录”选项，如图11-56所示。

步骤 07 在名称标签上单击鼠标右键，在弹出的菜单中选择“保存”选项，保存宏命令，如图11-57所示，随后关闭该窗口。

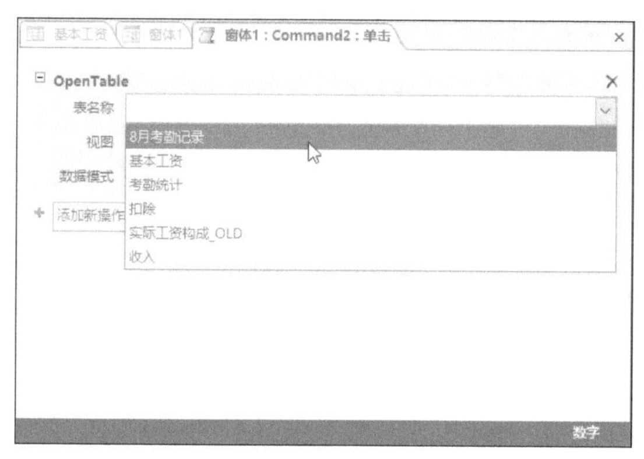

图 11-56 设置表名称

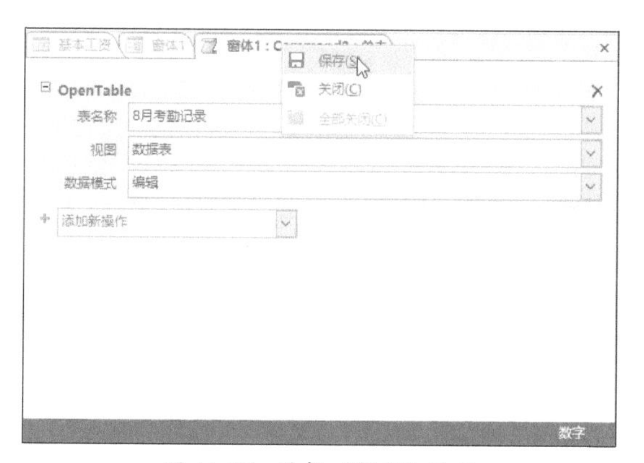

图 11-57 选择“保存”选项

步骤 08 切换至“窗体设计工具-表单设计”选项卡，单击“工具”组中的“属性表”按钮，如图11-58所示。

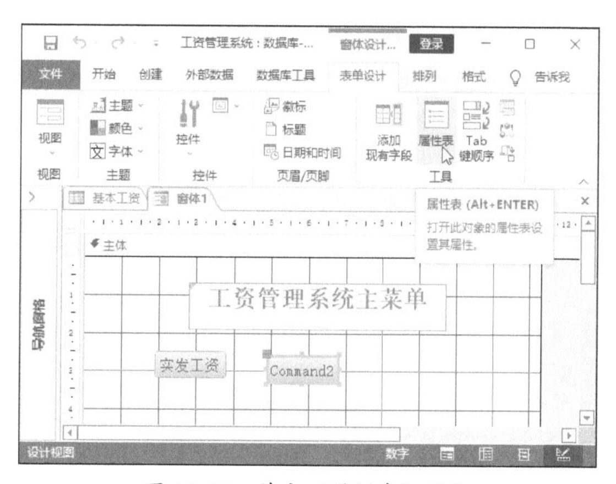

图 11-58 单击“属性表”按钮

步骤 09 保持新建的按钮为选中状态，在“属性表”窗格中打开“全部”选项卡，在“标题”文本框中输入“考勤记录”，修改按钮的标题，如图11-59所示。

步骤 10 切换至“窗体设计工具-表单设计”选项卡，单击“控件”组中的“选项组”按钮，如图11-60所示。

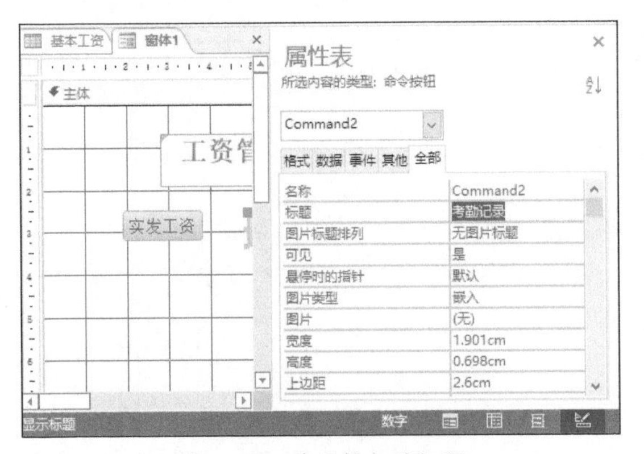

图 11-59 修改按钮的标题

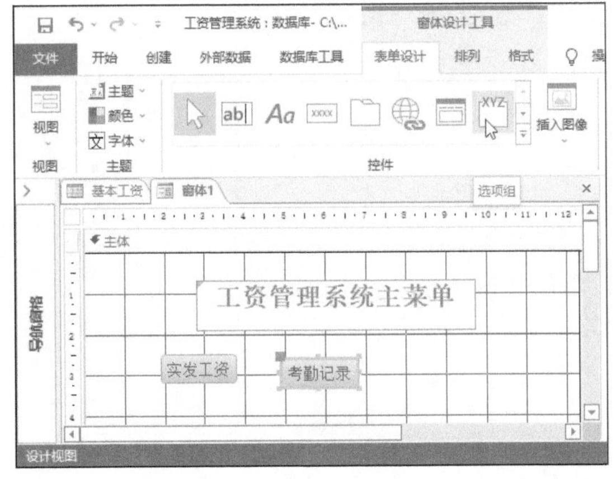

图 11-60 单击“选项组”按钮

步骤 11 在窗体合适位置绘制“选项组”控件，如图11-61所示。

步骤 12 松开鼠标后自动弹出“选项组向导”对话框，按需输入标签名称，单击“下一步”按钮，如图11-62所示。

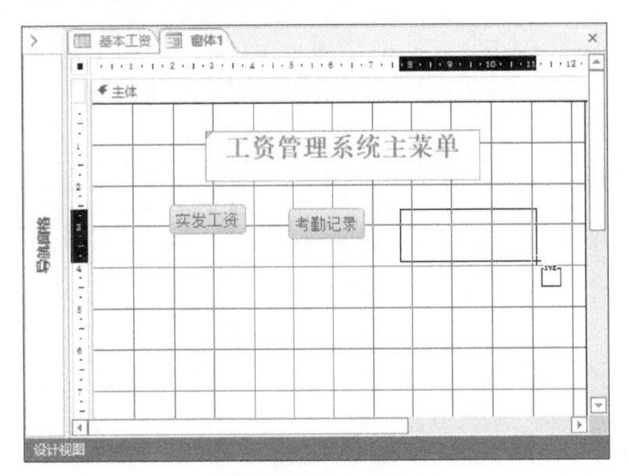

图 11-61 绘制控件

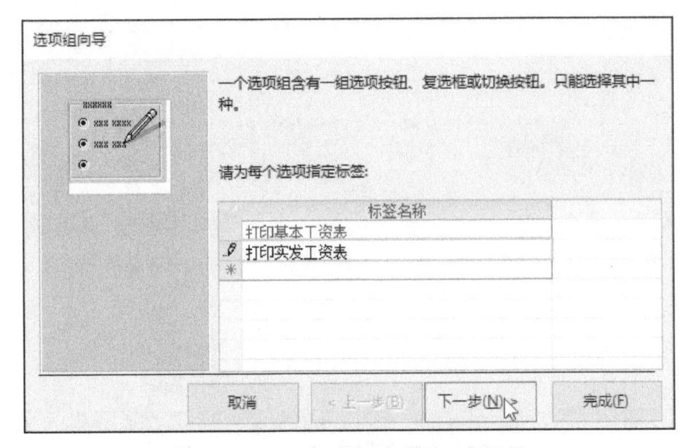

图 11-62 “选项组向导”对话框

步骤 13 选中“是，默认选项是”单选按钮，单击“下一步”按钮，如图11-63所示。

步骤 14 单击“下一步”按钮，如图11-64所示。

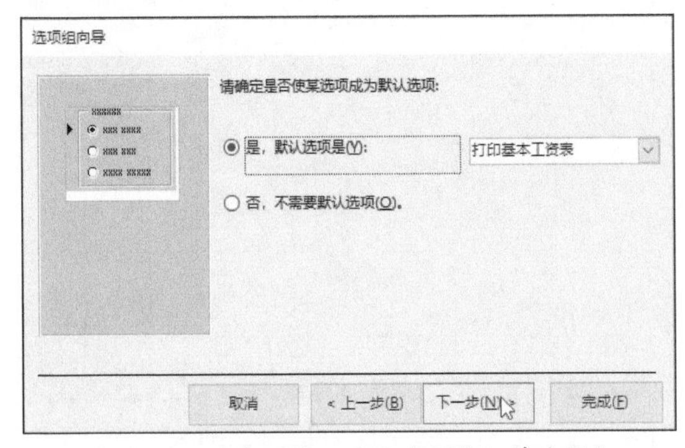

图 11-63 选中“是，默认选项是”单选按钮

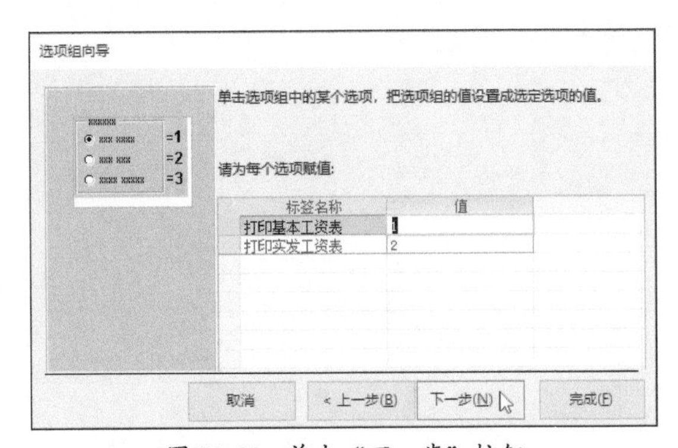

图 11-64 单击“下一步”按钮

步骤15 勾选“复选框”，单击“下一步”按钮，如图11-65所示。

步骤16 在文本框中输入“打印”，单击“完成”按钮，如图11-66所示。

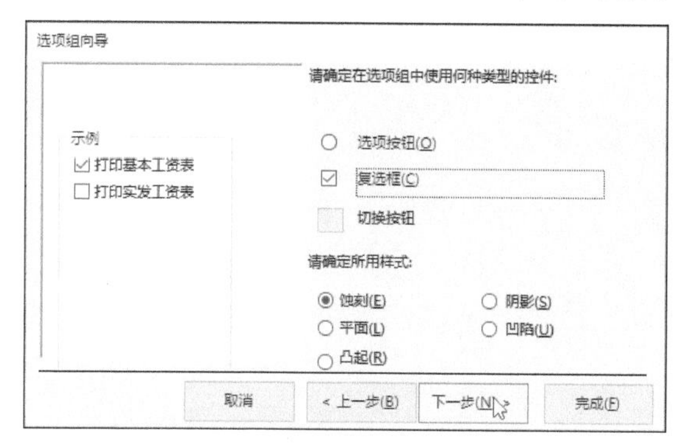

图 11-65 勾选“复选框”

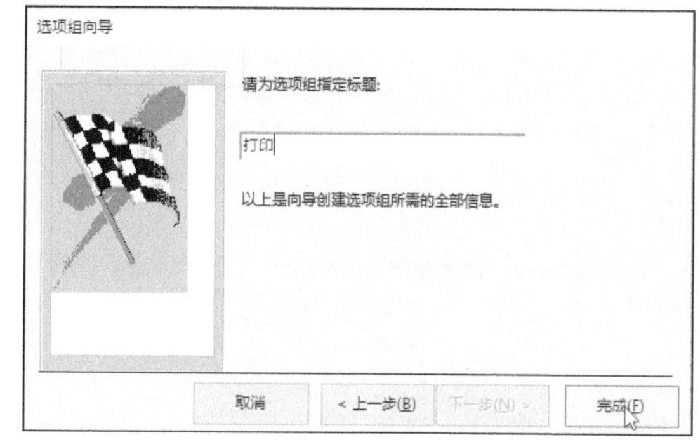

图 11-66 输入标题

步骤17 在窗体中的“选项组”控件上单击鼠标右键，在弹出的菜单中选择“事件生成器”选项，如图11-67所示。

步骤18 弹出“选择生成器”对话框，选择“宏生成器”选项，单击“确定”按钮，如图11-68所示。

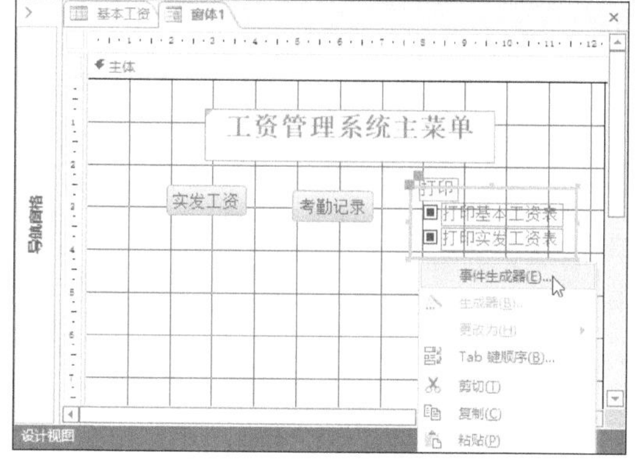

图 11-67 选择“事件生成器”选项

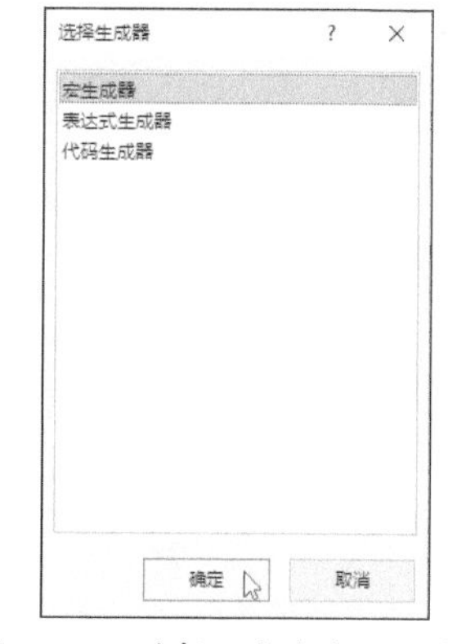

图 11-68 选择“宏生成器”选项

步骤19 Access自动打开新的窗口，切换至“宏工具-宏设计”选项卡，单击“显示/隐藏”组中的“显示所有操作”按钮，如图11-69所示。

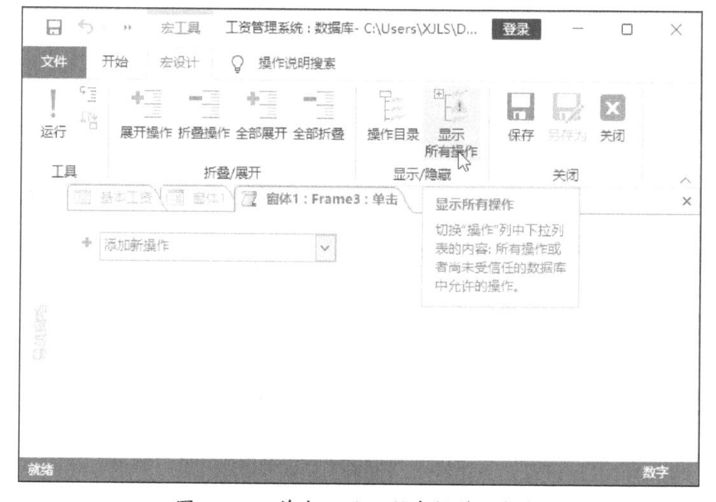

图 11-69 单击“显示所有操作”按钮

步骤20 单击“添加新操作”下拉按钮，从下拉列表中选择“PrintOut”命令，如图11-70所示。

步骤21 设置“打印范围”为“全部”，如图11-71所示。

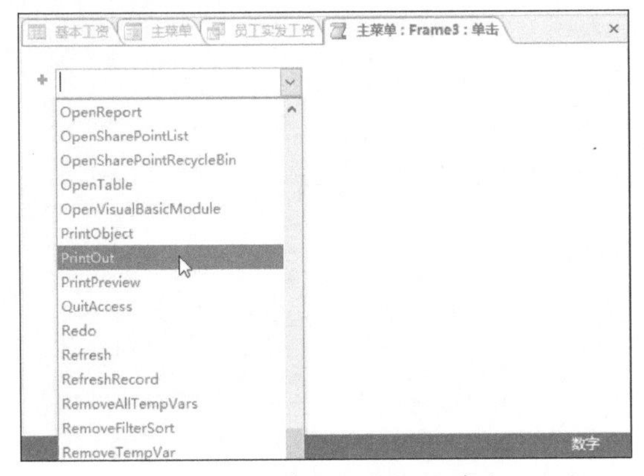

图 11-70 选择“PrintOut”命令

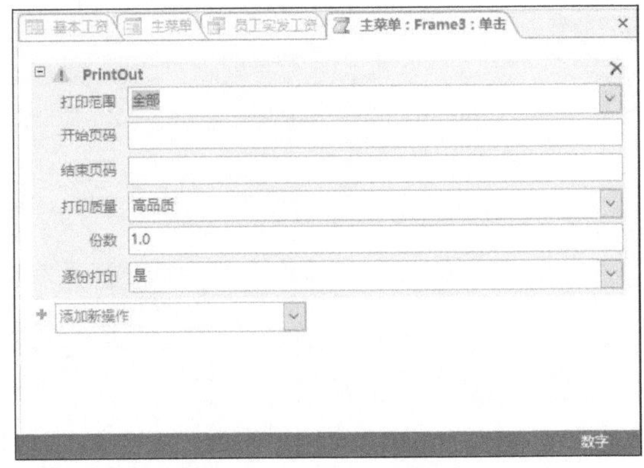

图 11-71 设置打印范围

步骤22 关闭宏窗口，完成“选项组”控件与宏的链接，如图11-72所示。

步骤23 在“窗体1”名称标签上单击鼠标右键，在弹出的菜单中选择“保存”选项，如图11-73所示。

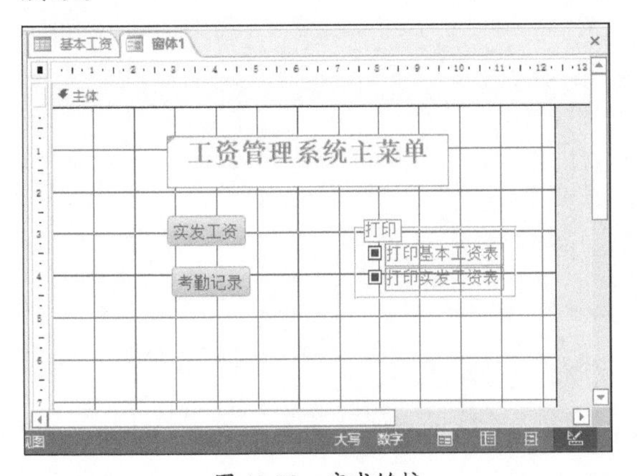

图 11-72 完成链接

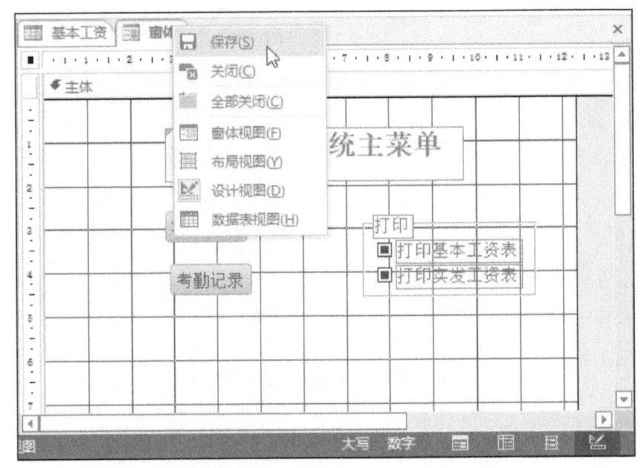

图 11-73 选择“保存”选项

步骤24 弹出“另存为”对话框，输入“窗体名称”为“主菜单”，单击“确定”按钮，如图11-74所示。

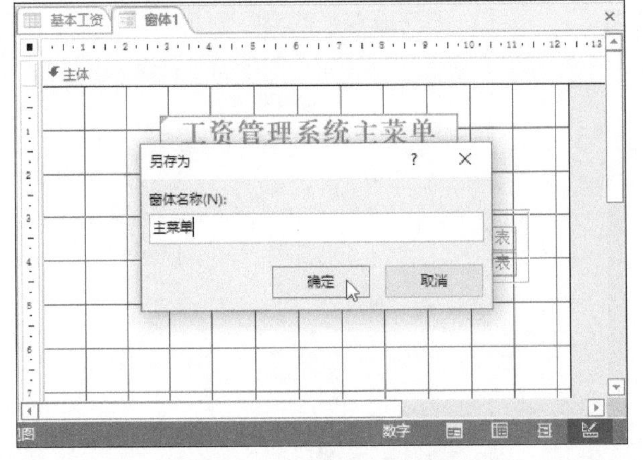

图 11-74 “另存为”对话框

11.3.4 窗体按钮的应用

窗体设置完成后便可以应用窗体了。下面介绍窗体的应用方法。

扫码观看视频

步骤01 在导航窗格中的“窗体”组中双击“主菜单”选项，如图11-75所示。

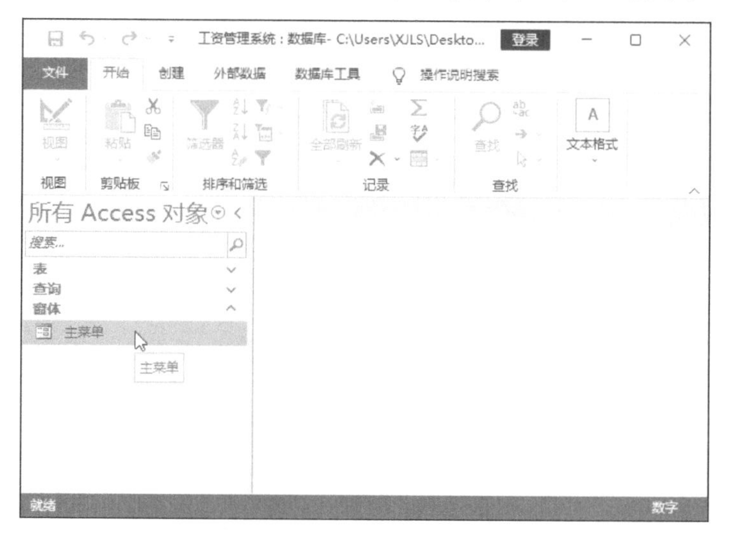

图 11-75 双击“主菜单”选项

步骤02 打开窗体后在窗体中执行需要的操作，此处单击“考勤记录”按钮，如图11-76所示。

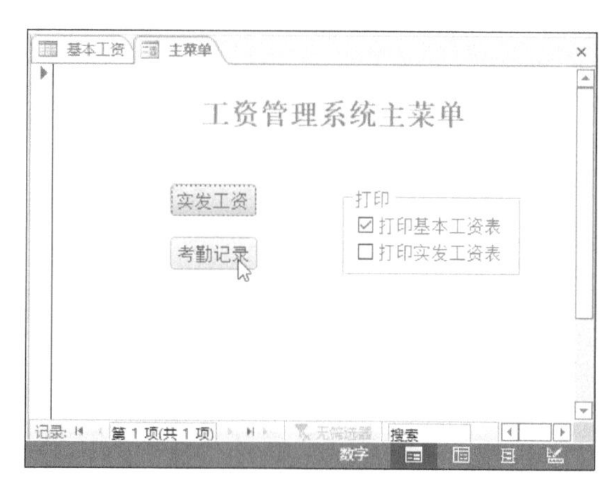

图 11-76 单击“考勤记录”按钮

步骤03 Access随即打开相应的表，效果如图11-77所示。

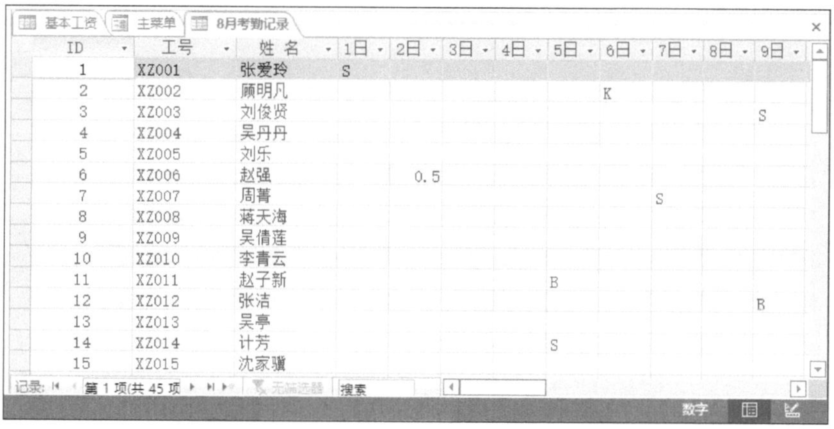

基本工资 | 主菜单 | 8月考勤记录

ID	工号	姓名	1日	2日	3日	4日	5日	6日	7日	8日	9日
1	XZ001	张爱玲	S								
2	XZ002	顾明凡						K			
3	XZ003	刘俊贤									S
4	XZ004	吴丹丹									
5	XZ005	刘乐									
6	XZ006	赵强		0.5							
7	XZ007	周菁							S		
8	XZ008	蒋天海									
9	XZ009	吴倩莲									
10	XZ010	李青云									
11	XZ011	赵子新					B				
12	XZ012	张洁									B
13	XZ013	吴亭									
14	XZ014	计芳					S				
15	XZ015	沈家骥									

记录: 第 1 项(共 45 项) 无筛选器 搜索

数字

图 11-77 打开效果

实战演练 创建职工信息数据库

对于员工人数多的公司来说，管理职工信息也是一项很重要的工作。因此，职工信息表是公司众多数据中非常重要的数据表之一。职工信息表一般包括员工编号、部门、职位、姓名、性别、出生年月、联系电话等。在本例中将练习制作职工信息数据库。

1. 创建数据库和数据表

首先，启动Access，创建数据库和数据表，具体的操作步骤如下：

步骤01 新建空白数据库，单击“文件”按钮，如图11-78所示。

步骤02 在“文件”菜单中单击“另存为”选项，打开“另存为”界面，双击“数据库另存为”选项，如图11-79所示。

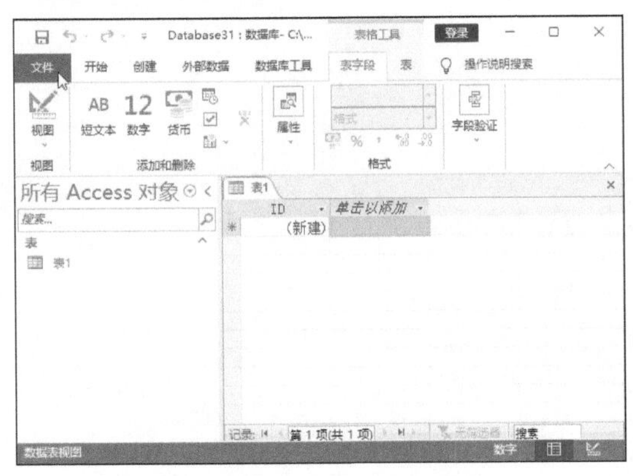

图 11-78 单击“文件”按钮

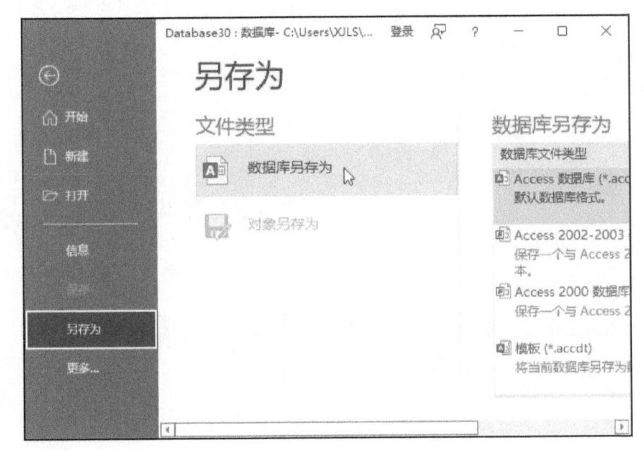

图 11-79 “另存为”界面

步骤03 系统随即弹出警示对话框，单击“是”按钮，如图11-80所示。

步骤04 弹出“另存为”对话框，选择文件保存路径，输入“文件名”为“职工信息”，单击“保存”按钮，如图11-81所示。

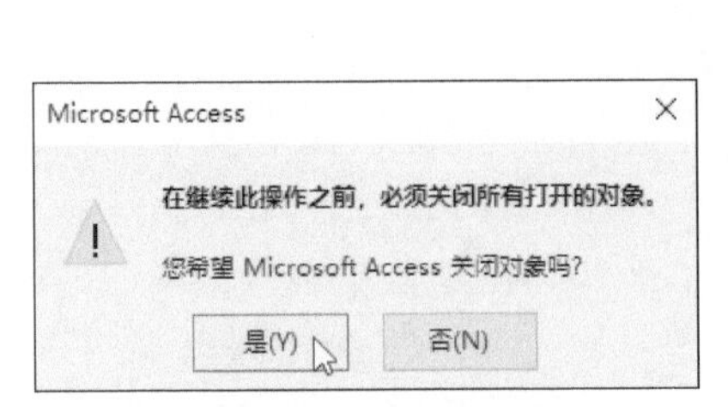

图 11-80 警示对话框

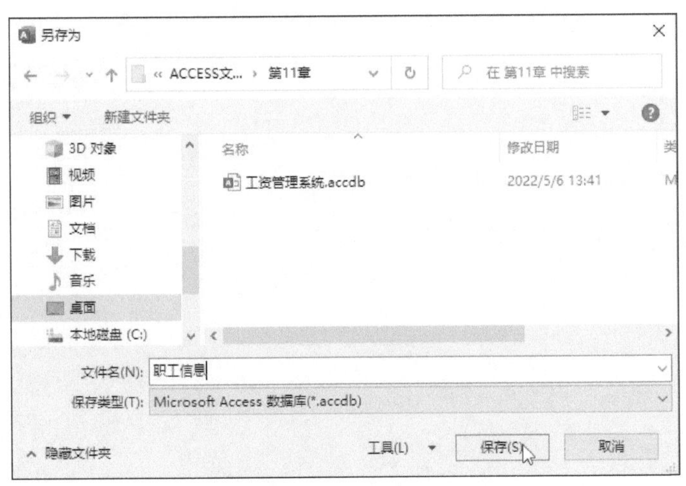

图 11-81 “另存为”对话框

2. 导入Excel数据

数据库和数据表创建完成后，需要在数据表中添加数据。下面将向数据库中导入Excel表的数据，具体的操作步骤如下：

步骤01 打开“外部数据”选项卡，单击“导入并链接”组中的“新数据源”按钮，在下拉列表中选择“从文件”→“Excel”选项，如图11-82所示。

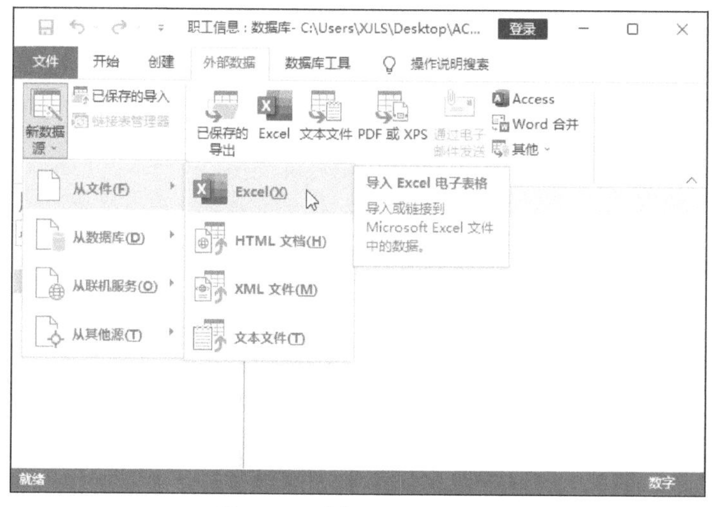

图 11-82 选择“Excel”选项

步骤02 弹出“获取外部数据-Excel电子表格”对话框，单击“浏览”按钮，如图11-83所示。

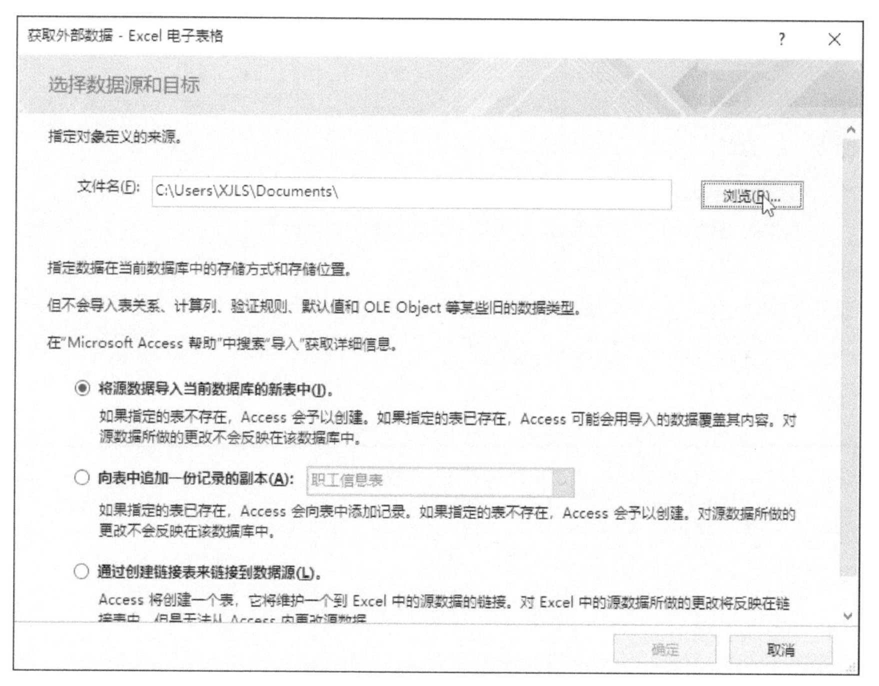

图 11-83 单击“浏览”按钮

步骤03 弹出“打开”对话框，选择文件“职工信息.xlsx”，单击“打开”按钮，如图11-84所示。

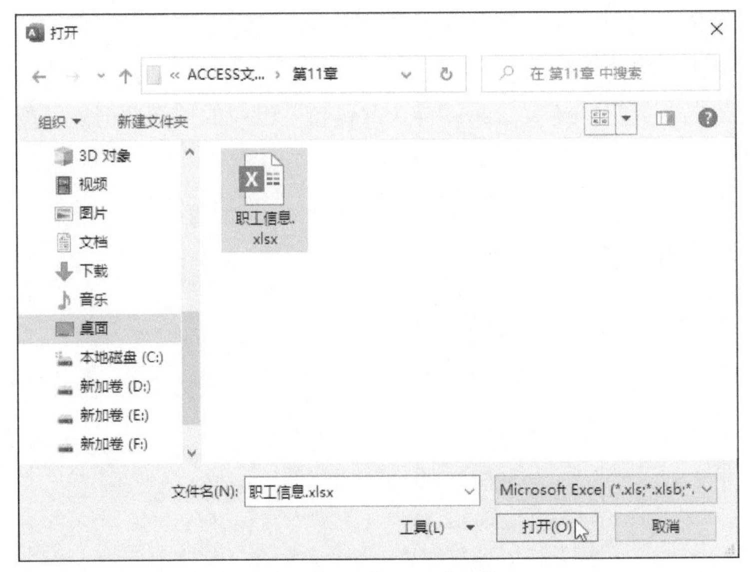

图 11-84 “打开”对话框

步骤04 返回“获取外部数据-Excel电子表格”对话框，其他选项保持默认设置，单击“确定”按钮，如图11-85所示。

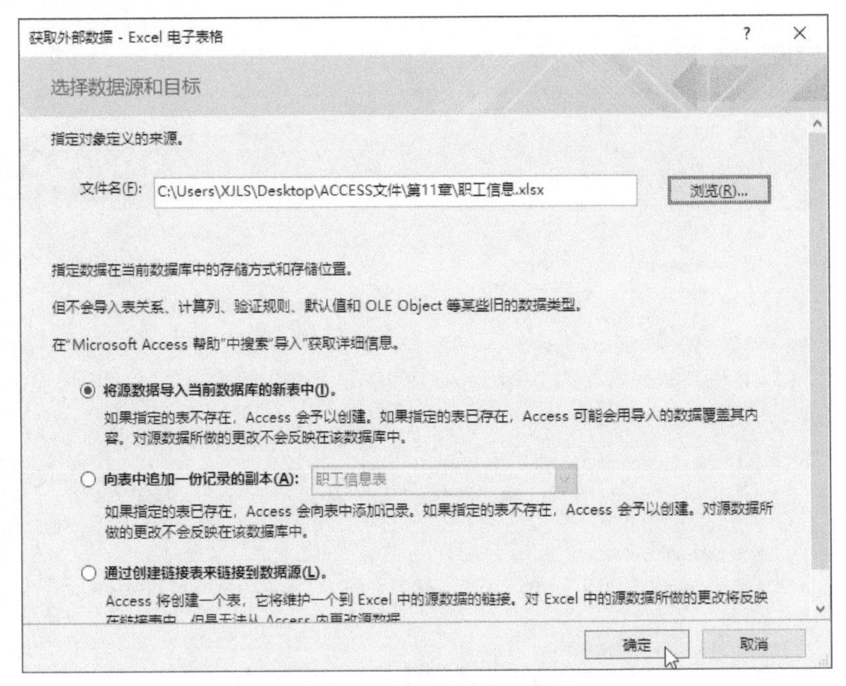

图 11-85 单击“确定”按钮

步骤 05 弹出“导入数据表向导”对话框，单击“下一步”按钮，如图11-86所示。

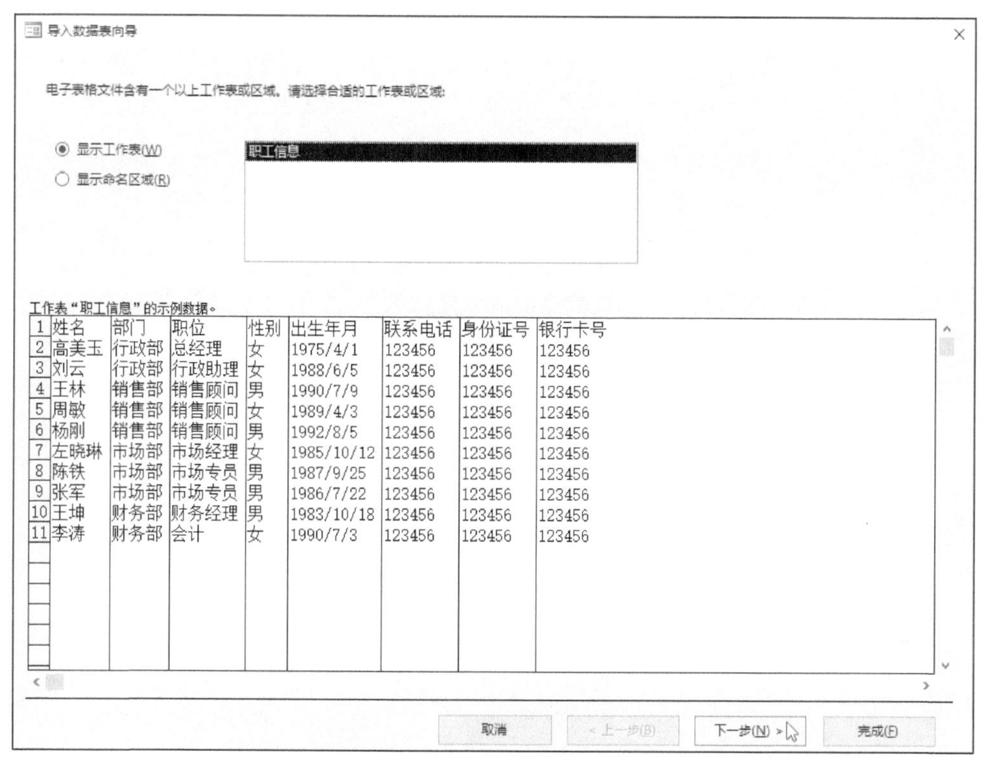

图 11-86 “导入数据表向导”对话框

步骤 06 勾选“第一行包含列标题”复选框，单击“下一步”按钮，如图11-87所示。

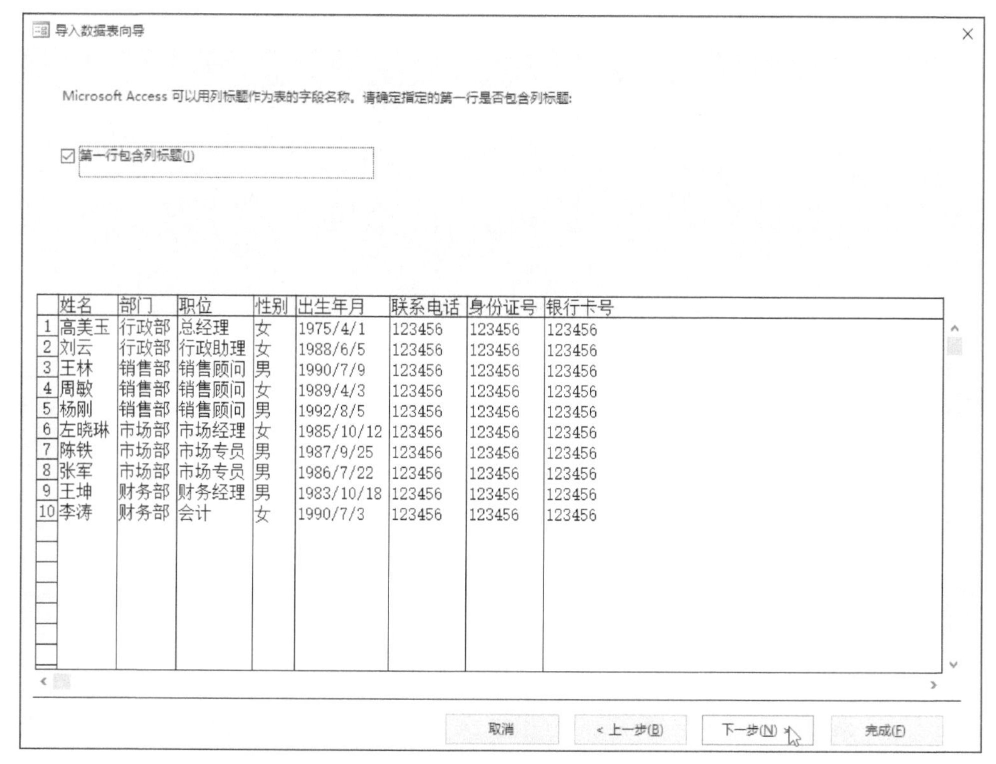

图 11-87 单击“下一步”按钮

步骤07 保持所有选项为默认设置，单击“下一步”按钮，如图11-88所示。

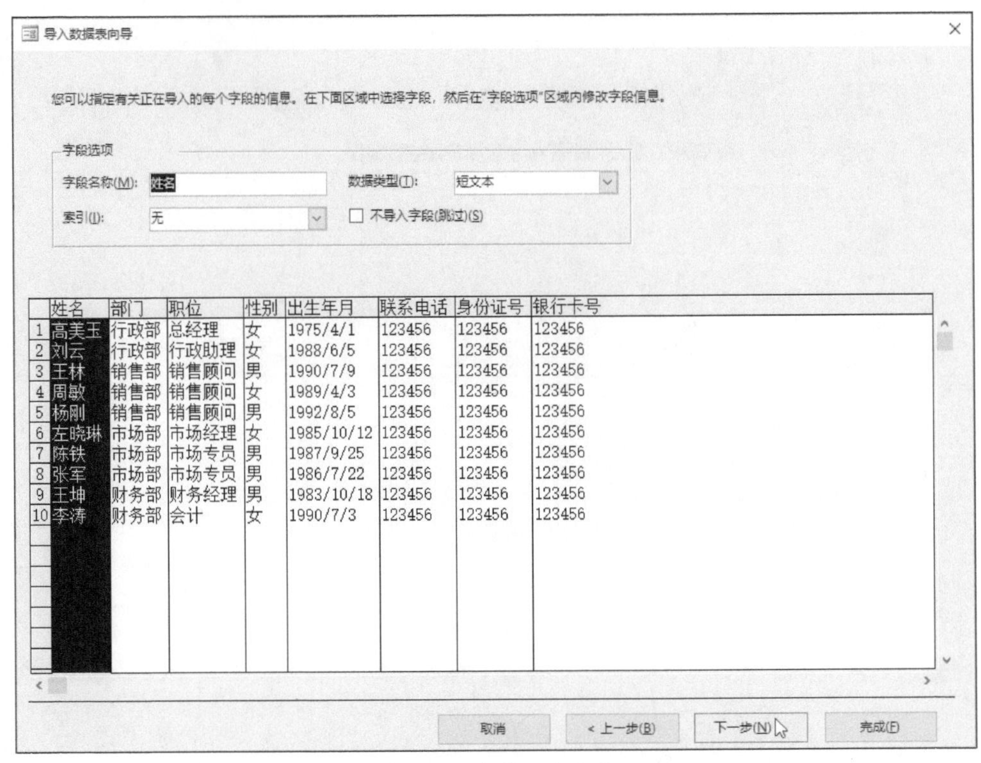

图 11-88 保持默认设置

步骤08 保持所有选项为默认设置，单击“下一步”按钮，如图11-89所示。

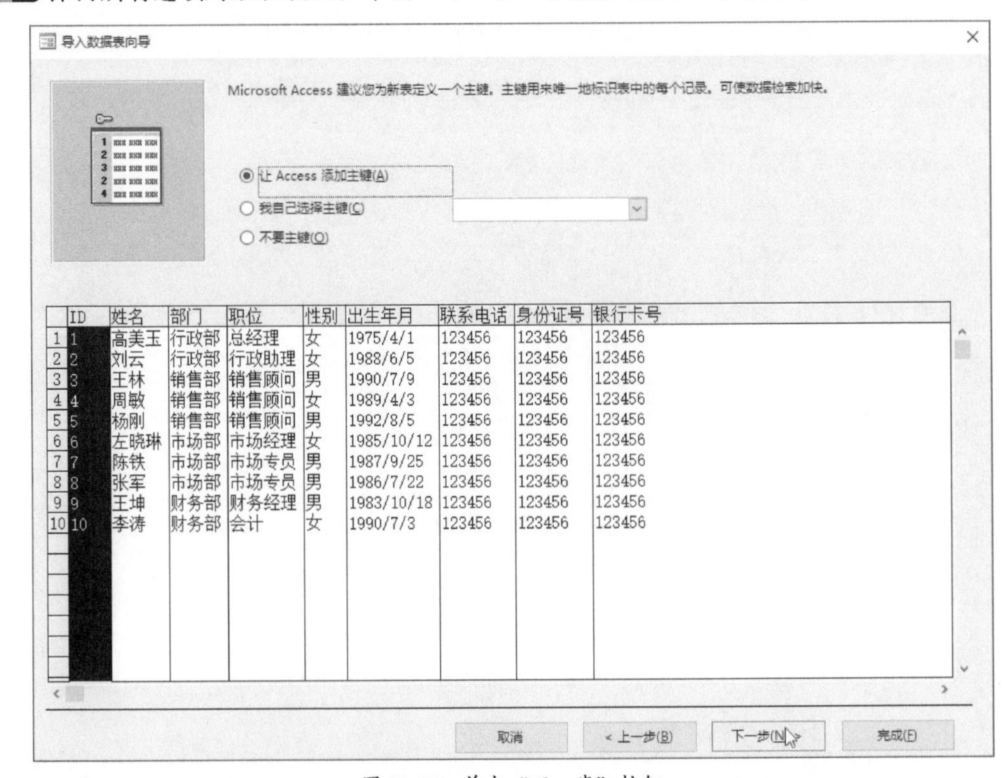

图 11-89 单击“下一步”按钮

步骤09 单击“完成”按钮，如图11-90所示。

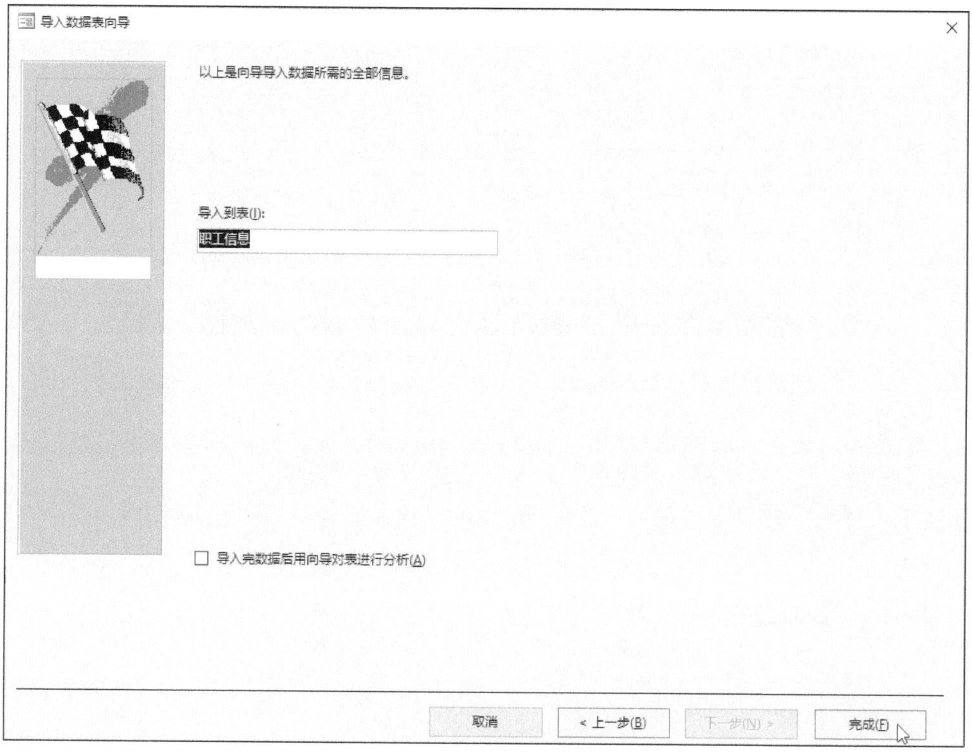

图 11-90 单击“完成”按钮

步骤10 单击“关闭”按钮，如图11-91所示，关闭对话框。

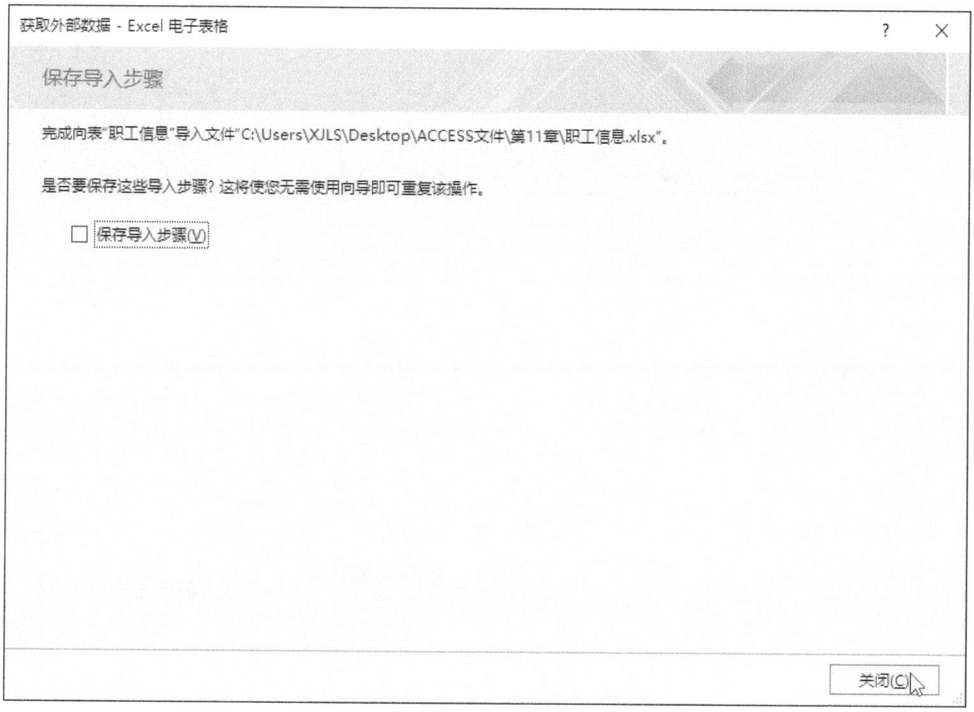

图 11-91 单击“关闭”按钮

步骤11 指定Excel表格中的数据随即导入Access数据库中，效果如图11-92所示。

ID	姓名	部门	职位	性别	出生年月	联系电话
1	高美玉	行政部	总经理	女	1975/4/1	123456
2	刘云	行政部	行政助理	女	1988/6/5	123456
3	王林	销售部	销售顾问	男	1990/7/9	123456
4	周敏	销售部	销售顾问	女	1989/4/3	123456
5	杨刚	销售部	销售顾问	男	1992/8/5	123456
6	左晓琳	市场部	市场经理	女	1985/10/12	123456
7	陈铁	市场部	市场专员	男	1987/9/25	123456
8	张军	市场部	市场专员	男	1986/7/22	123456
9	王坤	财务部	财务经理	男	1983/10/18	123456
10	李涛	财务部	会计	女	1990/7/3	123456
(新建)						

图 11-92　导入数据的效果

3. 创建报表

如果需要进一步分析数据，可以使用报表，具体的操作步骤如下：

步骤01 打开“创建”选项卡，单击“报表”组中的“报表向导”按钮，如图11-93所示。

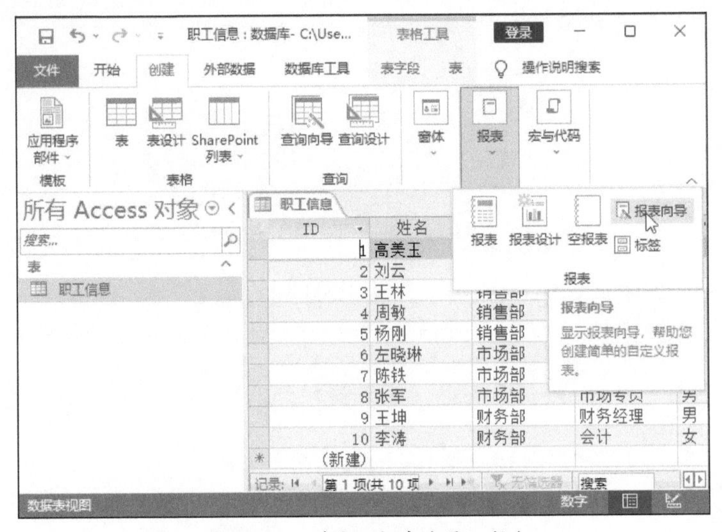

图 11-93　单击“报表向导”按钮

步骤02 弹出“报表向导”对话框，将需要的字段从“可用字段”列表添加到“选定字段”列表，单击“下一步”按钮，如图11-94所示。

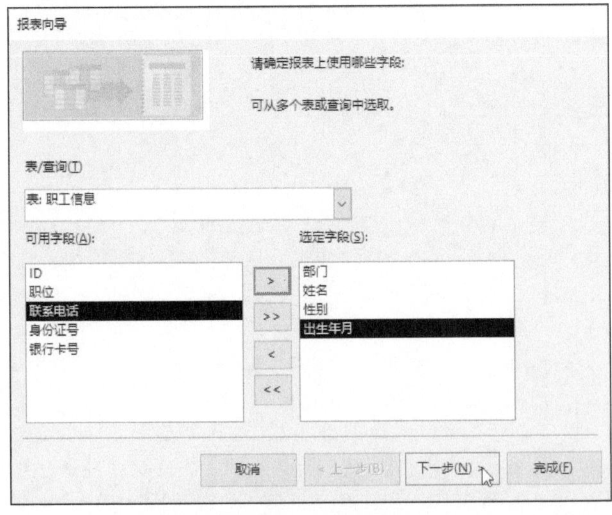

图 11-94　添加字段

步骤 03 选择需要设置级别的字段，单击 > 按钮，如图11-95所示。

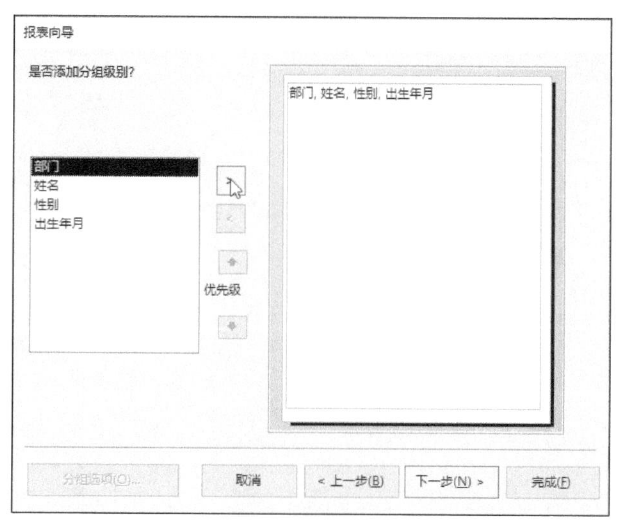

图 11-95 选择字段

步骤 04 所选字段随即被添加到右侧分组级别列表的顶端，单击“下一步”按钮，如图11-96所示。

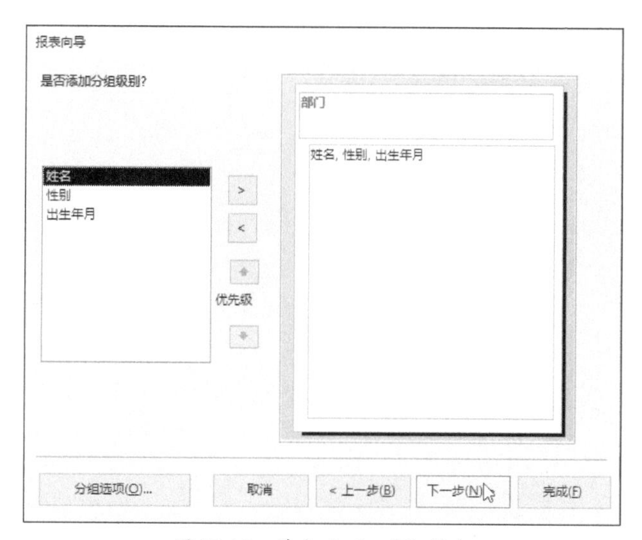

图 11-96 单击“下一步”按钮

步骤 05 设置需要排序的字段，单击“下一步”按钮，如图11-97所示。

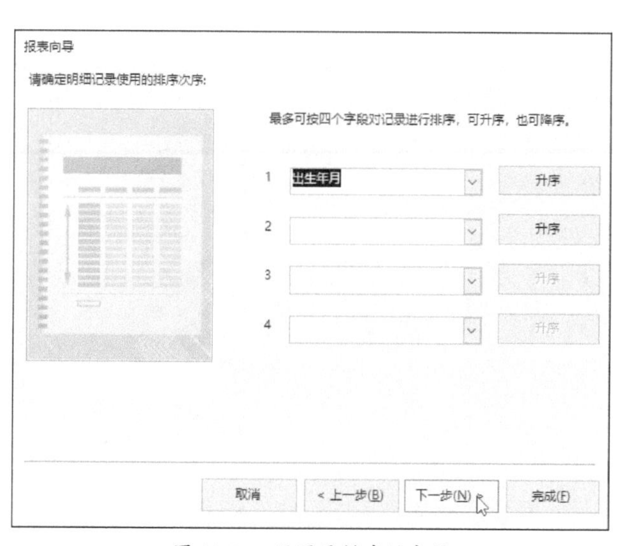

图 11-97 设置要排序的字段

步骤 06 默认对话框中的选项，单击“下一步”按钮，如图11-98所示。

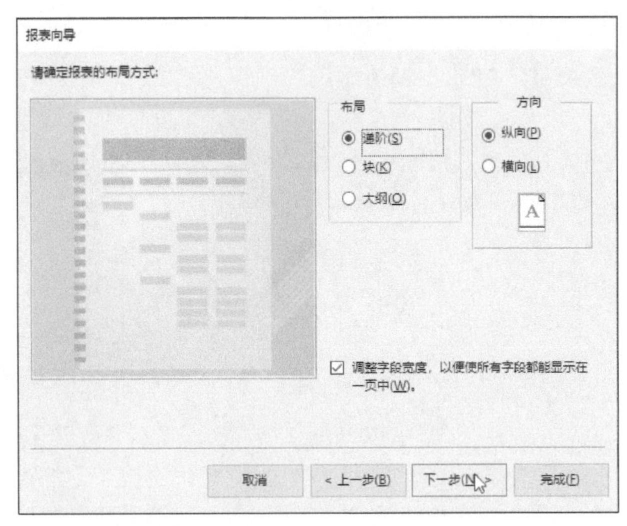

图 11-98 默认设置

步骤 07 在“请为报表指定标题”文本框中输入“个人信息”，单击“完成”按钮，如图11-99所示。

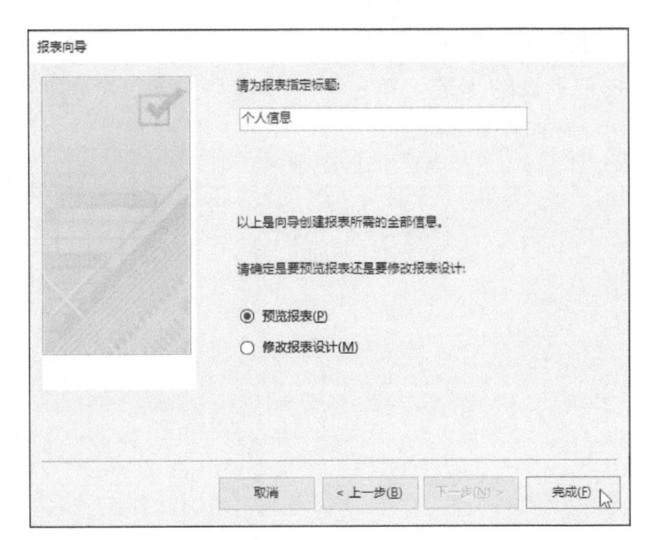

图 11-99 单击“完成”按钮

步骤 08 报表创建完成，效果如图11-100所示。

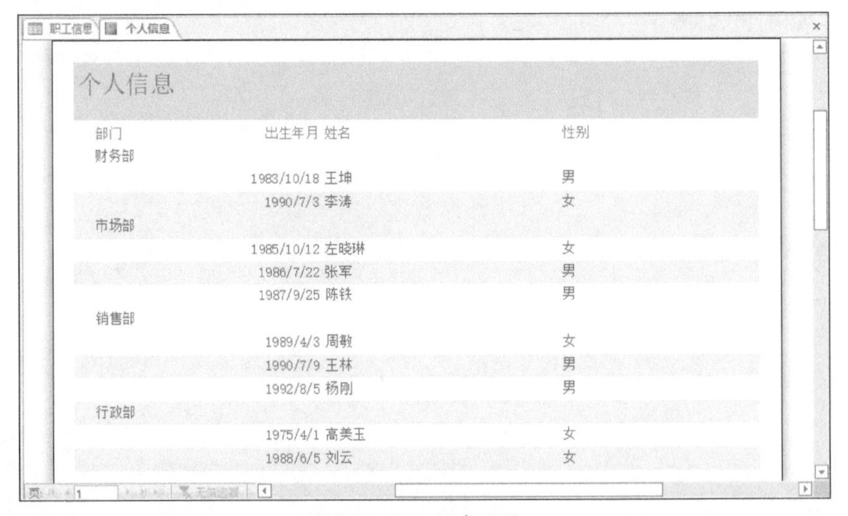

图 11-100 报表效果

课后作业

在本作业中将练习在数据库中导入“考生成绩表.xlsx”中的数据，并对导入的数据创建报表、窗体等。具体操作要求如下：

（1）创建空白数据库后保存数据库，输入数据库名称为“考生成绩”。

（2）导入“考生成绩表.xlsx”，将数据源导入当前数据库的新表中，设置“表名称”为“成绩表”。

（3）使用“查询向导”功能创建包含姓名、总分和等级评定3个字段的查询。

（4）重命名查询的名称为“总分及等级评定”。

（5）使用“窗体”功能创建包含所有字段的窗体，设置窗体名称为“考生成绩详情”。

（6）使用“报表向导”功能创建包含姓名、英语、高数、语文、计算机5个字段的报表。

（7）在设计视图中调整报表中字段的宽度、位置和文本的对齐方式。完成效果如图11-101所示。

图 11-101 完成效果

学习体会

参考文献

[1] 宋翔 . Access 数据库创建、使用与管理从新手到高手 [M]. 北京 : 清华大学出版社 , 2021.

[2] 教育部考试中心 . 全国计算机等级考试二级教程 : Access 数据库程序设计 [M]. 北京 : 高等教育出版社 , 2022.

[3] 赖利君 . Access 2016 数据库基础与应用项目式教程 : 微课版 [M]. 4 版 . 北京 : 人民邮电出版社 , 2020.

[4] 曹文梁 , 张屹峰 , 石晋阳 . Access 数据库应用技术项目化教程 : 翻转课堂 [M]. 北京 : 中国铁道出版社有限公司 , 2022.

[5] 辛明远 . Access 2016 数据库应用案例教程 [M]. 北京 : 清华大学出版社 , 2019.

[6] 董卫军等 . 数据库原理与实践 : Access 2019[M]. 3 版 . 北京 : 电子工业出版社 , 2022.